电力系统继电保护典型故障分析

国家电力调度通信中心　编

中国电力出版社

CHINA ELECTRIC POWER PRESS

内 容 提 要

　　本书收集了多年来全国电力系统继电保护的典型故障 210 例,按专业进行分类,包括事故简述、事故分析、采取措施及经验教训四个方面。对防止类似事故发生有重大意义。本书可供继电保护设计、运行、管理人员学习、参考,也可供有关专业师生学习参考。

图书在版编目(CIP)数据

电力系统继电保护典型故障分析/国家电力调度通信中心编 . -北京:中国电力出版社,2001.7(2025.10 重印)
　ISBN 978-7-5083-0555-4

　Ⅰ. 电… 　Ⅱ. 国… 　Ⅲ. 电力系统-继电保护-故障-分析
Ⅳ. TM77

　中国版本图书馆 CIP 数据核字(2001)第 10827 号

中国电力出版社出版、发行

(北京市东城区北京站西街 19 号　100005　http://www.cepp.sgcc.com.cn)
北京天泽润科贸有限公司印刷
各地新华书店经售

*

2001 年 7 月第一版　　2025 年 10 月北京第十三次印刷
787 毫米×1092 毫米　16 开本　23.5 印张　524 千字
印数 32001—32500 册　　定价 **78.00** 元

版 权 专 有　侵 权 必 究

序言

历史的经验值得借鉴。

继电保护装置是电力系统密不可分的一部分，是保障电力设备安全和防止、限制电力系统大面积停电的最基本、最重要、最有效的技术手段。国内外实践证明，继电保护一旦发生不正确动作，往往会扩大事故，酿成严重后果。

安全生产是永恒的主题。随着电力体制改革的不断深化、全国联网步伐的加快和社会进步带来用户对电力供应依赖性的增强，电力系统事故对社会造成的影响将越来越大，因此保障电力系统的安全稳定运行尤为重要。

本书是在总结了几十年来继电保护运行、管理的经验教训基础上编写的。国调中心组织华东、东北、华北、华中、西北、广东、山东、云南、福建等电力调度中心（局、所）、科研试验单位的专家对全国具有典型意义的继电保护故障、异常进行分析研究、解析反措，中国电科院王梅义先生多次亲临指导，历时近两年本书即将面世，供全国继电保护专业人员参考和借鉴。

本书故障资料翔实，原因分析透彻，经验教训深刻，事故对策具体，并配有故障录波图、装置原理图等，对全国继电保护的运行、设计、制造和科研工作有重要的指导意义。

在本书编写、审查、出版过程中，专家们以高度的事业责任感和严谨的作风，一丝不苟，废寝忘食地工作，经多次审改才最终定稿。在本书即将出版之时，谨对所有参与和支持本书编写、出版的专家同志们表示崇高的敬意。并希望电力系统生产运行部门不断涌现出年轻的专家，不断总结新的经验，不断提高运行水平，为使二十一世纪中国电网具有一流的运行业绩而不懈努力！

2001. 3. 13

前　言

　　被誉为电力系统"静静哨兵"的继电保护，一年 365 天，每天 24 小时站岗放哨，是保证电力系统安全、稳定运行的钢铁长城。新中国成立以来常抓不懈的继电保护正确动作率成绩显著，经过科研制造、设计、运行单位几代继电保护人的共同努力，220kV 以上超高压电网的继电保护装置正确动作率达到 98％以上，对电力系统发生的各种故障能迅速、正确地隔离，全国没有发生过类似美国、法国、印度等国的大面积、长时间的大停电事故，保证我国电力系统安全、稳定、经济运行，继电保护功不可没，同时造就了一支工作责任心强，作风严谨、特别能战斗的继电保护队伍。

　　随着微电子技术的迅速发展，继电保护装置发生了新飞跃，计算机技术、网络技术等高新技术在继电保护应用技术中得到广泛采用。但继电保护的运行环境基本未变，随着装机容量的不断扩大，电力系统网架结构的不断扩大，电压等级的不断升高，大功率、远距离输送电能的超高压交、直流现代化大电网，对继电保护全方位的功能要求越来越高，发展高新技术并逐步实现科技创新、机制创新、管理创新。

　　目前，全国还有 2％左右的不正确动作，对电力系统的安全、稳定运行危害很大，尤其是超高压系统的继电保护不正确动作，往往使事故扩大、造成电网稳定破坏、大面积停电、设备损坏等，对国民经济造成严重损失，教训是沉痛的，有些不正确动作，多少年来虽经多次反事故措施，仍不断重复发生，如 TV 二次回路需在继电保护小室一点接地，至今仍因 TV 二次回路在升压站、继电保护小室多点接地，造成继电保护不正确动作的事故时有发生，屡禁不止。还有元器件质量、二次回路设计不当等也是继电保护不正确动作的多发病，提高继电保护正确动作率需要科研制造、设计、运行单位的共同努力。

前事不忘，后事之师，为了使教训变为宝贵的经验加以总结，国家电力调度通信中心组织编写本书，共收集不同时期、不同地区 210 例典型故障，分七章叙述。继电保护不正确动作原因是多样的，有技术原因，设备原因，人为原因，但有一点需共同加强——工作责任心。认真、细致的工作作风，不断钻研新技术，这是科研制造、设计、运行单位几代继电保护人的共同素质、是不断提高继电保护正确动作率的根本。

此书编写过程自始至终得到王梅义先生、国调中心领导、出版社领导及各网、省调领导的支持和关心，深表感谢。由于编者水平有限，加之多种原因资料流失，虽经多方收集、核实、分析，错误和不妥处仍然难免，恳请读者批评指正。

编　者

2001 年 2 月 7 日

目 录

第二章 二 次 回 路

第三章 保护装置

第一节 发电机保护

第二节　变　压　器　保　护

第三节　母差及断路器失灵保护

第四节　线　路　保　护

第五节　电　抗　器　保　护

第四章　整定与配置

第一章
综合性事故

山西电网"7.20"事故

一、事故简述

1999 年 7 月 20 日 8 时 54 分，山西省太原供电局所辖新店变电站发生了一起由于变压器 10kV 侧短路而引发的全站停电事故，变电站主控室着火，烧毁了 1 号主变压器等设备，由于全站直流消失，站内保护装置拒动，造成事故扩大，先后有 1 条 110kV 线路、6 条 220kV 线路、8 台发电机组等掉闸，殃及山西电网并波及华北主网，系统有关保护配置见图 1-1。事故发展过程如下：

7 月 20 日上午 8 时 54 分 58 秒，新店 2 号变压器 10kV 侧发生 AB 两相短路故障，2 号变压器 10kV 侧 802 断路器过流保护及其所带 823 断路器低压保护动作，但未能切除故障，大约 23s 后故障发展到新店变电站 110kV 的 A 相母线，母线保护未动作，全站无断路器跳闸；220kV 赵新双回线赵家山侧的纵联方向保护（CKF-1）动作跳 A 相，重合不成功跳三相；220kV 小新双回线小店侧纵联方向保护动作（CKF-3）跳 A 相并重合成功；220kV 侯新双回线纵联方向保护（CKF-3）跳 A 相并重合成功；110kV 向新线太原二电厂侧零序电流 II 段保护跳三相，因该侧为检同期方式故不重合，110kV 母线 A 相故障后经过大约 7s 发展为 110kV 的 AB 两相接地故障，大约又经 5s，故障发展为 110kV 母线的三相短路，此时，220kV 小新双回线小店侧纵联方向保护再次动作，跳三相不重合。110kV 母线三相短路持续大约 4s 后，新店 220kV 母线发生 A 相接地故障，3.4s 后发展为 AB 两相接地故障，又经 0.45s 故障发展为三相短路。新店 220kV 母线三相短路 2.6s 后，神头二电厂 1 号机过流保护动作跳机；经 24.58s 大同二电厂 5 号机定子过流保护动作跳机；4s 后大同二电厂 3 号机定子过流保护及励磁机过流保护动作，将发电机跳掉；10.12s 后阳光发电厂 2 号机失磁保护动作跳发电机；10.17s 后大同二厂 2 号机定子过流保护动作跳发电机；3.07s 后大同二电厂 4 号机定子过流保护及励磁机过流保护动作跳发电机；16.12s 后大同二电厂 1 号机定子过流保护动作跳发电机；由侯村侧录波图可以看出：大同 1 号机掉闸 32.34s 后，220kV 系统故障电流消失，系统电压恢复（新店 220kV 母线三相短路持续时间约 1min 43s）。220kV 系统故障消失后经大约 17.35s，神头一厂 7 号机送风机掉，热工保护动作，将发电机跳掉。

赵家 220kV

侯村 500kV

赵新1 2011 2012　CKF-1　CKJ-1　CCH-1　CDB-1

赵新2 2021 2022　CKF-1　CKJ-1　CCH-1　CDB-1

CD-1　7UT-23　阻抗保护　零序后备

侯村 35kV

侯村 220kV

CKF-1　CKJ-1　CCH-2　CSQ-1

CKF-1　CKJ-1　CCH-2　CSQ-1

侯新1 284　CKF-3　CKJ-3　CCH-2A　CSQ-2

侯新2 285　CKF-3　CKJ-3　CCH-2A　CSQ-2

侯榆 283　CKF-1　CKJ-1　CSQ-1　CCH-2

侯海 282　CKF-1　CKJ-1　CSQ-1　CCH-2

新店 220kV

赵新1 248　赵新2 247　侯新1 285　侯新2 246

新店1号变压器 241　LFP-972A　LFP-973E*2　LFP-974A　1T

2T　JCD-4A　瓦斯　过流

过流 TA

电抗器

差动 TA

801

小新1 243　CKF-3　CKJ-3　CSQ-2　CCH-2A

小新2 244　CKF-3　CKJ-3　CSQ-2　CCH-2A

A　B

802-3　802　823

101　102

侯海 274

海落湾 220kV

新店 110kV

向新 117　LFP-941A

CKF-3　CKJ-3　CSQ-2　CCH-2A　小新2 264

小新1 263

小榆 265　CKF-1　CKJ-1　CCH-2　CSQ-1

226　榆次 220kV

小榆 223　CKF-1　CKJ-1　CCH-2　CSQ-1

小店 220kV

LFP-941A　向新线 162

太二 110kV

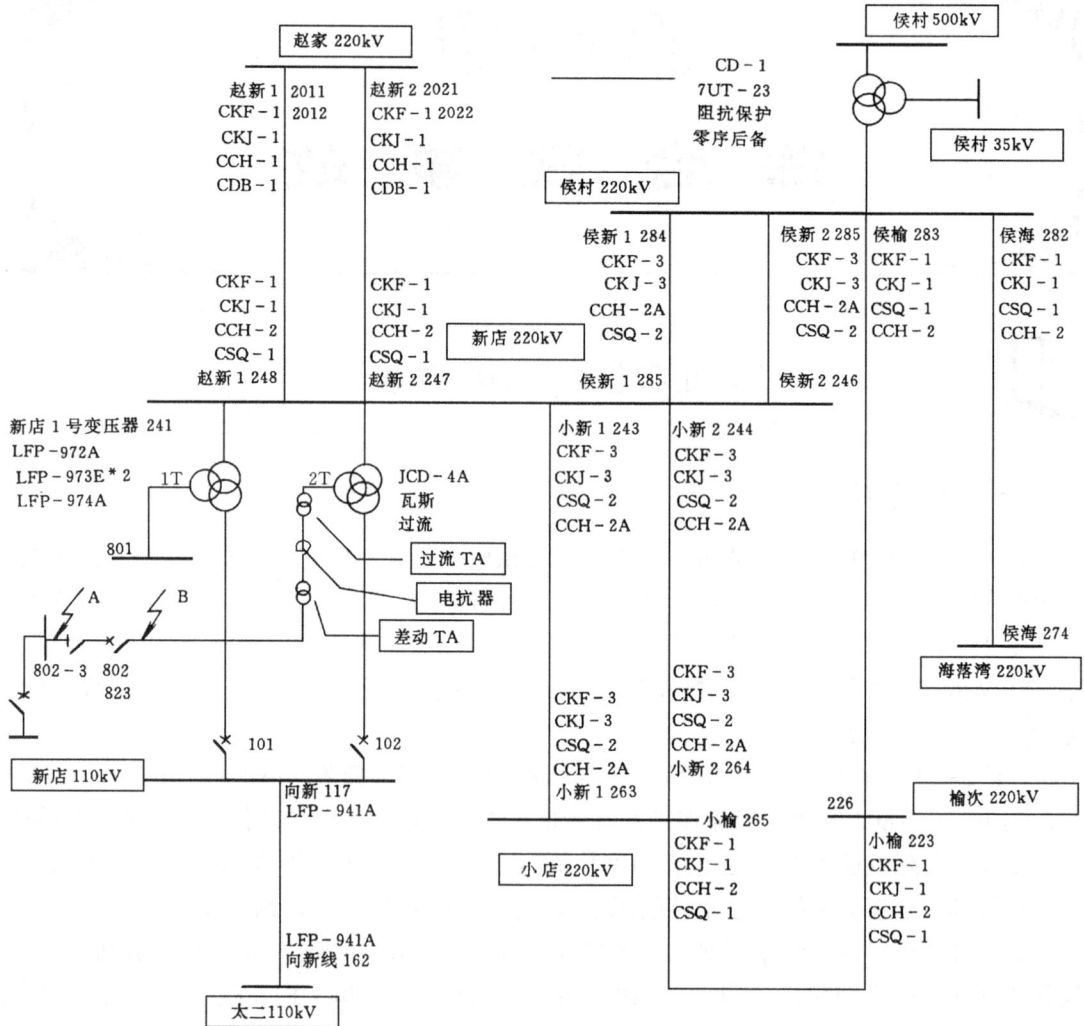

图 1-1　系统有关保护配置图

二、事故分析

根据事故现场和所收集的故障录波报告，可以确认：此次事故是由低压侧引起，经中压侧到高压侧（10kV—110kV—220kV）、由单相到相间，最后到三相故障逐步发展起来的。

1. 7.20 事故中新店变电站继电保护装置的动作行为

与新店直流系统在事故中的状况紧密相关，按照常规，对站内直流系统无实时记录监视，因此无法得到直流消失的确切时刻，但通过对事故的发展过程及保护动作行为的分析，可以推断：当故障发展到 110kV 母线之前，新店变电站的控制直流系统已处于不正常状态。理由如下：

（1）在故障发展到 110kV 母线时，首先应由 110kV 母线保护切除故障，如果真如此，

2

可将故障限制在 2 号变压器的低压侧，新店 1 号变压器很有可能保住。但由事故后经现场检查，110kV 母差保护确实未动（虽然 110kV 母差保护已烧毁，但其信号继电器是磁保持继电器，动作后断电仍能保持，检查确认该继电器在故障中不曾动作）；110kV 断路器未跳开。再者，对于 220kV 线路新店侧断路器而言，故障点处于反方向，纵联保护应启动各自的收发信机发信，闭锁对侧保护装置，但由新店对端各站的故障录波图可以看出，6 条 220kV 线路的线联保护无一在此期间收到过对侧的闭锁信号，因而在 110kV 系统故障初始瞬间，该 6 条 220kV 线路的对端均由纵联保护动作掉闸。当故障发展到 220kV 母线时，本应由 220kV 母线保护切除故障，但由事故后现场了解的情况可知：故障消除是由于引线烧断，220kV 的断路器亦为运行人员在现场手动捅掉。新店站如此之多的保护同时发生拒动，有理由认为是由于新店站直流系统当时处于不正常状态所造成的。

（2）在检查事故中烧毁的新店变电站 10kV 8023 隔离开关时发现："下插头三相之间和 A、C 相两侧对地在插头上有烧溶溶池凹坑"，现场检查发现：10kV 断路器小间地网与主地网脱离，且 10kV 断路器接地铜导线已在故障中烧断，可初步推测 10kV 侧的故障不是单纯的三相相间短路，有可能是伴随着接地的相间故障。10kV 故障时，802 断路器断弧不成功且发生真空泡爆炸，通过故障录波分析，新店 2 号变压器的 10kV 低压侧发生的故障约持续 23s，在此期间，10kV 断路器小间地网与主地网之间将存在高电压（计算此时对地电压约数千伏），并通过开关柜内的二次电缆（控制及信号回路）引至控制室，毁坏控制直流系统。

（3）事故之后，继电保护人员从未完全烧毁的 110kV 向新线新店侧 117 断路器 LFP-941A 保护装置的芯片中提取出部分故障信息，发现该保护尚存有本次故障时的两次启动报告表头，其中第一次启动时刻为 1999 年 7 月 20 日 8 时 54 分 36 秒（非绝对时间，下同）；第二次启动时刻为 1999 年 7 月 20 日 8 时 54 分 46 秒。按照该保护整定值，在 2 号变压器 10kV 侧发生短路故障时该保护完全可以启动，因此，可认为：第一次报告的启动时刻为 2 号变压器 10kV 侧发生短路故障的时刻。根据 LFP—941A 保护的工作原理，该保护启动后立刻在 EPROM 中生成表头并注明启动时刻，等待保护动作、分析及录波报告的传送，形成最终报告，传送时间为 13s 左右，如果在此过程中又有新的启动命令，则暂停传送，生成新表头，标注启动时刻且处理故障。对于所提取的第二次记录表头，分析认为是由于直流消失时导致保护装置内部电源的暂态过程引起（已经实验验证，并且检查 117 断路器控制保险未熔断，事故后仍处于导通状态）。

（4）根据远动信息，新店变电站在 7 月 20 日的 8 时 56 分 38 秒 022 保护回路曾向远动装置发出"事故总信号动作"的信息；8 时 56 分 38 秒 025 新店 802 断路器保护曾向远动装置发出"事故跳闸"信息，因 802 断路器过流保护动作延时为 1s，所以 10kV 故障实际应发生在此时间的 1s 之前；新店变电站所发最后一次信息的时间为 8 时 56 分 47 秒 38 毫秒，记录内容为"事故总信号动作"。在此之后，山西中调的远动装置再未收到新店变电站的任何信息。根据录波分析，新店此时的故障仍在 2 号变压器的低压侧，除已动作的 823 断路器低压保护和 802 断路器过流保护外，不应有其他动作行为。分析造成这种情况有两种可能，其一是新店远动装置损坏；其二是新店变电站直流消失而引起的继电器变位所误发。无论是什么原因，均为高电压窜入控制室并毁坏设备提供了间接的佐证。

（5）新店变电站的直流控制系统分为两段母线，但共用同一套直流电源，联络断路器在合入位置，一旦高电压窜入，便会导致全站直流控制系统瓦解。

综合分析以上情况，新店变电站直流系统损坏的时间，应该发生在 2 号变压器 10kV 侧故障后 10～23s 之间。

2. 新店 2 号变压器保护动作行为分析

新店 2 号变压器 10kV 侧发生短路故障后，802 断路器的过流保护以及 823 断路器的低压保护动作行为都是正确的。但是由于断路器的原因没能切掉故障，造成了事故的扩大。新店 2 号变压器 10kV 侧的 TA 安装在电抗器小间，差动保护未能将发生短路的 802 断路器包含在其保护范围之内，因此差动保护在故障的初瞬不可能动作。2 号变压器 10kV 侧的过流保护只设置了一段，除跳本断路器外不再动作于另外两侧断路器，同时，220kV 侧、110kV 侧的过流保护均受复合电压闭锁，但复合电压闭锁未选用 10kV 侧的电压量，根据新店 110kV 故障录波器的实测值计算，110kV 侧以及 220kV 侧的电压均未达到定值（两侧正序电压定值均为 70V，实际故障时 220kV 侧电压为 97V；110kV 侧为 86V），不能开放两侧过流保护。因此使得新店 2 号变压器在 10kV 侧发生短路且断路器拒动的情况下，实际上没有后备保护，因而扩大了事故。

3. 相关 220kV 线路保护动作行为分析

（1）侯新双回线均配备了两套纵联保护，其一为 CKF—3 型纵联方向保护，该保护专门为同杆并架双回线所设计，在发生异名相跨线故障时，能正确进行选相，装置中的工频突变量方向元件及零序方向元件配合高频通道共同组成闭锁式纵联保护，除此之外，保护装置中设有阶段式阻抗和零序方向元件作为后备保护，以及能在近端故障时快速跳闸的工频突变量阻抗元件。该保护在合闸时将工频突变量方向元件退出，保留和通道配合的零序方向保护部分，重合或手合到故障上时利用带方向的零序过流保护和阻抗保护加速跳闸。其二为 CKJ—3 型纵联距离保护，同样是专门为同杆并架双回线所设计，由三段式距离保护、零序方向过流保护及能在近端故障时快速跳闸的工频突变量阻抗元件共同构成，当与高频通道配合时，可作为闭锁式纵联保护使用。重合或手合到故障上时利用带方向的零序过流保护和阻抗保护加速跳闸。两套保护均为南自院保护公司产品，因保护装置中已具有后备保护功能，按规程规定，未再配备独立的后备保护。为防止由于元器件损坏而造成保护装置误动，CKF、CKJ 系列保护装置中设置了若干监测点，对电压、电流、启动以及逻辑等重要回路进行监视，如果这些检测点的状态出现长时间（装置设置为 9s）的异常，便自动闭锁保护装置的出口跳闸电源。

当故障发展到新店 110kVA 相母线的初瞬，侯新 I、II 回线侯村侧纵联方向保护 CKF—3 中的工频突变量方向元件，由于未收到新店侧闭锁信号而动作，跳开 A 相断路器。

当侯新 I、II 回线重合时（此时新店 110kV 母线仍处于 A 相故障状态），侯村 220kV 母线的零序电压大约在 3V 左右，零序电流在 0.2～0.3A（由录波图计算出，TA 变比为 1250/1，下同），通过事故后的试验证实，此时的零序电压恰恰使得在 CKF—3 及 CKJ—3

中作为后加速保护的零序功率方向元件处于不动作状态，因而侯村284、285断路器的后加速保护未能出口。

当故障发展为110kV AB相短路时（A相故障持续7s后发展为AB相故障），由于在转换过程中电流、电压变化比较缓慢，纵联方向保护CKF—3和纵联距离保护CKJ—3均未动作。但自重合之后，到新店故障发展为110kV三相短路之前，新店的故障点一直由侯新双回线及新小双回线提供短路电流，利用短路电流计算和故障录波图，均可以证实侯新线提供的短路电流略大于新小线提供的短路电流，而侯新双回线中这种不对称的短路电流，又超过了CKF—3、CKJ—3中的电流不平衡度的检测门槛（定值为0.27A，实际不平衡电流为0.35A），在持续9s之后，将两套保护的出口回路闭锁（由录波图计算出新店母线A相故障持续7s后发展为AB相故障，又经5s发展为三相短路）。这种闭锁只能依靠值班人员手动复归，因而，在此之后的故障发展过程中，侯新线侯村侧无论主保护还是后备保护，均因跳闸出口回路被闭锁，而不能再发挥作用，侯新双回线长期带新店故障点运行，直至新店220kV母线烧断，故障自行消失。

（2）新小双回线的保护配置与侯新线相同，均配备了两套纵联保护，亦为CKF—3型纵联方向保护和CKJ—3型纵联距离保护，未另设独立的后备保护。

由小店侧的故障录波可以看出：当故障发展到新店110kV A相母线时，新小I、II回线小店侧纵联方向保护CKF—3中的工频突变量方向元件由于未收到对侧闭锁信号而先后动作，分别跳开各自的A相断路器。两回线的CKJ—3型纵联距离保护由于其灵敏度不够而未出口。

新小I、II回线重合时（此时新店110kV母线仍处于A相故障状态），由小店站提供的故障电流较小，两回线零序电流的二次值均小于后加速保护的定值（小店侧CKF—3、CKJ—3保护后加速定值为1A，由故障录波器记录的实际电流值为0.9A，TA变比为1200/5，下同），故而后加速保护未动作。当故障发展为110kV AB相短路时（A相故障持续7s后发展为AB相故障），由于电流、电压变化比较缓慢，纵联方向保护CKF—3及纵联距离保护CKJ—3均未动作（小店侧录波器也未启动）。

与侯新线不同，在新小I、II回线单相重合于区外故障期间，线路中各相电流的数值及不平衡度均比较小（不平衡度为0.95A，没有达到检测门槛值1.35A），在9s内不足以闭锁保护，故新小双回线小店侧CKF—3及CKJ—3保护装置均未退出运行而整组复归。

当故障发展为新店110kV母线三相短路后（从110kV单相故障到发展为三相短路的间隔时间大约12s），CKF—3中的工频突变量方向元件再次动作，跳开断路器。

（3）赵新双回线均配备了两套纵联保护，与侯新双及新小双不同，所配保护一套为CKF—1型纵联方向保护，该保护无后备保护功能，装置中的工频突变量方向元件及零序方向元件配合高频通道共同组成闭锁式纵联保护，除此之外，保护中还设有能反应近端故障的工频突变量阻抗元件。该保护在合闸时将工频突变量方向元件退出，保留与通道配合的零序方向保护部分，重合或手合到故障上时，利用不带方向的零序过流保护和负序过流保护加速跳闸。另一套为CKJ—1型纵联距离保护，由三段式距离保护、零序方向过流保护及反应近端故障的工频突变量阻抗元件共同构成，当与高频通道配合时，可作为闭锁式纵联保护使用。重合或手合到故障上时，利用带方向的零序过流保护和阻抗保护加速跳闸。两套保护均为南自院保护公司产品，因 CKJ—1 型保护装置中已具有后备保护功能，按规程规定，也未配备独立的后备保护。

通过赵家山侧的故障录波可以看出：当故障发展到新店 110kV A 相母线时，赵新Ⅰ、Ⅱ回线对侧的赵家山站 2011、2012 断路器、2021、2022 断路器保护的纵联方向保护 CKF—1 中的突变量方向元件由于未收到对侧闭锁信号超范围动作，跳开 A 相断路器。两回线的 CKJ—1 纵联距离保护中的零序方向过流保护动作发信号，但由于 CKF—1 工频突变量方向保护先其动作于断路器，故 CKJ—1 保护未出口。

赵新Ⅰ、Ⅱ回线重合于 110kV 区外故障后，由于赵新Ⅰ、Ⅱ回线零序电流二次值均大于 1A，达到了 CKF—1 零序后加速定值（赵家山侧双回线 CKF—1 保护零序后加速二次定值为 1A，TA 变比为 1200/5），赵家山侧双回线的零序后加速保护均动作，跳开三相断路器。

查看录波图发现：断路器重合后，赵新Ⅰ回线 CKJ—1 纵联距离保护中的后加速零序方向保护动作并三相跳闸（现场记录中没有"三跳"信号，但录波图有记录），而Ⅱ回线的 CKJ—1 后加速零序方向保护由于故障量略小于赵新Ⅰ回线，保护未动作出口。说明赵新Ⅰ回线 CKJ—1 中的后加速零序方向保护此时处于临界动作的边缘。

4. 发电机保护动作行为分析

由于在新店 110kV 母线故障发展到三相故障之前，侯新双回线侯村 284、285 断路器的保护装置已被闭锁，因此，系统长时间带着故障点运行，新店 220kV 母线故障之后，神头二厂 1 号机、大同二厂 5 台机、山西阳光发电厂 2 号机以及神头一厂 7 号机纷纷因过流等保护动作跳闸，其原因分析如下：

（1）大同二电厂保护动作情况。

1）1 号机保护动作情况：保护动作信号为定子过流保护动作。定子过流保护定值：反时限电流启动值为 4.6A，对应动作时间为 60s。由故障录波看出：故障电流二次值为 5.8A，因此，定子过流保护动作正确。

2）2 号机保护动作情况：保护动作信号为定子过流保护动作。定子过流保护定值：反时限电流启动值为 4.6A，对应动作时间为 60s。由故障录波看出：故障电流二次值为 5.8A，因此，定子过流保护动作正确。

3）3 号机保护动作情况：保护动作信号为定子过流保护动作、励磁机过电流动作、发电机过电压保护动作。定子过流保护定值：反时限电流启动值为 4.6A，对应动作时间为 60s。由故障录波看出：故障电流二次值为 5.8A，因此，定子过流保护动作正确。励磁机定子过流保护定值：反时限电流启动值为 4.6A，对应动作时间为 60s。由于故障期间系统电压降至额定电压的 75%，且低电压持续时间较长，使各机组都启动了强励，引起了励磁机过电流动作。过电压保护动作原因为故障切除时，变压器出现短暂的过电压，引起过电压保护发信号。

4）4 号机保护动作情况：保护动作信号为定子过流保护动作、励磁机过电流动作。

定子过流保护定值：反时限电流启动值为4.6A，对应动作时间为60s。由故障录波看出：故障电流二次值为5.8A，因此，定子过流保护动作正确。

励磁机过电流动作原因与3号机相同。

5）5号机保护动作情况：保护动作信号为定子过流保护动作、励磁机过负荷动作。定子过流保护定值：反时限电流启动值为4.6A，对应动作时间为60s。由故障录波看出：故障电流二次值为5.8A，因此，定子过流保护动作正确。励磁机过负荷保护动作于信号，故障期间系统低电压持续时间较长，机组都启动了强励，所以引起了励磁机过负荷保护动作。经检查确定，由于保护装置型号不同，只有5号机的励磁机过负荷保护动作信号能够保持，其余均不能保持。

（2）神头一电厂保护动作情况：7号机送风机过流保护动作、逆功率保护动作。7号机送风机掉闸原因：按热工专业要求，7号机厂用变分头调的较6、8号低，在机组负荷较大、系统电压较低的情况下（6kV系统最低电压4.3kV左右），送风机过流保护动作，引起7号炉负压保护动作灭火，热工保护动作关主汽门，同时逆功率保护动作，经延时跳开7号发电机。

（3）神头二电厂保护动作情况：保护动作信号为发电机过流保护动作。过电流保护定值6.5A，2.6s，从录波图可以看出，录波开始电流较小（二次值5.19A），经4s左右电流达到过流定值，经2.6s动作掉闸，停机与系统解列。

（4）阳光发电厂保护动作情况：失磁保护动作。动作原因是2号发电机励磁调节器使用的装置为东方电机厂生产的半导体励磁调节器。在系统发生故障时，由于机端电压降低引起强励动作，在强励期间故障并未切除，但机端电压得到瞬时恢复，而其动作响应较快，引起励磁回调，由此引起失磁保护动作，将发电机与系统解列。

三、经验及教训

根据本次事故中保护装置的动作情况及对其初步分析，应汲取以下经验和教训：

（1）在目前系统电源较充裕、系统网架结构较紧密、短路电流水平较高的情况下，如果继电保护的可靠性与灵敏性及选择性发生矛盾，应更注重防止保护装置的拒动。

（2）为确保电网安全，提高继电保护的可靠性，对重要的线路和设备必须坚持设立两套相互独立的保护的原则，对于枢纽变电站的变压器，切不可因为低压侧电压低、出线短，而忽视后备保护的设置（新店2号变压器10kV侧发生故障后，802断路器过流保护仅动作于本断路器，但由于断路器原因，未能切除故障，而2号变压器110kV侧、220kV侧作为后备保护的复合电压闭锁过流保护，由于没有取用10kV侧的电压量，也未能动作，使故障连闯几道关口，最终扩大为系统事故）。在继电保护的配置选型工作中，对于系统中可能出现的复杂、罕见故障应予以适当的考虑。对于后加速保护，为保证重合于故障时可靠动作，应采用不带方向的元件，且其灵敏度宜高于其他动作于跳闸的保护。

（3）选择两套不同原理的保护装置，最根本的出发点是提高继电保护的可靠性，在关键时刻能做到优势互补，考虑到现阶段同一厂家的产品尽管原理不尽相同，但在公共回路的设计上思路区别不大，在某些特定的情况下可能出现同一原因造成的保护不正确动作。为保证电网的安全，主保护配置选型时，不但要坚持两套不同原理，同时还应尽可能选用不同厂家的产品，以保证所配备保护装置的可依赖性。

（4）枢纽变电站应设置两套独立的直流系统，直流联络开关正常断开，两段直流母线分裂运行。各主要元件（线路、变压器、母线等）的两套主保护的直流电源回路应分别取自不同的直流母线段；对于具备双跳闸线圈的断路器，其控制回路的电源应与两套主保护对应接于不同的直流母线段。以保证在其中一段直流消失后仍能较可靠地切除故障。

（5）现阶段的静态型（集成电路或微机型）保护装置，尽管功能大大提高，但抗干扰能力却劣于传统的电磁型保护。出于防误动的考虑，此类保护均设很多闭锁功能，在选用时应予以足够的重视并认真进行研究。为防止保护拒动而扩大事故，应考虑设置不受闭锁控制、经长延时动作的后备保护。

（6）由于山西电网的故障录波系统既没有联网又没有建立 GPS 对钟系统，因此事故分析时，在统一时钟问题上花费精力较大。今后应尽快建立、完善 GPS 对钟系统。

新店 "7.20" 事故发展及各保护动作时序图分别见图 1-2 ～ 图 1-6。

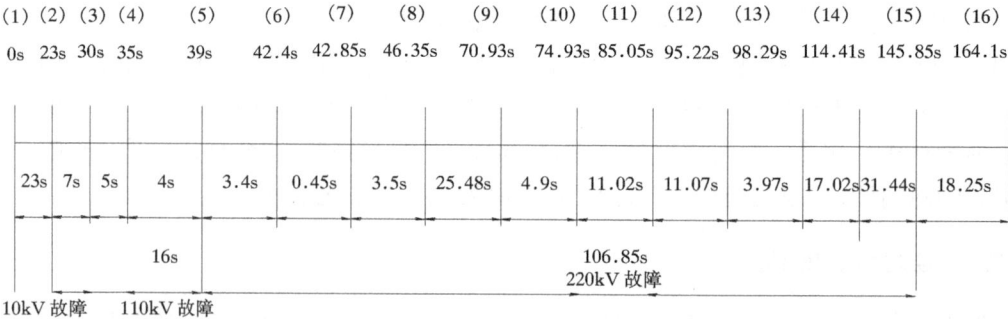

(1)	(2)	(3)	(4)	(5)	(6)	(7)	(8)	(9)	(10)	(11)	(12)	(13)	(14)	(15)	(16)
0s	23s	30s	35s	39s	42.4s	42.85s	46.35s	70.93s	74.93s	85.05s	95.22s	98.29s	114.41s	145.85s	164.1s

| 23s | 7s | 5s | 4s | 3.4s | 0.45s | 3.5s | 25.48s | 4.9s | 11.02s | 11.07s | 3.97s | 17.02s | 31.44s | 18.25s |

16s

106.85s
220kV 故障

10kV 故障　　110kV 故障

图 1-2　新店 "7.20" 事故发展过程时序

事件说明：

（1）10kV 三相短路：0.5s 后 823 断路器低电压跳闸，1s 后 802 断路器过流跳闸，未灭弧，扩大事故。

（2）110kVA 相接地：110kV 系统向新线二厂侧 162L011、Z011 经 0.5s 跳闸。

　　　220kV 系统赵新Ⅰ、Ⅱ回线 A 相跳闸，重合后又跳闸。

　　　新小Ⅰ、Ⅱ回线 A 相跳闸，重合。

　　　侯新Ⅰ、Ⅱ回线 A 相跳闸，重合。

（3）110kVA、B 相短路接地：短路电流小，220kV 保护未动。

（4）110kV 三相短路：220kV 新小Ⅰ、Ⅱ回线小店侧 CKF 三跳。

　　　110kV 故障持续时间 16s，导致 1 号主变压器 220kV 侧故障。

（5）220kVA 相接地：持续 3.4s；（6）220kV A、B 相接地：持续 0.45s。

（7）220kV 系统三相短路；（8）神二 1 号机跳闸；（9）大二 5 号机跳闸；（10）大二 3 号机跳闸；

（11）阳二 2 号机跳闸；（12）大二 4 号机跳闸；（13）大二 2 号机跳闸；（14）大二 1 号机跳闸；

（15）故障熄弧，220kV 故障持续 106.85s；（16）神一 7 号机跳闸

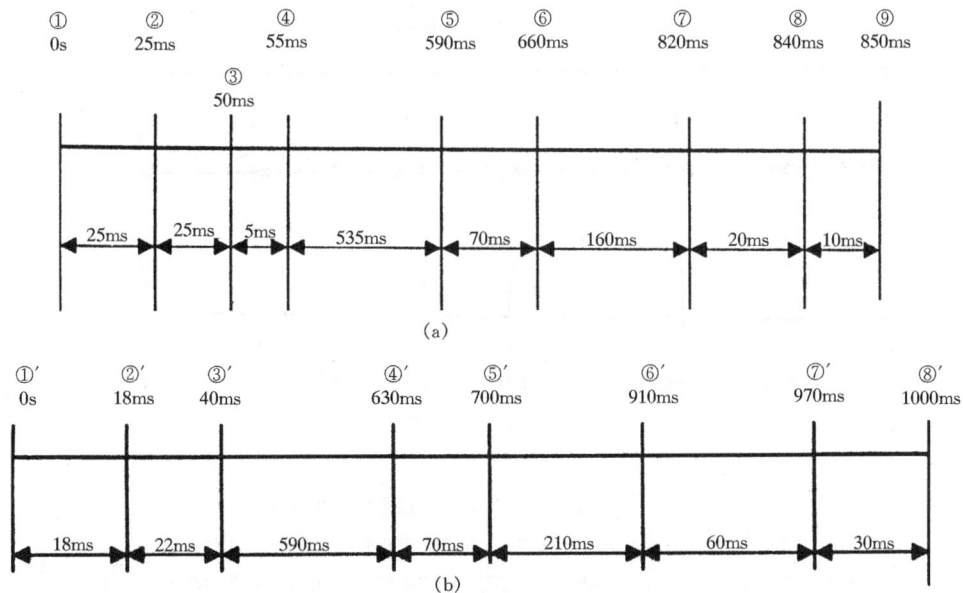

图 1-3 新店 "7.20" 事故中赵新双回线保护动作时序

（a）赵新 I 回线保护动作时序示意图；（b）赵新 II 回线保护动作时序示意图

①110kV 发生 A 相接地短路；②CKF—1 突变量高频保护 A 相出口；③CKJ—1 零序高频动作，发信号但未出口；④A 相故障切除；⑤CCH—1 重合闸发重合脉冲；⑥A 相开关重合；⑦CKF—1 加速跳闸出口（A 相、三跳）；⑧CKJ—1 加速、三跳（三跳发信号但未出口）；⑨三相跳闸，故障切除

①′110kV 发生 A 相接地短路；②′CKF—1 突变量高频保护 A 相出口；③′A 相跳闸，故障切除；④′CCH—1 重合闸发重合脉冲；⑤′A 相开关重合；⑥′CKJ—1 高频保护动作发信号，但由于选相元件没有动作，未出口；⑦′CKF—1 加速出口，三相保护跳闸出口；⑧′三相跳闸，故障切除

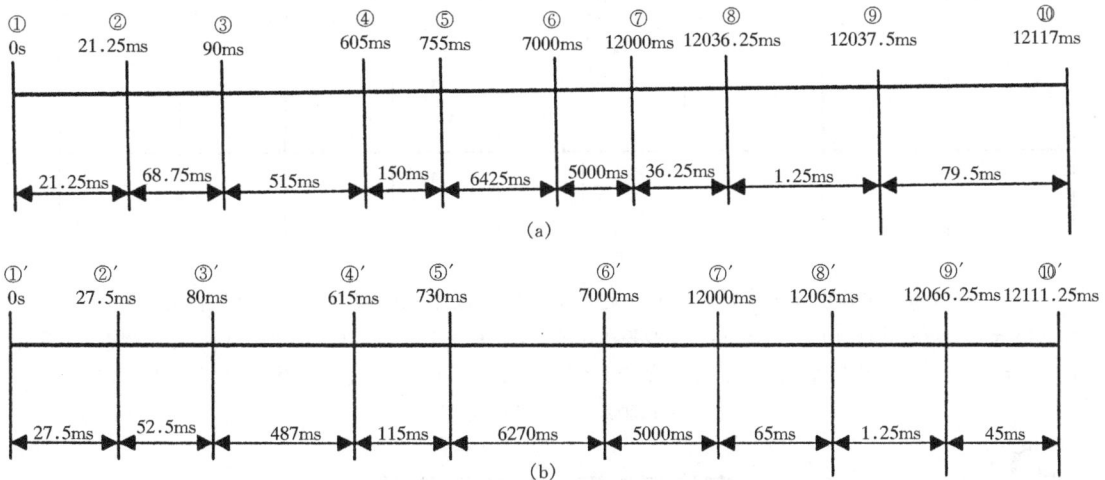

图 1-4 新店 "7.20" 事故中新小双回线保护动作时序

（a）新小 I 回线保护动作时序示意图；（b）新小 II 回线保护动作时序示意图

①110kV 发生 A 相接地短路；②CKF—3 突变量高频保护 A 相出口；③A 相跳闸，故障切除；④CCH—2A 重合闸发重合脉冲；⑤A 相开关重合；⑥110kV 发生 AB 相短路；⑦110kV 发生三相短路；⑧CKF—3 突变量方向高频保护动作出口；⑨CKF—3 三相出口；⑩故障切除

①′110kV 发生 A 相接地短路；②′CKF—3 突变量高频保护 A 相出口；③′A 相跳闸，故障切除；④′CCH—2A 重合闸发重合脉冲；⑤′A 相开关重合；⑥′110kV 发生 AB 相短路；⑦′110kV 发生三相短路；⑧′CKF—3 突变量方向高频保护动作出口；⑨′CKF—3 三相出口跳闸；⑩′故障切除

9

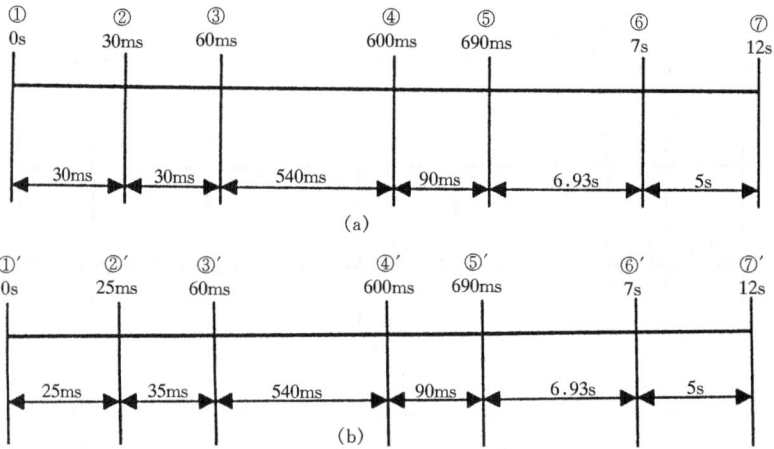

①　　②　　③　　④　　⑤　　⑥　　⑦
0s　30ms　60ms　600ms　690ms　7s　12s

30ms　30ms　540ms　90ms　6.93s　5s

(a)

①′　②′　③′　④′　⑤′　⑥′　⑦′
0s　25ms　60ms　600ms　690ms　7s　12s

25ms　35ms　540ms　90ms　6.93s　5s

(b)

图 1-5　新店"7.20"事故中侯新双回线保护动作时序

（a）侯新Ⅰ回线保护动作时序示意图；（b）侯新Ⅱ回线保护动作时序示意图

①110kV 发生 A 相接地短路；②CKF—3 突变量高频保护 A 相出口；③A 相跳闸，故障切除；④CCH—2A 重合闸发重合脉冲；⑤A 相开关重合；⑥110kV 发生 AB 相短路；⑦110kV 发生三相短路

①′110kV 发生 A 相接地短路；②′CKF—3 突变量高频保护 A 相出口；③′A 相跳闸，故障切除；④′CCH—2 重合闸发重合脉冲；⑤′A 相开关重合；⑥′110kV 发生 AB 相短路；⑦′110kV 发生三相短路

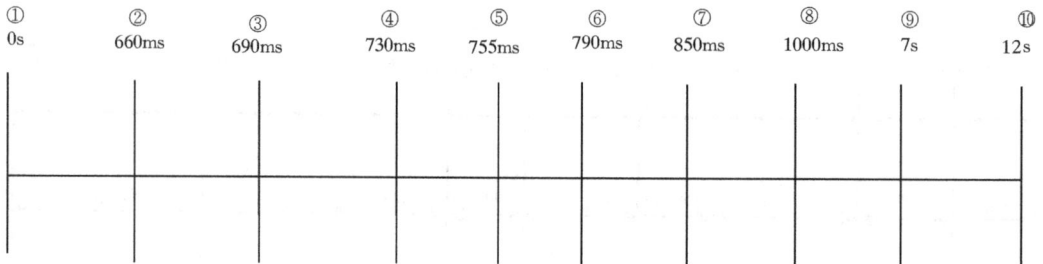

①　②　③　④　⑤　⑥　⑦　⑧　⑨　⑩
0s　660ms　690ms　730ms　755ms　790ms　850ms　1000ms　7s　12s

图 1-6　220kV 各线路开关合闸及赵新双回线、新小双回线重合后加速跳闸顺序

①110kV 故障开始；②赵新Ⅰ回线 660ms 合于故障；③侯新Ⅰ、Ⅱ回线合于故障；④新小Ⅰ回线合于故障；⑤新小Ⅰ回线合于故障；⑥赵新Ⅱ回线合于故障；⑦赵新Ⅰ回线三跳；⑧赵新Ⅱ回线三跳；⑨110kV 发生 AB 相接地故障；⑩新小Ⅰ、Ⅱ回线三跳

京津唐电网"5.28"事故

一、事故简述

1996 年 5 月 28 日 11 时 59 分，该厂高压试验人员在升压站 220kV 设备区进行 2200 甲断路器试验时，错将 220V 交流电源接入站内直流系统，造成 3 条 500kV 线路跳闸，

220kV系统发生振荡，导致该厂及同处张家口地区的下花园电厂两个电厂全厂停电。沙岭子电厂500kV电站接线图见图1-7。

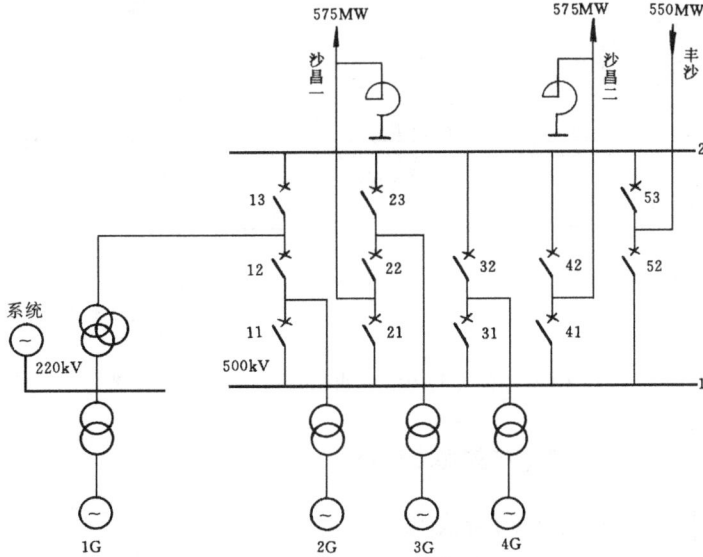

图1-7 沙岭子电厂500kV电站接线图

1996年5月28日11时50分19秒，500kV沙昌Ⅱ线沙岭子电厂侧5041、5042断路器突然跳闸，保护盘出电抗器B相轻瓦斯、重瓦斯、A相油温高、A、B相压力释放等信号。该线对侧昌平站保护未动作，断路器未跳。约870ms后，500kV丰沙线沙岭子电厂侧5052、5053断路器由于PLS纵联方向保护动作跳闸，对侧丰镇电厂侧保护未动作，断路器未跳。大约7min后，500kV沙昌Ⅰ线沙岭子侧5021、5022断路器跳闸，无任何保护动作信号，该线对侧昌平站保护未动作，断路器未跳，见图1-8及图1-9。

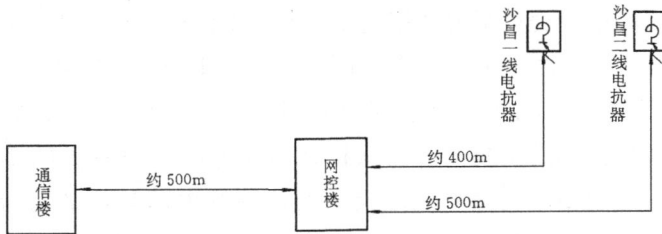

图1-8 沙岭子电厂通信楼、网控楼及沙昌双回线
电抗器相对位置示意图

在沙岭子电厂的三条500kV线路跳闸之后，张家口地区的发电出力大大超过地区负荷，有大部分功率要经过220kV上京双回线送入主系统，稳定遭到破坏，引起张家口地区对主网的振荡，振荡过程持续1分44秒。振荡过程中沙岭子电厂的4台机组因超速等原因相继跳闸；下花园电厂的所有机组也相继跳闸。事故过程中，系统频率最低达到49.54Hz，张家口地区220kV系统电压最低达到154kV。

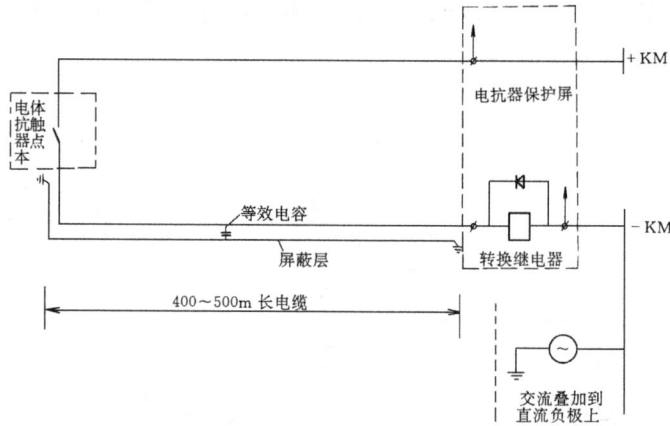

图 1-9　交流电源混入直流系统试验示意图

二、事故分析

事故检查发现：

（1）沙昌Ⅱ线电抗器保护盘动作信号为：B 相重瓦斯动作、A 相油温高动作、A、B 相压力释放动作，故障录波证实：沙昌Ⅱ线电抗器保护的总出口继电器确实曾经动作，且动作信号为 50Hz 的脉动信号，频率与交流系统的频率完全相同，见图 1-10。

（2）丰沙线纵联保护 PLS 跳闸数据记录窗显示：保护动作是由于接收远方直接跳闸继电器 CC8 动作引起。该线的远方跳闸收信回路采用了由微波信号通道和载波信号通道组成的"二取二"回路，未设就地判别装置。故障录波证实：两个通道的收信继电器均动作，动作信号均为脉动信号，其中微波通道收信继电器的动作频率为交流系统频率的 2 倍频；载波通道收信继电器的动作频率与交流系统的频率完全相同，参见图 1-11 及图 1-12。

（3）沙昌Ⅰ线无任何保护动作信号，观察该线的故障录波发现：沙昌Ⅰ线电抗器保护在断路器跳闸时有大约 2ms 的动作记录大约 2ms 的信号宽度及与交流系统电压相位的对应关系，与沙昌Ⅱ线电抗器保护动作信号录波完全相同，参见图 1-13 及图 1-14。

（4）故障录波表明：事故前及事故过程中，系统内无任何短路故障。通过对保护装置的常规检查证实：三条线路的保护装置本身无任何异常，相关二次回路传动检查正确。通过查线发现：沙昌Ⅱ线电抗器保护的压力释放回路在电抗器侧根本没接，说明保护屏所发出的"压力释放动作"信号非由电抗器本体的压力释放继电器所为，而是由回路干扰造成。

误动的三条 500kV 线路有以下共同点：三条线路均只是沙岭子

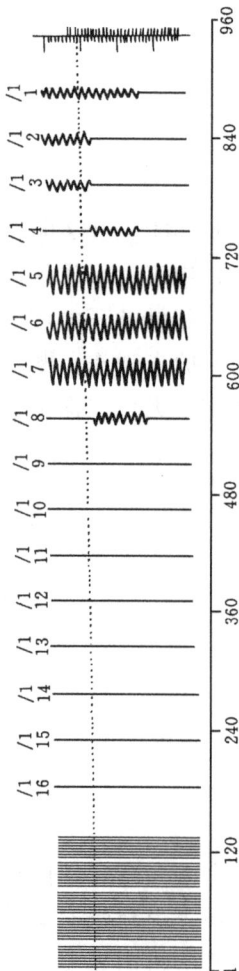

图 1-10　沙昌Ⅱ
线跳闸时录波

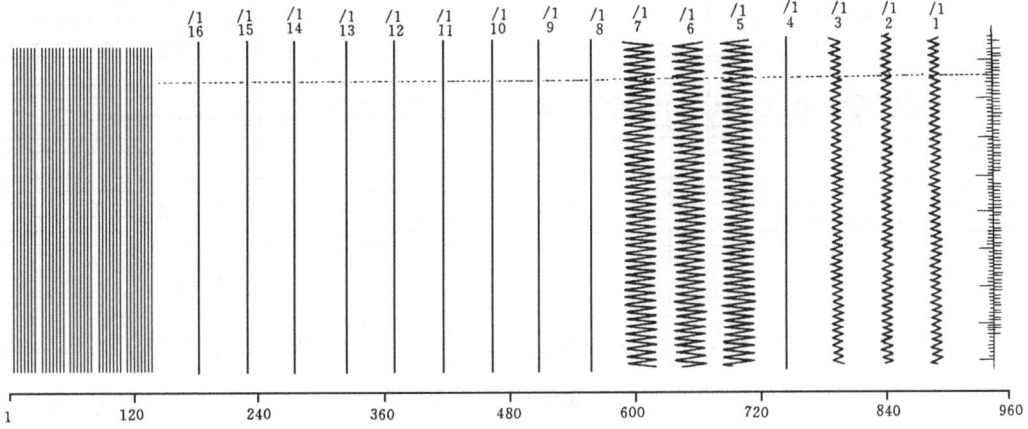

图 1-11　沙昌Ⅱ线试验时录波

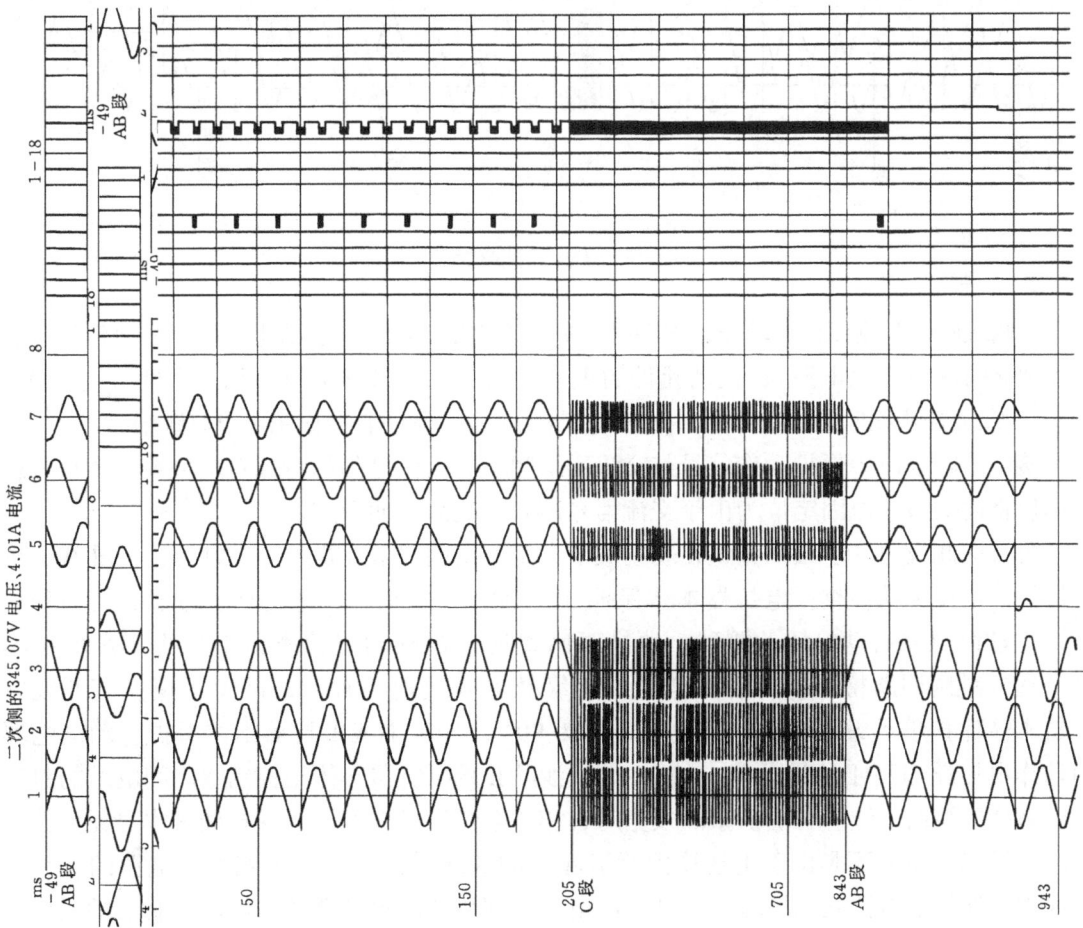

图 1-12　丰沙线跳闸时录波

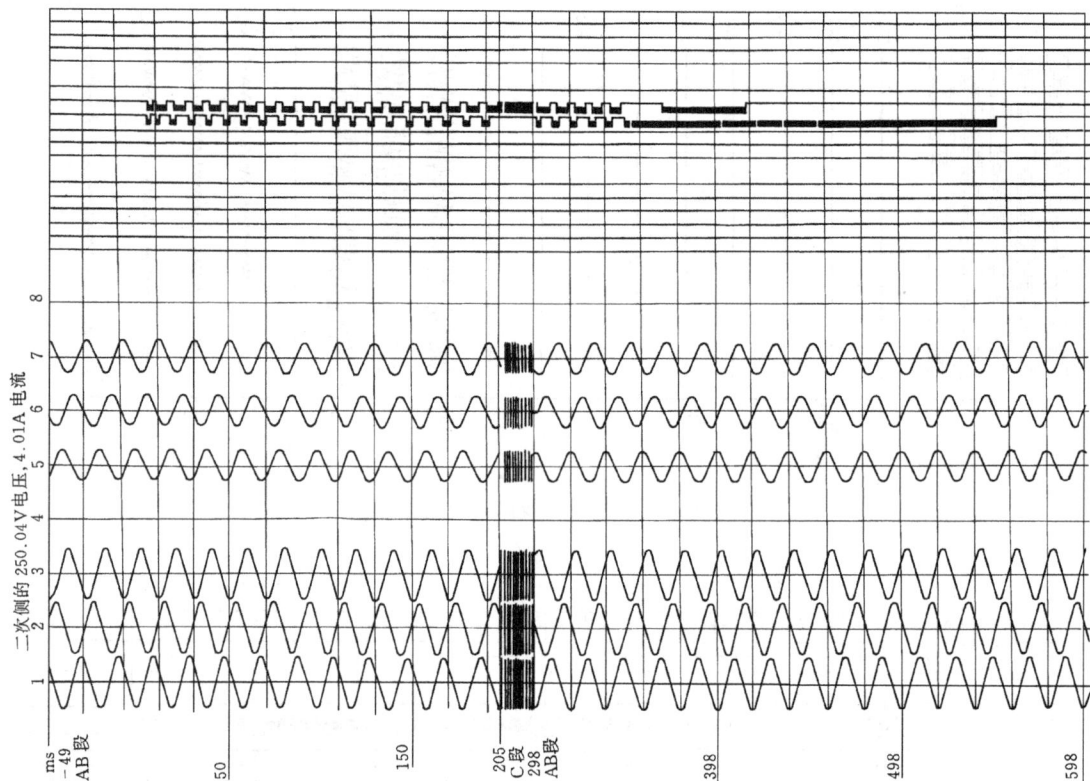

图 1-13　丰沙线试验时录波

电厂一侧跳闸，对侧保护没动作；误动的保护装置均使用同一组直流电源（该厂升压站设有相互独立的两组直流电源）；误动元件的重动继电器或出口继电器由用长电缆（为 400 ~ 600m）从远端引来的空触点启动，不经保护装置本身控制而直接作用于出口跳闸。

　　鉴于故障录波中保护动作信号与交流系统频率、相位之间的特殊对应关系，事故分析初期便将此次事故原因定位为由于交流信号窜入直流系统而引起。

　　为验证此设想，事故调查组在现场做了大量的试验，首先进行了对沙昌Ⅰ、Ⅱ线电抗器保护的常规传动检查；电抗器本体保护（A、B、C 三相轻、重瓦斯、过温、压力释放等）重动继电器启动电压的测试；沙昌双回线远方跳闸功能检查；丰沙线 PLS 保护本身及远方跳闸回路检查；各有关电缆的绝缘及屏蔽接地检查等，试验发现沙昌Ⅱ线电抗器本体保护重动继电器的动作电压最低为 90V，沙昌Ⅰ线电抗器本体保护重动继电器的动作电压普遍高于沙昌Ⅱ线，约 120V；沙昌Ⅱ线电抗器本体至控制室之间电缆的对地电容略高于沙昌Ⅰ线。在确认事故发生时各相关电缆绝缘良好、各保护装置本身无元器件损坏（即确认事故不是由于上述原因所引起）的情况下，分别将单相交流电源的火线加在误动的保护继电器线圈负端，逐渐升高电压，利用故障录波器检查继电器触点的动作情况。试验结果为：当交流电压加至 100V 左右时，收信继电器开始抖动，当交流电压升至 200V 左右时，PLS 保护装置的跳闸母线灯亮，录波器起动，故障录波显示收信信号为

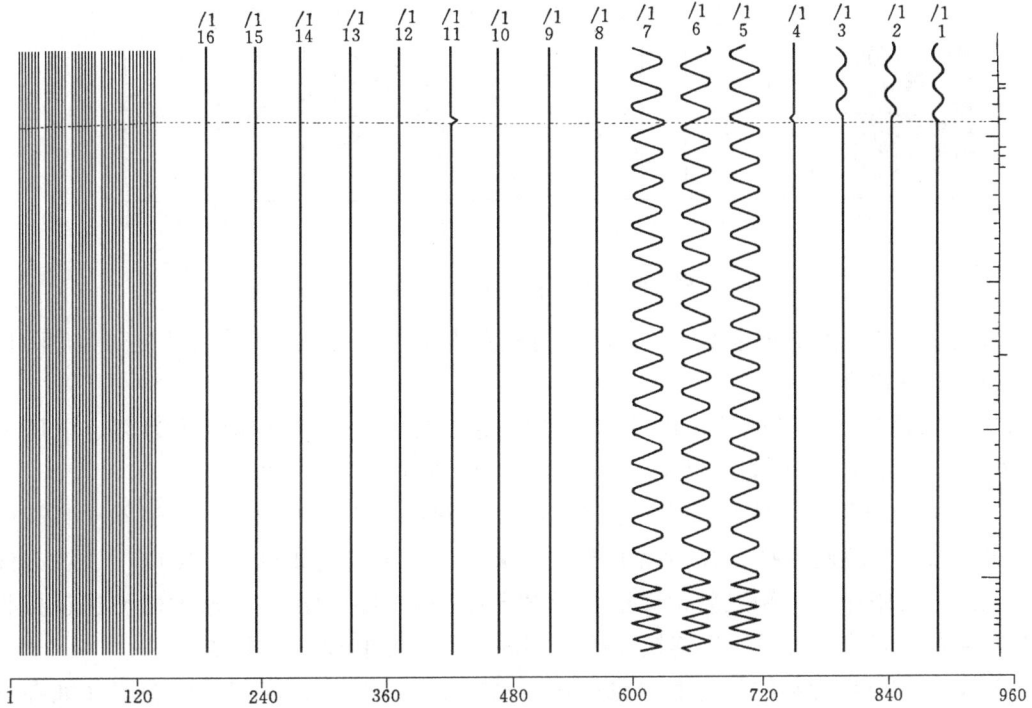

图 1-14　沙昌 I 线事故时录波

100Hz 脉动方波；当交流电压突加至 200V 左右时，沙昌 II 线电抗器保护屏重瓦斯及温度跳闸出口继电器信号灯亮，B 相重瓦斯动作及 A 相温度高动作灯保持，沙昌二线跳闸连接片上有直流正电位，故障录波显示该线电抗器保护出口继电器抖动，频率为 50Hz（与事故时该线录波相吻合，参见图 1-11）；当交流电压突加至 220V 以上时，沙昌 I 线电抗器保护出口继电器抖动，故障录波显示该线电抗器保护出口继电器触点有 2ms 的输出信号（与事故时该线录波相吻合，参见图 1-15）。检查 PLS 保护中的允许信号收信继电器 CC1，其线圈两端无续流二极管，线圈一端并接了消弧电容，线圈无极性，任一端电压高于继电器起动值均可导致触点动作，因此在继电器线圈两端施加 50Hz 的交流信号时，继电器触点动作频率为倍频（参见图 1-13）。沙昌 II 线电抗器保护中的非电量重动继电器线圈两端并有续流二极管，外加交流信号为正半周时将继电器线圈短接，故触点动作频率与外加交流信号频率相同。沙昌 I 线电抗器保护中的非电量重动继电器除线圈两端并有续流二极管外，线圈正端还串有一正向二极管，加之继电器的起动电压高于沙昌 I 线电抗器保护中的非电量重动继电器的起动电压，且其回路电容小于沙昌 II 线，所以较不易动作。

　　在事故调查组完成上述分析试验之后，该厂高压试验人员承认在进行高压试验时不慎将单相交流电源的零线端接至站内直流电源正极上，并在 7min 左右的时间内先后两次合上交流电源进行试验，从而最终证实了事故调查组的判断。

三、采取措施

（1）通过此次事故教育全网职工，强化安全意识，工作中认真加强监护，杜绝将交

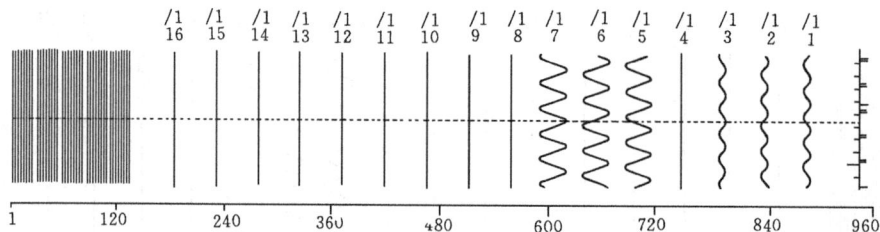

图 1-15 沙昌 I 线试验时录波

流回路错接至直流回路的现象发生。同时将可能发生交、直流回路短路的部位列为危险控制点，加强巡视检查。

（2）适当提高出口继电器，重动继电器的动作电压（选择起动电压为额定电压的55%～65%），提高抗干扰能力以及防止直流一点接地时保护装置误动。

（3）尽可能避免远端触点通过长电缆直接启动跳闸继电器的回路。对于本次事故中误动的丰沙线远方跳闸保护，改为以下方式：保护正电源经载波机音频接口（通过载波通道接收远方跳闸命令）触点后，接至装于 PLS 保护屏的音频接口（通过微波通道接收远方跳闸命令）接点，经投、退连接片接至 PLS 保护装置中 CC8 继电器。

（4）对经长电缆起动的各种非电量保护重动继电器，适当提高其动作功率（如在继电器线圈两端并接适量电阻）。

四、经验教训

此次事故再次证明了二次回路的完好与保证系统安全稳定运行之间的重要关系，尽管事故的始作俑者为其他专业，但启发继电保护工作者应对以下问题进行认真思考：

（1）非电量保护（瓦斯、过温等）是否有必要采用快速中间继电器做为重动继电器？非电量保护与反应电气量的保护不同，后者在系统发生异常情况时反应极其灵敏；前者（无论是瓦斯的积累还是温度的升高）总有一个相对较慢的渐变过程。因此，非电量保护延迟数毫秒对设备损坏程度的影响不大，而直接接于长电缆的重动继电器动作时间若大于10ms，则可有效地防止在交流侵入时误动。

（2）保护装置及其二次回路的设计，不仅仅只是以满足电气原理接线为原则，应同时根据具体情况认真考虑电缆走向、长短等对保护动作行为的影响，特别要考虑在出现可能出现的异常情况时，外界因素对保护装置的影响以及保护装置的承受能力。

（3）随着静态型保护，特别是微机更加广泛的应用，为提高保护装置抗干扰能力而设置的电容不断增多，尤其是在直流电源回路，全站等效电容相当可观，一方面为交流侵入直流回路提供了通道，另一方面由于电容的存在，直流回路发生短路时，电容放电将延缓直流电压的变化速度，从而导致快速动作的继电器动作。因此，对全站等效电容的数量级以及其对于保护装置的影响程度应加以足够的重视。

3 河北"1.15"羊范站事故

一、事故简述

1992年1月15日13时58分，河北南网220kV羊范变电站值班人员在完成202断路器转带292断路器的操作后，进行范柏线292断路器转停电的隔离开关操作中，因带电合接地隔离开关的误操作造成范柏线出口三相弧光短路。由于202断路器主保护拒动，使事故延时切除，引起系统振荡，使电网解列，造成稳定破坏事故。

1. 电网事故前的运行方式

全网220kV输电线路无检修。但220kV羊范变电站有临时检修工作，一是采用211断路器母线侧两隔离开关跨接母线方式停修220kV母联断路器，处理工作缸漏油；二是旁母断路器202转代220kV范柏线292断路器，处理292断路器工作缸漏油。220kV联网线受电为有功50MW，无功0Mvar。

2. 事故经过

1992年1月15日13时58分，220kV羊范站值班人员进行范柏线292断路器转停电的隔离开关操作中，误合292-05接地隔离开关，造成范柏线出口三相弧光短路（参见图1-16及图1-17）。旁母202断路器保护装置拒动，范柏线对侧断路器由其高频闭锁距离保护动作跳闸，随后范王线、庄范线、范许线、邢范Ⅰ、Ⅱ线等对侧断路器均由距离保护Ⅱ段动作跳闸（动作时间最短者0.48s，最长者0.58s），至此，故障点与220kV主网隔离。事故发生后4.4s，羊范主变压器中压侧电源靠低频低压解列切除。由于电网受到三相短路最严重冲击，而且旁母202保护拒动，造成后备保护动作致使主网隔离故障点较慢（长达0.58s），同时电网切除了邢台电厂6、7号机，羊范站与王段站断面的南北联络线分别由事故前范许线、范柏线和王许线减弱到仅王许线一条，形成弱联系电网，激发本网乃至整个华北电网各机群间激烈振荡。唐山陡河电厂，山西大同二电厂及京津唐主网均有明显震感。220kV联网线的有功功率在 +360MW～ -95MW 间摇摆，振荡周期由开始时的1.6s渐趋0.86s。至故障后13s高碑店站的2ZJ—2型振荡解列装置动作跳闸，造成河北南网与京津唐主网解列，几乎同时（0.86s后），上安1号机又因低频保护动作，被迫退出运行，河北南网的功率大量缺额导致电网频率急剧下降，振荡周期

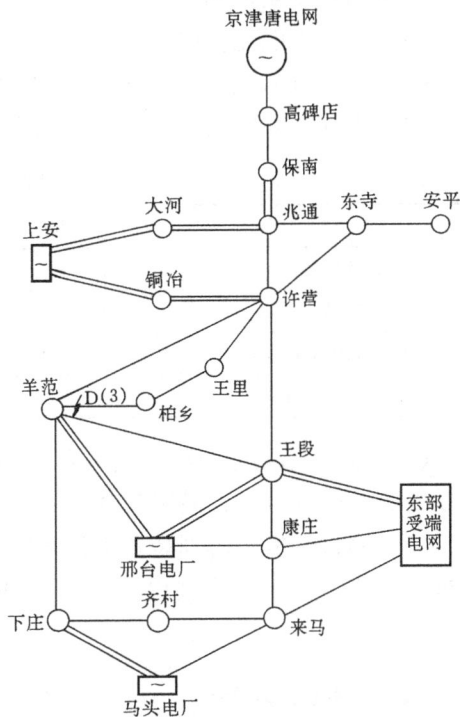

图1-16 河北南网主接线

更趋缩短至 0.24s。低频减载装置按轮级序位，从第 I 轮至第 VI 轮依次动作共切除负荷 489.9MW。至故障后 17s 左右，系统振荡渐平息。据统计，低电压甩负荷 353.1MW，全部损失负荷 843MW。未造成人员伤亡和设备损坏。

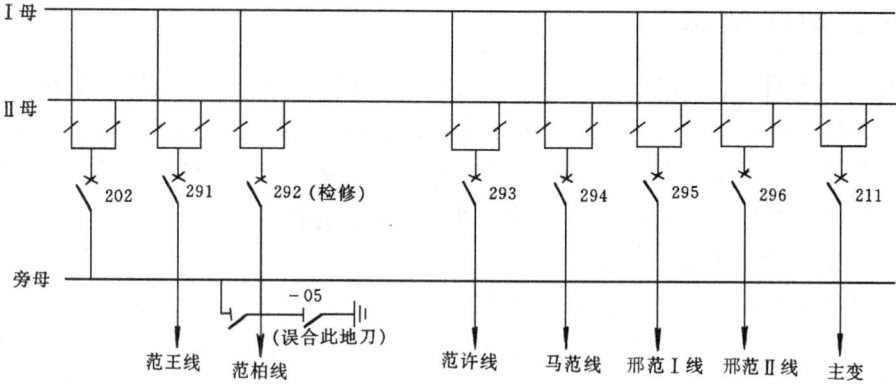

图 1-17 羊范站故障区域电气接线图

3. 事故的主要数据

（1）总故障电流：14731A。

（2）故障点弧光电阻：$(0.04 + j0.04)$ Ω。

（3）电网各控制点残余电压：如表 1-1 所示。

表 1-1 　　　　　　　　　　　　　　　电网各控制点残余电压

名　称	电压标幺值	名　称	电压标幺值
羊范站 220kV 母线	0	许营站 220kV 母线	0.634
邢台电厂 220kV 出口	0.4	上安电厂 220kV 母线	0.71
邢台电厂 110kV 母线	0.286	保南 220kV 母线	0.81
马头电厂 220kV 母线	0.529	高碑店 220kV 母线	0.91

（4）系统振荡过程中，故障录波器最长者记录到故障后 17s，共录有 33 个振荡周期，振荡周期最长为 1.5s，最短为 0.14s。

（5）高碑店振荡解列装置动作跳闸后，本网内振荡加剧，其振荡周期由 0.8s 缩短为 0.24s。上安电厂 1 号机停运后本网内振荡更加严重，其振荡周期由 0.24s 又缩短为 0.14s。

二、事故分析

220kV 羊范站值班人员误合 292-05 隔离开关，造成范柏线出口三相短路，是 1.15 事故发生的直接原因。

旁母 202 断路器继电保护装置拒动是本次事故扩大为系统事故的主要原因。其拒动原因是值班员在进行"将 292 高闭切换至旁路位置"时漏项，没有按 292 高频闭锁收发信机逆变电源辅助起动按钮，使 202 高闭装置失去直流电源，导致故障时拒动。

另外，旁母 202 断路器保护配置，缺乏独立工作的距离 I 段和相电流速断保护装置，也应看作是本次事故扩大为系统事故的重要原因。

河北南网低频减载装置的正确动作，起到保证电网安全稳定的最后一道防线作用，是本次系统振荡渐趋平息的主要因素之一。

河北省局委托清华大学电机系对 1.15 事故进行了分析，其仿真计算结果说明：故障初始阶段主要是河北南网南部地区（邢台、邯郸）与石家庄、保定及京津唐电网发生振荡，石家庄、保定地区与京津唐是同摆的，河北南网南北之间只剩下王许线一条，联系薄弱，振荡中心在王许线上。事故发展到后期，石家庄、保定地区与京津唐电网之间也出现振荡，认为是邢台、邯郸地区的异步运行激发了石家庄、保定地区与京津唐电网之间的机电谐振，最终造成后两部分失去稳定。

三、事故暴露的问题和经验教训

1. 电网结构与系统稳定

本次事故的故障点位于范柏线出口处，在 220kV 母线差动保护区外，故障类型又是三相短路。结合原电力工业部《电力系统安全稳定导则》校核，相当于羊范站 220kV 母线无母差保护时发生三相短路，本网无能力保持系统稳定运行。通常在上述故障方式下，一般也很难在技术上采取可靠的稳定措施。因此，属重要厂、站母线倒闸操作时，主管厂局应制订严密的组织措施和可靠的技术措施，防止发生误操作。具体注意以下几个方面：

（1）合理的电网结构和厂、站电气主接线，是电网安全稳定运行的最基本保证。同时必须注意强化一、二次设备的配置方案和选型以及采取各种重点保安措施等。

（2）加强电网稳定管理专职力量，认真研究改进稳定计算，完善电网稳定措施。并建议华北电网应统一考虑配置系统振荡解列点，采用和开发新颖稳定控制手段，提高全网总体稳定水平。

（3）更新和完善重要厂、站的母线保护、失灵保护和旁母断路器保护，并强化专业管理。

（4）凡重要厂、站母线及旁母断路器转代作业，必须满足电网中心调度部门的运行方式规定，而且要认真履行防止误操作的组织措施和技术措施手续，执行各级技术负责人批准手续。

（5）提高重要厂站值班人员的总体素质，结合厂站实际认真完善基建交接制度和各种厂站现场规程，并要列入装置交直流电源、切换开关接插件，以及两端高频信号对试等的正确性、可靠性校验内容。

（6）完善各级调度部门的继电保护运行规程，强化各级继电保护职能管理。

2. 提高主力电厂对电网的支撑能力

火力发电厂厂用电源，特别是 380V 供电系统，要更新厂用电供电方式设计，提高其适应性和运行可靠性。1.15 事故中，邢台电厂、马头电厂等主力电厂距离故障点近，电厂母线残余电压低至 70% 以下，导致电厂内部低电压保护动作，以时限 0.5s 切除部分辅机，而电厂 380V 系统凡以电磁开关或交流磁放大器等供电的重要辅机如重要的水泵、油泵等均释放退出运行，致使主力电厂机组出力大幅度降低，甚至危及大型炉灭火，严重影响主力机组事故后对电网的支撑作用，应吸取这个沉痛的教训：

（1）更新和完善主力机组起动电源设计，引入环形供电或采用备用自投入等模式，以提高可靠性。

（2）更新火电厂厂用电系统设计，完善电厂重要辅机及影响主机安全运行的辅机的供电方式。提高它们对电力系统振荡和延迟切除故障等的适应能力。

（3）更新火电厂厂用电系统整定计算原则，或在220kV主网内采用、推广高精度时间继电器，压缩现有继电保护整定时间级差，以确保距离保护Ⅱ段等后备保护的动作时限小于或等于0.3s。

3. 协调"网机关系"

要按照电网事故状态下"首先保网，也要保机"原则，确定新型的"网机关系"。1.15事故中，在河北南网南北两部分发生振荡，与京津唐联络线又被振荡解列切断，石家庄、保定地区严重缺功率时，上安电厂1号机组过早退出系统运行，对事故后的电网无疑是"雪上加霜"。为此：

（1）研究确定大型机组的低频解列保护的整定原则。

（2）研究和开发新型高精度频率继电器，进一步缩小电网按频率自动减负荷装置的轮级级差 Δf。

（3）建议电机设计和制造部门采取措施，将大型机组末级叶片谐振频率降低至47Hz（相当于转速2820r/min）以下。运行部门应将该指标作为设计审定时的重要内容。

（4）健全和优化各种原理构成的变压器过负荷联切装置、输电线热稳定和送电断面过功率联切装置、联网线安全稳定控制系统、连锁切机装置、发电厂快减出力装置以及各种原理的自动解列装置等，并纳入相应运行规程和现场规程。

（5）健全和优化电力系统故障录波器和各种状态自动记录仪，加强对各种录波装置的维护和管理，分期分批更新旧设备。开发和研究电力系统状态记录仪，满足自动记录电力系统长过程和主力机组工况参数。还要加快电力系统频率、电压自动记录仪的安装调试和投运计划。

4. 提高继电保护装置正确动作率

"1.15"误操作，继电保护装置拒动而扩大为系统事故，又一次证明继电保护装置的正确动作是确保电网安全稳定的基本条件。因此，建议主管部门制订政策，切实加强各级继电保护机构的管理职能：

（1）淘汰不适应现代电力系统的继电保护旧装备，分期分批实施《继电保护更新和完善五年滚动计划》和《继电保护十年发展规划》。

（2）更新和完善重要厂站和重要干线的继电保护配置方案，认真参加初步设计审查和施工图审核，杜绝如羊范站旁母断路器保护配置方案上的漏洞。

（3）稳定和加强继电保护专业队伍。鼓励长期从事继电保护工作的老同志，奖励每次继保装置正确动作，处罚每次不正确行为。

（4）加强继保专业的道德培训，树立严谨、务实、进取、耐劳的行业作风，提高队伍整体素质。

广东电网"9.20"事故

一、事故简述

1. 第一次 15 时 30 分佛南线故障

1990 年 9 月 20 日 15 时 30 分，220kV 佛南线 50 号杆雷击，A、B 相接地短路，两侧高频及距离保护 I 段动作，断路器三相跳闸。同时，220kV 红山 II 线红星侧方向高频保护误动作，断路器三相跳闸；220kV 沙西线沙角 A 厂侧相差高频保护误动作，断路器三相跳闸；沙角 A 厂 2 号发电机定子对称过流反时限保护误动，机组解列。15 时 40 分，红山 II 线恢复运行。15 时 46 分，沙角 A 厂 2 号机并列。15 时 52 分，沙西线恢复运行；15 时 57 分，佛南线强送成功，系统恢复正常。系统接线图见图 1-18。

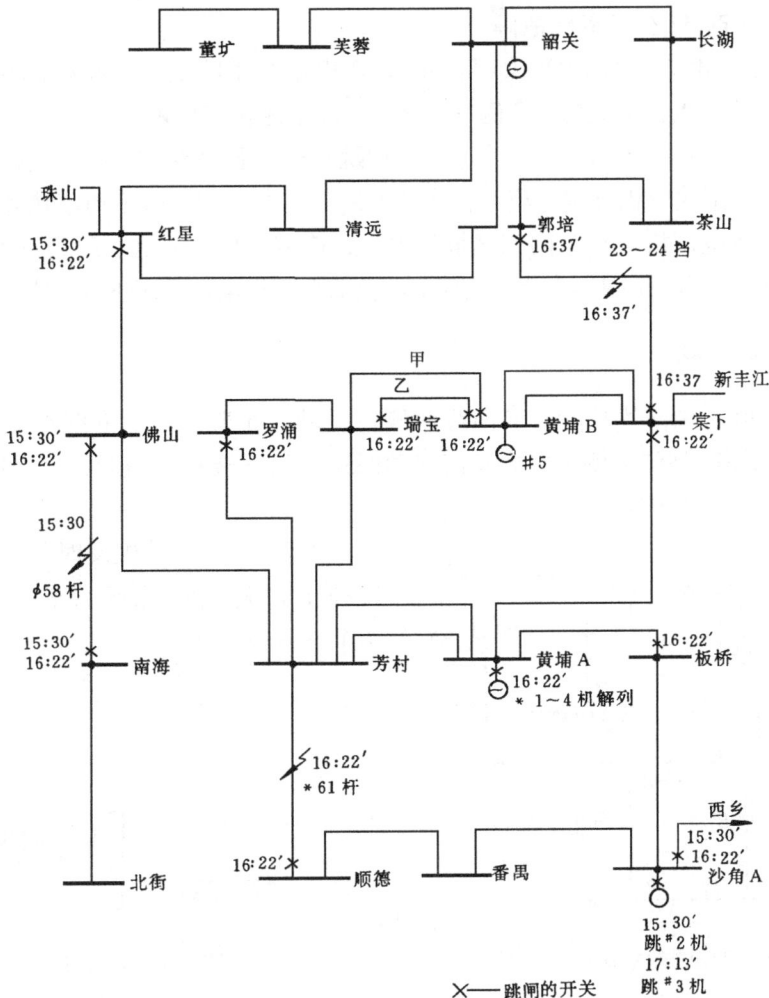

图 1-18 1990 年广东电网"9.20"事故时系统接线图

2. 第二次 16 时 22 分芳顺线故障

16 时 22 分，220kV 芳顺线 61 号杆附近雷击，A、C 相接地短路，芳顺线顺德侧零序 I 段保护和高频闭锁距离保护同时动作，A、C 相选相元件动作，断路器三相跳闸，芳顺线芳村侧保护不动作。黄埔 A 厂 220kV 黄芳甲、乙线保护未动，1 号主变压器低压过流保护（4s），2、3、4 号发电机低压过流保护第一时限（5s）动作跳 1~4 号主变压器 220kV 侧断路器，使 4 台机组与系统解列。

由于故障时芳村侧保护未动，引起多条相邻线路跳闸，主要有：

220kV 黄棠甲线棠下侧、220kV 板黄线板桥侧、220kV 芳罗线罗涌侧零序 IV 段保护动作，断路器跳闸。220kV 佛（山）南（海）线两侧零序 IV 段保护动作，断路器跳闸。

220kV 瑞芳线瑞宝侧保护未动，220kV 黄瑞甲、乙线黄埔电厂侧及 I 线的瑞宝侧断路器跳闸。与此同时，红山 II 线红星侧方向高频保护再次误动，断路器跳闸；沙西线沙角 A 厂侧相差高频保护又误动作，断路器跳闸。

3. 第三次 16 时 37 分棠郭线故障

16 时 37 分，220kV 棠郭线 23~24 号档距间 B 相导线对下面交叉跨越的 10kV 馈线放电，造成 B 相接地短路，重合不成功，两侧三相跳闸。郭培侧相差高频、高频闭锁零序及零序电流保护I段动作，B 相断路器跳闸，重合不成三相跳闸；棠下侧零序电流方向保护动作，B 相断路器跳闸，重合不成三相跳闸。至此，北部电网与主网解列，由于功率缺额大，频率低，引起北部电网内各电厂机组与电网相继解列停运，造成肇庆、清远、韶关三市全停电，广州、佛山部分地区停电。19 时 24 分，北部电网负荷全部送电，系统恢复正常。

二、事故分析

（1）15 时 30 分佛南线故障，佛南线两侧保护动作正确。红山 II 线红星侧 BFG 型方向高频保护误动原因是佛山侧装置内发信起动回路一只三极管 T2 损坏，以致线路故障时不能向红星侧发出闭锁信号。

沙角 A 厂 2 号机反时限定子过流保护误动出口是出口晶闸管软击穿所致，见图 1-19 及图 1-20。

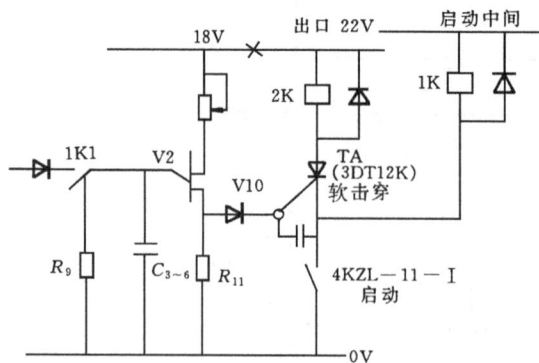

图 1-19　晶闸管软击穿示意图

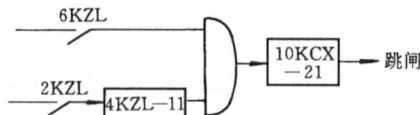

图 1-20　保护动作逻辑示意图

6KZL—闭锁元件；2KZL—反时限启动
元件；4KZL-11—反时限延时元件；
10KCX-21—出口继电器

启动元件（2KZL）和闭锁元件（6KZL）在外部短路冲击下动作，由于元件 TA 软击穿（即晶闸管 TA 控制极无脉冲或加很小脉冲信号即触发）引起出口继电器 ZK 动作，4KZL—11 延时回路失去作用，造成 10KCX—21 出口误动作。

（2）16 时 22 分芳顺线故障，顺德侧高频闭锁保护及零序Ⅰ段保护动作正确，而故障时芳村侧保护拒动，是造成这次事故扩大的主要原因。芳顺线芳村站保护拒动原因为：芳村站相差高频保护出口继电器 KCK 电压线圈并联的二极管 V94 击穿，这样，当芳顺线故障，相差高频保护或高频闭锁零序、距离保护动作，正负电源通过 V94 短接，见图 1-21。造成芳顺线芳村侧控制、保护回路负极熔丝熔断，使受同一熔丝控制的芳村线的所有保护，均因失去直流电源而不能动作。

事故进一步扩大的原因是：红山Ⅱ线红星侧方向高频保护在 15 时 30 分误动后，在未查出原因的情况下，投入运行，造成 16 时 22 分区外故障时再次误动并跳开红星侧断路器。它的后果有两点：一是切除了红星变电站等主变压器的中性点接地点，使得芳顺线故障时流经芳佛线的零序电流减少，芳佛线零序保护后备段返回而不能跳芳佛线佛山侧断路器，进而导致佛南线越级跳闸，佛山站全停；另一点是削弱了北部电网与主网的联系，使棠郭线电流增加，是导致棠郭线过负荷的一个因素。

瑞芳线瑞宝侧零序方向保护拒动的原因，是由于瑞宝变电站 220kV Ⅱ 母线电压互感器开口三角绕组回路接错线。瑞宝站Ⅱ母线 TV 连接示意图见图 1-22。

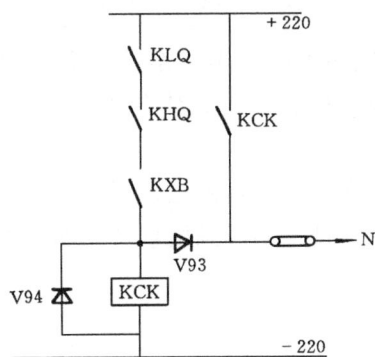

图 1-21　ZCG-1A 出口回路图　　　　图 1-22　瑞宝站Ⅱ母线 TV
连接示意图

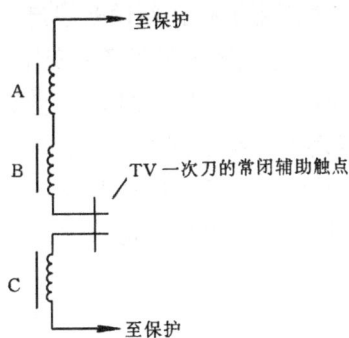

由图 1-22 中可看到，在 B 相尾与 C 相首之间错接入隔离开关的辅助常闭触点，运行时隔离开关合上，其常闭触点断开，零序电压不能形成，造成瑞芳线瑞宝侧零序方向保护拒动。

芳村主变压器零序Ⅱ段拒动原因是，主变压器中性点套管 TA 变比错，计算要求 300/5，实际为 600/5，使一次定值从 660A 增长至 1320A，导致拒动。

黄芳甲、乙线后备保护不动作的原因是：由于相邻有灵敏度的分支保护瑞芳线零序Ⅳ段、芳佛线零序Ⅳ段及芳村 1 号主变压器零序Ⅱ段拒动，黄芳甲、乙线因灵敏度不足而拒动。当故障发生 4s 后黄芳甲、乙不能起动跳闸时，黄埔机组（1、2、3 号）已动作，4s 先跳 200 断路器，4.5s 跳 1、2、3 号机变压器，7s 跳 4 号机变压器，这样，黄埔少了两个接地变压器（1、4 号），黄芳甲、乙线保护更无法起动，但零序电流分布发生转移，因此黄棠线棠下侧零序Ⅳ段保护在故障发生 9s 后，黄板线板桥侧零序Ⅳ段则在故障发生 15s 以后跳各自断路器，从而把芳顺线故障点与电源隔离，消除故障。

（3）16 时 37 分，棠郭线故障，是由于严重过载引起，其原因除因红山线误跳闸引起其电流增加外，芳罗线及黄瑞甲、乙线跳闸后，罗涌站所连接的广州市西、北部 110kV 电网仅通过茶山站与主网连接，又使棠郭线电流增加。棠郭线电流当时超过 800A（导线 $1 \times 240mm^2$，导线温度为 40℃时安全电流为 610A），严重过负荷，导线温度升高，弛度增加，导线下降到一定距离时，迭加雷电感应过电压，引起 B 相导线对 10kV 馈线交叉放电，造成棠郭线 B 相接地短路，两侧断路器跳闸，且重合不成功。

三、事故暴露问题

1. 继电保护管理工作存在漏洞

多处保护拒动、误动造成事故扩大，暴露了继电保护的管理问题，对于设备原理和质量的缺陷，未能及时提出反措要求和采取措施。

2. 未执行继电保护规程

对于装设分保险，继电保护技术规程已有原则要求，但芳村保护设计仍是按独立安装单元装设公共保险，从而造成芳村保护拒动，教训深刻。

3. 基建工程质量下降，新设备投产验收把关不严

瑞宝站 TV 接错线及芳村站 TA 变比错等都是基建遗留问题，均为新投设备，投产不到一年，但同时亦暴露了投产时验收连动试验项目不全、验收把关不严的问题。

4. 系统规划设计存在问题

系统规划设计，包括保护选型设计，给运行遗留太多困难。环网越来越多，短线越来越短，后备保护灵敏度很难满足要求，通过这次事故，对此应引起高度重视，加强主保护双重化配置。

四、采取对策

（1）严格执行反事故措施，各保护装置直流电源回路、操作电源回路、信号电源回路均应按《反措要求》中的要求设置熔断器，在出口中间线圈两并联二极管串电阻。

（2）加强定值管理，元件保护应严格与系统保护匹配，并要改善后备保护灵敏度。

（3）对新投产设备要把好保护投产验收关，防止基建遗留问题造成保护的误动或拒动。

（4）改进设备。对一些运行时间较长或保护存在原理缺陷的，应加强监视，发现问题及时采取措施，有条件应尽快进行更换。

（5）提高调度运行水平。在事故紧急情况下，特别是多重故障发生时，各级调度应明确联络线允许电流并能有效监视，合理调整系统潮流，正确有效地防止事故继续扩大。

5　某220kV电网5.31事故

一、事故简述

1988年5月31日17时10分，某220kV电网W8线P3厂侧线路出口刀闸外6.2m处发生C相断线加接地故障，P4厂侧断线而不接地。P3厂侧高频相差动和零序电流方向一段保护均拒动，由零序电流二段保护切除故障。TS3变电站侧W3线零序电流二段保护越级跳闸。W10线TS1变电站侧过负荷保护动作解列W1线的QF2断路器；TS1变电站的振荡解列装置动作跳开QF1 66kV断路器，与系统解列运行。因此，事故进一步扩大，造成TS2、TS3、TS7和TS11共4个220kV变电站全停（当时P4厂机组未发电），P1厂和P3厂停机，事故波及12个厂、变电站和地区。停电负荷达325MW，损失电量30.2万kWh，事故处理历时56min，其一次系统接线如图1-23所示。

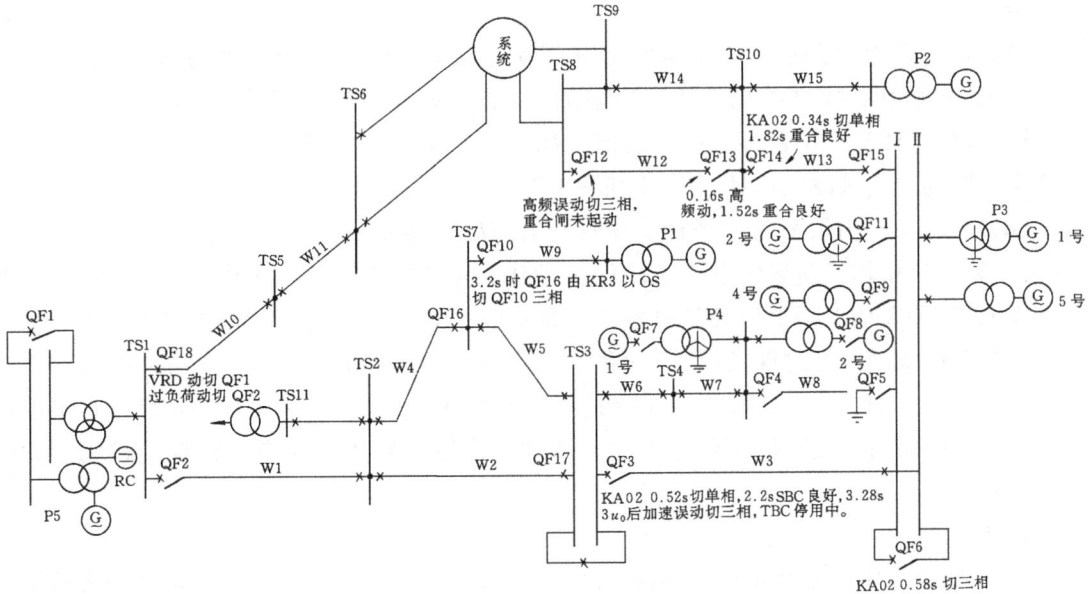

图1-23　某220kV电网5.31事故一次系统接线图

VRD—振荡解列装置；KA02—零序电流二段；KR3—距离三段；SBC—单相重合闸；TBC—三相重合闸；QF4—高频相差0.16s切三相，0.2s联切两台主变，TBC停用中；QF5—KA01和高频相差拒动，KA02 0.56s跳三相，并联切2号、4号机变成功，TBC停用中

二、事故分析

从故障录波照片和事故后检查结果，各厂、站继电保护和安全自动装置动作情况如下。

1. P3 厂

（1）W8 线的 QF5 断路器，由零序电流二段（600A、0.5s 带方向）动作跳闸，同时联切 2 号、4 号机。

（2）母线联络 QF6 断路器，由零序电流二段（2112A、0.5s）动作跳闸，造成 1 号、5 号机与系统解列。

（3）在处理操作过程中，2 号机变压器断路器合不到位又拉开；4 号机变压器断路器合上后发现断路器冒烟，因此，立即手动拉开 W13 线的 QF15 断路器，然后，手动断开 9QF 和 11QF，再合上 15QF。

W8 线 P3 厂侧断路器有三次零秒保护动作的机会，可以使断路器跳闸切除故障。①高频相差动保护；②对侧跳三相后高频停信，P3 厂侧高频相差动保护应能再次动作跳闸；③ P3 厂侧出口单相接地短路，零序电流一段（1440A、0s 带方向）保护应动作跳闸。

（4）由于 W8 线 P3 厂侧瞬时段保护没能切除故障，故背后与其配合的 W13 线 TS10 变电站侧、W3 线 TS3 变电站侧和 P3 厂侧 QF6 母联的 0.5s 动作是正确的，避免了事故的进一步扩大。

（5）故障后 P3 厂侧 0.5s 跳 W8 线和 QF6 母联后，P3 厂 220kV Ⅱ 母和 Ⅰ 母分开。2 号、4 号机被联切，W13 线的 TS10 变电站侧重合良好后已是空线路。1 号、5 号机单送 W3 线，W3 线 TS3 变电站侧跳 C 相后即开始非全相振荡，当经 2.2s、单相重合良好后，变成全相振荡。其录波照片见图 1-24 和图 1-25。

（6）W8 线 C 相故障时，经计算零序电流 $3I_0$ 可达 6700A，零序电流一段整定值为 1440A，0s。从相邻线路零序电流二段保护动作及 TS10 变电站故障录波分析，W8 线 P3 厂侧及 P3 厂侧 220kV 母联断路器分别于 0.56s 和 0.58s 跳闸，证明 W8 线 P3 厂侧零秒保护均没有动作跳闸。经过现场调查，W8 线 P3 厂侧零序电流一段保护中的零序功率方向元件整流桥回路中的一只二极管损坏造成方向元件拒动；高频相差动保护虽然出口继电器动作，但所接回路与设计图纸继电器型号不符，实际回路无此接点，故拒绝跳闸，如图 1-26 所示。

2. P4 厂

（1）W8 线 P4 厂侧高频相差动保护动作，0.16s 跳三相，因稳定原因重合闸未使用。

（2）从录波图上看，A、B、N 相有电流，C 相无电流，说明 C 相导线断线，在 P4 厂侧没有接地。

3. TS3 变电站

W3 线的 TS3 变电站侧（QF3 断路器）零序电流不灵敏二段（690A、0.5s 带方向）动作切 C 相，2.2sC 相重合良好（重合时间 1.5s），通过 W3 线的实测零序电流 $3I_0 =$ 960A。3.28s 时系统有扰动，原因是 W4 线 TS7 变电站侧连切装置动作（在 P3 厂的 1 号、5 号机变压器与系统振荡时，QF16 由 KR3 以 0s 动作）切 W9 线 TS7 变电站侧 QF16 断路器时，由于断路器三相不同期，系统瞬间（约 40ms）出现零序电压（故障开始 $3u_0 =$ 31.7kV，经 2.2s 降至零值，又经 1.0s 出现 6～13kV 持续 40ms），使刚刚重合成功的 W3 线 QF3 断路器，由其后加速回路动作（在整组未复归前），跳开三相断路器如图 1-29 所

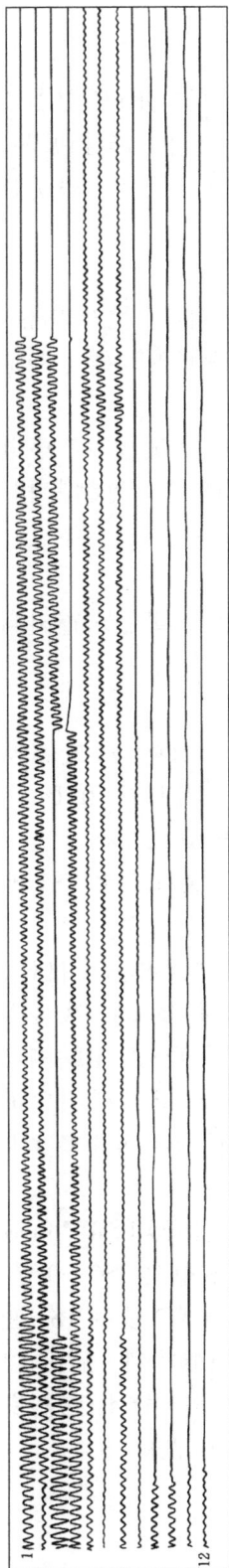

图 1-24　220kV W8 线 C 相接地短路 TS3 变侧录波照片之一

1～4—W3 线 I_A、I_B、I_C、$3I_0$（240A/mm）；5～8—W2 线 I_A、I_B、I_C、$3I_0$（240A/mm）；

9～12—W6 线 I_A、I_B、I_C、$3I_0$（240A/mm）

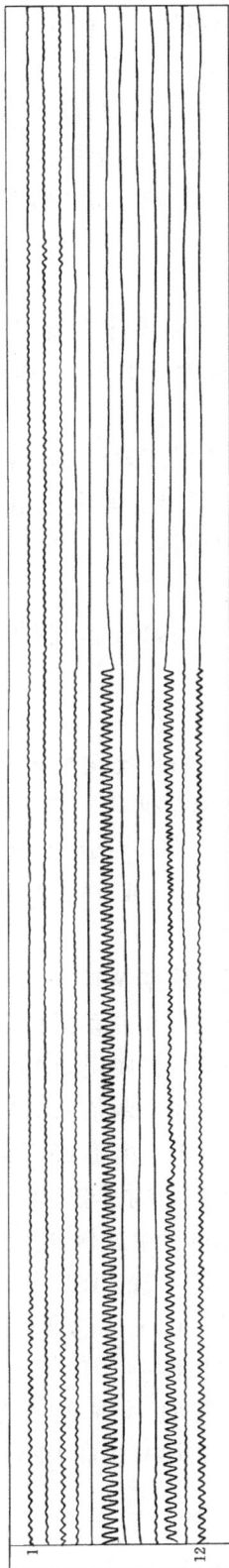

图 1-25　220kV W8 线 C 相接地短路 TS3 变侧录波照片之二

1～4—W5 线 I_A、I_B、I_C、$3I_0$（240A/mm）；6—2 号主变压器 $3I_0$（120A/mm）；

9—W6 线 $3I_0$（240A/mm）；10—W3 线 $3I_0$（240A/mm）；

11—W2 线 $3I_0$（240A/mm）；12—220kV $3u_0$（12.7kV/mm）

示，使 P3 厂的 1 号、5 号机甩掉了负荷。

4. TS7 变电站

W9 线的 QF10 断路器，在 P3 厂母联 QF6 断路器三相跳闸、TS3 变电站 QF3 断路器单相跳闸后，1 号、5 号机变压器与系统发生非全相振荡。单相重合成功后，转为全相振荡，从而使 W4 线 TS7 变电站侧的距离三段零秒联切 W9 线的 QF10 断路器（该距离三段瞬时触点作为 W9 线解列用）。

5. TS10 变电站

W13 线的 QF14 断路器，以零序电流二段 0.34s（696A，0.5s 带方向）跳开 C 相，1.82s 单相重合成功（重合闸时间 1.2s）。事后检查发现零序电流二段保护时间继电器整定误差太大（已及时改正）。

W12 线的 QF13 断路器，以高频相差动保护动作，因距故障点较远，实测故障零序电流 260A。用作"故障类型判别"的零序电流二段（整定 432A）不能起动而跳三相，1.52s 后重合成功（重合闸时间 1.0s），事后未查出该保护误动原因。

6. TS8 变电站

W12 线的 QF12 断路器，高频相差动保护跳三相，三相重合闸未动作，事后未查出高频误动与重合闸拒合原因。

7. TS1 变电站

W10 线的 QF18 断路器，因系统发生振荡，振荡解列装置动作后，切除 QF1 断路器（66kV 母联解列断路器）和调相机 RC，TS1 变电站地区电源单独运行。当 P3 厂和 P4 厂两厂相继解列后，TS1、TS2、TS3、TS7 及 TS11 变电站的负荷全部由 W10 线带出。造成 W10 线 QF18 断路器过负荷保护（450A，7s）动作，切除 QF2 断路器，使 TS3 和 TS1 地区四个 220kV 变电站全停电。

在事故处理过程中，网调根据 W12 线 TS10 变电站侧高频相差动保护动作重合良好，线路有电，而 TS8 变电站侧高频相差动保护动作，零序电流保护未动，判断 W12 线区内没有故障，因此，高频相差动保护属误动作跳闸。17 时 17 分下令 W12 线 TS8 变电站侧合上 QF12 断路器环并。此时，P3 厂两条 220kV 母线解列运行均有电，1 号、5 号机组单带 W3 线空线路单运，频率 53.7Hz。由于 P3 厂运行水平较低，当值新值长虽经网调多次下令，但母联断路器仍没有能按要求找同期并列，影响事故处理。

17 时 30 分，W3 线的 TS3 变电站侧合上 QF3 断路器，带出 2 号主变压器 12MW 负荷（单运系统）。17 时 32 分，W1 线的 TS1 变电站侧合上 QF2 断路器。变电站 TS3、TS7、TS2 和 TS11 均送出部分负荷，P3 厂单带 TS3 变电站的 2 号主变负荷，在 W2 线的 TS3 变电站侧的 QF17 断路器处找同期并列。P1 厂在 17 点 52 分，3 号、2 号机相继并列。后因 P3 厂 2 号、4 号机断路器消弧室冒烟，检查 W13 线的 QF15 断路器在合位，母联 QF6 断路器良好等，直到 18 点 04 分，P3 厂 220kV 母联 QF6 断路器环并，事故处理才基本结束。

三、采取对策

（1）改正 P3 厂侧高频相差动保护出口继电器触点，设计图纸为 DZB—12B 型继电器，使用 4 号、16 号触点，如图 1-26（a）所示。而实际屏上安装的是 DZ—32B 型继电器，仍按设计图接 4 号、16 号触点，如图 1-26（b）所示。实际无此触点，故引起保护不出口，现改正如图 1-26（c）所示接线。

（2）更换 P3 厂侧零序电流一段方向元件的一个二极管。

（3）TS3 变电站侧的 ZZC—4 型综合重合闸装置，由于使用零序电压后加速，使得刚单相重合成功的线路，又三相跳闸。为此，需将图 1-27 进行改进，即取消 5kV。常开触点（直联），保留其常闭触点（图中未画出）。4KMT 的 22 号与正电源断开，将 22 号与 2KA01 的 25 号相连接，此后加速回路受 2KA01 触点控制。

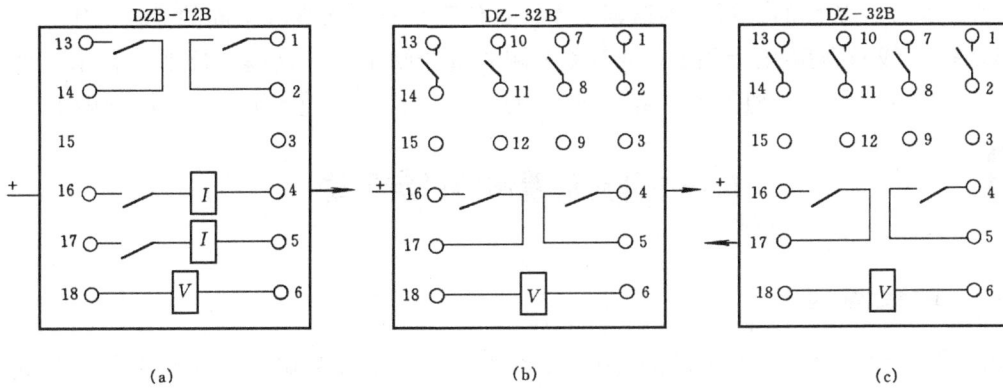

图 1-26　高频相差动保护出口回路接线图

（a）设计图纸使用 16 号、4 号触点；（b）实际屏上使用 16 号、4 号触点；

（c）将（b）图 4 号上的线改到 17 号上

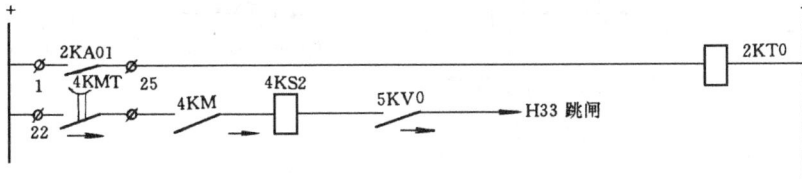

图 1-27　ZZC—4 型综重后加速回路误动作接线图

4KMT—重合闸后分相后加速继电器，触点处于闭合状态；4KM—重合闸后加速继电器，

触点处于闭合状态；5KV0—零序电压继电器的常开触点；

2KA01、2KT0—零序电流二段保护

（4）对图 1-23 所示电网的 870km 大环网，是该电力系统最薄弱的部分之一，经受不起事故的冲击，几乎每年都有一次电网稳定破坏性事故。从那时起，加强了电网建设，网架结构趋于合理，因此，多年来，消除了电网稳定破坏性事故。

四、经验教训

（1）在这次事故中，W3 线的 TS3 变电站侧，如果综合重合闸的后加速回路不误动作，P3 厂的 1 号、5 号机经 W3 线可以保住多个 220kV 变电站不停电。所以继电保护和安全自动装置直流回路设计是否合理，对保证安全发供电将起到重要作用。

（2）P3厂对继电保护的正常管理和维护工作不得力，如果每年都能按时进行定期检验，并作用于断路器跳闸的整组试验，就能及时发现保护装置中的缺陷，那么这次事故就不会扩大。

（3）W8线于1987年11月6日投入运行，至发生故障，才6个月零20天。后经了解，该线路P3厂侧出口段线路，是原来W3线的一段预备线，而这一段预备线建于1942年的旧导线。钢芯和铝线均有多处损伤，运行维护界限又不清，造成维护死区，酿成了这次事故。

（4）P3厂侧新值长，运行水平较低，事故处理较慢，直到老值长赶到现场，才得到处理。所以必须经常性的开展技术培训工作，每值至少有一人掌握全面的运行工作。

（5）W12线的高频相差动保护误动和一侧的重合闸拒动，这里也反映出技术培训和定期检验工作的问题。要想做到"养兵千日用兵一时"，则管理和维护工作必须做细。

母线故障延时跳闸的稳定事故

一、事故简述

1962年5月26日，某变电站的23kV母线发生三相短路故障，由于没有装设母线差动保护，靠23kV线路的过流保护3.5s切除故障，造成电厂机组与受端系统发生振荡，220kV变电站处于振荡中心，甩掉大部分负荷，系统图见图1-28。

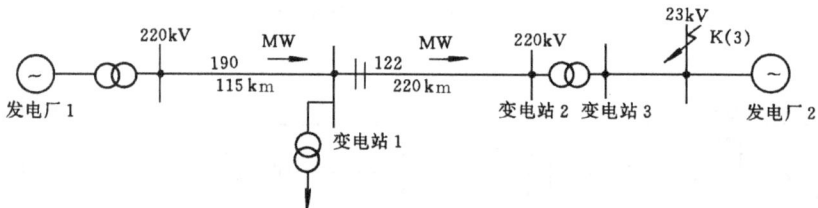

图1-28　系统图

二、事故原因

1958～1967年为220kV建网初期，这一阶段的网络特点是220kV单回线路长距离送电，多级电压经变压器串联的电磁链式电网，这样的电网是经不起短路故障冲击的。23kV母线发生三相短路故障，却没有快速切除故障的保护装置，这是发生振荡事故的根本原因。

三、事故对策

针对这次事故，电网采取了一系列电网稳定措施。

（1）在23kV及以上所有高电压母线上装设母线差动保护装置。

（2）在220kV线路上配置单相快速重合闸，开关中断时间为1s。加强220kV线路高频保护的运行管理，增加高频保护投入运行时间。

（3）在发电厂 1 的主变压器中性点加设 3% 的小电阻，在机端装设容量为 14.5 万 kW 的电气制动电阻，这些措施对单相瞬时故障可提高输送容量 4 万 kW。

（4）在变电站 1 与变电站 2 之间的 220kV 联络线上装设串联电容补偿，补偿度为 24%。

（5）逐步开断 23kV 联络线，加强 220kV 系统电网。

这些稳定措施对提高发电厂 1 送电能力，能满足满发时稳定送出，保证系统安全稳定运行起了重要作用。

四、事故教训

（1）对母线差动保护保证电力系统稳定运行的重要性认识不到位，因而母线差动保护配置不完善。

（2）电磁链式电网 23kV 母线三相短路故障会引起 220kV 系统振荡事故也是没有想到的。

（3）事故教育了大家，经过那次稳定事故后，对快速保护的重要性有了深刻认识。为此狠抓母线差动保护、断路器失灵保护、线路高频保护的配置和投入率工作。

7 电网低频低压运行的稳定破坏事故

一、事故简述

某电网 220kV 主网三角大环是连接变电站 1、变电站 2、变电站 3 三个系统中枢点，总长 565.4km 的 220kV 单回路三角大环网，单环上还 T 接变电站 4、变电站 5，影响线路相差高频保护的投运。

事故前系统接线及有关潮流见图 1-29，1972 年 7 月 20 日时值枯水季节，早高峰过后，发电厂 1 五台发电机由发电状态改为调相运行，发电厂 2 仅保留一台机发电，当时 Z 省总用电负荷为 496MW，而全省装机容量较小，总出力仅 158MW，大部分电力由系统 1 和系统 2 受进，其中系统 1 经 L3 线送 Z 省 145MW，系统 2 经变电站 3 的 L7，变电站 4 的 L8 线送 Z 省 175MW，合计受进 320MW，如图 1-29 所示。

1972 年 7 月 20 日 11 时 42 分，由于 220kV L7、L8 线路输送功率较大，时值高温季节，导线发热弧垂增大，L7 线路对农民自行架设的一条不合格的 380V 低压线路放电闪络，当时变电站 4 是支接在 L7、L8 线路上，高频相差保护无法使用，L7、L8 线路继电保护 II 段时间动作全线跳闸，功率转移到 L3 线路上，由于当时变电站 4 的 110kV 线路是终端运行，支接在 L7—L8 线路上的变电站 4 受进 70MW 负荷甩去，L3 线路送 Z 省的功率由 145MW 迅速上升到 270MW，当时系统仍保持稳定运行。Z 省电力调度为防止变电站 4 地区再次停电，将变电站 4 与变电站 1 之间的 110kV 线路合环运行，系统恢复正常后（L7、L8 线重新送电）形成电磁环网。5min 后 L7、L8 线因同样原因再次跳闸，因 110kV 的电

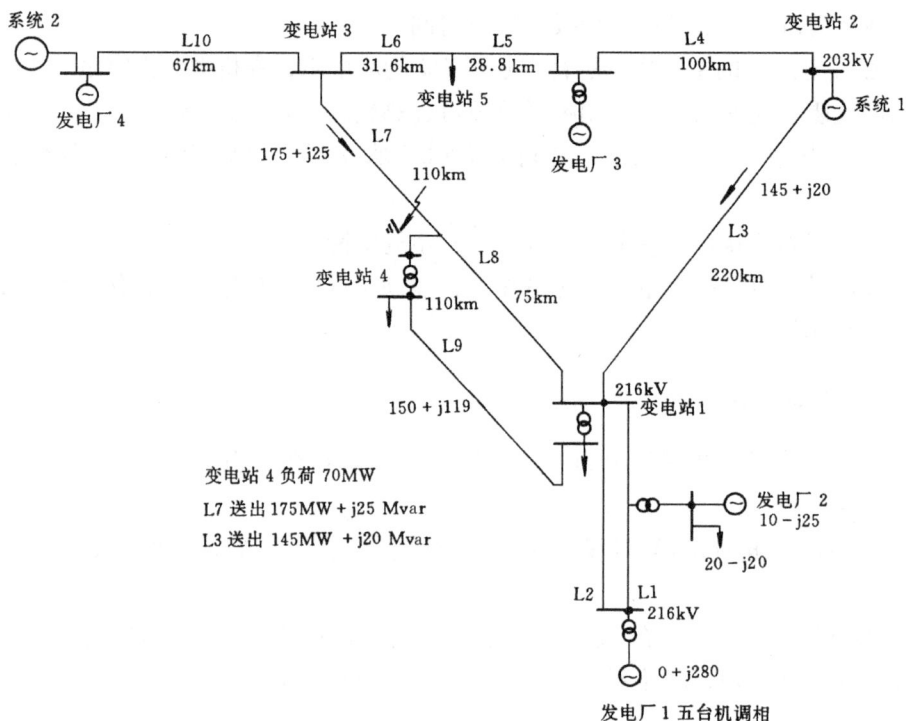

图 1-29 1972 年 7 月 20 日三角大环稳定破坏事故简图

磁环网变电站 4 的 110kV 负荷未能切去，L3 线倒送功率达 320MW，系统开始失稳振荡，振荡周期从 15 周波迅速加快到 3 周波，Z 省电网频率急剧下降，仅 0.5s 左右已降到 42Hz 以下，变电站 1 处于振荡中心，L3 线整流型距离保护Ⅲ段动作跳闸，Z 省电网同主网系统解列，随后振荡消失，Z 省电网迅速全面瓦解，甩去负荷 350MW，占全省负荷的 70.6%，事故造成二座 220kV 变电站，23 座 110kV 变电站，近百座 35kV 变电站停电，用户最长停电时间达 79min，系统全面恢复历时 92min，其中在事故处理过程中因通信中断延误事故处理 28min，幸好由于低频减载装置全部正确动作，将小电源解列，保住了省内主要城市的重要用户供电。事故损失十分惨重，这是某大电网最大的一次稳定破坏大面积停电事故。

二、事故原因分析

（1）电网联络薄弱，电源分布不均匀，Z 省电网对系统 1、系统 2 的联络线 L3、L7、L8 线路潮流大，弧垂大，发生对 380V 线路放电是事故的起因。

（2）电网稳定的观念薄弱，地区调度考虑保住地区负荷为主，为了变电站 4 侧 110kV 负荷，形成电磁环网，L7、L8 线再次跳闸时，全部负荷转移到 L3 线路而系统失去稳定，造成更大的负荷损失。

三、 事故对策

这是一次电网的特大稳定事故，损失惨重，立即召开事故分析会，分析原因，找对策，会议有二点精神：①加强电源和电网建设。②积极研制和采取多种稳定措施。

装机、架线的电网结构改造建设不是短时间内能实现的，需要大量资金投入，只能作长远规划逐步实现；故首选在继电保护和稳定自动装置方面做文章，这是投资少，见效快的好方法，为此提出如下稳定措施。

（1）发电厂1机组改造实现远方迅速由调相运行改发电运行。发电厂1是主网最大的调频电厂，这次电网失去稳定，大面积甩负荷主要是Z省电网严重缺功率，若能让发电厂1在事故情况下迅速由调相运行状态自动改为发电运行状态到满出力，将功率送往Z省电网，则可有效地提高电网稳定水平。

根据资料，发电厂1的机组由调相运行接到命令11s后可发电10MW（一台机组），35~50s内可达到满出力72MW（各机组特性不同），经电网管理部门和发电厂1职工的努力，改进后的机组由调相状态接到命令后到满出力仅需10s左右。另外，电网管理部门组织有关各方研制出在变电站1和发电厂1专用的远方调相改发电的自动装置，装置判别L3、L8双线，L1、L2双线的"和功率"的大小、方向，通过载波高频通道组成远方调相改发电或远方切机装置，在发电厂1装设"就地"判别装置，装置判别L1、L2线路"和功率"的大小、方向，故障起动元件和高频收信装置组成就地判别是"调相改发电"还是"切机"，另外还自行研制逻辑切机装置，根据L1、L2双线功率的大小、方向能自动逻辑判别"切去"或"切剩"几台机组，也能逻辑判别调相改发电几台机组，这一措施能有效提高电网稳定水平。

（2）L2线路二相运行措施。事故后对L3、L7、L8线侧送Z省电网稳定极限功率进行大量计算、分析、研究工作，具体实现电网稳定措施任务落实到继电保护部门去完成，由于当时继电保护装置的技术性能和制造能力的限制，没有较为成熟的电网稳定装置可供选择，为此提出在L3线路上实现短时间二相运行，当L3线发生单相永久故障时先跳故障相，然后单相重合于永久故障时继续跳故障相，让健全的二相继续运行，与此同时变电站1立即发远方信号让发电厂1机组迅速由调相改发电运行，使L3、L7、L8线侧送Z省电网的功率降下来。

线路允许实行二相运行的时间多长，取决于以下三方面：①线路二相运行会出现负序电流I_2，会使发电机转子发热损坏，计算结果，L3线二相运行，变电站1的调相机承受的I_2最大，可达20%额定电流，按规定此时允许运行3min。②负序电流I_2对继电保护装置的影响，L3二相运行期间，附近的线路距离保护装置因I_2使振荡闭锁动作而退出工作，但此时还有一套相差高频保护能保护线路的各种故障，接地故障还有零序方向保护。可以允许相间距离保护短时退出工作。③对通信的影响。根据计算和实测结果证明在L3线路二相运行期间对载波通信的干扰在允许范围之内。

综上所述，确定L3线二相运行时间定为3min，即3min后跳二相健全相。

L3线实现二相运行方案后，L3、L8双线倒送Z省电网的稳定限额功率由190MW提高到290MW，效果明显。

（3）特慢重合闸。L3线实行二相运行，提高对Z省电网双线倒送功率稳定限额效果明显，但由于运行条件限制投入运行时间有限（相差高频停用，二相运行也要停用），为此在L7、L8线路实行特慢速单相重合闸。将单相重合闸的断路器中断时间由1s改为5～7s，在此时间内迅速远方起动发电厂1快速调相改发电运行，5～7s时间内发电厂1的每台机组调相改发电的有功出力可达60%额定功率以上，可改善电网的稳定运行水平，使 L_3、L_8 双线倒送Z省电网的稳定限额由290MW提高到340MW。

（4）加强快速主保护。快速切除故障是提高电网稳定运行水平的主要措施之一。本次稳定事故由于L7、L8线T接变电站4而停用高频保护，没有高频保护快速切除故障也是原因之一，为此要求110kV电压以上的母线均应装设母线差动保护，220kV高压线路均按双高频配置，保证线路故障快速切除，出口故障不大于0.1s，线末故障不大于0.15s，狠抓高频保护的投运率，绝大多数故障是靠高频保护全线快速切除，对提高电网稳定运行水平非常有效。

发电厂2和变电站4由支接改为环入，使线路高频保护能正常有效地投入运行。

四、事故教训

（1）现代化超高压大电网，电源布点的合理、充足，电网主网架结构坚强，是电网稳定运行首先必需的。

（2）母线和线路继电保护装置切除故障的快速性，也是非常重要的稳定措施之一。

（3）稳定装置的配置、稳定措施的实施也有助于电网安全稳定运行。

125MW 机组失磁造成电网电压崩溃

一、事故简述

由于缺少有功、无功功率，使电网处于低频率低电压运行。当时一台125MW机在全网属于最大容量的机组，占地区电网总容量的8.5%。事故前电网频率49Hz，枢纽变电站220kV母线电压只有196kV，当时125MW机组送出无功功率为130Mvar，系统图见图1-30。

1972年9月18日，某电厂的上述5号机组向电网送出130Mvar无功功率，上午8点44分，该机组突然失磁，无功功率由原来送出130Mvar突然变为吸收电网120Mvar，电网共失去250Mvar无功功率。枢纽变电站220kV母线电压迅速由196kV降到158kV（临界电压为168kV），地区电网电压崩溃，系统开始振荡，当即手动切除失磁机组及部分负荷后，振荡消失。全网共切除负荷440MW，最长停电时间约1h10min。

二、原因分析

失磁是励磁回路开路造成的，由于没有投入失磁保护，没有及时切除失磁机组，造成

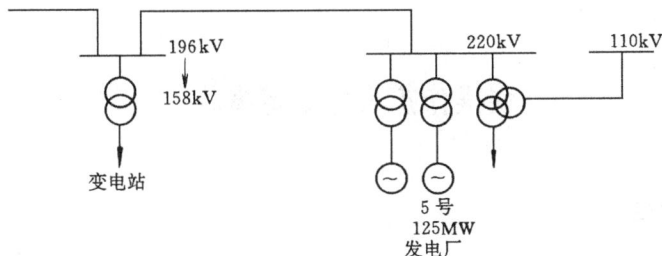

图 1-30　一次系统接线简图

事故扩大。

发电机失磁后励磁电流迅速下降，造成发电机电动势 E_d 下降，发电机电磁功率 $P = \dfrac{E_d U_x}{X_{d\Sigma}} \sin\delta$ 下降，由于原动机功率没有变，造成功角 δ 加大，使转子加速。

当功角 $\delta > 90°$ 时，$\cos\delta < 0$，发电机进入异步状态，向系统吸收无功功率使系统电压下降，由于单机容量较大，吸收电网无功功率较多，使电网发生电压崩溃的稳定破坏事故。

三、事故对策

吸取 "9·18" 事故教训，全网要求 50MW 容量以上机组均需装设失磁保护。

失磁保护装置选用单相容性偏移阻抗继电器。如图 1-31 所示，发电机失磁后测量阻抗由电感性变为容性，因为失磁过程中发电机处于异步运行，功角 δ 在变化，发电机测量阻抗的轨迹在变化，随着吸收系统无功功率的增大，最后进入动作圆内。

为了防止系统故障切除时失磁保护误动作，失磁保护动作延时取 1.5s。

另外，还设有低电压闭锁，电压正定 70% ~ 75% 额定电压（考虑电磁型电压继电器的返回系数

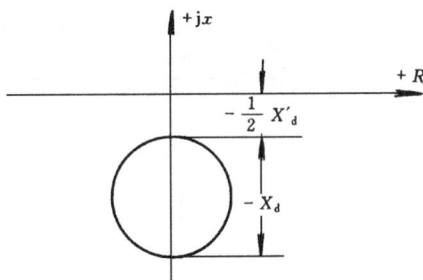

图 1-31　失磁保护继电器动作特性

低）。若发电机组失磁后对系统电压影响不大，而机组不允许无励磁运行则该机失磁保护不经低电压闭锁；若机组允许短时间无励磁运行，失磁后对系统电压影响不大，则失磁保护不作用于跳闸，只发信号，让运行值班人员处理解决。

四、事故教训

（1）当时对大机组失磁后的严重后果认识不足，因而对失磁保护不够重视而没有投入跳闸。

（2）由于失磁保护原理不完善、尚无成熟产品，对失磁保护是否要低电压闭锁、是否带延时，整定值取多少为好等问题尚无统一规范。事故后重视对失磁保护的原理、设计、整定值等方面的研究，特邀有关专家，对各制造厂的产品进行讨论和现场试验，最后

有了较满意的结果。

误操作扩大为稳定事故

一、事故简述

某电网于 1985 年 1 月 7 日误操作，造成带地线接地闸刀的三相短路接地事故，由于继电保护装置的拒动、误动，造成事故扩大为稳定破坏事故。

事故前变电站 1 的 L1 线由旁路断路器代路运行，变电站 3 到变电站 2 之间联络线停役，其他方式正常。发电厂 1 出力 560MW。发电厂 2 出力 610MW。L2、L3、L4 三线送出功率 275MW。L6 线送出 50MW。L7、L8 双线送出功率 250MW。L9、L10 双线送出功率 215MW。

1 月 7 日，变电站 1 的 L1 线路由旁路断路器代路运行，恢复本线断路器运行时，在 10 点 38 分操作过程中误合 L1 线接地闸刀，造成 L1 线出口三相接地短路，故障点在母线差动保护范围外，母差保护不动作，此时旁路断路器仍在代路运行，而旁路断路器的 JJ—12 型距离保护装置拒动，致使高频闭锁距离保护拒动，变电站 2 的 L5 线路 JJ—12 型距离保护 0.08s 越级跳闸，发电厂 1 侧 L2、L3、L4 三线后备距离 II 段保护延时 1s 动作跳闸，此时变电站 1、变电站 3、变电站 4 全站停电，如图 1-32 所示。

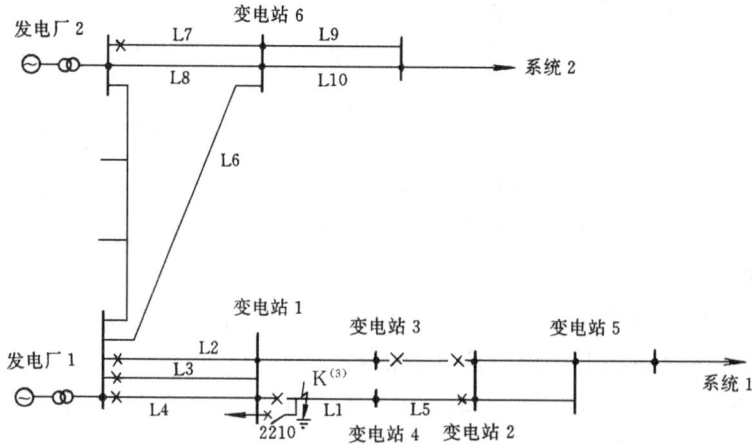

图 1-32 1985 年 1 月 7 日变电站 1 误操作事故简图

由于故障切除时间长及潮流转移，L6 线的潮流有 50MW 急增到 333MW，超过稳定限额，故障后 0.24s 发电厂 1、发电厂 2 稳定破坏，开始对系统振荡，第二个振荡周期最短在 0.3s，发电厂 2 的 220kV 母线电压跌到 78.6% U_n，0.65s 时母线电压仅 43% U_n，0.86s 发电厂 2 侧 L7 线 GCH—1 相差高频保护误跳闸，振荡中心在 L9、L10 线路上，逐渐向系统 2 主网方向转移，1.06s 发电厂 2 侧切机装置动作切去 4 号机（125MW）后，系统逐渐拉入同步，振荡平息，振荡历时 4.82s，事故共损失负荷 274MW。

二、原因分析

（1）变电站 1 旁路断路器继电保护拒动原因：见图 1-33，旁路断路器装有 JJ—12 型相间距离保护装置是Ⅰ、Ⅱ段切换型的，正常时距离Ⅰ段停用，距离Ⅱ段停信构成高频闭锁距离保护，当 L1 线路出口带地线合刀闸三相短路时残压为零，JJ—12 的记忆时间只有 103ms，距离Ⅱ段动作后很快返回，不能可靠停信，致使 L1 线路二侧高频距离闭锁保护拒动，距离Ⅱ段、Ⅲ段更不会动作，造成旁路断路器无保护动作跳闸，扩大事故范围。

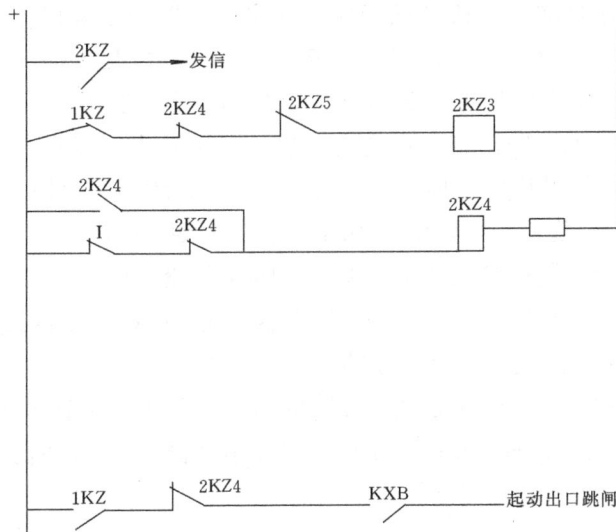

图 1-33　保护原理图

（2）变电站 2 侧 L5 线路距离Ⅰ段越级跳闸原因：变电站 2 侧 L5 线路装设 JJ-12 型距离保护装置，故障时 CA 相阻抗元件电抗变压器二次绕组 W2、W3 击穿，造成动作和制动回路短路，使Ⅰ段动作阻抗伸长，L5 线距离Ⅰ段整定值为 28.8Ω（二次值），事故后实测距离Ⅰ段动作阻抗为 $25\sim50\Omega$（二次值），因而距离Ⅰ段 80ms 动作越级跳闸，变电站 4 侧 L1 线路距离Ⅱ段返回而没有跳闸。

（3）发电厂 2 侧 L7 线路 GCH—1 相差高频误动作跳闸原因：故障瞬间出现 I_2、I_0 电流，GCH—1 相差高频立即起动发信，由于二侧发信有先后，比相元件 KXB 短时动作，2KZ3 由于剩磁而不返回（直流电源断开仍不返回），造成 2KZ4 失磁，使低阻抗元件 1KZ 动作，造成 GCH—1 误跳闸，见图 1-33。

三、事故对策

（1）A 省调度要求距离Ⅰ段和相电流速段保护正常投入。
（2）变电站 1 旁路断路器距离保护更换 CA 相电抗变压器。
（3）发电厂 2 侧 L2 线 GCH—1 的 2KZ3 返回电压调整合格。
（4）运行多年质量不好、原理不完善的继电保护装置要求逐渐更换"四统一"产品。

（5）加强年度检验工作，使继电保护装置处于良好的运行状态。

（6）抓紧高频通道接入故障录波器，并设专人管理，便于正确分析高频保护动作行为。

（7）不断加强防止误操作事故的措施是长期的，如人工措施：严格执行操作票制度，监护制度等；技术措施：不断采用高科技手段，完善刀闸操作连锁功能。

四、事故教训

（1）多年来一直用自动化设备来杜绝误操作事故，但均未如愿，因此自动化设备有待进一步完善，这是一篇做不完的大文章，依靠高科技手段是方向，还是要加上人的因素，认真、仔细的工作态度也是防止误操作不可忽视的因素之一。

（2）出口三相短路距离保护装置拒动造成事故范围扩大，双重化配置是有效措施之一，旁路断路器带路运行时相差高频停用，只有一套高频闭锁主保护，距离和零序保护均是依赖于 TV 电压的保护装置，需要重视旁路断路器的保护选型。

（3）继电保护装置定期检验工作不可忽视，1981 年投产以来，变电站 2 侧 L5 线一直未进行过年度检验工作，因此距离保护电抗变压器二次绕组绝缘不良没有发现，在故障时发生误动作，不管什么原因这是不可原谅的。

（4）执行反措不力，行动迟缓是这次故障的另一个教训，A 省调度 1984 年发文要求距离 I 段保护正常投入，改进距离 II 段高频闭锁停信回路，11 月底前完成此项工作，变电站 1 直到事故发生尚未执行反措。

19 带负荷试验时系统发生故障扩大为稳定事故

一、事故简述

1986 年 12 月 3 日，某电网继电保护装置做带负荷试验时，系统内发生母线故障，扩大为电网稳定事故。

事故前发电厂 2 的 220kV 为双母线双分段接线方式，由 L5、L6、L7 三条 220kV 线路向系统送电。发电厂 1 的 220kV 为双母线接线方式，通过 L1、L2、L3 三条 220kV 线路向外送电，L4 线是发电厂 1 和发电厂 2 的联络线，全长 122km。在发电厂 2 侧装有解列装置，功率整定 140MW。当时认为发电厂 1 对系统联络较强，任一条线路或任一条母线发生故障，仍能保留 220kV 二回以上线路同系统保持联络，是电网联络较强的发电厂，如图 1-34 所示。

12 月 3 日，发电厂 2 对 2 号高压厂用变压器带负荷做电流回路六角图试验，试验时 220kV III—IV 段母线母差保护停用，L4 线解列装置停用，临时投入 II—IV 段母线分段断路器的充电合闸电流保护的特殊方式运行。

发电厂 2 在试验过程中，发电厂 1 的 4 号主变压器母线侧 A 相支持绝缘子断裂，造成 220kV II 段母线 A 相接地故障，II 段母线母差保护立即正确动作，跳开 220kV 母联断路

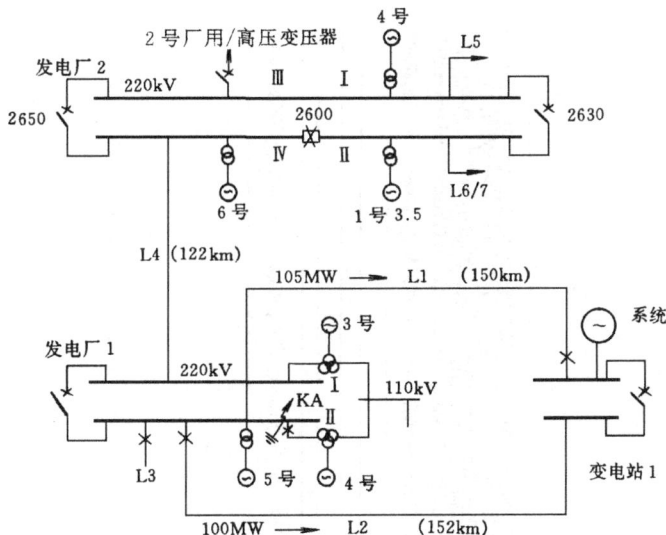

图1-34 1986年"12.3"地区稳定破坏事故简图

器、L2、L3线路及4号主变压器断路器。与此同时发电厂2的Ⅱ~Ⅳ段母线分段断路器充电合闸电流保护动作,跳开分段断路器,6号机(200MW)通过L4线并入发电厂1,由于L4线的过功率解列装置停用,瞬间,发电厂1由四线送出变成L1一线送出,L4线非但不能成为发电厂1对系统的联络通道,反而因发电厂2的6号机并入,L1线的潮流达到400MW,超过L1线稳定极限,造成发电厂1对地区电网的剧烈振荡,变电站1侧的L1线距离Ⅲ段保护频繁起动。2~3min后L1线跳闸(距离保护触点咬住),此时发电厂1同系统解列,振荡平息,造成发电厂1机组全部停电,5号机组严重损坏的重大事故。L1线振荡过程录波图见图1-35。

二、原因分析

事故起因是发电厂1 220kV Ⅱ段母线发生母线故障,母差保护动作跳闸同时,发电厂2的分段断路器充电合闸电流保护动作跳闸。加之L4线的过功率解列装置停用,6号机的200MW出力并入发电厂1,这是造成振荡事故的主要原因。

三、事故对策

(1)在基建设备投产、继电保护带负荷试验等不正常运行方式时,一定要从系统安全稳定全面考虑,不能单纯只考虑本发电厂/变电站的安全,若L4线的过功率解列装置不停用,这次稳定事故也许不会发生。

(2)这种涉及两个地区省网的安全措施,应该相互通报,作好事故预想,防止事故扩大。

四、事故教训

(1)继电保护带负荷试验,往往要停用母差保护,2号高压厂用变压器运行在Ⅲ母

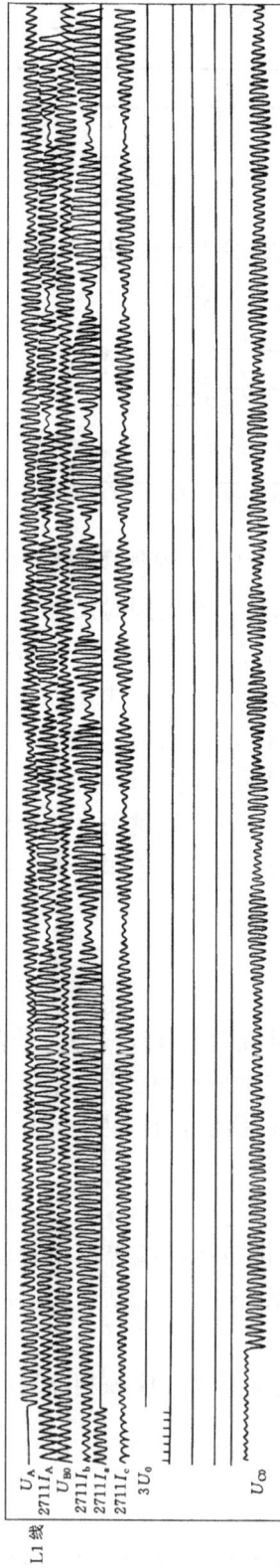

图 1-35 L1 线振荡过程录波图

线，试验时Ⅲ、Ⅳ母线差动保护全部停用，要注意母差保护的选型，有些老的母差保护应更换，若这次试验Ⅳ母线母差保护不停用，Ⅱ～Ⅳ段分段断路器充电合闸保护不需投跳闸，这次稳定事故可避免。

（2）原来认为发电厂1对电网的联络是较强的，这种结论是建立在单一故障的基础上，实际上系统中连续故障很多，如何考虑电网的稳定水平标准值得研究。

（3）系统的稳定措施是保证电网安全、稳定的动脉，不能轻易停用，当时若L4线过功率解列装置不停用，当充电合闸保护跳闸后，6号机（200MW）经L4线送发电厂1时过功率解列装置动作跳闸，也许不会发生振荡事故。

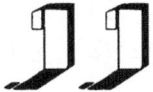

全厂停电事故

一、事故简述

1989年4月5日，某厂1号、2号、3号、4号发电机组正常运行，总出力585MW，23点03分，3号发变组高压侧断路器突然发生无故障跳闸（没有光示牌信号亮出），3号发电机出力由190MW跌到20MW，仅带厂用电运行，3号机电气主值班员首先想到要保厂用电（实际3号机仍在带厂用电运行，厂用电并未失去），立即误合6kVⅢ段母线甲、乙备用分支断路器，造成3号发电机对220kV系统非同期并列，见图1-36所示。

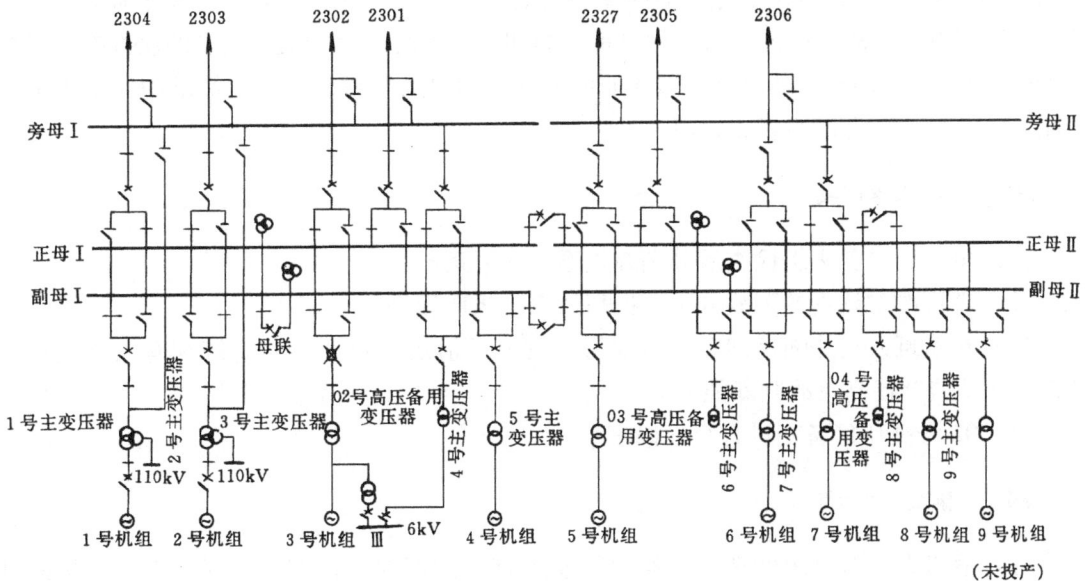

图1-36 某电厂220kV主接线图

厂用6kVⅢ段甲、乙备用分支断路器过流保护快速动作，分别跳开6kVⅢ段甲、乙备用分支断路器，接着，值班员再次误合6kVⅢ段甲、乙备用分支断路器，此时02号高压厂备变压器低压侧绕组已损坏，发生相间故障，6kVⅢ段甲、乙备用分支断路器过流保护再次快速跳闸，02号高压厂备变压器过流保护延时3s动作，跳开02号高压厂用备用变压器 220kV 断路器，值班员又去误合 02 号高压厂备变压器的 220kV 断路器，02 号高压厂备变压器 LCD-5 差动保护、重瓦斯保护、电流速断保护动作跳闸，值班员又再次误合 02 号高压厂备变压器 220kV 断路器，合闸后直流电源正极熔丝熔断（6A 熔丝），02 号高压厂备变压器的继电保护失去直流电源而不能跳闸，此时 02 号高压厂备变压器内部低压绕组故障已发展到高压绕组 AB 二相短路接地故障，220kV 母线上三条线路对侧 JJ-11A，JJ-12C 距离保护Ⅱ段进入动作区，分别以 0.5s、1s 跳闸，此时该电厂同系统解列，全厂各机组突然甩负荷、各机组超速运行，机组间相互振荡，4 号、2 号、1 号机相继手动拍车停机，造成全厂停电的重大事故，发电厂向调度汇报 02 号高压厂备变压器在断开位置（实际由于直流熔丝断，02 号高压厂备变压器 220kV 断路器在合闸位置），23 时 05 分宁西变电站 2302 线对发电厂 220kV 母线强送不成，高频保护、距离Ⅱ段后加速动作，三相跳闸。

事故后 2 号、1 号、3 号机分别于 4 月 6 日 1 时 47 分，7 时 38 分，23 时 01 分并入系统，4 号机于 4 月 7 日 19 时 15 分并入系统，恢复送电，事故少发电量 3828.61 万 kWh，02 号高压厂备变压器严重损坏，修理费 34.7 万元。

二、事故原因

3 号机原因不明无故障跳闸是热工保护误动作引起，误判断使事故扩大为全厂停电。02 号高压厂备变压器严重损坏是值班员判断事故失误，从而发生一系列的误操作。

3 号机高压断路器跳闸后还有 20MW 出力，说明厂用电并未失去，没有任何保护动作信号，说明设备无故障，即可将 3 号机重新同期并入系统，由于值班人员的误判断，误合 6kVⅢ段甲、乙备用分支断路器，造成非同期并列的错误操作，此后在慌乱中完全失去判断能力，发生一错再错的事故处理。

三、事故对策

（1）事故后对各机组检查后分别并入系统恢复送电。

（2）进行严肃认真的事故分析、提高认识，吸取教训。

（3）对值班人员加强培训和事故演习，发电厂值班人员要了解系统和有关继电保护的作用和功能，提高事故判断能力。

（4）02 号高压厂备变进行全面修复。

四、事故教训

（1）值班人员对事故处理缺乏经验，缺少有关知识储备，判断失误，因而在事故处理过程中一错再错，扩大为全厂停电事故。

（2）发电厂的值长及电气值班人员应熟悉系统及电气设备有关继电保护的知识，02 号高压厂备变压器差动保护，重瓦斯保护等动作跳闸，说明变压器内部有严重故障，绝不应再次合闸，由于缺少继电保护知识，继续对 02 号高压厂备变压器冲击合闸，造成 02 号高压厂备变压器严重损坏。

（3）加强对运行人员的培训，上岗时要有事故预想，养兵千日用兵一时，若这一时用不上去，比无人值班还危险。

（4）事故处理历时 1h，一错再错的事故处理无人制止，值得发电厂技术管理部门反思。

12 500kV 变电站出线相继跨线短路事故

一、事故简述

2000 年 4 月 27 日，500kV 甲变电站临近 2 号母线的甲 12 电流互感器 A2 相先发生接地短路而引起爆炸着火事故，事故之后约在 4s 和 25s 之后，又相继发生 A1B2 和 A1C2 跨线接地短路事故（注：甲乙Ⅰ线三相为 A1、B1、C1，甲乙Ⅱ线三相为 A2、B2、C2）。在短短的 30s 内，500kV 系统先后发生三次接地短路，是极为罕见的。

这三次故障的电气主接线图见图 1-37。甲 12A 相电流互感器故障点解剖图见图1-38。

甲变电站先后发生三次事故的主要原因是甲 12 电流互感器存在绝缘缺陷所致。

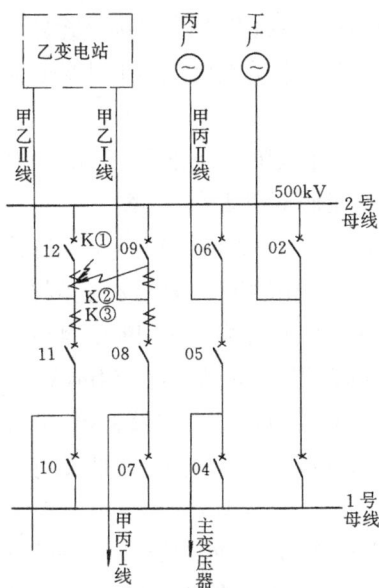

图 1-37 甲变事故时电气主接线图

K①—A2 接地短路；K②—A1B2 接地短路；

K③—A1C2 接地短路；三次故障点位于 2 号母线内，

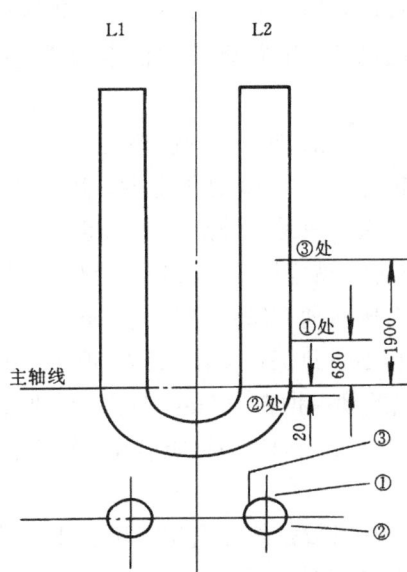

也位于线路内

图 1-38 甲 12A 相电流互感器故障点解剖图

对甲 12 电流互感器 A 相进行了解剖分析，见图 1-40。发现①②③处绝缘击穿，有三个故障点。其中②处的烧痕约 30mm 长，③处的放电烧痕深 5mm、宽 30mm、长 15mm。还有是距①处向上 50mm，距②处向上 200mm 的绝缘纸带均有裂开、挤压起棱现象。因该设备的 2 屏与 3 屏间绝缘包扎存在局部缺陷，使得 2 屏至 3 屏间有局部放电并延伸到地屏，以至第 3 屏与零屏承受全电压，造成轴向电场畸变，导致零屏到地屏贯穿性放电，其电弧使油裂解，引起绝缘子炸裂并起火。爆炸碎片飞向 B 相及 C 相电流互感器第二柱，导致 B、C 相第二柱爆炸，从根部起完全炸裂断落。

从 A 相解剖来看，存在三个故障点。这三个故障点并非同时发生，而是逐渐演变而成。

甲变电站发生三次接地短路的特点是：

（1）这三次接地短路的故障点既位在线路上又位于 2 号母线上，这三次接地短路不仅线路保护动作跳闸，2 号母线的差动保护也动作（跳闸）。

（2）这三次接地短路的故障类型对系统电源而言，均属于 A 相接地短路。虽然第二次 A1B2、第三次 A1C2 是跨线接地短路，但由于甲乙 II 线及 2 号母线在第一次 A2 接地短路时，保护动作已将其电源三相跳开。从相邻厂、站事故录波证实，三次接地短路均为 A 相接地。

可是在跨线接地短路时，甲乙 II 线及 2 号母线上的甲 12 电流互感器的 B2、C2 相仍有短路电流，该电流为短路点电流，大于甲乙 I 线的所测量到的短路电流。

（3）先后连续发生的三次接地短路相隔时间都很短。第一、第二次短路时间间隔为 4061ms，第二、第三次短路时间间隔为 25562ms。对 500kV 系统而言，在短短的 30s 内发生三次接地短路，先由第一次纯单相接地，跳开后又演变为后两次跨线接地短路，这充分说明变电站的间隔距离尺寸根本躲不过相邻间隔的飞弧，实际上已威胁到变电站的安全运行。

（4）三次接地短路的性质是，第一次是 A2 相永久性故障。虽然甲 12 电流互感器三相均已损坏，但甲 12 已无电源，因此第二次、第三次是瞬时性跨线故障。

第一次事故是故障点在甲乙 II 线出口又位于 2 号母线的 A2 接地短路，但这次是永久性的单相接地故障。该线路两侧纵联保护均快速动作，A 相跳闸，但是乙变侧在 72ms 出现"重合闸沟通三跳灯亮"，在 96ms 断路器三相跳闸；而甲变侧甲 11 断路器在 431ms 出现"三相不一致保护动作"，在 508ms 断路器三相跳闸，甲 12 断路器在 54msA 相跳开后，2 号母线差动保护在 105ms 动作，分别在 115ms 至 168ms 之间先后三相跳开甲 02、甲 09、甲 06、甲 12，于 1079ms 重合甲 12 断路器。此时甲乙 II 线及 2 号母线已是没有电源的停电设备。

第二次事故是故障点位在甲乙 I、II 线出口的跨线 A1B2 接地短路，又是位在 2 号母线的甲 12B2 相接地短路。甲乙 I 线线路两侧纵联保护快速跳开各侧的断路器 A 相，线路两侧单相重合闸将其断路器重合成功（甲 09 在第一次故障时 2 号母差动作已处于三跳位置而没有重合）。2 号母线差动保护在 83ms 动作；只三跳甲 12 断路器（其他断路器已在第一次故障时三相跳开），甲乙 I 线恢复运行。

第三次事故仍是故障点位在甲乙 I、II 线出口的跨线 A1C2 接地短路，又是位在 2 号母线的甲 12C2 相接地短路。甲乙 I 线线路两侧纵联保护先是快速跳开各侧 A 相断路器，由于故障间隔时间为 25562ms，小于重合闸充电时 30s，故经短延时后两侧均三相跳闸，最后也造成甲乙 I 线停电事故。

二、事故分析

1. 第一次事故是永久性 A2 相接地短路，故障点位于甲乙Ⅱ线出口，又位于 2 号母线上

甲乙Ⅱ线两侧线路纵联保护快速动作 A 相跳闸是正确的。但是断路器辅助保护及重合闸动作是错误的，还有是 2 号母差保护动作时间超过 100ms，很慢，分析如下：见表1-2，事故顺序记录时序表。

表1-2　　　　　甲乙Ⅰ、Ⅱ线两侧变电站事故顺序记录时序表

t(ms)	0	19	53	60	72	96	105	115	129	132	168	286	431	508	891	1079
事件	A2故障开始	甲乙Ⅱ保护动作	甲11、12A跳	乙变甲乙Ⅱ保护动作	沟通三跳、乙变甲乙Ⅱ"重合闸"动作	乙变甲乙Ⅱ线三跳	2号母线差动Ⅰ动作	甲02	甲09	甲06	甲12（断路器三跳）	2号母线差动Ⅱ动作	甲11"三相不一致保护"动作	甲11断路器三跳	甲12重合闸动作	甲12断路器三合

t(ms)	4061 (0)	4099 (38)	4124 (63)	4144 (83)	4148 (87)	4209 (148)	5604 (1543)
事件	A1B2故障开始	甲乙Ⅱ侧两侧保护线动作	甲乙Ⅰ侧两保护线动作	2号母差Ⅰ动作、甲12B跳	甲乙Ⅰ线两侧B跳	甲12三跳	甲乙Ⅰ线重合两侧成功、甲断路器两侧

注：1. 乙变甲乙Ⅰ线保护，断路器单分、重合闸及断路器单合其动作时间相差很小故按两侧动作一样列入
　　2.（）内数字是时间差

t(ms)	29632 (0)	29655 (23)	29685 (53)	29692 (60)	29741 (69)	29729 (97)	29748 (116)
事件	A1C2故障开始	甲乙Ⅰ线保护动作甲侧	甲乙Ⅰ线保护动作乙侧	甲乙Ⅰ线乙侧B跳	2号母差Ⅰ动作、甲08A跳	甲乙Ⅰ线乙侧三跳	甲08三跳

（1）甲11断路器非全相保护误动作跳闸分析。

断路器非全相保护在431ms动作三相跳闸显然是不对的。本保护的原理是在断路器单相跳闸后进行单相重合闸过程中不应该动作的，由于非全相保护动作时间定值小于重合闸"单重时间"，非全相保护必须要投入单相重合闸来的闭锁，因所加的闭锁线头松动，根本不起闭锁作用，非全相保护在断路器非全相时有零序电流，且动作时间又小于"单重时间"误动作三相跳闸。

（2）乙变侧甲乙Ⅱ线断路器为什么三相跳闸呢？

从事故顺序记录时序表可以看出，乙变 A2 相在 60ms 跳开后，在 72ms 断路器为 $\frac{3}{2}$ 断路器接线方式出现有"重合闸沟通三跳"信号，于 96ms 跳开断路器三相，很显然是"重合闸沟通三跳"命令在单跳之后，线路保护还没有返回之前就出现，是造成变乙侧断路器三相跳闸的主要原因，这时"重合闸沟通三跳"出现在断路器跳、合过程中显然错误的。

从制造厂的产品说明书中发现，引出了两个断路器非全相的定义。一个是"断路器三相不对应"，是指断路器二相或三相断开，另一个是"断路器单相不对应"，是指断路器单相断开。

厂家的"重合闸沟通三跳"的条件之一是：单重方式与断路器三相不对应同时存在，就输出"重合闸沟通三跳"命令。

这个产品到了电力部门来执行它就是另外一个意义了，因为电力部门在四统一原则中对"断路器非全相"的定义就只有一个，就是"断路器三相不一致"（即三相不对应），是指断路器一相或两相断开，从来就没有给出过"单相不对应"和"三相不对应"两个定义。按照四统一原则给出的"断路器三相不一致"定义来执行，在"单重方式"下当断路器一相跳开之后，"重合闸沟通三跳"继电器就立即准备三跳，由于保护装置在短路切除之后，一般都有 20~60ms 的延时返回时间，按此原理构成的"重合闸沟通三跳"必误动跳三相。

（3）甲变 2 号母线两套母线差动保护动作时间高达 115ms 和 286ms，为什么动作时间这么长呢？

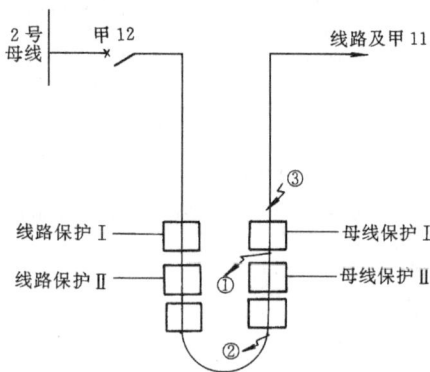

图 1-39　A 相电流互感器的保护接线布置图

从 A 相电流互感器解剖结果来看，③处故障点烧痕最严重，故障持续时间长，可以认为③处故障点首先发生，依时序故障点在①处发生，最后一个故障点是在②处。

按照电流互感器的布置原则，母线保护与线路保护所用的电流互感器必须相互交错，结合实际情况，A 相电流互感器的保护接线布置图见图 1-39。

对线路保护而言，①、②、③故障点都是在区内出口故障，必然要首先瞬时反应。对母差保护 I 、II 而言，对于③处故障点是属于区外故障，且③处故障点首先发生，依时序在①处发生故障，对母线差动保护 I 而言，①处属于区内故障，而对母线差动保护 II 仍属于区外故障。这就是母差保护 I 在③处故障后 115ms 才动作的原因。而母线差动保护 II 要等待②处故障点发生才能动作，这就是母差保护 II 在③处故障发生后 286ms 才动作的原因。

（4）甲 12 断路器先在 53ms 线路保护跳开 A 相，继而 2 号母线差动保护在 168ms 跳开三相后，甲 12 断路器重合闸反而重合成功呢？而 2 号母线其他三相跳开的断路器却未重合呢？

首先声明一点，甲乙Ⅱ线是基建后刚投产的设备。甲12断路器跳三相又合三相，对单相重合闸方式而言是不对的。主要原因是母线差动保护动作没有闭锁甲12重合闸，但甲12三相跳闸后，也没有接断路器三跳后闭锁重合闸，故造成跳三相误合三相的后果。

2号母线其他断路器跳开三相却未重合的原因是：2号母线上被母差保护跳开三相的其他断路器都是线路，对这些线路而言，这次事故是属于区外故障，线路保护根本不动作，由于重合闸起动，仅靠线路快速保护分相动作起动重合闸，因而这些断路器的单相重合闸根本就没有动作，所以不会误合三相。

2. 第二次事故是瞬时性A1B2跨线接地短路，短路点位于甲乙Ⅰ、Ⅱ出口，又位2号母B2相上

甲乙Ⅰ线两侧线路纵联保护快速动作跳开A相，重合闸动作单相重合成功。甲乙Ⅰ线恢复正常运行。

甲乙Ⅱ线由于第一次A2接地短路已误动作跳开线路两侧三相，又三合甲12断路器，且2号母线是处于停电状态。此时甲乙Ⅱ线甲侧距离一段动作跳甲12B相，继而2号母线差动保护Ⅰ动作又跳开甲12三相，而没有重合。没有重合原因是第一次故障后仅隔4s时间又发生故障，重合闸充电时间不够而不能重合。

第二次故障2号母线差动保护Ⅰ在83ms动作，而母线差动保护Ⅱ却没有动作。分析认为是B2相接地点可能位于母线差动保Ⅰ、Ⅱ的电流互感器之间，母差保护Ⅰ属于区内故障，而母差保护Ⅱ属于区外故障。

3. 第三次事故是瞬时性A1C2跨线接地短路，故障点位于甲乙Ⅰ、Ⅱ线出口，又位于2号母线C2相上

2号母线差动保护Ⅰ动作，而母线Ⅱ差动保护为什么没有动作？

分析认为可能故障点位于母线差动保护Ⅰ的区内，而位于母线差动保护Ⅱ的区外。第二次与第三次跨线故障一样，2号母线上的差动保护Ⅱ没有动作是同一原因。

4. 甲乙Ⅰ线两侧线路纵联保护均快速动作跳开A相，两侧为什么在单相跳开后不久，又跳三相造成线路停电呢？

（1）乙变侧重合闸装置的一次重合功能是由电容充放电回路构成，一般充电时间大致25~30s。由于第二次到第三次故障仅隔25s，重合闸装置因充电时间不足而准备了"重合闸沟通三跳"，因此乙变侧线路保护在60ms跳开A相后，在96ms通过"重合闸沟通三跳"回路跳开三相。单相故障跳三相按理说不对，由于两次故障间隔时间太短，重合闸装置不允许重合，是其固有特性，只能认可。

（2）甲变侧重合闸是国外产品，型号为RAAAK。重合闸装置的一次重合功能是在发出合闸命令的同时定时整组复归，在复归的30s内，一方面闭锁重合闸，断开重合闸起动回路；另一方面准备"重合闸三跳回路"，即"重合闸沟通三跳"。由于第二次故障到第三次故障间隔时间仅为25s。且在第二次故障时，重合闸是第一次起动，在发出合闸命令后30s整组复归时间还没有到，既闭锁了重合闸不能重合，又准备好"重合闸沟通三跳回路"。当第三次故障单跳时，一方面不能起动重合闸，另一方面通过"重合闸沟通三跳回路"三相跳闸，这就是甲变侧单相故障三相跳闸的原因。

三、事故措施

1. 断路器非全相保护有两种方案

一种方案的动作原理是：断路器三相不一致，有零序电流，重合闸装置处于"单重方式"或"综重方式"时没有起动或发出合闸命令后，没有闭锁信号，三个条件同时存在，延时（约0.3s左右）后跳开三相断路器。这个方案的优点是，若断路器一相或两相偷跳，断路器三相不一致可以在0.3s断开本断路器（仅限在分相跳闸才能起动重合闸）。

另一种方案是：断路器三相不一致，有零序电流，这两个条件同时存在，延时跳开三相断路器，但是这个延时时间必须大于本断路器重合闸装置"单重时间"并有一定的裕度。需要注意的是，在断路器重合闸装置使用"单重方式"时，必须考虑线路零序电流保护定值一定要躲过相邻线路非全相，实际上整定计算规程就已做出这个规定。这个方案的优点是，不管是线路还是变压器的断路器非全相保护都是一样，便于运行管理。

这两种方案可以使用，但在时间整定值上必须分别整定。

2. "重合闸沟通三跳"回路，输入信息应有严格的要求，只能在以下情况下才允许准备好"重合闸沟通三跳"

（1）重合闸"停用方式"；

（2）重合闸"三重方式"；

（3）重合闸装置故障；

（4）断路器气（液）压低不允许合闸。

以上情况之一出现时，才可以瞬时准备"重合闸沟通三路"。

还有一种情况是在"单重方式"下，断路器三相不一致（这点必须按四统一要求指断路器一相或两相断开）两个条件同时存在延时150ms，当重合在单相永久性故障时靠线路保护选相元件动作去跳三相，可以保障单相瞬时故障只跳单相，不会误跳三相的不良后果。

四、事故教训

由于线路保护装置都设有选相元件，不仅可以通过选相元件单相跳闸，就是相间短路也可以直接三相跳闸。按断路器配置的重合闸装置只具备只合不跳的功能，因而"重合闸沟通三跳"（也叫准备三跳）只反映断路器异常及重合闸运行方式或重合闸异常等，如：

重合闸装置异常；

重合闸"单重方式"；

重合闸"三重方式"；

断路器气（液）压低；

"单重方式"重合于单永故障。

以上情况就可以准备"重合闸沟通三跳"，前四种情况是瞬时沟通三跳，最后一种情况是延时约150ms再沟通三跳。按这个原则拟出一个"重合闸沟通三跳"回路逻辑图，见图1-40。

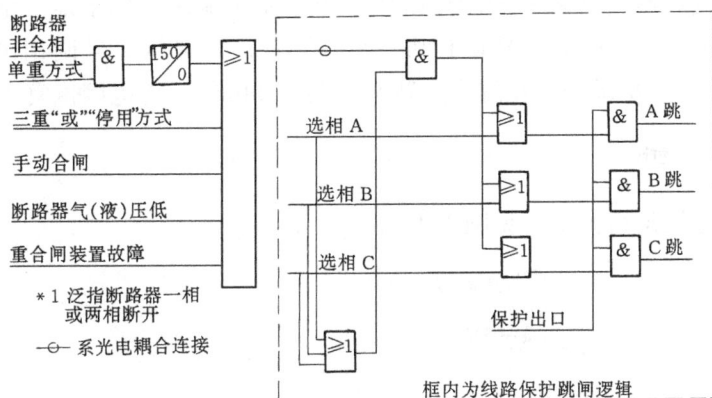

图 1-40　重合闸沟通三跳回路逻辑图

其他如线路相间短路，外来闭锁如变压器差动保护、母线差动保护、电抗器保护等动作就完全没有必要来准备"重合闸沟通三跳"回路，因为它们一动作就已通过自身的出口直接跳断路器三相，再起动"重合闸沟通三跳"是有百害而无一利。

重合闸"单重方式"，在重合于单永故障时，必须延时约150ms左右才允许准备"重合闸沟通三跳"，其目的是保障单瞬故障不误跳三相。

关于"断路器三相不对应"（有时称非全相或三相不一致）其定义一定要符合电力部门"四统一"原则，也就是指断路器一相或两相断开。厂家违背"四统一"原则，不遵守电力工程的通用术语。这次事故造成单相故障跳三相就是有力的说明。

厂家将"断路器三相不对应"与"单重方式"两条件同时具备便立即准备"重合闸沟通三跳"，显然是错误的。按照厂家的"断路器三相不对应"的定义就是指断路三相断开，既然断路器三相已断开，准备三跳又有何用？

电力部门在执行时，厂家给出的"断路器三相不对应"的定义与"单重方式"构成与门来瞬时准备三跳，必然会造成单相故障跳三相。由此分析，厂家这种做法有两个错误，一是"断路器三相不对应"定义不对，二是在"单重方式"下，瞬时准备"重合闸沟通三跳回路"没有适当延时也是错误的。

13　220kV荆胡线单相接地引起电网稳定破坏事故

一、事故概述

1982年8月7日，华中电网荆胡线发生A相导线对树放电，线路两侧保护均为二段动作三相跳闸，荆侧为零序电流二段1.3s动作三相跳闸，胡侧为接地距离二段及零序电流二段0.5s动作三相跳闸。荆胡线跳开后，系统稳定破坏，系统发生大振荡，使湖北电网鄂东地区失去电源89.5万kW，造成湖北地区大面积停电，武钢等重要用户造成部分设备损坏，按低频减载切负荷及手动拉闸共甩掉负荷58.45万kW。事故过程中，当时负荷中心最大的机组青山电厂20万kW发电机因没有投入自动励磁装置失磁而跳闸，双河变电站 500kV 主变压器过励磁保护动作跳闸，由于系统振荡，鄂东地区电压低，锅顶山变电站 5 号主变压器及相连的 2 号调相机（5 万 kvar）和武钢 1 号调相机、凤凰山变电站、2 号静补低电压保护动作，相继先后跳闸。历时 48min 才将电网恢复正常。

二、事故分析

（1）事故前电网运行方式，见图 1-41。

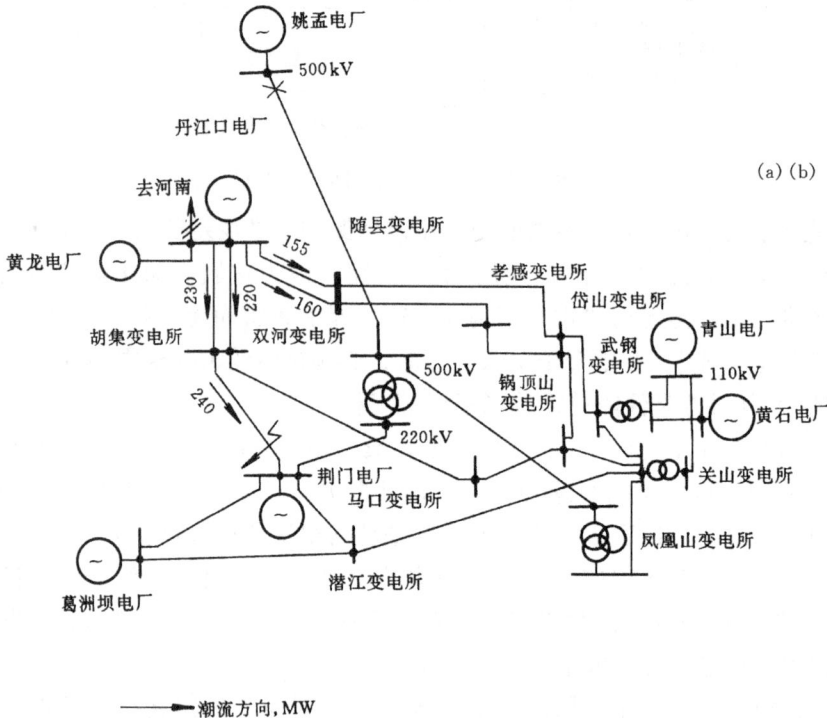

图 1-41 华中电网 "8.7" 事故前运行方式图

当时华中电网只有鄂豫两省联网运行，河南省网仅通过丹南、丹舞两条 220kV 线路向丹江电厂转送约 25MW，500kV 姚双线断开，系统频率 49.62 ～ 49.75Hz。华中电网是 500kV 双凤线与 220kV 双—荆—潜—关—凤高低压电磁环网运行，大量功率从丹江电厂经过近 400km 的 220kV 丹汉四回线向鄂东地区输送功率 765MW，实际上已超过暂态稳定极限 740MW。

（2）电网结构头重脚轻，强电源长距离重负荷输电到受端负荷中心，受端缺乏电源支撑点，也缺乏无功电源，整个系统承受抗干扰能力差，主干线路荆胡线发生单相接地，当时荆胡线没有投入全线速动的纵联保护，保护只能靠二段延时跳闸，导致系统稳定破坏、电压崩溃。

（3）线路负荷超暂态稳定极限运行。在线路没有投入高频保护及安全自动装置不能按稳定措施要求切机、切负荷的条件下，还超暂态稳定极限（740MW）运行，事故前丹汉四回线输送功率曾达到过 800 ～ 820MW 系统也没有静稳定储备系数就冒险运行，是稳定破坏的根本原因。

（4）线路没有投入切除全线故障的快速保护。线路故障，两侧保护快速切除，是提高线路暂态稳定最有效的措施。线路没有高频保护运行，相当于第一道防线不设防，说明当时对保护快速切除故障的作用没有深刻的体会。

（5）系统远方切机、切负荷安全自动装置没有按稳定措施要求全部到位。

送端切机是保持故障后系统暂态稳定的作用；而切负荷，可以提高系统运行频率，可以减轻某些线路过负荷，可以提高受端电压水平，防止电压崩溃，也是有利于系统的安全稳定运行。

部分切机、切负荷装置因设备有问题而停止运行，形成切机、切负荷数量不足，是难以发挥保持故障后系统暂态稳定的作用。

（6）鄂东地区唯一一台大机组没有自动励磁装置及强行励磁装置的情况下，带病运行。

在受端负荷中心的大机组，快速励磁是提高系统暂态稳定的常用措施。青山电厂这台200MW机组因故没有投入自动励磁装置，在荆胡线故障切除后受到干扰失磁而跳闸。无疑给故障切除后的受端系统雪上加霜。

三、措　施

（1）系统电源联络线路不允许没有全线速动的纵联保护运行。采用全线速动保护，加快保护切除时间是保证系统安全稳定运行的最基本、最有效的措施。

（2）系统电源联络线断路器必须有重合闸装置运行。自动重合闸的重要作用，不仅在于恢复因故障断开的线路，更是在连续故障情况下保持系统完整性，避免扩大事故的重要手段。

（3）必须按照系统稳定措施的要求，投入安全自动装置，特别是在线路接近稳定极限运行时，必须要按稳措要求投入足量的切机、切负荷等安全自动装置。

（4）联络线输送功率要保证静稳定要求。不能超过稳定极限值，特别是在线路没有投入全线速动纵联保护或母线差动保护和在稳定措施所要求的安全自动装置不健全情况下，线路输送功率必须大打折扣，更不允许接近或超静稳定极限运行。

四、事故教训

荆胡线单相接地短路造成系统振荡，导致系统破坏，是当时在系统极端不利的条件下产生的，这里首先要提出一个不得不提的话题，是人们对系统安全稳定的认识还是处于初级阶段。从这次事故反映的情况看，在系统极端不利的情况下，有的主干线路上没有投入快速切除故障的高频保护，关系稳定运行的（当时）唯一的大机组居然因自动励磁装置有问题而带病运行。在稳定措施还不完善的情况下也因种种原因少投或不投切机、切负荷装置这都是降低稳定水平的错误做法，处在这样极端不利的情况下还在超稳定极限运行。这些情况说明除了认识落后于实践之外，行政干预也是不能否认的原因。

下面从大电网技术所要求谈谈电网结构、运行管理、继电保护及安全自动装置等三个主要方面的问题。

（1）电网结构头重脚轻，鄂西北集中大电源远距离向鄂东负荷中心输电，鄂东是弱电源，缺乏电源支撑点，当时在湖北最大的一台200MW机组虽在武汉，还带病（自动励磁装置不能投入）投入系统，一遇风吹草动，该机组便失磁跳闸极易造成鄂东地区频率崩溃。鄂东地区弱电源经多回220kV中压（当时已出现500kV平武线）线路与强电源联网，电源间的联系阻抗是决定系统稳定水平的一个关键因素。联系阻抗包括两个电源侧的阻抗及线路阻抗，线路阻抗只是这个阻抗一个组成部分，线路增加串补电容或增加线路的并联回路数，来减少线路阻抗，虽也能改善稳定水平，但是由于受端电源过小，受端等值电源阻抗过大，就难以发挥减少线路阻抗来提高系统稳定水平的作用。当时青山电厂虽是鄂东地区的主力电厂装机容量已接近鄂网容量的30%，但由于50MW以下机组居多数，且多数不发电，仅有的大机组即使发电，还通过几回110kV线路与220kV线路并网，鄂东地区电源等值阻抗反而增大，这样的电气主接线无疑加剧降低整个系统的稳定水平。鄂东地区还缺少无功电源，无功电源支持不足，加之200MW机组自动励磁调节器没有投入，丹汉四回线路还超暂态稳定极限运行，在荆胡线单相短路又因高频保护没有投而不能瞬时跳闸，因而造成系统破坏，导致电压崩溃，频率崩溃的恶果。说明电网的规划和设计考虑欠周所致。

（2）运行管理。当时华中电网刚组建不久，万事起头难，对联网后的系统认识不足，在运行管理难免会出现这样或那样的问题。但是从大电网技术要求来看，在运行管理上必须要做还没有做到的事。

1）没有按《电力系统安全运行导则》要求，事先分别算出各种运行方式下，丹汉四回线输送功率的数据及相应的稳定措施。没有提出在线路重负荷运行时必须要投入全线快速切除故障的高频保护的要求。

2）由于无功不足，线路过长，负荷过重鄂东地区唯一的一台大机组自动励磁调节器因故不能投入，在运行中因系统干扰就失步跳闸造成系统稳定破坏，电压崩溃的后果估计不足，也没有采取相应的预防措施。

3）调度没有运行规程，调度管理不严明，职责不清。丹汉四回线过负荷时网、省调意见不一致，延误了事故处理时间。没有建立事故处理规程，对系统振荡事故处理缺乏经验，处理不当，导致系统进一步恶化。

（3）继电保护及安全自动装置。继电保护及安全自动装置是涉及整个系统安全稳定的大问题，国内外长期运行经验说明，继电保护的动作是否满足系统要求，是能否防止系统崩溃瓦解的一个重要因素。特别是在电网结构薄弱的情况下，继电保护快速切除故障尤为重要。

1）快速切除全线故障，必须有线路纵联（高频）保护。快速切除故障是提高系统安全稳定最有效的措施，它是安全自动装置得以发挥作用的前提条件，这是我国电力系统多年运行的一条宝贵经验。因此系统中一些主要设备发生故障都要求快速切除，例如系统中电源联络线就要求线路两端都能快速切除故障。就不能像荆胡线那样允许没有高频保护还要运行。

2）电源联络线必须配置两套全线速动的纵联保护装置。荆胡线之所以因高频保护装置有问题不能投入而造成线路无高频保护运行，其原因是配置的ZCG—12高频保护质量不过关、而且仅只一套高频保护所致，属于保护配置不合理。220kV及以上网络关系到系统安全稳定的联络线路必须要配置两套能快速切除全线故障的纵联（高频）保护，线路纵联（高频）保护装置的动作时间必须按《稳定导则》的规定220kV满足近端小于0.04s，远端不大于0.06s的要求，500kV线路动作时间要求更快一些。在任何情况下都能保障线路两端都能快速切除故障。之所以220kV及以上线路配置两套快速切除全线故障的纵联保护，是因为若是一套纵联保护因有问题不能投入，还有另外一套纵联保护可以发挥作用；另一原因是万一有一套纵联保护拒动，靠另一套纵联保护来快速切除全线故障。总之，线路配置两套纵联保护的目的在任何情况下发生故障都能快速切除全线故障保障系统安全稳定运行。

3）必须按稳定要求投入安全自动装置。稳定措施应用最普遍的安全自动装置是在水电厂切机、水电厂投电气制动，在受端变电站集中切负荷等。有就地和远方切机、切负荷两种。安全自动装置是保障在故障切除后系统暂态稳定的重要措施。①按《电力系统安全稳定导则》事先进行各种运行方式的稳定计算。提出每一运行方式下的稳定措施。②安全自动装置必须和继电保护装置一样具有可靠性和安全性，还应具有以下功能。

第一，能区别故障类型，根据故障的严重与否决定切机、切负荷的数量以及切除时间。第二，切机装置要考虑机组必须具有切机后带厂用电，可以快速恢复和带满负荷的能力。第三，远切装置必须有相应的就地判据，确保可靠动作，又必须保证不至于误动作。第四，安全自动装置也要按时间要求来执行。

14 葛岗线接地短路，引起扩大事故

一、事故简述

1996年6月3日，在葛厂出口30%的葛岗线上发生B相瞬时接地短路。葛岗线两侧欠范围允许式距离保护均在50ms单相跳闸，970ms重合闸动作重合成功。而五岗线岗侧TCCS 100零序功率方向电流保护在55ms三相跳闸，五岗线岗侧过电压（定值为$1.2U_e$/0.8s）远跳五厂侧线路断路器；同时五厂1号机电压自保持的电流保护也误动跳闸，先跳母联断路器，再跳变压器扩大单元高低压断路器，造成五厂甩负荷事故。

二、事故分析

事故时系统运行方式见图1-42。

（1）葛岗线两侧欠范围允许式保护动作跳于B相，重合闸动作合上B相断路器，保障了葛岗线正常送电。故障线路的两侧保护动作是正确的。

（2）五岗线岗侧零序电流方向保护跳闸是属于误动作。网调规定该保护停用，基建理解停用是将电流和时间元件定值置于最小位置，方向元件极性也就不过问，方向元件极性接反系设计错误所为。

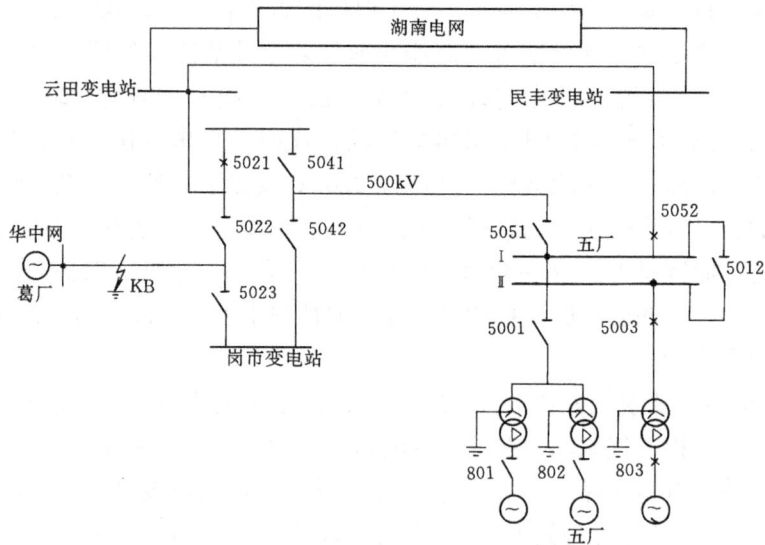

图 1-42　事故时系统运行方式图

五岗线岗侧过电压动作属于正确动作，五岗线由有载变为空载时，末端产生过电压（线路 CVT，远跳五厂侧断路器。

（3）五厂 1 号机电压自保持的过电流保护跳闸是属于误动作。该保护型号是 BYL—3型。如图 1-43 所示，葛岗线 B 相接地对五厂而言系远区故障，况且该保护动作时间是 4.5s，按理不会误动作。由于 BYL—3 装置有个电压切换器，输入电压切换器是顺相序，电压切换器输出是逆相序，正常运行时，电压元件一直处于动作状态，由于没有监视远方故障只要电流一动作，即使故障瞬时切除，通过电压自保持计时而误动作跳闸。

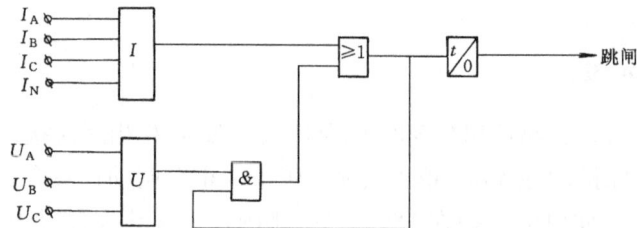

图 1-43　电压自保持的过电流保护逻辑图

由于五岗线误动作跳闸，1 号机电压自保持的电流保护先跳母联 5012，再跳变压器扩大单元高低压断路器 5001 及 801、802。五民线对五厂 500kV 母线 I 处于充电状态，造成全厂甩负荷。

三、措　施

（1）电网继电保护部门规定，线路零序功率方向电流保护停用。基建部门在技术处理不当引起误动作，同时也反映了技术管理上的问题。应在定值通知单上注明没有跳闸连接片的保护停用的方法。

（2）BYL—3 电压自保持电流保护误动作，虽然有维护不当的问题，更重要的该装置

54

违反了"反措要点"12.9电压二次回路……失压,都应发出警报,闭锁可能误动作的保护。没有电压断线闭锁装置,无法监视。唯一办法必须更换有电压断线闭锁的电压自保持电流保护装置。

四、经验教训

(1)零序功率方向电流保护不用而误动作,一是常见的原因"方向极性接反",二是零序功率方向电流保护停用时在技术上处理不当。

方向极性接反是设计所为,是没有弄清楚方向继电器的灵敏角,把国外与国内方向继电器混为一谈。根据制造厂习惯不同,有灵敏角为电流超前电压100°～110°和灵敏角为电流滞后电压70°两种。

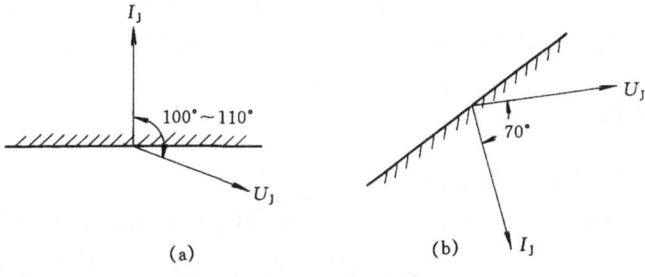

图 1-44 零序功率方向继电器动作特性

(a)灵敏角为电流超前电压100°～110°;(b)灵敏角为电流滞后电压70°

图1-44(a)与正方向故障情况相一致,其电流和电压回路应按同极性与电流互感器或电压互感器相连接。图1-44(b)与正方向故障情况正好相反,应将电流和电压回路两者之一按反极性与电流互感器或电压互感器相连接。

零序功率方向电流保护不用,如果有跳闸压板,将其断开;如果没有压板,应拆线头、并在图上注明。

(2)电压自保持电流保护,我国目前在大机组都是没有加电压断线闭锁装置,希望制造厂应该按电力行业"反措要点"要求修改。笔者提出改进方案,见图1-45。如果电压互感器二次发生断线,或电压切换器相序接反,电压元件立即动作闭锁保护,并发警

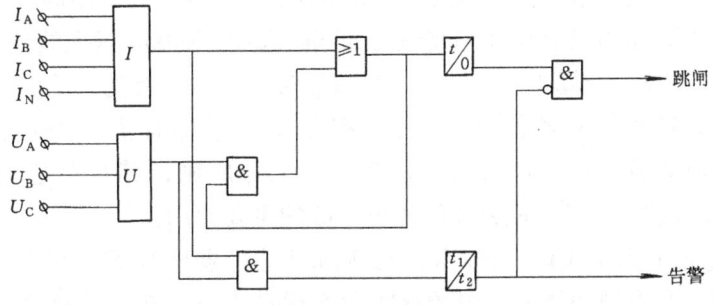

图 1-45 按"反措"要求改进的电压自保持的

过电流保护逻辑图 $t_2 > t_1 > t$

报，完全能防止保护误动作。

15 500kV 线路区外故障保护误动跳闸事故

一、事故简述

1995 年 6 月 24 日，双凤线过江塔（葛凤线、双凤线共过江塔）距凤变 30km 处 A 相遭雷击短路，双凤线两侧各有两套主保护均动作，A 相跳闸，重合闸动作两侧断路器重合成功。在双凤线故障中，葛凤线葛厂侧欠范围允许式距离一段暂态超越误动作跳 A 相。故障切除以后，葛凤线风变侧超范围允许式 SLYP—SLCN 方向内设附加功能的弱电源保护也误动作跳 A 相，继而葛厂侧 SLYP—SLCN 又误动作三相跳闸重合闸被闭锁；而风变侧重合闸虽动作，断路器重合成功，最后结果仍造成葛凤线停电事故。

二、事故分析

事故前系统运行方式接线图见图 1-46。

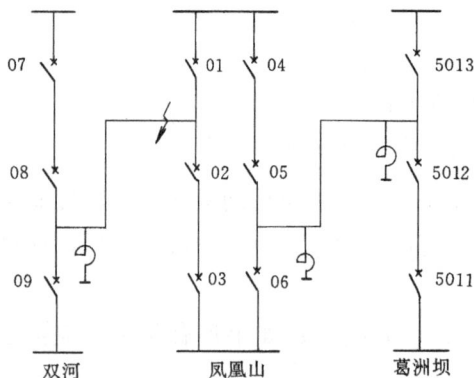

图 1-46 事故前系统运行方式接线图

双凤线 A 相接地，双凤线两侧第一套主保护闭锁式行波方向保护均瞬时动作跳 A 相，第二套主保护欠范围允许式 RAZFE 距离也瞬时动作跳 A 相，两侧断路器重合闸动作重合成功，双凤线恢复正常送电。

葛凤线保护动作分析。葛凤线第一套主保护是超范围允许式 SLYP—SLCN 方向保护，内设附加功能的弱电源保护仅在风变侧运行，葛侧已停止运行。第二套主保护是欠范围允许式 RAZFE 距离保护。

（1）葛厂侧 RAZFE 距离一段在双凤线接地短路时超越引起误动作跳开 A 相断路器。

双凤线 A 相接地短路位于葛凤线葛厂正方向区外 30km 处。距离一段动作是属于暂态超越误动。RAZFE 距离设有电压有源滤波回路，要求 200km 以上线路（葛凤线 330km）要长期投入，条件是 $I_k < 0.1 I_n$，$U_k < 0.15\% U_n$ 时，电压有源滤波会自动投入。实际上电压有源滤波置于 $15\% U_n$ 检测位置（属于没有投入），故障时没有起到暂态分量抑制作用。而距离一段定值为 $0.8 \times 330km$，它以 50ms 误动作跳闸，其暂态超越已达线路长度的 130%。属于人为过失，是造成葛凤线停电事故的主要原因。

（2）葛凤线风变侧 SLYP—SLCN 内设附加功能的弱电源保护在双凤线故障切除时而误动作跳 A 相。有附加功能的弱电源保护曾经误动作过，在事故对策上将强电源侧（葛厂侧）的弱电源保护停用，弱电源侧（风变）仍照常运行，且将弱电源保护的反方向元件返回时间延长到 70ms。

56

双凤线 A 相接地位于葛凤线凤变反方向，故障时葛凤线葛厂侧 SLYP—SLCN 负序正方向元件动作，并发信给凤变；凤变收信时，葛凤线因葛厂 RAZFE 距离一段在双凤线 A 相接地误动作先跳开 A 相，而双凤线故障亦已切除，此时的葛凤线已处于葛侧 A 相断开的非全相线路运行状态。凤变弱电源保护故障检测元件 $I_0(T)$ 定值为 0.06A（二次值）因躲不过线路负荷 510MW（折合二次电流估算为 0.11~0.4A），按照 SLYP—SLCN 弱电源保护动作基本原理，见图 1-47。

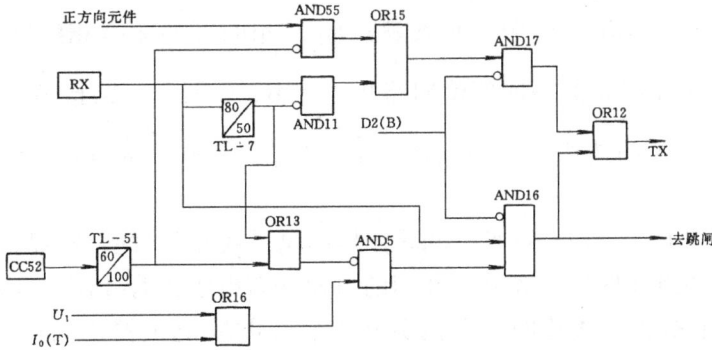

图 1-47　SLYP—SLCN 装置中弱电源保护逻辑图

1）葛侧发信时间为约 80ms，即凤变收信有 80ms。

2）反方向元件约在故障切除后 70ms 返回。

3）故障检测元件 $I_0(T)$ 躲不过非全相负荷电流，已在动作状态。

4）由于凤变断路器仍处于全相状态，不能闭锁非全相要误动作的 $I_0(T)$。

以上四个条件全部满足 SLYP—SLCN 弱电源保护跳闸条件，因此凤变弱电源保护仍通过选相元件 A 跳 A 相。

按理说，弱电源侧（凤变）反方向故障切除后，凤变侧弱电源保护是不允许动作跳闸和弱电源转发的。事实证明，凤变既动作选相跳 A 相，又转发了允许信号。看来弱电源保护仅在弱电源侧投入运行还是有问题的。从 SLYP—SLCN 弱电源保护动作原理分析存在有两个重大的问题。

第一，凤变侧弱电源保护在反方向故障切除后仍转发信号是绝对不允许的，既然它转发了允许信号说明反方向元件返回时间 70ms 仍然太短，按估算反方向元件返回时间 t 应不小于 100ms。按下式计算

$$t = t_1 + t_2 + \Delta t$$

式中　t_1——对侧正方向元件返回时间，20~30ms；

　　　t_2——对侧发信机展宽时间，40~60ms；

　　　Δt——裕度时间，取 10ms。

第二，线路一处一相断开的非全相线路，一般是利用断路器位置不一致做线路非全相状态的判据，这个判据对于断路器处于全相而线路处于非全相，是不能闭锁线路会误动作

的保护。说明利用断路器位置不一致做线路非全相的判据是不能闭锁一处一相断开的非全相线路而对侧断路器处于全相状态的保护，是凤变 SLYP—SLCN 弱电源保护误动作的原因之一。利用"断路器三相不一致"作线路非全相的判据值得研究。线路非全相，有两种情况：第一种情况是线路一侧断路器三相不一致的非全相线路；第二种情况是线路两侧断路器三相不一致的非全相线路。靠断路器三相不一致做判别线路非全相只适用于第二种情况。对于第一种情况的断路器仍处于全相状态的非全相线路，靠断路器三相不一致做判据就行不通了。

凤变侧 SLYP—SLCN 弱电源保护在葛厂侧 A 相断开的非全相线路上仍选跳 A 相，是 A 相断开的非全相线路其序网等值回路相当于 B、C 两相短路接地一样，有 $\dot{I}_{0A}\dot{I}_{2A}$ =0，而 SLYP—SLCN 的选相元件判据是 $|\dot{I}_{0\phi}\dot{I}_{2\phi}|<60°$（$\phi$ = A、B、C）。故仍选跳 A 相。

（3）葛凤线葛厂 SLYP—SLCN 三相跳闸原因葛凤线在此时已是两侧 A 相断开的非全相线路，由于故障点在区外，线路断开相的对地分布电容仍有残压。且葛凤线两侧装有 150Mvar 的并联电抗器，线路断开相的分布电容与并联电抗器之间产生了非工频自由振荡，故障录波再一次记录葛凤线 A 相电压的自由振荡波形。葛凤线三相电压的特点是：

1）B、C 相电压幅值、相位、频率与故障前一样。

2）A 相电压不为零，电压幅值接近正常电压、频率随着时间变化在变化，最小频率约 40Hz。

3）零序电压幅值与频率亦在变化。当零序电压为最大值时，A 相电压振荡频率约在 40Hz 左右，零序电压最大值为 A 相接地时的零序电压约 1.8 倍。

见图 1-48，TL—52 利用非全相过程中不会误动作的故障检测元件 U_1 及 U_{1x} 及（$I_0 - KI_1$）（T）经由或门 54 及与门 54 接入第二个弱电源跳闸回路（注：葛厂的弱电源保护跳闸已停止使用）。如果故障检测元件在非全相过程中动作，那么就会立即跳三相。

SLYP—SLCN U_1 元件其定值为 0.45p. u.，整定原则是可以躲过正常线路非全相。我们根据长距离超高压线路，没有非工频自由振荡情况下，非全相运行时，健全相通过分布电容将电压耦合到断开相上，根据具体参数计算，断开相上的电压可达 $-\dfrac{1}{7}U_{\phi}$。此时线路非全相线路的正序电压 U_{1N} 是：

$$U_{1N} = \frac{1}{3}(\dot{U}_A + a\dot{U}_B + a^2\dot{U}_C) = \frac{1}{3}(-\frac{1}{7}U_A + \dot{U}_A + \dot{U}_A)$$

$$= \frac{13}{21}U_A$$

即 $U_{1N} = \dfrac{13}{21}$p. u. > 0.45p. u.

可见 $U_1 = 0.45$p. u. 在线路非全相没有非工频自由振荡情况下是不会误动作。

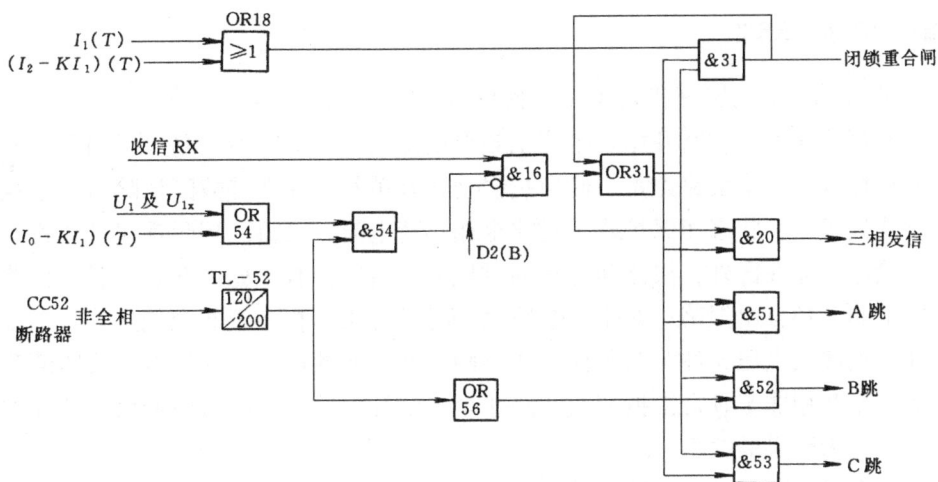

图 1-48　SLYP—SLCN 非全相经弱电源保护三跳逻辑图

但是葛凤线 A 相断开发生了非工频自由振荡，$\dot{U}_A$ 电压与健全相 B、C 相电压幅值几乎相等，而频率却为 40Hz 左右，存在有频差，随着时间变化 A 相电压相对 B、C 电压在旋转，当 A 相电压旋转在 $-U_A$ 位置时，这时线路正序电压 $U_{1N} = \dfrac{1}{3}$ $(-\dot{U}_A + \dot{U}_A + \dot{U}_A)$

$= \dfrac{1}{3}\dot{U}_A$，即　$U_{1N} = \dfrac{1}{3}$p. u. < 0.45p. u.。

此时正序低电压元件就动作了，说明正序低电压元件的定值为 0.45p. u. 时躲不过线路非全相发生非工频自由振荡。由于收到风变的弱电源保护转发来的允许信号，葛厂 SLYP—SLCN 反方向元件一直没有动作，而断路器虽因 RAZFE 误动跳开 A 相在先，断路器已非全相是构成 U_1 动作的一个条件成立，故葛厂 SLYP—SLCN 动作跳三相，是造成葛凤线停电事故的主要原因。

三、措施

（1）RAZFE 距离一段在正方向区对单相接地暂态超越误动作跳单相，是属于人员过失。仍然要继续强调严格遵守检验规程。

（2）SLYP—SLCN 内设有附加功能的弱电源保护，已接受了弱电源保护只允许在弱电源侧投入的教训，但还是在故障切除后，由于 RAZFE 距离一段在故障时误动作先切除单相，相继发生 SLYP—SLCN 误跳单相又跳三相的葛凤线事故。从事故顺序记录看，SLYP—SLCN 保护发信有两次，根本原因是反方向元件返回时间 70ms 太短。（改进前为50ms），应该将反方向元件返回时间提高到不小于 100ms。另一个问题是一处一相断开的非全相线路，躲不过非全相电流的保护在断路器处于全相时用断路器非全相做判据来闭锁是行不通了。

四、经验教训

（1）非全相线路的断开相发生非工频自由振荡的问题。

从历次葛凤线非全相断开相发生非工频自由振荡的规律来看，葛凤线路并未发生单相接地，而是在区外，本线路先是一侧保护误动跳开单相，在区外故障切除后，本线路另一侧在断路器处于全相状态而保护躲不过非全相负荷电流，又得不到闭锁误动作跳开同名相后，由于接地故障在区外，线路断开相的对地分布电容仍有残压。在有并联电抗器的线路断开相发生非工频自由振荡。非全相线路这一异常现象，相当于非全相又故障，多相补偿距离元件，正序低电压元件等都曾误动作跳闸，造成恶性循环。保护误跳线路两侧单相断路器，造成断开相非工频自由振荡，线路非全相断开相的非工频自由振荡又使保护继续误动作，形成互为因果的关系。

若从非全相线路保护会误动作着手，首先要解决断路器处于全相状态的非全相线路要误动作的保护必须要有新的判据来闭锁。然后要解决防止在非全相线路断开相发生非工频自由振荡时保护会误动作问题。

（2）断路器处于全相状态的非全相线路，用什么判据来闭锁非全相运行会误动作的保护呢？

通用的判据是利用断路器三相位置不一致。对于断路器处于三相位置一致（或全相状态），在线路处于非全相就不能闭锁会误动作的保护了。

笔者认为，利用电气量（电流）来反映线路是全相还是非全相状态，可以替代断路器位置不一致作判据，当线路处于非全相状态时，不论线路两侧断路器是一侧处于全相或是另一侧处于非全相，该判剧能准确判别出线路是非全相。线路两侧会误动作的保护都能被闭锁。其判据逻辑原理见图 1-49。

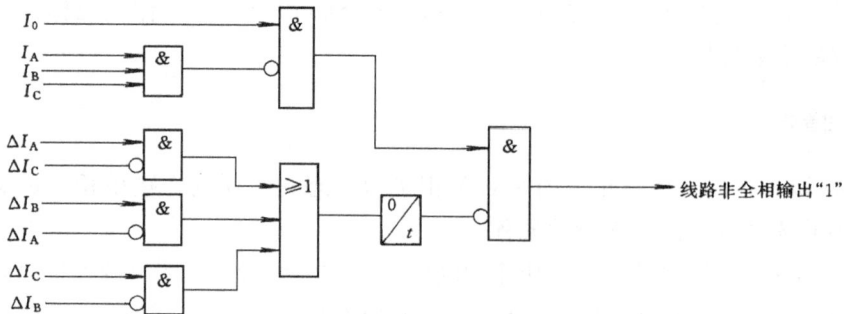

图 1-49　判别线路非全相的判据逻辑原理图

I_A、I_B、I_C、I_0—线路电流；ΔI_A、ΔI_B、ΔI_C—线路相电流故障分量

当线路全相运行时，三相有电流，判定线路为全相运行。当线路非全相运行时，至少有一相或两相电流为零，而电流互感器必有零序电流，判定线路为非全相运行。

但是要看到线路全相运行，发生接地短路时，有些运行方式下发生单（如 A）相接地，或两相短路（如 B、C）接地，非故障相电流可能为零，但有零序电流，判据会发生误判断，为此设置电流增量元件禁止判据发误判断命令，此电流增量是故障后电流减去故障前电流且大于零。当故障相电流切除后，其电流增量小于零不会发禁止命令。由此看来，不论运行方式如何变化非全相电流判据都能发出非全相线路闭锁会误动作保护的命令。

如果线路发生一相断线且一侧接地故障时，对接地侧而言，若线路在故障前有负载电流，则三相有电流，判据不会发闭锁命令；若线路在故障前空载，非故障相有零序短路电流，则三相都有电流，判据不会发闭锁命令，反之非故障相假如没有短路电流，电流增量元件动作禁止非全相电流发闭锁命令。对非接地侧而言，若非故障相无短路电流，则三相都没有电流，也没有零序电流，判据不会发闭锁命令；反之，非故障相有电流，则电流增量元件动作禁止判据发闭锁命令。

由以上分析，利用电气量电流做线路非全相判据是可行的。该判据比利用断路器位置不一致做线路非全相的判据要准确。

利用电气量电流做判据，由于不经过断路器位置这一中间环节，不会因断路器位置触点转换不到位发生误判断，可靠性提高了。

最重要的是不论非全相线路两侧的断路器是一侧非全相还是两侧非全相，都能准确判断。

16 220kV 线路单相接地故障，引起扩大事故

一、事故简述

1993 年 2 月 24 日，220kV 某线路单相永久性接地短路，由于刚投产的 220kV 线路高频保护没有投入运行，而投入运行的 CKJ—3 型距离、零序电流保护装置两侧都因电压断线闭锁在短路时误动作，将保护装置闭锁而拒动，引起电网十个厂站 15 个断路器相继动作跳闸，各站保护跳闸持续时间将近 9s。

二、事故分析

（1）220kV 某线路两侧 CKJ—3 拒动的原因是电压断线闭锁误动作，将 CKJ—3 保护装置闭锁所致。是事故扩大的主要原因。

CKJ—3 型保护装置设置的电压断线闭锁的动作原理是沿用的常规方案。即 $|\dot{U}_A + \dot{U}_B + \dot{U}_C| - |3\dot{U}_0| > U_Z$，当电压互感器二次断线便瞬时闭锁保护，并经 100ms 自保持，其中 $3\dot{U}_0$ 取自电压互感器的开口三角电压，从理论上来说是没有问题的。但是在实际应用中难免会发生一些问题。

1）电压互感器开口三角正常运行时电压输出是零，该回路是否完好，极性是否正确没有任何监视手段，这就给电压断线闭锁装置的正确动作埋下了隐患。

2）电压互感器二次回路和三次回路共用一根零线。这种现象经常出现在变电站的设计和施工中，就因为节省一根电缆芯。如果二次电压零线与三次开口电压零线共用，在接地短路时，若开口三角 L、N 端子在控制室短路，造成二次电压（$\dot{U}_A + \dot{U}_B + \dot{U}_C$）的零序电压与三次开口电压不相等，造成电压断线装置不正确动作。

3）电压互感器二次侧中性点只允许一点接地。在部颁《继电保护及安全自动装置技术》规程和《反事故措施要点》中都做了明确规定，但在实施中两点接地时有发生，即电压互感器二次侧中性线与三次侧中性线各有一点接地，在接地短路时，由于各接地点对地电压不相等形成了电位差，也可能造成断线闭锁装置误动作。

这次事故，$|\dot{U}_A + \dot{U}_B + \dot{U}_C| - |3\dot{U}_0| > U_z$，检测出这个门槛电压 U_z 是 5V。可见电压二次的 $3\dot{U}_0$ 与电压三次的 $3\dot{U}_0$ 之差无疑是大于 5V，在理论上讲绝对不可能。如果电压互感器二次侧和三次侧均已按"反措要点"要求正确接线。而电压断线闭锁装置中开口三角电压 $3U_0$ 如果没有按变比归算到电压互感器二次侧，则 $|\dot{U}_A + \dot{U}_B + \dot{U}_C| - |3\dot{U}_0| \neq 0$。

（2）事故扩大的原因：

1）220kV 某线路高频保护因故没投，距离保护又拒动，而两侧零序电流二段整定时间太长是事故进一步扩大的根本原因。

2）其他越级跳闸，有的是时间元件没按整定要求调整；有的是线路纵联保护要求投闭锁式，却错接成一侧为闭锁式另一侧为允许式而误动；有的是相差高频保护因闭锁角太小而误动；有的是因事故运行方式下，保护没有按事故方式整定而拒动；还有的是原因不明而误动，总之人为过失是根本原因。

三、措施

（1）CKJ—3 型装置的电压断线闭锁装置的临时措施是，电压断线闭锁装置的原理暂不做修改，由瞬时闭锁改为延时 9s 闭锁，对于有电流元件开放保护装置出口正电源是可以的。但是应该指出，电压断线闭锁装置加延时的这种做法、对于阻抗保护没有采用电流起动元件，断线闭锁动作延时闭锁就有问题。

（2）电压、互感器二、三次回路按反措要求改正接线。

四、经验教训

电压回路断线闭锁装置是保护装置的重要部件之一，它能否正确反应电压互感器二次回路一切异常状态，关键是在动作原理。但是从运行效果来看都不理想，其重要原因是没有对电压互感器的工作状态进行监视。比如说，电压互感器开口三角电压正常无电压输出，该回路是否完好（开路或短路），没有任何监视手段，那么按照 $|(\dot{U}_A + \dot{U}_B + \dot{U}_C)| - |3\dot{U}_0| > U_z$ 构成的电压闭锁装置在线路发生接地短路时，显然会误动作。因此电压断线闭锁装置还应有监视电压二次侧、三次侧自身是否良好的告警信号。

电压回路断线闭锁装置，顾名思义，它的动作原理应不反应系统一次的一切横向故障和纵向故障，它只反应电压互感器二次回路所有的断线情况。希望有更好的办法对能监视开口三角接线是否开路或是短路，甚至还能监视开口三角电压所接极性的正确性。电压断线闭锁装置如果能有这些监视功能，说明其功能就更加完善了。目前应用中的电压断线闭锁装置之所以不理想，与装置没有监视好电压二次、电压三次有很大的关系。

按照这一设想，对电压互感器两种接线方式分别设计电压断线闭锁装置，其性能可以满足上述要求供大家研究。

第一方案：一般的电压互感器只有一个星形接线的二次绕组和一个开口三角的绕组。

电压断线闭锁装置的动作原理是采用快速空气开关或熔断器两端电位差来构成，见图1-50。

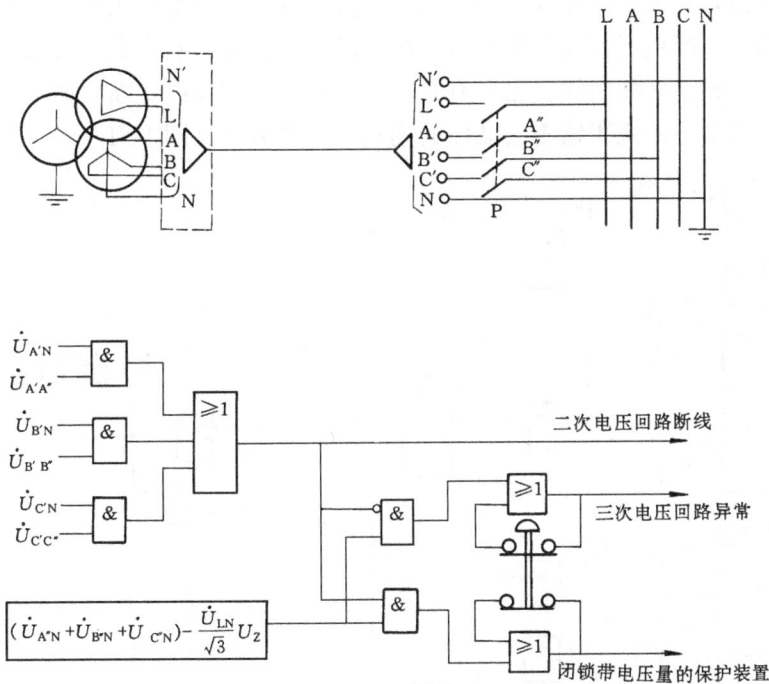

图1-50　C. V. T. 单星形及开口三角接线的电压闭锁装置

注：$\dot{U}_{A'}$、$\dot{U}_{B'}$、$\dot{U}_{C'}$、$\dot{U}_{L'}$、U_{N}、$U_{N'}$断线可能性很小，故未考虑。

其特点是：

（1）不反应系统上的一切故障。

（2）能正确反应电压二次回路中快速开关或熔断器一相、二相、三相断线。

（3）对于电压二次回路中，快速开关或熔断器三相断线，不需在一相快速开关或熔断器两端并联电容器，电压断线闭锁装置仍能可靠动作。

（4）二次电压回路断线能自动告警。

（5）三次开口电压回路开路、短路及极性接错均利用系统发生接地短路时自动告警，解决了开口三角电压回路没有监视的弊病。

但是采用快速开关或熔断器两端电压差构成的断线闭锁装置，因快速开关或熔断器装在电压互感器端子箱内，需要多用电缆芯，但是可以设想将快速开关或熔断器放在保护室内电缆芯根数仍一样多，常规的办法都是从电压互感器端子箱到保护室铺设一根电缆，中间不设中转端子，且电缆都是沿预建好的电缆沟铺设电缆上基本上不工作，故障的可能性极小，快速开关设在保护室内只是对这一段电缆故障起不到保护作用，正如超高压电压互感器一次侧不装熔断器一样，理由也是电压互感器这一段电缆故障的可能性极小。如果利用快速开关两端差电压构成的断线闭锁装置比其他原理的要优越得多，改变这个传统的习惯，把快速开关从电压互感器端子箱移到保护室也是一种尝试的办法。

第二方案：电压互感器有两个星形接线绕组及一个开口三角形接线绕组的电压断线闭锁及电压二次回路异常告警装置。

电压互感器有两个星形接线绕组，有一个天然的优点就是利用两个二次电压同名相的差电压构成的电压断线闭锁装置不反应系统上的一切故障，它可以正确反应电压互感器二次电压一相、二相、三相断线，也没有必要在一相快速开关或熔断器两端并联一个电容器来防止三相断线电压断线闭锁不会动作的问题，具体方案见图1-51。

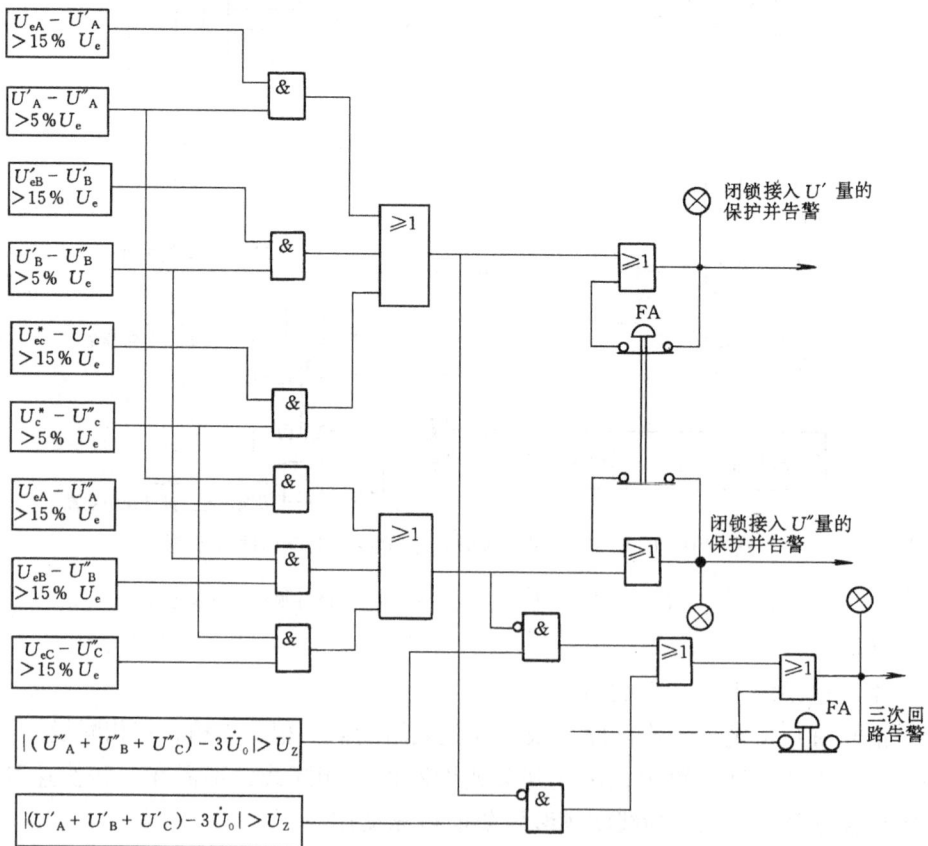

图 1-51　C、V、T 双星形及开口三角接线的电压断线闭锁装置

注：U_e 或 U_ϕ（$\phi = A$、B、C）系指 C、V、T 二次额定电压

U'_ϕ、U''_ϕ 分别为两个星形绕组的二次电压

17

小电流接地系统异名相不同点接地短路，保护拒动

一、事故简述

某变电站一 35kV 单电源放射性供电系统为消弧线圈接地系统。雷雨季节，已有一条线路发生 A 相接地，变电站值班人员利用绝缘监视装置，顺序断开线路断路器的方法来寻找接地故障线路，在接地故障线路还没有找到之前，另外一条线路发生 C 相接地短路，变电站主变压器 35kV 侧断路器跳闸，造成 35kV 变电站全停事故，事故后检查，两条接地短路线路保护都有信号，一条是 A 相过流保护，另一条是 C 相过流保护动作，但两条线路断路器均未跳闸。

二、事故分析

该变电站 35kV 线路均配置有速断、过流保护装置，但装置中配有电流互感器断线信号继电器。该继电器主要用于反应小电流接地系统电流互感器二次侧一相断线时，常开触点发告警信号，常闭触点闭锁电流互感器二次侧断线时会误动作的保护。

小电流接地系统不同线路异名相发生两点接地短路，故障线路保护均有动作信号，但断路器没有跳闸，越级至变压器后备保护跳闸，引起 35kV 系统全停事故。经过检查分析，两条线路的电流互感器二次侧均没有断线，是断线信号继电动作原理错误所致。

断线信号继电器动作原理是 $\dot{I}_A + \dot{I}_B + \dot{I}_C > 0$ 便判断为电流互感器二次侧一相断线，设计原则是小电流接地系统在正常运行，及发生单相接地短路时均没有零序电流（实际上是毫安级）。可是两线路异名相发生不同点接地短路，每条线路都有零序电流，而电流互感器二次侧一相断线时也有零序电流，该判据就无法判定。这一论点显然是错误的。

小电流接地系统发生单相接地故障时，流过故障点的电流不大，但允许系统带着单相接地故障点继续运行，一般可以允许运行两小时。在这段时间内，变电站值班员必须要去找出故障线路，转移负荷，将故障线路停下来。小电流系统一条线路发生单相接地，虽然线路中零序电流非常小（二次侧毫安级），断线信号继电器也不会动作，线路仍可继续运行，但是，在处理过程中另一线路异名相发生不同点接地故障时，每条故障线都流过大小相等方向相反的零序电流，而且该零序电流数值就非常可观，线路保护必须动作跳闸，可是断线闭锁信号继电器因有零序电流亦动作，将保护闭锁而不能跳闸，这就是线路保护没有跳开断路器的真正原因。

三、措施

电流互感器断线闭锁信号继电器由于其动作原理是错误的，不能用 $I_A + I_B + I_C \geqslant I_D$（$I_D$ 门坎值）这一原理去闭锁电流互感器二次线断线会误动作的保护，也不能被用来发告警信号。

四、经验教训

电流互感器二次断线闭锁继电器是动作原理上的错误。不能用来闭锁保护装置。

对于线路保护（纵差保护除外），若采用电流互感器二次断线闭锁，采用线路两组电流互感器的零序电流构成与门，I'_0 ——[&]——→ 闭锁保护、告警，I_0 是线路保护用电流互感器零序电流，而 I'_0 是线路非本保护的电流互感器零序电流。条件是线路保护要有两组电流互感器。这种动作原理的交流电流断线闭锁装置才真正解决问题。

18 手动合电磁环网线路保护误动作跳闸

一、事故简述

1997 年 6 月 29 日，暴风骤雨，500kV 凤凰山变电站 1 号主变压器差动保护动作跳闸，急需将湖北网部分负荷转移由湖南网供电，目的是防止凤凰山变电站过负荷，调度决定将湖北咸宁地区两变电站负荷由湖南转供。当时湖北汪变电站的汪巴线充电备用，对侧湖南网巴陵变电站侧汪巴线断路器断开。当汪巴线巴侧手动合闸时、汪变电站汪巴线 WXB—15 微机闭锁式方向高频保护误动三相跳闸。由于汪变是基建刚投产的新变电站，至调度的远动信息没有安装，汪变没有将汪巴线跳闸事故信息转告调度，且通信又常失灵，而调度凭经验认为合环完毕。下令解开凤变 220kV 凤塘（咸宁地区）线，造成咸宁地区塘变电站、汪变电站两站失压事故。事故虽由调度失误所致，但是线路微机保护 WXB—15 合环时造成线路一侧误动作跳闸不能不引起重视。

二、事故分析

在我国发展起来的微机保护，普遍采用工频突变量原理，很富有新意，在 220 ~ 500kV 线路上得到普遍采用。以 WXB—15 型保护来说，它设置了三个突变量方向元件来构成闭锁式方向高频保护，在应用中对于横向故障取得了比较满意的效果，但是突变量方向对纵向故障产生的误动作已不少。这是不能不引起继电保护工作者重视的一个问题。经过事故调查分析，认为这次保护误动作系原理缺陷所致，当合环操作时（实际是 500kV 与 220kV 电磁大环网），先合闸一侧突变量正方向元件动作，I_{DB} 电流定值为 264A。后合闸侧手动合闸时，当时合环电流 A、C 相分别为 365A、368A，且 B 相断路器又滞后 16ms 合闸，造成非全相合闸。事故后试验发现跳闸位置继电器 KTW（KTW_{ABC} 三触点并联）去停信触点返回时间约 30ms，也就是说后合闸侧要等断路器有一相合上后 30ms，才能解除停信。先合闸侧要待对侧合上后 30ms 才能收到后合闸侧发来的闭锁信号，那就使得先合闸侧后突变量方向高频保护动作跳闸。

但是必须指出的是后合闸巴陵变汪巴断路器合闸非同期 16ms 是远远大于断路器合闸非同期 5ms 的技术要求，该断路器是不合格的。该断路器合闸非同期时间虽然大，但不是造成突变量方向误动作的主要原因。即使是断路器三相合闸不同期时间为零或小于 5ms，合环时必然会有 ΔU 和 ΔI，突变量方向元件不可避免地会动作。突变量方向高频如何来躲过纯纵向故障不误动，就必须要深入研究的一个课题了。

三、措施

WXB—15 型单频制闭锁式方向高频保护对手动合环误动作的措施，研制单位提供了一个措施是在三相跳闸位置继电器常开触点并接回路中，再串入一个手合继电器的常闭触点去解除停信。这个措施是否可行仍需研究。从突变量方向元件动作原理来看，在线路两侧保护采用母线电压互感器时，当手动合闸，两侧突变量方向判断为正方向，用手合继电器触点解除停信，又有何用？这次汪巴线手动并网合闸时，两侧突变量方向正向动作就已证明。

当线路两侧保护采用线路电压互感器时，对线路先合闸侧而言与母线电压互感器结果是一样，而对线路后合闸侧，突变量方向显示是反方向线路两侧突变量方向高频保护从原理上看不会误动，从技术上要求后合闸侧加速解除其停信措施是可行的办法。要想解决母线电压互感器手动或自动合闸带来的纵向故障引起突变量方向误动的问题，唯有此时退出突变量方向保护。原理分析见表 1-3。

表 1-3 　　　　　　　　纵向故障（包括非全相合闸）突变量方向原理分析

TV位置	变电站	线路 N 侧断路器后合闸突变量电压分布图									
		ΔU	ΔI	$\arg\dfrac{\Delta U}{\Delta I}$	正方向	反方向	ΔU	ΔI	$\arg\dfrac{\Delta U}{\Delta I}$	正方向	反方向
母线	M	−	+	180°	√	×	+	−	180°	√	×
	N	+	−	180°	√	×	−	+	180°	√	×
线路	M	−	+	180°	√	×	+	−	180°	√	×
	N	−	−	0°	×	√	+	+	0°	×	√

N′指线路侧 TV

四、经验教训

突变量方向作为线路高频保护必须要对断路器合闸（包括非全相合闸）引起保护会

误动作要采取有效的措施。在这里需要指出的是线路并网合闸突变量方向高频保护误动作，此种情况算不算事故？是否有经济效益？作为电力系统运行单位对这个问题的看法是肯定的。在线路需要转移负荷的情况下，如果线路并网合闸，突变量方向保护误动作跳闸，这就不可避免地延误了负荷转移的时间。如果负荷不能准时按调度指令转移，在紧急过负荷情况下，有时会做出手动拉闸的办法造成不可避免的损失。如果是事故运行方式，手动启动备用电厂联络线保护系统，其经济意义就更大了。至于线路停电检修后手动合闸时突变量方向高频保护跳闸，当然可以不算事故。

当线路采用"三重"或"综重"重合闸方式时，重合闸在三相合闸与手动合闸没有什么两样，如果重合闸在三相合闸时，突变量方向高频保护也误动作跳闸，无可非议的要算事故。

突变量方向元件正向最小动作时间是 5ms，笔者认为这个 5ms 时间，正好是 220～500kV 断路器三相合闸不同期的允许时间 5ms。如果将突变量方向正向动作最小时间延迟到 10ms，在线路近区短路时不影响系统失稳的最小切除故障时间，限制不大于 20ms。换句话说，突变量方向元件最佳时间最好是 10～20ms。采取用适当延时的办法躲开断路器不同期合闸的时间，是避免误动的一个办法。

突变量方向在线路断路器合、分闸时，由于断路器分、合闸三相分、合闸不同期允许时间为 3～5ms，即使是在理想情况下三相合闸不同期时间为零，但断路器两侧总有电压差，突变量方向元件不可避免地会要动作。对于取用母线电压互感器的突变量方向元件相当于正方向变化，对于线路电压互感器相当于反方向变化，见表 1-3。因此对于母线电压互感器的线路突变量方向高频保护，在手动合闸时设法将突变量方向保护暂时退出工作。或者采取一个补救措施，要求线路后合闸侧要加速解除断路器跳闸停信指令，从技术上避免先合闸侧误动，就必须设置判别断路器后合闸的判据，见图 1-52。

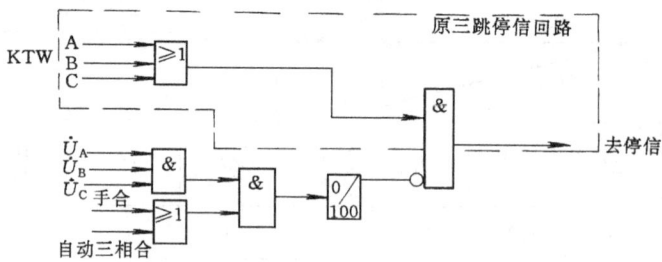

图 1-52　单频制闭锁式突变量方向高频保护，
后合闸侧解除三跳停信回路的判据逻辑图
KTW—断路器跳闸位置继电器，跳位输出"1"；

$\dot{U}_A$、$\dot{U}_B$、$\dot{U}_C$—母线 C、V、T 电压；

自动三相合—指"三重""综重"三相合闸时输出"1"

对于取用线路电压互感器的突变量方向保护，对断路器一处纵向故障相当于反方向故障，不会误动，不需采用任何措施。

19 500kV 电抗器故障，引起继电保护不正确动作

一、事故概述

1998 年 10 月 29 日，五民线民侧电抗器 B 相短路故障，由 B 相匝间短路演变为 B 相接地短路，短路演变时间长达数十秒钟。匝间短路期间，线路两侧超范围允许式方向保护电抗器保护，由于灵敏度不足没有动作跳闸，直至发展为 B 相接地短路，民侧电抗器保护有差动、匝间、瓦斯动作三相跳开民侧断路器，并起动远跳装置，发信至五厂侧跳闸，五厂 CGQ—3 远跳装置就地判据因在电抗器短路演变过程时间长达数十秒，判为本装置故障而被闭锁因而拒动。当电抗器保护动作三跳本侧线路断路器的同时，五厂侧 PLS—1B 方向高频保护动作选跳 B 相断路器，在重合闸 1 秒合闸时间内，五厂侧非全相保护误动作三相跳开本断路器。这次事故暴露的问题是五厂侧远跳装置拒动，而断路器非全相保护误动。

二、事故分析

（1）远跳装置拒动系事故演变时间过长且是间隙性短路，故障时间从 36～136ms 不等，两故障间隙的故障消失时间从 258ms 到数秒间不等，故障多次往复为间隙性故障，最后导致五厂侧远跳装置被闭锁而拒动。

（2）断路器非全相保护误动原因纯系设计错误所至。见图 1-53。

由于线路电抗器 B 相从匝间短路到 B 相接地演变的时间过长，在短路过程中，反时限零序电流判别元件已输出"1"，待本侧断路器 B 相跳闸输出"1"，重合闸装置还未起动之前时，本装置就输出跳闸命令跳本断路器。其主要原因是错误地采用了反时限零序电流做判别元件。由于采用了反时限零序电流，其时限控制只受电流控制，也就是说只要出现电流就计时，电流越大，计时就越快。

图 1-53 错误的非全相保护原理图

I_0—反时限零序电流；

$KTW_{A,B,C}$—断路器跳闸位置；

$KHW_{A,B,C}$—断路器合闸位置

取这个零序电流反时限本身就存在两个错误，一是时间元件没有按照非全相保护三个输入量，断路器位置非全相、有零序电流、重合闸没有来闭锁三个条件同时存在才计时；二是时间元件不是定时限，而是反时限，不能按照整定计算要求，定时去操作断路器。这次断路器非全相保护的动作行为，暴露设计人员对非全相保护动作原理的理解错误。

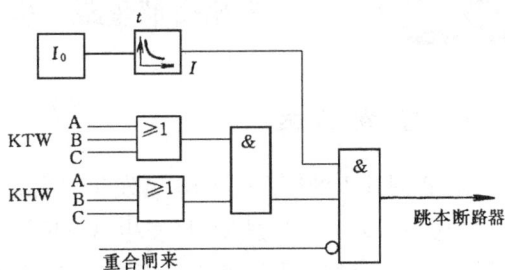

三、措施

（1）远方跳闸装置的就地判别故障元件，在系统间隙性短路时按要求是不能闭锁本

装置。而这次事故却揭示了远跳装置设立的就地判别故障元件因间隙性短路故障而误判为装置"元件故障"，将本装置闭锁造成拒动。说明该远跳装置中的就地判别故障元件对间隙性短路与装置"元件故障"根本区分不出来，依笔者之见，解决办法是当系统间隙性短路故障分量存在时解除"交流量元件故障"闭锁本装置出口。

（2）五厂的断路器非全相保护，纯系设计错误所致，"电力系统继电保护技术规程"和"反事故措施"都有明确的规定，按规程的要求，对于线路分相操作断路器的非全相保护原理图，正确的做法见图1-54。

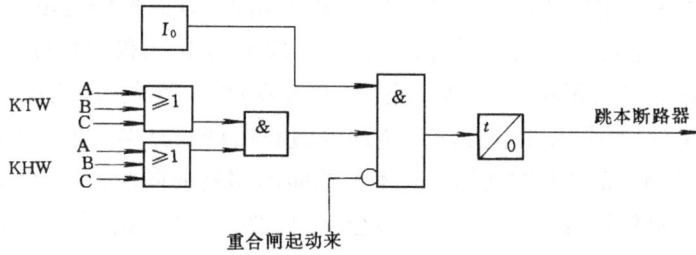

图1-54 断路器非全相保护正确原理图

时间元件 t，必须是定时元件，该时间元件的动作不能是唯有电流就起动计时，必须同时满足以下三个条件：一是有零序电流且大于定值，二是断路器必须处于非全相状态，三是重合闸装置没有闭锁，时间元件才能计时，时间到就发出跳本断路器的指令。

29 单相接地短路，引起三跳不重合事故

一、事故简述

葛双Ⅱ回线1989年8月10日发生B相瞬时接地短路，1990年12月13日发生C相瞬时接地短路，1991年8月24日发生A相瞬时接地短路。在这三次单相接地短路中葛厂侧都单跳、单合，线路重合成功，而双变侧每次在保护动作单相跳闸后经过一时延，大约在0.78~0.82s后，先发"双08重合闸闭锁"的异常信号（双07为靠母线断路器先合，重合时间为0.8s，双08为中间断路器后合，重合时间为1.4s），再经57~60ms后，双07、双08三相跳闸不重合，造成葛双Ⅱ回线三次停电事故。

二、事故分析

连续三年发生三次单相瞬时短路，双变侧均三相跳闸不重合。每次事故后检查，试验模拟单相瞬时短路，两套保护均单相跳闸、单相重合成功。多次模拟试验，结果都一样。

但是从三次事故的录波图的特点看，每次事故录波大约都在0.78~0.82s时间内，故障相电流均接近线路电容电流。因为这三次单相接地均为瞬时性接地短路，相别依次为B、C、A相。每次发生的单相瞬时性接地短路，都是在0.8s左右三相跳闸。既非单相永

久性短路，对侧已重合成功。也非保护误动，更不是什么干扰误动。综合分析，是保护回路有错误接线或是寄生回路所致。经双河变专责工程师证实，对照葛双Ⅰ、Ⅱ回线两屏的端子排，发现葛双Ⅱ回线端子排同期回路多了一根标号为 503 的线头即寄生回路。RAAAK重合闸部分接线图见图 1-55。

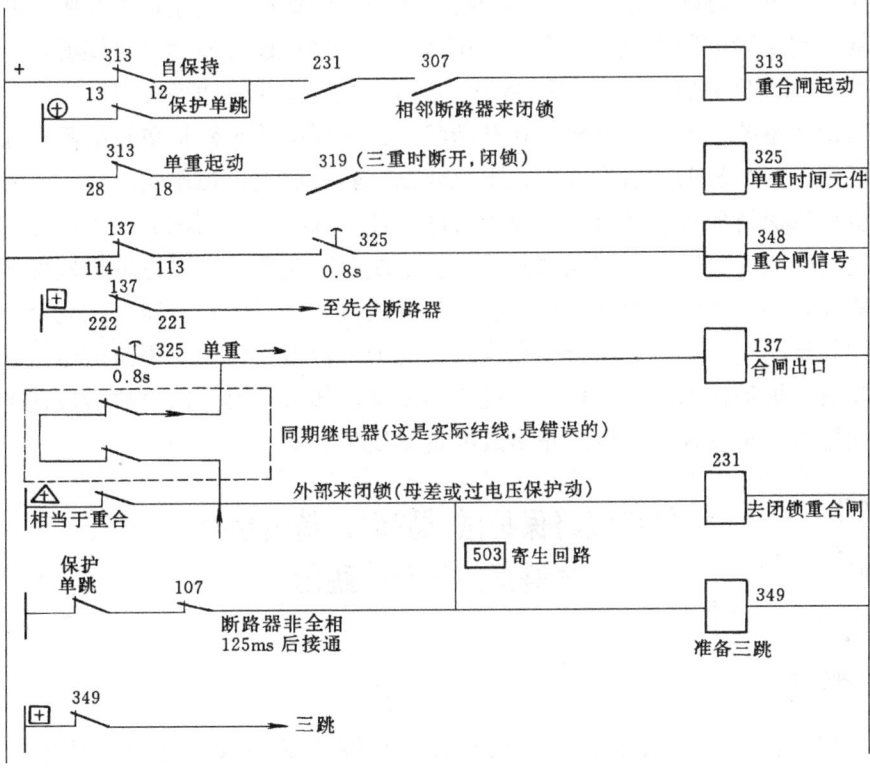

图 1-55　RAAAK 重合闸部分接线图

由于设计的同期回路放在重合闸回路中，利用重合闸来完成手动同期合闸。实际上由于线路都采用单相重合闸方式，同期回路根本就不用，但是同期回路并未拆除。在 500kV 线路中，都采用线路 CVT，正常运行时，断路器的线路侧和母线上电压均一样，因而同期继电器触点始终是闭合的。从图 1-57 看，当重合时间 0.8s 到 325 继电器触点闭合，经虚框内同期继电器触点，再走 503 寄生回路，起动准备三跳 349 继电器，349 触点闭合便三相跳闸。这就是葛双Ⅱ回线三次单瞬故障，三次误跳三相不重合的原因。

三、措　施

拆除同期回路，拆除寄生回路 503 。

四、经验教训

（1）设计的同期回路放在重合闸中来合闸是完全错误的。

从功能上看，同期回路是手动操作控制部分，而重合闸是属继电保护装置，虽然都是合闸，但功能却不一样。前者是属正常操作，后者不仅在于恢复因故障断开的线路，更是在连续故障情况下保持系统的完整性，避免扩大事故的重要手段。将这两套装置在回路上放在一起，似有风马牛不相及，有百害而无一利。该同期继电器没有断路器操作把手控制，运行时，由于断路器在合闸位置，同期继电器检查系统是同期的，同期继电器触点始终是闭合的，当单重时间到进行合闸的同时，还通过同期回路去闭锁重合闸。断路器根本就合不上闸。同期继电器干扰了重合闸的正常工作。这种设计显然是错误的。

（2）由于同期回路放在重合闸回路中，在线路停电检查保护装置时，由于线路停电，同期继电器检测系统不同期，其触点在开断状态，任凭试验来模拟单相故障，保护装置决不会三相跳闸，这个教训就启发我们，不仅要在试验方法上模拟单瞬故障，有时在系统一次接线上也尽量保持原样，才能模拟事故的真实性。这次事故保持一次系统原样的做法是，在停电的线路上，断开线路隔离开关，合上线路断路器，再进行事故模拟试验。由于线路断路器在合闸，线路电容式电压互感器与母线电容式电压互感器电压完全一样，同期继电器检测系统同期，其接点闭合，在这种情况下，再做模拟单瞬短路试验，其结果肯定与实际故障时保护动作的结果一样，误跳三相无疑。如果在第一次事故后按这个办法来模拟试验，问题就能早发现，可以防止事故的重复发生。

21 停电线路保护做试验时，造成运行线路保护误动作跳闸

一、概述

平行双回线路中，一般都装设有相差高频和零序横差双套全线速动主保护，由于220kV线路电流互感器在当时一般只有四个二次绕组，因此这两套全线速动主保护只能共用一组电流互感器二次绕组。

然而在做停电线路的保护试验时，造成运行线路相差高频保护误动作跳闸事故。在××省网220kV平行双回线路中，基于同一原因，先后在不同的时间，不同的地点发生过运行线路四次误动事故。

二、事故分析

这些事故的重复发生都是在双回线中已停电线路上做继电保护试验时造成的。

1. 试验时没有做好安全措施

一般继电保护试验电源，是直接由变电站用变压器低压380V，经专用线接到一组△/Y₀接线的专用试验变压器上，引出三相四线作为保护装置的试验电源。这样做主要是三相平衡度和电压波形比较好，输出电压比较稳定。但是试验电源的Y₀就有一个接地点。在已停用的保护装置上通电试验时，由于双回线两组电流互感器各有一个接地点，试验电源不可避免地分流到运行线路的相差高频保护回路中，由于试验前没有考虑到双回线的零序方向横差保护与运行中线路的相差高频保护还有电的联系，也就没有采取必要的安全措施，这就是事故重复发生的原因。

2. 两组电流互感器的二次组合的电流回路不是一点接地，而是两点接地

从图 1-56 实际接线图看，按只能有一个接地点的要求是无法实现的。试验部分没有拔出来，就保留了两个点接地。任意拆掉一个，拆掉接地点的电流互感器就通过一继电器阻抗接地，对人身设备的安全性都要打个折扣，也是不允许的。两个接地点就是个隐患。

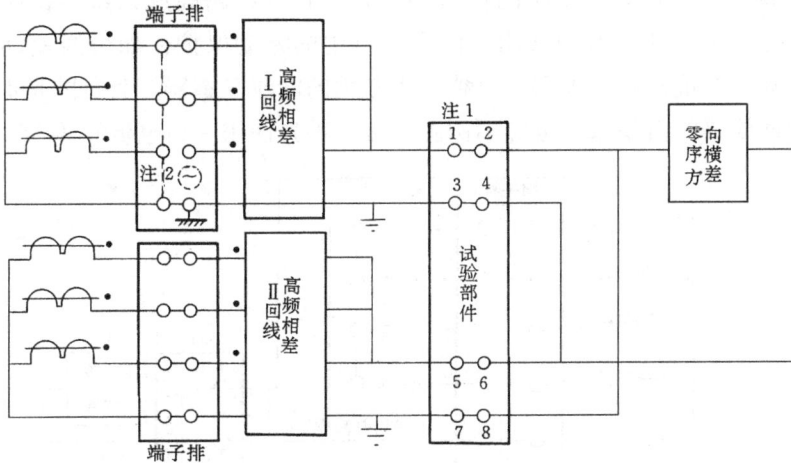

图 1-56 双回线相差高频和零序方向横差保护交流电流实际接线图

注：1. 试验部件插入位置 1-2，3-4，5-6，7-8 连通；

试验部件拔出位置 1-3，5-7 连通。

2. I 回线相差高频试验时，接地 ⚏ 系试验电源接地点。

三、措施

（1）要实现平行双回线路的相差高频保护和零序方向横差保护共用一组电流互感器时的接地点只有一个时，原实际接线图根本无法实现。按图 1-57 才能真正实现只有一个接地点。

（2）在平行双回线已停电的线路试验时，必须做好安全措施。必须将运行线路的高频相差和零序方向横差保护的电流回路保持各自独立，与停电线路的电流互感器二次断开。有试验部件时，拔出停电线路的试验部件。

四、经验教训

（1）从图 1-56 看，有两个接地点，拆开那一个接地点都有问题。一是违反了由几组电流互感器二次组合的电流回路只允许有一个接地点的规定，二是两个接地点存在有两个隐患。第一个隐患是，若两个接地点位在开关场端子箱，由于两个接地点的接地电阻不一定相同，当变电站发生短路经构架接地时，接地短路电流在两个接地点间形成电位差，接地电流就有可能分流到零序方向横差保护的电流回路中，引起误动。第二个隐患是，若两个接地点位在保护屏端子排经屏接地，由于接地点靠近零序横差方向保护电流线圈很近，两个接地点和地构成的并联回路短接了电流线圈，当在双回线路上发生接地短路时，零序

73

方向横差保护电流回路因并有两个接地点的回路分流，严重时，可以使零序方向横差保护灵敏度降低而拒动。

图 1-56 存在的隐患，必须加以解决，在合用电流互感器的情况下，笔者拟成一个接线图，见图 1-57，且只出现一个接地点。在停电线路上做试验时，其安全措施是拔出试验部件。不仅将运行线路的相差高频保护的电流回路与之隔离，还仅只保存一个接地点。

（2）差动保护，包括双回线路的横差和纵差保护，在超高压系统中，应该单独使用一组电流互感器，不与其他保护共用。已在运行中的差动保护，如母线差动、变压器差动、发电机差动、电抗器差动等都是单独采用专用的电流互感器。其目的是保障差动保护的安全性。双回线路的横差保护也应不例外，必须单独使用一组电流互感器。

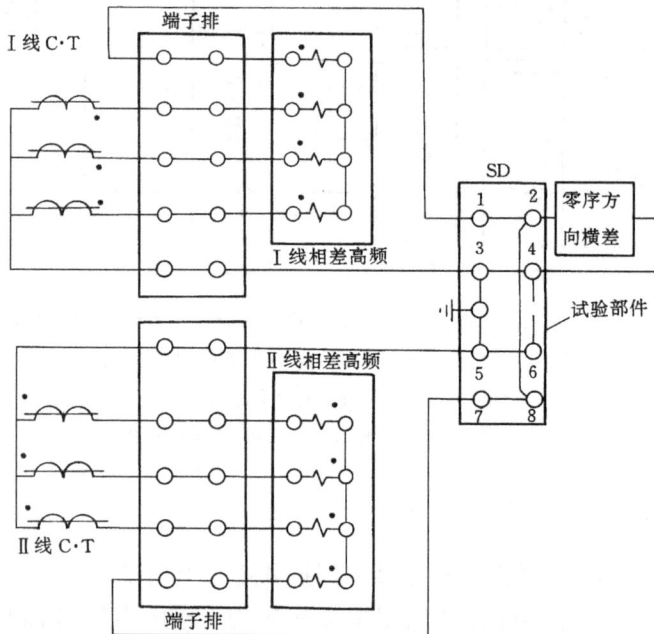

图 1-57　双回线高频相差和零序方向横差保护交流电流合理接线图
注：1. 试验部件插入位置 1-2，3-4，5-6，7-8 连通；
2. 试验部件拔出位置 1-3，5-7 连通。

今后在设计双回线路保护时，首先在选择线路电流互感器（指 220～500kV 线路）时，必须有六个二次绕组，将线路高频保护等与线路横差保护分别使用一组电流互感器，提高线路横差保护的安全性。

22　500kV 变压器高压单相接地短路，引起母线差动和线路保护误动

一、概述

事故时系统运行方式见图 1-58。1989 年 8 月 15 日，葛厂 12 号变压器高压套管 A 相

对地闪络，除了变压器及其扩大单元的所有差动保护动作切除故障点外，葛厂 2 号母线有一套母线差动保护及葛凤线两套主保护均误动作跳闸，造成葛凤线、葛双 I 回线停电事故。葛厂除了切除故障单元 4×125MW 机组外，由于两条线路三相跳闸，就地切机 4×125MW，远方切负荷 890MW，系统才恢复正常运行。

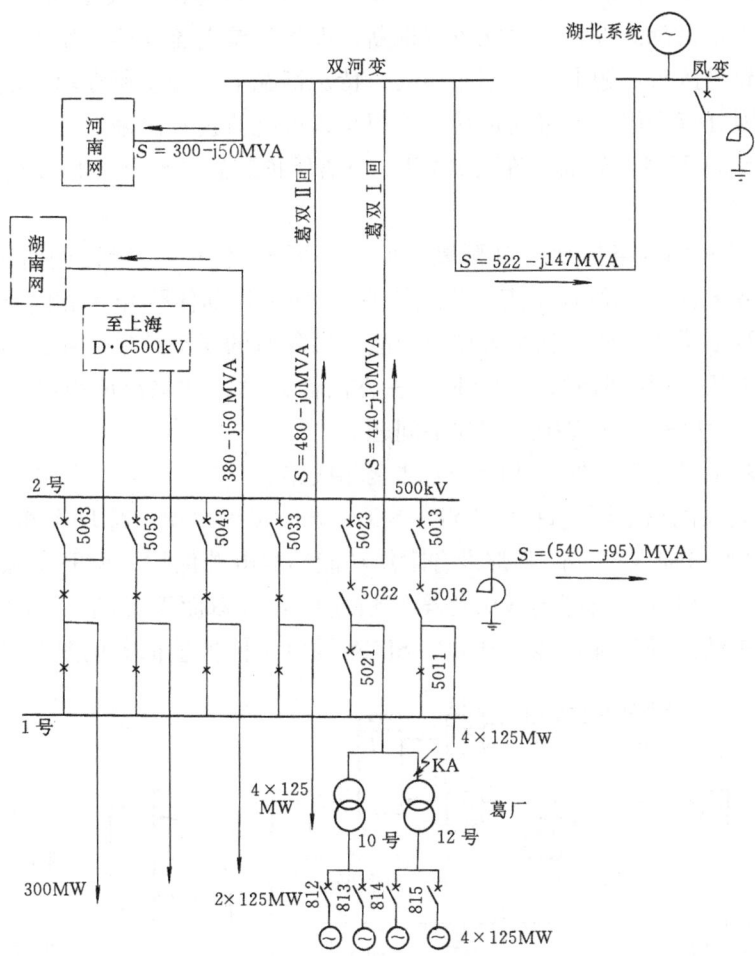

图 1-58　事故时系统运行方式

二、事故分析

（1）葛厂 500kV2 号母线 DMB—1 母差保护误动作分析。

葛厂电气主接线为一个半断路接线方式，每条母线都配置有两套母线差动保护。葛厂 12 号变压器 A 相闪络接地对母差保护是属于区外故障，可是 DMB—I 母线差动保护却误动跳闸，切除 2 号母线上六个断路器。误动原因是故障串的母差电流变换器插件插入后，故障相大电流端子没有完全顶开，形成电流分流而误动。2 号母线差动保护误动，由于葛双 I 回线所接的三个断路器串全部跳闸，扩大为葛双 I 回线停电事故。

母线差动保护的电流变换器的大电流端子没有顶开有分流，为什么正常运行时没有发现呢？因为葛厂电气主接线是一个半断路器接线方式，假定主接线导线及接头电阻均为零，从图 1-60 事故前系统潮流来看，流经葛双Ⅰ回线所在串到 2 号母的潮流只有 30MW，一次电流约 33A，电流互感器变比为 2500/1，折合到电流互感器二次侧为 13mA。又假定大电流端子没有顶开分流一半来估算，则流入该电流互感器中的母差中电流为 6.5mA，这个电流也就是母差保护的差电流，一般监视母差保护差电流均大于 50mA，可见正常运行时的负荷电流是很难监视到。由此可以推断，即使母差电流互感器发生一相断线，由于实际上主接线导线接头接触电阻是不相等的，特殊情况下，母差所在串的电流互感器发生一相断线时，因分流作用，流过的负荷电流很小，可能监视不出来。

（2）葛凤线葛厂侧欠范围允许式 RAZFE 距离保护装置的距离一段反向故障误动作跳 A 相的分析。

12 号变压器 A 相闪络接地，对葛凤线而言是区外故障，而对葛侧而言是反向故障。从葛厂故障录波图看，RAZFE 距离一段是故障后 90ms 误动作跳开 A 相断路器。其原因是反向故障切除暂态误动。从试验室模拟反向故障切除时的误动结果表明，多次模拟出反向故障切除瞬间于某一相位角时，RAZFE 失去方向而误动，切除反向故障时间越短，误动的机率就越多。无疑是属于保护原理缺陷问题。

但是此时葛凤线处于一处一相断开的非全相线路。

（3）葛凤线凤侧超范围允许式 SLYP—SLCN 方向保护误动作跳开 A 相的分析。

SLYP—SLCN 方向保护在两侧都设有附加功能的弱电源保护。该弱电源保护的本意是为了解决弱（单）电源线路区内故障能全线快速切除故障而设置的，是超范围允许式方向（距离）保护的一种附加功能。SLYP—SLCN 弱电源保护逻辑图见图 1-59。

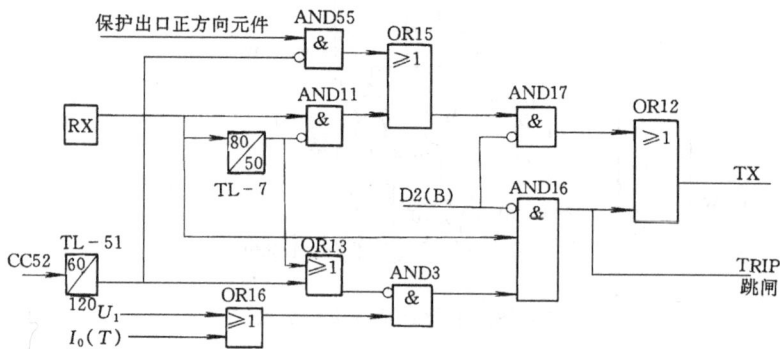

图 1-59　SLYP-SLCN 弱电源保护逻辑图

RX—收信；TX—发信；D2（B）—反方向元件；I_0（T）—零序电流；

U_1—正序低电压；CC52—断路器位置不一致，输出"1"

弱电源保护动作原理是：

断路器处于全相状态，CC52 输出"0"。

反方向元件 D2（B）不动作，输出"0"。

收到对侧来的允许信号在预定的时间 80ms 之内，经 TL-7 输出"0"。

故障检测元件零序电流 $I_0(T)$ 或正序低电压 U_1 之一动作，输出"1"。

以上四个条件满足，弱电源保护就动作跳闸，同时并转发信号到对侧。

另外还有单独的弱电源转发允许信号回路，满足以下两个条件便转发。

反方向元件 D2(B) 不动作，输出"0"。

收到对侧来的允许信号 R_x，输出"1"（80ms 之内）。

由于故障点位于葛凤线凤侧的区外正方向。凤变正方向元件动作，且反方向元件 D2(B) 不动作，断路器处于全相状态（TL—52 输出"0"），则凤变发允许信到葛侧。而葛侧由于收到了允许信号，要等待 12 号变压器故障点切除后，反方向元件 D2(B) 延时 50ms 返回时已是故障后 100ms，葛厂转发允许信号到凤变。在故障后 90ms 时，由于葛厂 RAZFE 距离一段已误动跳开 A 相在先，此时的葛凤线已是葛侧 A 相断开，凤侧断路器处于全相的非全相线路。在葛厂 A 相跳开后的 50ms 内，两侧 $I_0(T)$ 因躲不过线路非全相电流处于启动状态。对凤变侧的弱电源保护：反方向元件 D2(B) 一直未动作，输出"0"。收到凤变来的允许信号 R_x，输出"1"。断路器处于全相状态，CC52 输出"0"，故障检测元件 $I_0(T)$ 动作，输出"1"。四个条件均满足，所以凤变侧弱电源就动作跳 A 相断路器。

为什么凤变侧在线路处于 A 相断开的非全相状态仍会选跳 A 相呢？由于其选相元件的原理是：$\hat{i_{0\phi}i_{2\phi}} \leqslant 60°$（$\phi$ = A、B、C）动作，而 A 相断开的非全相线路相当于横向故障的 B、C 相短路接地的序网一样。

即　　　　$|\hat{i_{0A}i_{2A}}| = 0° < 60°$　　动作

　　　　　$|\hat{i_{0B}i_{2B}}| = 120° > 60°$　　不动作

　　　　　$|\hat{i_{0C}i_{2C}}| = 120° > 60°$　　不动作

所以在 A 相断开的非全相线路上，弱电源保护经 A 相选相元件动作仍跳 A 相。此时的葛凤线已是在线路两侧断开 A 相的非全相线路。

从以上分析凤变弱电源保护误动作与下列因素有关：如果强电源侧葛厂将弱电源保护取消，则葛厂侧不能转发允许信号，凤变弱电源保护就不会误动作跳闸，如果将葛厂侧反方向元件 D2(B) 延时返回时间由 50ms 加大到大于 70～100ms，葛厂弱电源保护就不能转发允许信号，凤变弱电源保护也不会误动作跳闸。由于凤变侧断路器处于全相状态，$I_0(T)$ 躲不过葛凤线非全相负荷电流而得不到闭锁而误动作跳闸。

这就是凤变弱电源保护误动的原因。

（4）葛凤线 RAZFE 保护多相补偿元件误动作跳三相分析。

此时的葛凤线已是线路两侧 A 相断开的非全相线路，且故障点已经切除，按理投入"单重方式"的重合闸装置将断路器重合，便可恢复线路正常运行了。但是情况却不是这样，从葛凤线故障录波图看，见图 1-60。葛凤线两侧 A 相断开后，A 相电压不仅存在，而且情况非常特殊。第一、A 相电压不为零，电压幅值仍然很高，与正常电压差不多少。第二、A 相电压频率不是 50Hz，而且随着时间在变化，最小频率达 40Hz。第三、零序电

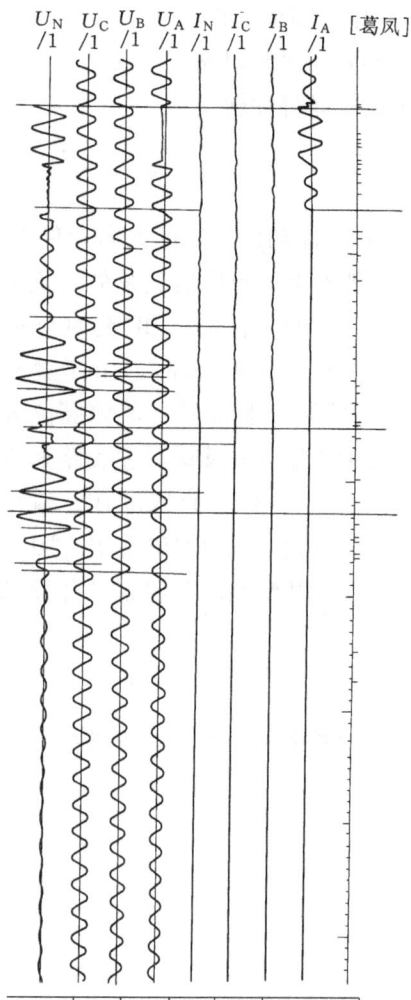

图 1-60　葛凤线故障波形图（葛侧）

压幅值和频率都不恒定，零序电压幅值在频率约 40Hz 时约为相电压的 1.8 倍。说明 A 相电压是非工频自由振荡电压。

由于断开相 A 相电压产生了非工频自由振荡，A 相电压频率与健全相 B、C 相电压频率不相等，而且随着时间变化产生旋转，当 $\dot{U}_A$ 旋转至 $\dot{U}_B$、$\dot{U}_C$ 之间时，三相电压 U_A、U_C、U_B 便成了逆相序，因而多相补偿元件（Z_ϕ）动作，跳开葛厂三相断路器，便将重合闸闭锁而不能重合。当然多相补偿元件（Z_ϕ）的动作，还必须有 B、C 相电流元件动作才可能跳闸。当时线路非全相负荷电流为 550A，折合到电流互感器二次侧为 0.22A，大于电流元件定值 0.2A。

RAZFE 多相补偿元件动作跳三相，是造成葛凤线非正常停电的主要原因。

（5）凤变 SLYP—SLCN 超范围允许式方向保护在葛凤线非全相时误动跳三相、又误合三相的分析。

见图 1-61 凤变 SLYP—SLCN 方向保护三相跳闸逻辑图。

断路器已经非全相，经 TL—52 延时 120ms 输出"1"。收到对方来的允许信号 Rx，输出"1"。

V_1（或 V_{1x}）是用来做非全相过程中不会误动作的故障检测元件。如果 V_1 在非全相过程中动作，必定会跳三相。

下面来分析 V_1 元件在非全相过程中能否动作。V_1 为正序低电压元件，定值为 0.45p. u. 。

（1）对于线路区内单相接地短路，两侧单相断开的非全相线路，若是长距离超高压线路，对地分布电容不能忽略。那么健全相通过分布电容将电压耦合到断开相上，根据具体参数计算断开相的电压可达 $-\frac{1}{7}U_\phi$。那么非全相线路的正序电压

$$U_{1N} = \frac{1}{3}(\dot{U}_A + a\dot{U}_B + a^2\dot{U}_C)$$

$$= \frac{1}{3}\left(-\frac{1}{7}\dot{U}_A + \dot{U}_A + \dot{U}_A\right) = \frac{13}{21}U_A$$

即　　　　　　　　　　　　　$\frac{13}{21}$p. u.　> 0.45p. u.

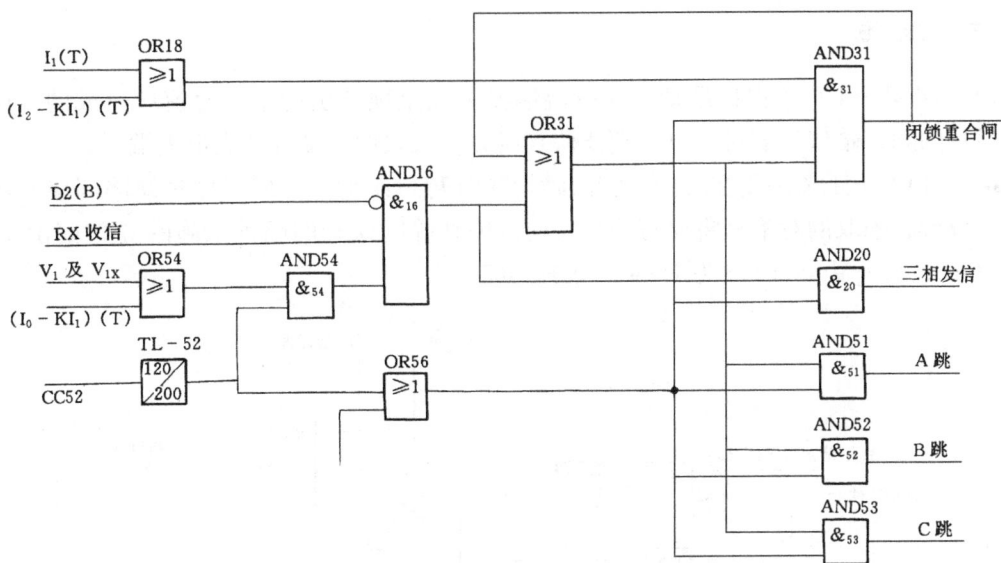

图 1-61　凤变 SLYP-SLCN 方向保护三相跳闸逻辑图

图中 $I_1(T)$—正序电流速断；CC52—断路器位置三相不一致，输出"1"；

$(I_2 - KI_1)T$—负序电流检测器。

式中　a——运算子，$a = e^{j120°}$；

　　　p. u. ——标幺值。

可见正序低电压 $U = 0.45$p. u. ，在断开相没有非工频自由振荡的正常非全相线路是不会误动作。

（2）但是此时的葛凤线断开相 A 相产生了非工频的自由振荡，断开相 $\dot{U}_A$ 与健全相 $\dot{U}_B$、$\dot{U}_C$ 幅值大约相等，但频率不同，因而 $\dot{U}_A$ 相对 $\dot{U}_B$、$\dot{U}_C$ 产生旋转，当 A 相旋转至 U_A 的反方向时，即 $-\dot{U}_A$ 位置时，线路的正序电压：

$$U_{1x} = \frac{1}{3}(-\dot{U}_A + \dot{U}_A + \dot{U}_A) = \frac{1}{3}\dot{U}_A$$

即 $\frac{1}{3}$p. u. < 0.45p. u. 。

可见正序低电压 $U_1 = 0.45$p. u. 在线路非全相的断开相上产生非工频自由振荡时就误动了。

这就是 SLYP-SLCN 方向保护在线路非全相断开相产生非工频自由振荡时，误动跳三相的原因。凤变 SLYP-SLCN 保护三跳与葛厂 RAZFE 保护三跳几乎同时，从录波图分析，后者比前者略快点。凤变三跳后，单相重合闸又将断路器三相重合成功，出现了跳三相又合三相的异常现象。

从图 1-61 分析，在葛厂 RAZFE 的 Z_ϕ 先于凤变三相跳开后，线路只有电容电流了，I_1 (T) 及 $(I_2 - I_1)$ (T) 均不能动作，达不到三跳闭锁重合闸的目的，这是误合的原因。由此看出断路器三相断开后，断路器三相跳闸闭锁单相重合闸的回路接触不良，没有起到闭锁作用。

79

三、措施

（1）DMB—Ⅰ母差保护误动系大电流端没有完全顶开引起电流分流所造成的。这是产品质量问题，希望厂家对大电流端要认真研究，采取性能良好的大电流端子。

（2）RAZFE 距离一段在反向单相故障切除时暂态误动，是属于原理缺陷问题。从模拟试验分析，采取的对策是将原有防止反向故障切除时误动的闭锁措施的 t_1 时间由 40ms 改为 20ms，将 t_2 由 20ms 改为 15ms，见图 1-62。

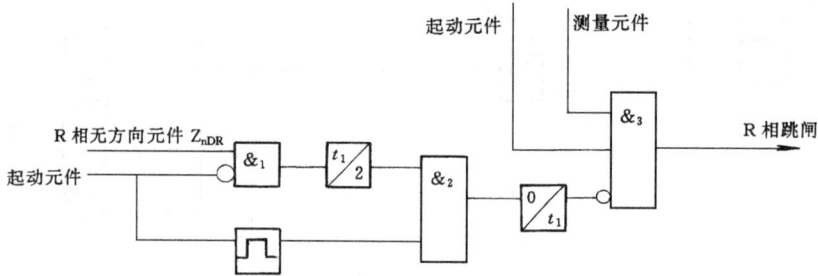

图 1-62　RAZFE 反向故障切除防止误动的闭锁图

注：t_1 由 40ms 改为 20ms；t_2 由 20ms 改为 15ms。

（3）RAZFE 多相补偿元件误动作系线路两侧一相断开非全相线路的断开相产生非工频自由振荡电压造成的，这是有并联电抗器超高压线路的特殊现象。防止误动采取的对策是当线路非全相时，多相补偿元件动作，再经延时 100ms 才去跳闸的办法。但是正常运行时多相补偿元件的逻辑回路不变。

延时时间是根据非全相线路断开相产生非工频自由振荡较小频差来确定。如果断开相自由振荡频率为 45Hz，则与健全相的频差为 5Hz，选择延时应大于最小频差周期的 $\frac{1}{3}$。差频周期为 200ms，选取 $t > 70$ms，兼顾非全相反方向区外两相短路不误动，选取 $t = 100$ms。

（4）SLYP-SLCN 保护的弱电源保护误动，并非区外故障或区外故障切除瞬间造成的。而是在区外故障切除瞬间，本线路另一套保护躲不过反向故障误跳单相之后，才引起弱电源保护的误动。主要原因是弱电源保护使用不当的问题。顾名思义，弱电源保护只能在弱电源侧使用，在强电源侧使用不仅完全没有必要，而且是原则上的错误。如果在强电源侧葛厂将弱电源保护取消不用，那么凤变侧弱电源保护便不会误动，事故也说明了这个观点。

其次是反方向元件返回时间 50ms 太短，反向故障绝对不允许转发对侧来的允许信号，反方向元件返回时间必须要大于对侧来的允许信号脉冲宽度，就 D2（B）来说，其延时返时间应大于 70~100ms，当时由 50ms 改为 70ms。

四、事故教训

（1）超高压线路，一般配置有两套全线快速切除故障的主保护。当线路区外故障时，在线路一侧有一套主保护误动跳开单相后，造成本线路对侧另一套主保护也误动跳开单相。其原因是后跳侧断路器处于全相状态时，这种情况利用断路器位置非全相做判据是不能闭锁非全相躲不过负荷电流的保护，这次风变 SLYP—SLCN 保护误动就是线路非全相时，这个判据不能闭锁的后果，笔者认为采用电气量来判别线路非全相做判据是可行的，不论断路器是全相状态还是非全相状态，只要线路是非全相线路就可以判断出来。参见图1-51。

（2）有并联电抗器的超高压长线路，往往是在单相接地故障切除时，或相邻线路两侧保护先后误动跳开同名相的情况下，断开相电压不仅不为零，而且发生非工频自由振荡，这是线路运行中的一个新课题，这种断开相非工频自由振荡的非全相线路，对于序电压元件，多相补偿距离元件均会误动作。

线路非全相的断开相产生非工频自由振荡在华中电网已经出现过多次。然而断开相产生非工频自由振荡又导致保护再一次误动，形成恶性循环。

（3）弱电源保护中的反方向元件返回时间的整定，应不小于100ms。

$$t = t_1 + t_2 + \Delta t$$

式中　t_1——对侧正方向元件返回时间取 20 ~ 30ms；

　　　t_2——发信机展宽时间，取 40 ~ 60ms；

　　　Δt——裕度时间，取 10ms。

返回时间的确定是为了强电源侧正方向区外故障时，弱电源侧在收到强电源侧来的允许信号，应在弱电源侧反向故障切除之后，保证不转发允许信号到对侧。

（4）弱电源保护。弱电源保护是专门为单电源线路或交直流系统的交流联络线而设立的。

若交流线路（以下简称线路）有一侧是弱电源，甚至是无电源时，当在该线路上发生短路，或在线路发生断线且在强电源侧接地，弱电源侧的方向元件或是距离元件因短路电流太小，甚至没有短路电流，造成灵敏度不足而不能动作。因而线路纵联保护均不能瞬时动作切除全线故障。

当线路保护为允许式纵联保护，弱电源侧不能发允许信号，强电源侧由于收不到对（弱电源）侧的允许信号不能瞬时跳闸。当线路保护为闭锁式纵联保护，弱电源侧的发信机可能起动发信，或收到对（强电源）侧来的远方信号将发信机启动，但是弱电源侧的正方向元件不能停信，强电源侧也不能瞬时跳闸。为了解决单电源线路内部短路，纵联保护能瞬时切除全线任一点短路而设置的保护，称为弱电源保护。可以说是单电源线路纵联保护装置的一种附加功能。

单电源线路纵联式保护（除纵差保护外）无论是为闭锁式还是允许式，但必须是超范围，都可以设置弱电源保护，其动作原理都必须满足以下四个条件（见图1-63）：

正方向元件和反方向元件同时都不动作。

故障检测元件，低电流或低电压有一个动作。

收到对侧来的允许信号（要求是定时的）同时满足上述四个条件后。

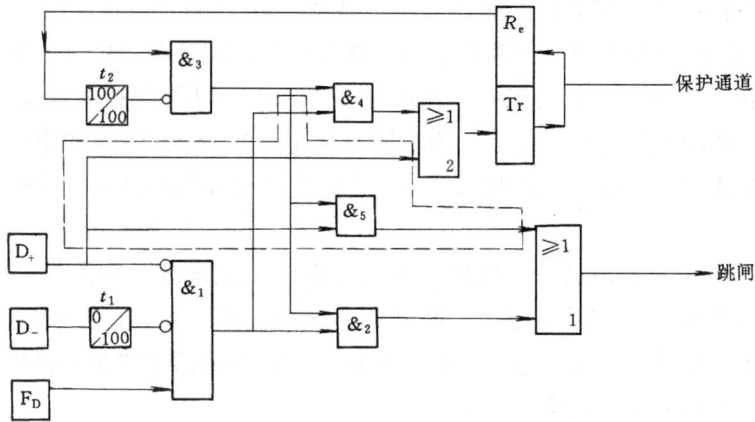

图 1-63　允许式方向纵联保护附设的弱电源保护框图

D$_+$—正方向元件；Tr—发信；D$_-$—反方向元件；R$_e$—收信；F$_D$—故障检测元件（灵敏电流或低电压）

虚线框内是允许式方向保护动作原理逻辑；&$_2$ 为弱电源保护出口跳闸；&$_5$ 为允许式保护出口跳闸

允许式纵联保护的弱电源保护才允许动作，一是向强电源转发允许信号，二是跳闸。

闭锁式纵联保护的弱电源保护，一是停止向强电源侧发闭锁信号，二是跳闸。

今以弱电源保护在允许式（方向或超范围距离）纵联保护应用为例作一说明。参看图 1-63 和图 1-64 及表 1-4。

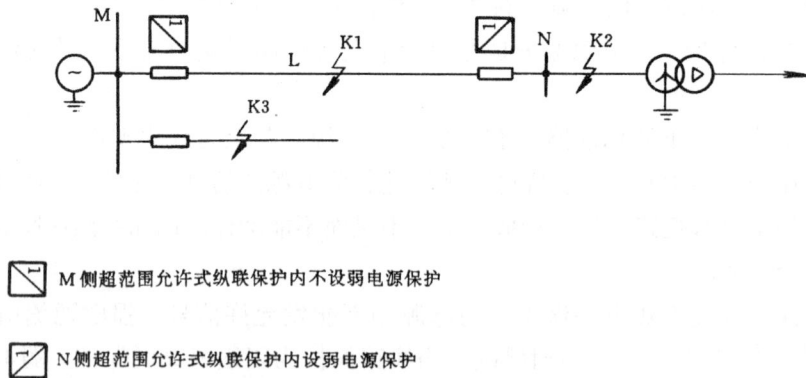

M 侧超范围允许式纵联保护内不设弱电源保护

N 侧超范围允许式纵联保护内设弱电源保护

图 1-64　单电源线路系统图及短路点

从表 1-4 中可以看出，弱电源侧的弱电源保护功能只是在线路内部发生相间短路（如图 1-64 中 K1 点）才起作用，线路 M 侧靠允许式方向保护动作跳闸，而 N 侧才靠弱电源保护动作跳闸。

而在线路内部发生接地短路时，仍如图 1-64 中 K1 点，弱电源保护功能并不起作用，线路两侧，仍然是由允许式（方向或距离）纵联保护来切除故障。

弱（单）电源线路，两侧允许式方向保护内设附加功能弱电源保护，在区内、外故障时，动作结果见表 1-4。

表 1-4 弱（单）电源线路，两侧允许式方向保护内设附加功能弱电源保护，在区内外故障时，动作结果

故障类型	故障地点	附加功能弱电源保护							允许式方向保护			
		D_+	D_-	F_D	$\&_1$	$\&_2$ (TRIP)	$\&_3$ (Re)	$\&_4$ (Tr)	D_+	Tr'	Re	TRIP ($\&_5$)
相间短路	K_1	✓ / ×	× / ✓	✓ / ×	× / ✓	✓ / ✓	✓ / ✓	✓ / ✓	✓ / ×	× / ✓	✓ / ✓	✓ / ×
	K_2	✓ / ×	× / ✓	× / ✓	✓ / ×	× / ✓	✓ / ✓	✓ / ×	✓ / ×	× / ×	× / ×	× / ×
	K_3	× / ×	× / ×	× / ×	× / ×	× / ✓	✓ / ×	× / ×	× / ×	× / ×	× / ×	× / ×
接地短路	K_1	✓ / ×	× / ✓	✓ / ×	× / ✓	✓ / ✓	✓ / ✓	✓ / ×	✓ / ✓	✓ / ✓	✓ / ✓	✓ / ✓
	K_2	✓ / ×	× / ✓	× / ✓	✓ / ×	× / ✓	✓ / ×	× / ×	✓ / ×	× / ×	× / ×	× / ×
	K_3	× / ×	× / ×	× / ×	× / ×	× / ✓	✓ / ×	× / ×	× / ×	× / ×	× / ×	× / ×

注 Tr′—指正方向元件动作直接发允许到对侧，并非转发信号。

▱—斜线上方指强电源侧（M）处保护；下方指弱电源侧（N）处保护。

✓—动作。

×—不动作。

◺—指 N 侧弱电源保护动作跳闸。

◹—指 M 侧允许式方向保护动作跳闸。

▭—指两侧都是允许式方向保护动作跳闸。

假设在线路强电源侧也有弱电源保护。不论短路点是在线路内部（K1 点）还是外部（K2 点或 K3 点），也不论短路类型是相间短路或是接地短路，对线路强电源侧来说，弱电源保护不起任何作用。如在线路内部 K1 点短路，强电源侧还是靠线路纵联保护快速切除全线故障。

也就是说弱电源保护对强电源侧来说是毫无作用。实际也证明了这一点，还说明强电源侧的弱电源保护容易引起误动有百害而无一利。理所当然，弱电源保护在强电源侧应停用。我国"继电保护反事故措施要点"规定不允许在强电源侧投入"弱电源回答"回路，道理就在于此。

23 区外单相接地短路，引起线路两侧三相跳闸

一、事故简述

葛换 Ⅰ、Ⅱ 回线是华中电网与葛沪直流系统的交流联络线，是平行双回线路，但不同杆架设，两线路参数不完全相同，葛厂侧是强电源换站侧是弱电源，可以说是名副其实的单电源线路。每一线路保护配置有瑞士 BBC 公司的 DL—91 型导引线纵联差动保护及 LZ—96 型超范围允许式距离保护。LZ—96 设有附加功能的弱电源保护。没有重合闸装置，保护动作均跳三相。

1990 年 2 月 28 日及 8 月 14 日，分别在葛厂 500kV 母线出口的 12 号主变压器发生 C

相接地短路和 14 号主变压器 B 相接地短路。葛换 I 回线在这两次事故中，两侧都误动作跳三相。

二、事故分析

（1）事故时系统运行方式见图 1-65。

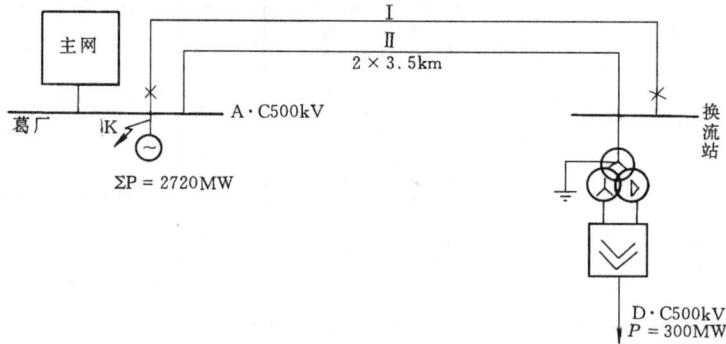

图 1-65　事故系统运行方式

（2）事故时保护动作情况及断路器跳闸情况，见表 1-5。

表 1-5　　　　　　　　　　葛换 I 回线区外单相短路 LZ—96 保护动作

故障时间	故障类型	故障地点	故障性质	保护安装处		保护动作信号	接跳断路器
				地　点	电流变比		
1990.2.28	K_C ⚡	葛厂 12 号变压器	区　外	葛　厂	2500/1	H、D、R、S、T	5062 5063 三跳
				换　站	2400/1	H、D、R、S、T	5022 5023 三跳
1990.8.14	K_B ⚡	葛厂 14 号变压器	区　外	葛　厂	2500/1	H、D、R、S、T	5062 5063 三跳
				换站	2400/1	H、D、R、S、T	5022 5023 三跳

表中符号的意义：

H—收信；D—出口动作；R—A 相动作；S—B 相动作；T—C 相动作。

由于 LZ—96 的正、反向阻抗元件是受电流元件 IL—91 控制，如果电流元件不动作，即使阻抗元件能动作也没有用，换句话说，电流元件与阻抗元件要同时动作，才起作用；电流元件与阻抗元件只要有一个不动作，就不起作用。

从故障录波分析电流波形，两次不同相别的单相接地短路，三相电流基本相等，零序电流约为相电流三倍，即换站弱电源侧变压器中性点仅提供零序电流。相电流折合到电流互感器二次侧，葛厂侧相电流 I_ϕ 为 0.168A，换流站侧相电流为 0.175A。

为此对保护装置的 IL—91 电流元件做了起动与返回值的校验。IL—91 电流元件实测结果见表 1-6。

并检查了电流继电器，其定值不能调整，厂家给定电流起动值为 0.15A，并在技术指

标中规定误差 ±20% 都合格。

表 1-6   IL—91 电流起动、返回值试验结果

相 别	葛 厂			换 站		
	起动值 (A)	返回值 (A)	误差率 (%)	起动值 (A)	返回值 (A)	误差率 (%)
R	0.168	0.1	+12	0.17	0.09	+13.3
S	0.169	0.1	+12.7	0.16	0.09	+6.7
T	0.168	0.1	+12	0.16	0.09	+6.7

将电流元件起动值与短路电流进行比较，葛厂侧 B、C 相电流元件起动值大于或略等于短路电流值，电流元件不能动作；而换站侧 B、C 相电流元件起动值小于短路电流值，电流元件均可以动作。

由于线路电流互感器变比不相等，使得葛厂电流元件不能动作，而换站电流元件反而能动作，弱电源保护把原来葛厂是强电源、换站是弱电源的区外故障，看成换站是强电源、葛厂是弱电源线路区内故障了。为什么这样说呢？

葛厂除了低电压元件能动作外，由于电流元件没有动作，即葛厂侧由电流元件控制的反方向元件虽然能动作也不起作用，只要收到换站发来的允许信号便立即跳闸、并转发信号到换站，所以弱电源保护把葛厂看成是弱电源了。而换站不仅低电压元件动作，电流元件及正方向距离元件都动作，并立即发允许信号到葛厂，弱电源保护把换站看成是强电源，换站收到葛厂转发来的允许信号就跳闸。由于葛厂侧电流元件不动作，换站侧电流元件能动作，此时弱电源保护把区外故障看成是区内故障，两侧均动作跳闸也就顺理成章了。显然保护装置是属于误动作，问题出在弱电源保护使用不当，出在超范围允许式保护设有附加功能弱电源保护的电流元件定值不该固定。

超范围允许式 LZ—96 距离保护设有附加功能的弱电源保护逻辑框图，见图 1-66。

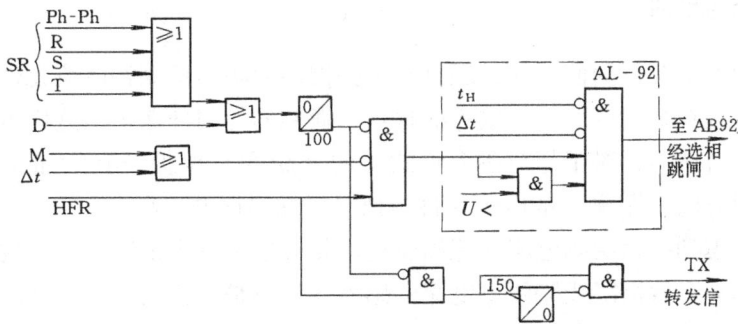

图 1-66   LZ—96 弱电源保护逻辑框图

SR—反方向元件；R、S、T—A、B、C 起动元件；Ph-Ph—相间起动元件；D—出口动作；

M—正向距离测量元件；Δt—距离延时段；$U<$—低电压元件；t_H—跳

闸回路就地延时复归时间；HFR—收信

弱电源保护的基本原理是满足以下四个条件：① 正方向元件不动作，包括 M、D、Δt 输出 "0"；② 反方向元件不动作，SR 包括 Ph-Ph、R、S、T 输出 "0"；③ 收到对侧的允

许信号、HFR 输出"1"；④低电压元件动作 $U<$ 输出"1"。

四个条件同时满足便跳闸。

同时满足以下两个条件便转发允许信号：①反方向元件不动作出口，即 Ph-Ph、R、S、T 输出"0"；②收到对侧来的允许信号，HFR 输出"1"，便转发信号，但是只允许转发允许信号 150ms。

由于换站电流互感器变比小，电流元件及正方向元件动作，它是不通过弱电保护逻辑来执行跳闸和发信，而是通过允许式保护逻辑来执行，正方向元件动作、包括距离起动元件和正方向测量元件，便起动发信到葛厂。正方向距离元件动作加上收到葛厂转发来的允许信号便跳闸，这次事故在换站的弱电源保护实际没有起作用。

线路都是相同的一次电流，只是由于葛厂电流互感器变比大、电流元件不动作，则正方向元件和反方向元件也不能动作出口，低电压元件动作，收到换站的允许信号，也立即跳闸并转发允许信号。葛厂实际上是通过本侧的弱电源保护来跳闸。

（3）葛换Ⅱ回线为什么没有误动作跳闸呢？葛换Ⅰ、Ⅱ回线虽是平行线路，但不同杆架设，实测线路参数Ⅱ回线比Ⅰ回线阻抗稍大一些，从故障录波电流幅值看Ⅱ回线比Ⅰ回线电流略小一些。由于短路电流在Ⅰ回线处于临界状态。Ⅱ回线两侧电流元件都不会动作，故Ⅱ回线没有动作跳闸。

三、措施

超范围允许式方向或距离保护内设有附加功能的弱电源保护，多次事故说明，线路两侧不能同时使用。葛换Ⅰ（Ⅱ）回线如果事先将葛厂侧弱电源保护停止使用，葛换Ⅰ回线也就不会误动跳闸。这两次事故再一次说明，弱电源保护只能在弱电源侧使用，强电源侧使用不仅不起任何作用，反而容易误动作。因此强电源侧使用弱电源保护是完全错误的。

四、事故教训

弱电源保护除了要正确使用外，还有一个关键的问题是厂家将电流元件定值固定，不仅不妥当，可以说在某些情况下是致命的缺点，遗憾的是国外保护是这样做，国产保护也模仿这样做。笔者认为，对于超范围允许式方向（距离）保护设有附加功能的弱电源保护来说固定控制方向（距离）的电流元件定值是极端错误的。

因为没有考虑到线路两侧电流互感器变比不相等这么一个情况。有人说，这种情况只是稀有的情况，大多数情况线路两侧电流互感器变比还是一样的。事实却不是这样，拿华中电网 500kV 线路来说 16 条线路，两侧电流互感器变比相等的只有 5 条，不相等的有 11 条，线路两侧电流互感器变比不相等占多数，这是一个不容置疑的事实。

线路两侧电流互感器变比不相等意味着在区外故障时，控制方向或距离的电流元件灵敏度不配合。葛换Ⅰ（Ⅱ）回线区外故障时，LZ—96 中的电流元件就使得换流站动作，葛厂不动作，造成葛换Ⅰ回线误动作跳闸的事实。

那么在线路两侧电流互感器变比完全一样，情况又会是怎样呢？拿 LZ—96 保护中的电流元件来说，厂家固定在 0.15A，但是厂家提供的技术标准是误差在 ±20% 以内都合格。如果取误差±10%，在强电源侧电流元件定值误差为10%，即定值0.135A；在弱电源侧电流元件定值误差为+10%，即定值为0.165A。假如故障点位于弱电源侧反方向，其短路电流介于0.135~0.165A（二次值）之间，那么强电源侧电流元件与控制正方向距离元件动作，立即发允许信号到弱电源侧，而弱电源侧收到了允许信号，由于反向故障时短路电流小于弱电源侧电流元件定值0.165A不动作，其反方向距离元件不动作，正方向距离元件也不能动作，那么弱电源侧会立即转发允许信号到强电源侧，强电源侧允许式方向（距离）保护就立即跳闸；而弱电源侧在收到对侧允许信号且低电压动作也会动作跳闸。换句话说，即使线路两侧电流互感器变比相同，由于两侧电流元件定值固定以后，一个产生负误差，一个产生正误差，使得强电源侧电流元件有灵敏度，弱电源侧电流元件没有灵敏度，那么弱电源线路的弱电源保护虽只在弱电源侧投入，也会把区外故障看成是区内故障而动作跳闸，这个事例完全说明超范围允许式方向（距离）保护设有附加功能的弱电源保护中的电流定值固定是完全错误的。

解决问题的办法是电流定值不能固定，必须能调整，其定值可由计算给出，合理的电流元件整定值应该是强电源侧大于弱电源侧约10%。

24 值班人员操作错误距离保护失压误动

一、事故简述

1990年7月17日9时12分系统无故障丙变电站，220kV W1线高频低值动作，ZⅢ动作QF3断路器三相跳闸，重合闸动作不成功；甲电厂110kV W2线QF1、QF2断路器方向限时电流速断动作跳闸，2号机过速保护动作跳闸；乙电厂2号机复合电压过流保护动作跳主变压器三侧断路器，35kVⅡ段母线失电、2号高压备用变压器失电，6号机断水保护和复合电压闭锁过流动作，但断路器未跳闸。发电机转速降至2700r/min，安全油压低，自动关闭主汽门后，值班员将机组解列，乙厂及东部地区频率由50.37Hz下降至46Hz，低频减载全部轮级均动作切除线路18条。

二、事故分析

（1）事故起因：当时丙变电站220kVⅠ母TV停电，本站220kV全部电压由Ⅱ母TV供电，其切换回路的中间继电器由中央信号盘上一只小刀闸控制，值班人员在寻找直流接地时，误断开此小刀闸，使得距离保护失去工作电压，造成W1线LH—15型距离保护Ⅲ段误动，使QF3开关跳闸，单相重合闸动作是因为在220kV增设失灵保护时，漏接闭锁重合闸的放电回路接线，致使三跳放电回路不起作用，造成重合闸出口，引起乙电厂与系统非同期合闸。事故后曾模拟交流电压中断对该套LH—15进行试验，6次中有4次负序增量启动让距离保护动作出口，分析为交流电压变动时，通过YB整定变压器的电压比相回路、电抗变压器在TA二次负荷电流上叠加一个随机的感应电流变量，引起负序滤过器产生负序电流增量，使负序启动元件动作。

（2）乙发电厂 2 号机复合电压过电流动作跳主变压器三侧断路器，是因过负荷引起保护动作，当时 35kV 母线上线路负荷为 19.5MW，厂用电备用电源自动起动，将 14MW 的厂用负荷转到 2 号高压备用变压器，由于厂用高压电动机自启动电流大，导致 2 号机过流保护动作跳闸（1 号机停运）。

（3）乙发电厂 6 号机复合电压闭锁过电流保护动作掉牌，断路器未跳，是由于丙变电站 QF3 断路器跳闸，紧接着甲电厂 QF1、QF2 断路器跳闸，乙电厂为独立系统后，频率降低，转速下降至 2700r/min，汽机主油泵油压下降，安全油压自动关闭主汽门。而 6 号机复合电压闭锁过电流保护动作时间需长达 8s，机组开始惰走，励磁强减（本保护动作信号因接在时间继电器前，所以信号继电器表现出掉牌），电流减小使电流继电器复归，所以时间计时未到断路器未能跳闸。

（4）甲电厂 QF2、QF1 断路器方向限时电流速断动作跳闸，是由于值班人员误将瞬动触点回路连接片 2LP 投入，致使保护变为无时限的电流速断而造成非选择性跳闸，局部网接线如图 1-67 所示。

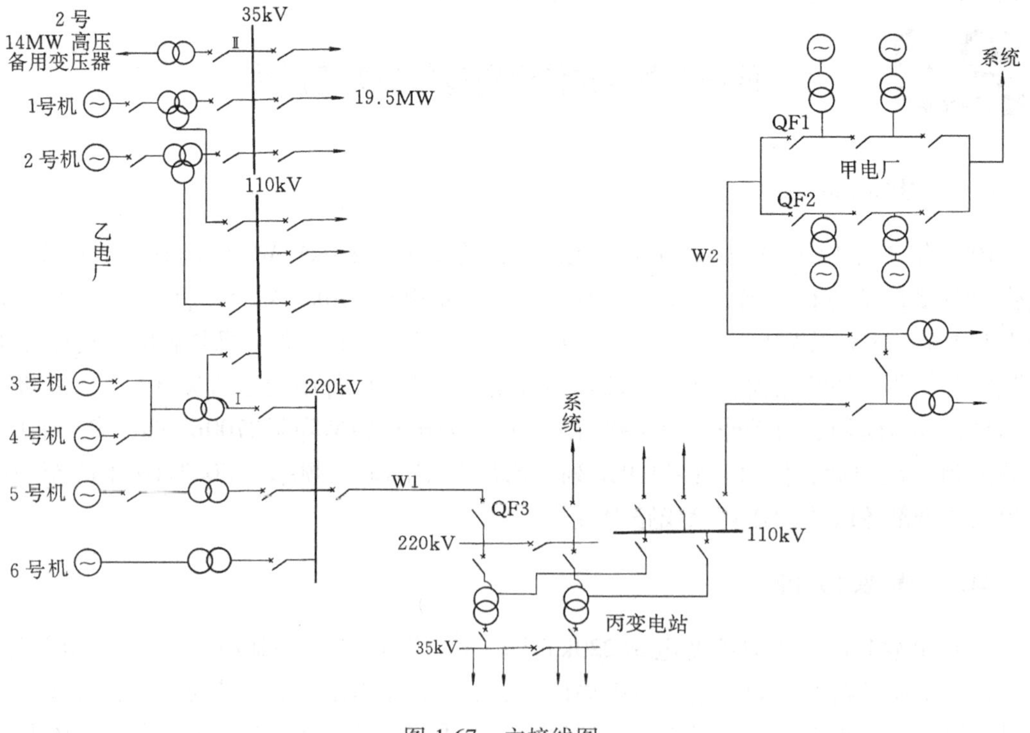

图 1-67　主接线图

三、采取措施

（1）修改丙变电站 220kV 母线 TV 二次切换回路。

（2）将失灵保护动作后线路开关放电的闭锁重合闸回路补齐。

（3）乙厂保厂用电措施及其运行方式重新拟定，并增设 35kV 系统的低频减载装置。

（4）甲电厂现场运行规程中要明确连接片功能及投退的具体规定，并在连接片旁注明标记等。

四、经验教训

（1）现场寻找直流接地时，要特别注意交流电压切换回路，不能不采取措施，擅自切断其直流，否则将引起严重后果，有关厂、站应在现场运行规程中予以明确。

（2）对现场一套保护、两种不同作用（如改变连接片后可作另一套保护作用）的连接片，应在连接片旁作出明确标记，并在现场规程中加以说明，以免值班运行人员误投、退引起不必要的误动。

（3）重视电厂的保厂用措施及其运行方式安排。

25 距离保护失压误动造成电网连锁跳闸

一、事故简述

1992 年 7 月 17 日 13 时 26 分，某电网 220kV W1、W2 线、W4 线无事故跳闸，保护动作情况如下：

甲变电站 W1、W2 线 1QF1、2QF1 是 RAZOA 的距离Ⅰ段动作三相跳闸，I_0 启动灯亮，失灵保护启动，跳闸灯亮。

220kV 丙变电站 W4 线相差高频保护动作，乙电厂 4QF2 和丙变电站 4QF1 断路器三相跳闸。

甲电厂 220kV W3 线 3QF2 断路器三相跳闸，是 RAZOA 型距离保护三段动作。

从各厂站故障录波图判断系统无故障，保护装置属于误动。局部网接线如图 1-68 所示。

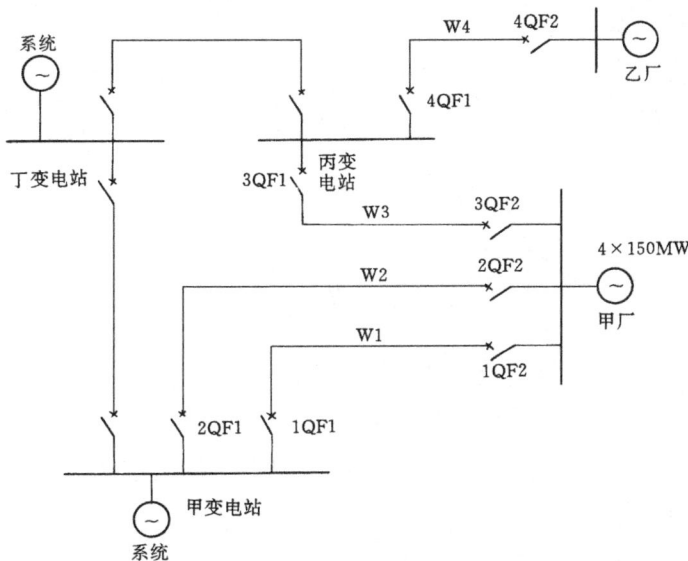

图 1-68　局部网接线图

二、事故分析

事故起因为甲变电站 220kV 部分一只 1FU 熔丝熔断，值班员在处理时误断 TV 二次空气小开关，使距离保护失压，引起 1QF1、2QF1 断路器 RAZOA 距离 I 段动作跳闸。当甲电厂 W1、W2 双回线无故障三相跳闸，系统短时出现负序电流 I_2，乙电厂 4QF2 的 LH—15 型距离保护负序电流元件 KFL 动作，解除振荡闭锁，故乙电厂 4QF2 断路器因 LH—15 距离 I 段在系统发生振荡时动作三相跳闸。丙变电站断路器 4QF1 由于乙厂侧三相跳闸相差高频保护停信而动作跳闸。W4 线跳闸以后甲厂 W3 线 3QF2 断路器因过载而距离三段（RAZOA）动作跳闸。

乙厂 4QF2 距离 I 段动作是由于负序滤过器平衡调整误差达 20.5%，恰逢电气机车通过引起负序电流过大，FLJ 先于振荡电流元件 LJ 起动，振荡闭锁被退出，振荡过程中距离保护阻抗元件已启动，故保护出口跳闸。

三、措施

（1）加强电气值班员 TV 二次回路故障处理培训，更换二次回路中一些性能差劣产品（如 FU 熔丝等）。

（2）重新调整乙厂 4QF2 的 LH—15 型距离保护的负序滤波器。

四、经验教训

距离保护因失压误动已是屡见不鲜的事故，今后除在选型上慎重考虑外，平时要对值班员进行技术培训，并在现场运行规程中作出明确规定。

第二章
二次回路

电流回路两点接地引起的事故

一、事故简述

1993 年 10 月 20 日，220kVW 1 线发生 B 相接地短路，甲侧零序电流不灵敏二段 4.0A、0.5s 动作，跳开 B 相断路器单相重合成功。由故障录波器录得，甲侧零序电流为 3240A，电流互感器变比为 1200/5，折合二次为 13.5A。经巡线，故障点位于该侧零序电流一段范围内，即零序电流不灵敏一段定值为 10.2A，灵敏一段定值为 9.6A，这两个一段保护均应动作，但其信号继电器均未表示。

此外，由甲侧 220kV 母线引出的，另一条 W2 线的零序电流带方向不灵敏二段，定值为 2.4A、0.5s，由选相拒动回路出口动作后跳开三相断路器，未重合（重合闸投"单重"方式）。由故障录波器录得 W2 线乙侧零序电流为 600A，折合到二次为 2.5A，本属反方向，保护不应动作。

二、事故分析

经过现场调查，这两回线已安装了过负荷解列装置，要求当两回线任一相负荷电流之和达到一定值时，将线路解列运行。如图 2-1 所示，由于两组电流互感器各自的中性点仍接地，出现了两个接地点。当其中一回线路发生接地短路故障时，非故障线路的电流互感器二次零序回路将通过电流，对于零序功率方向元件的电流线圈，电流正好流入其极性端。零序电压均取自母线上电压互感器的三次绕组，则零序功率方向元件即能动作。

从图中标出的电流流向（未考虑负荷电流影响），经 N′ 点分流后，W1 线的甲侧零序电流不灵敏及灵敏一段保护均不会动作，而非故障的 W2 线乙侧，零序电流不灵敏二段可以动作，且方向符合正向要求即可动作跳闸。

三、采取对策

由上可知，由于两个电流互感器回路存在两个接地点引起分流。为此，在图 2-1 中，将两个接地点取消，改由 N′ 点接地，即可消除非故障线路零序电流保护的误动作。但必须注意，当任一回线路停运，二次回路有作业时，绝对不能拆动 N′ 的接地点，否则在该

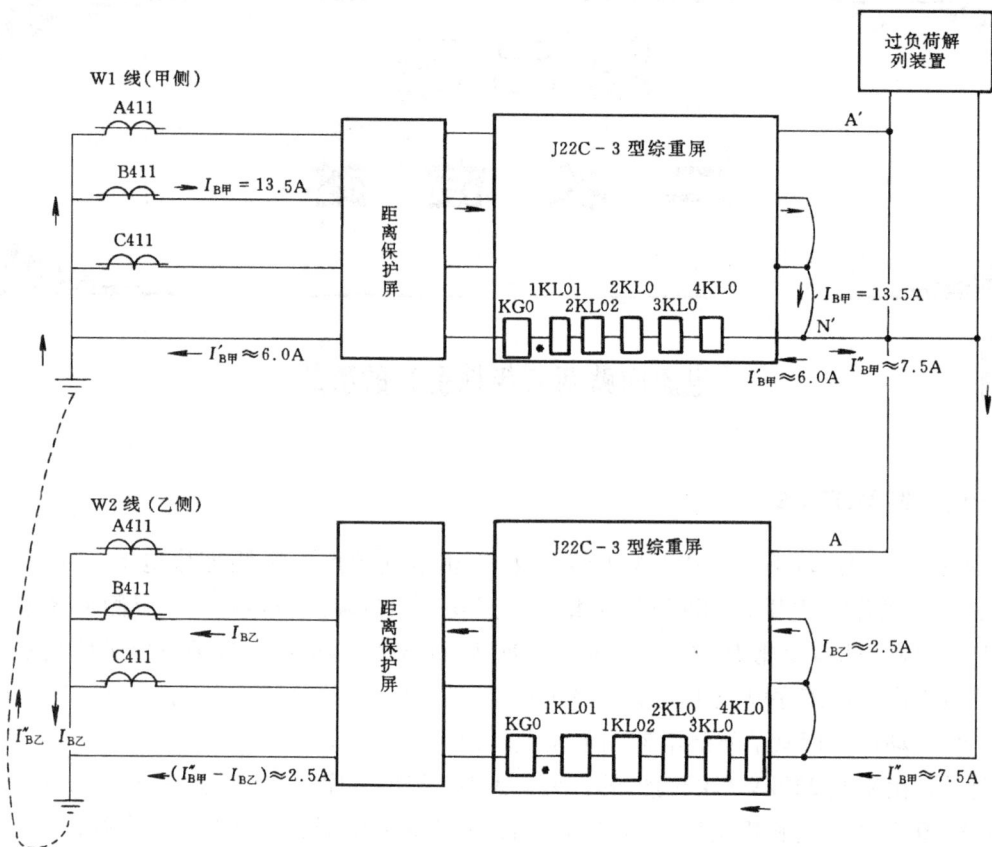

图 2-1　同一电流回路存在两点接地，引起非故障线路零序电流方向保护
误动作跳闸的接线回路图

二次回路上将出现高电压，影响人身和设备的安全，这是采取的对策之一。

对策之二，仍然保留两个接地点，制作一台中间电流互感器，在其铁芯上，绕制三个匝数相同的电流绕组，其中两个绕组分别接入两回线路电流互感器二次的同名相电流（如均为 A 相），以取得"和"电流。将第三个线圈接入过负荷解列装置的电流回路。这样做，也可避免零序电流分流。这种情况，当任一线路停运时，可以拆动停运线路的接地线，不会出现高电压。但制作时，对中间电流互感器的特性必须满足 10% 误差（包括主电流互感器误差）要求。

四、经验教训

经到现场了解，改动二次回路接线前，没有绘制出正式的展开图，未经技术专责人审查就开始改动二次回路接线。违反了同一电流互感器二次回路只允许存在一个接地点的规定，这是应该汲取的教训。

2 电流互感器二次开路造成的事故

一、事故简述

1984 年 3 月 28 日，某变电站一条 220kV 线路，母线保护用 B 相电流互感器二次接线端子开路，如图 2-2 所示。引起该线路 GCH-1A 型高频相差动保护误动作跳闸，而母线保护装置，由于有电压闭锁元件触点控制，故未引起误动作，仅电流断线闭锁装置动作，闭锁了母线保护并发出电流回路断线信号。

二、事故分析

电流互感器二次接线盒内，各组电流绕组经电缆引出，而电缆均套有铁管子。因此，该铁管子如果固定不牢靠，每当检修人员清扫电流互感瓷套时，需借助铁管子向上攀登，所以铁管子经常受到拉力。相应的电缆也受到拉力的作用，接线端子开始松动，引起 $3TA_B$ 的 a 端子开路，如图 2-2 所示。a 点出现高电压，飞弧至 b 点，致使高频相差动保护 B 相电流增大，出现负序和零序电流，造成跳闸事故。

三、采取对策

在安装施工时，电流互感器二次接线盒的电缆线，穿入铁管子后，一定要将铁管子固定牢靠，并设此处禁止攀登警告牌。铁管和电缆沟应有效地防止积水，避免冻断电缆。

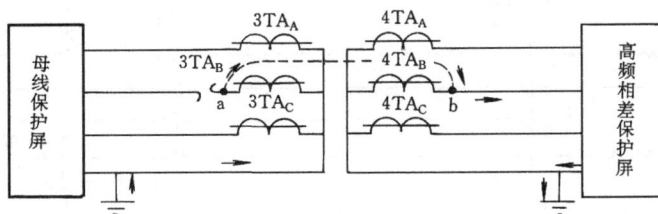

图 2-2　B 相电流互感器开路，引起高频相差
动保护误动作说明图

四、经验教训

现场继电保护调试维护人员，在进行设备安装完工后的验收试验时，要全面地进行检查。不仅要检验设备的电气特性，而且还要检查其机械部分。这次事故就是忽略了这方面的检查而造成的，所以今后必需汲取这一教训。

3 单相接地短路过电压保护误动作跳闸事故

一、事故简述

1993 年 11 月 19 日，葛双 II 回线发生 A 相接地短路，线路两侧主保护 60ms 动作跳开 A 相，葛厂侧过电压保护（1.4U_N/0.3s）于 420ms 动作三相跳闸，线路重合闸被闭锁不重合，联切葛厂二台机，投水阻 600MW，切鄂东负荷 200MW。线路单相接地短路，造成线路过电压保护误动作三相跳闸的奇怪事故。

二、事故分析

线路单相接地短路，线路过电压保护误动作三相跳闸，并非过电压保护定值问题，而是线路电压互感器二次回路接线问题，见图 2-3。

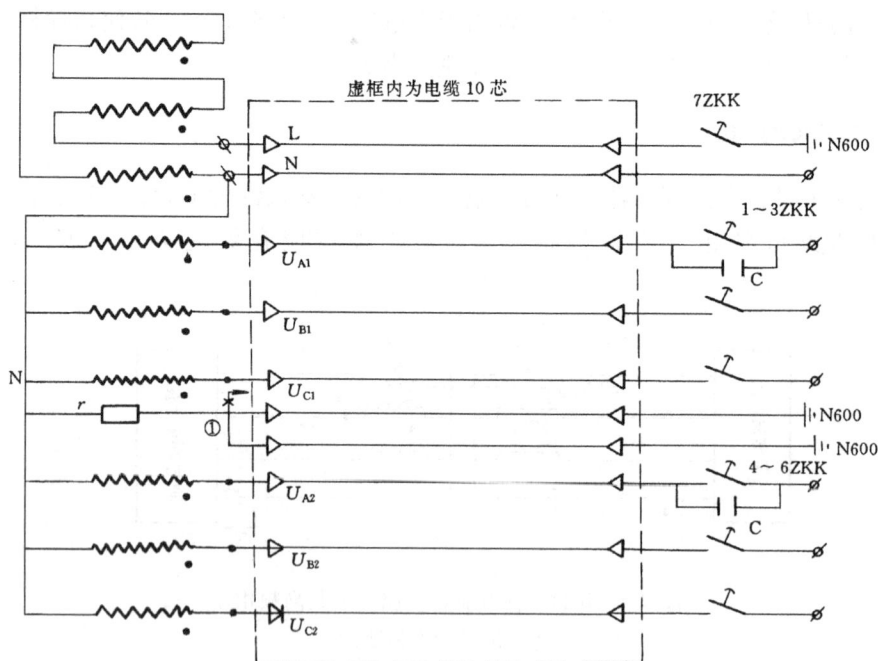

图 2-3　葛厂葛双 II 回线 CVT 实际接线图

C—并接电容器；r—接触电阻，约 90Ω；

①—该接地点因螺丝没拧紧，实际未接地

（1）图 2-3 为葛厂葛双 II 回线线路电压互感器事故前实际接线图。这种接线有以下几个问题。

1）电压互感器三点接地，违反了《反措要点》电压互感器二次侧中性线只允许有一点接地的规定。

2）开口三角形接线的 N 与两组星形线圈中性点相连，违反了《反措要点》电压二次回路与三次回路要相互独立的规定。

3）多点接地造成开口三角经 r 电阻短路。

4）电压互感器两组星形接线中性点在开关场相连，也违反了中性线至室内接地点间要相互独立的规定。

（2）线路过电压保护误动作分析，应当注意到电压互感器开口三角电压应为二次电压的 $\sqrt{3}$ 倍。

线路过电压保护是在线路两侧 A 相跳开后，即在线路两相运行时误动的，换句话说，断开相 A 相电压（一次值）应为零，不计线路健全的 B、C 相，通过分布电容耦合到断开相 A 相上的电压值。两相运行时，电压互感器开口三角电压 $3\dot{U}_0 = [\dot{U}_A + \dot{U}_B + \dot{U}_C] = [(0 + \dot{E}_B + \dot{E}_C] = -\dot{E}_A$，归算到电压互感器二次侧 $3\dot{U}_0' = -\sqrt{3}\dot{E}_A$。根据电压互感器实际接线图画出等值电路图见图2-4（a），电压互感器一组二次与开口三角的等值电路图，从而得出 A、B、C 相对地电压及相间电压相量图见图2-4（b）。

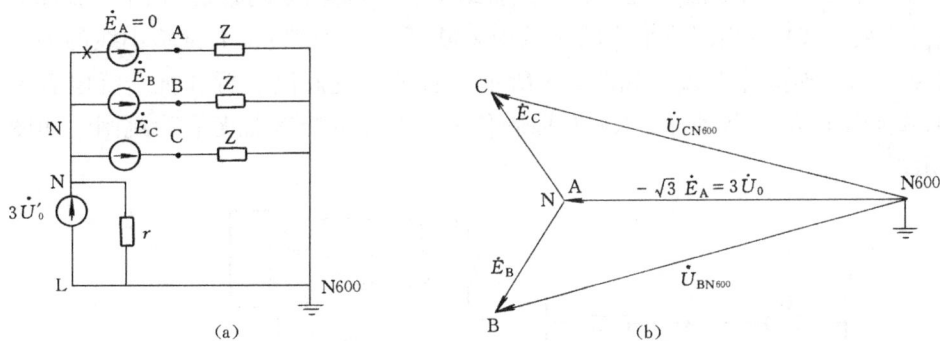

图 2-4　葛厂葛双Ⅱ线、线路电压互感等值图

（a）等值电路图；（b）电压相量图

$$\dot{U}_{NN600} = -\sqrt{3}\dot{E}_A$$

$$\dot{U}_{AN600} = -\sqrt{3}\dot{E}_A$$

$$|\,U_{BN600}\,| = |\,\dot{U}_{BN600}\,| = |\,\dot{E}_B - \sqrt{3}\dot{E}_A\,| = 2.394E_A$$

$$|\,U_{CN600}\,| = |\,\dot{U}_{CN600}\,| = |\,\dot{E}_C - \sqrt{3}\dot{E}_A\,| = 2.394E_A$$

一般葛厂 500kV 母线运行电压多在 540kV 左右，而电压互感器变比为 $\dfrac{500000/\sqrt{3}}{100/\sqrt{3}}$ 与 $\dfrac{500000/\sqrt{3}}{100}$，则电压互感器二次相间电压为 $2.394 \times \dfrac{540kV/\sqrt{3}}{5000} \approx 150V$，因而线路过电压动作三相，跳闸。

三、措施

电压互感器两个星形接线的二次电压 2×4 根引入线与开口三角形接线的 2 根引入线，必须分开，不能公用。保证两个二次回路之间及每一个二次回路、三次回路之间要相互独立，更不允许在开关场两个星形接线的中性点直接相连，也不允许中性点与开口三角任一线直接相连。

电压互感器只允许在室内小母线零线（中性线）一点接地，要求牢固焊接在接地小母线上。

直流一点接地跳闸

一、事故简述

1990 年 5 月 8 日 16 时 57 分，某 220kV 变电站 2 号主变压器 220kV 断路器旁路代运行，做电流互感器带负荷电流相位试验，试验结束后，拆除试验接线过程中，在断开零相试验小线时，接在 TA 零相回路小线的一端尚未断开（接地端），而试验小线的另一端不小心瞬间掉到 3LP 连接片上端，如图 2-6 所示，通过直流监测装置和抗干扰电容形成通路，1KBC 跳闸中间继电器动作，KX 有掉牌信号，2 号主变压器无故障跳闸，如图 2-5、图 2-6 所示。

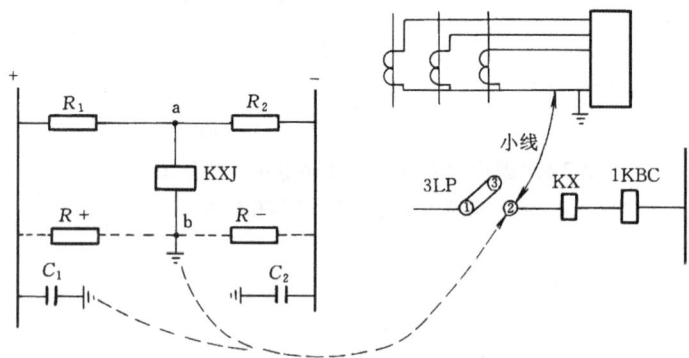

图 2-5　直流监测装置示意图　　图 2-6　接地跳闸示意图

图中，R_1、R_2、KXJ（电流灵敏继电器）组成直流电源监测装置。$R+$、$R-$ 分别为直流系统正极和负极对地绝缘电阻。C_1、C_2 分别为直流系统正极和负极静态继电保护装置等值抗干扰电容及电线线对地电容量之和。

二、事故原因

R_1、R_2、$R+$、$R-$ 组成一个电桥，在 a、b 两点间接入继电器 KXJ，正常运行时电桥处于平衡状态，KXJ 不动作。

96

当任一极绝缘能力降低时，电桥失去平衡，KXJ动作，发出直流接地信号。

C_1、C_2主要是直流系统所接电缆正、负极对地电容以及各套静态型继电保护装置的抗干扰对地电容之和，对大型发电厂、变电站直流系统这个抗干扰电容量不可忽视。

三、事故对策

（1）各套保护装置出口继电器及断路器的跳闸线圈的动作电压不得小于$55\% U_H$，就是为了尽量避免直流正极接地时的误起动跳闸。

（2）保证直流一点接地时，直流接地监测继电器KXJ有动作灵敏度基础上尽量加大R_1，R_2电阻值，见图2-5。

（3）改进工作方法，培养认真细致的工作作风。

四、事故教训

传统有效的安全措施不可丢，运行设备和试验设备之间要设有明显的区别标贴，若一碰就有跳闸危险的连接片、跳闸中间继电器等应用绝缘材料遮盖，就不会发生本次误跳闸事故。

5 220kV断路器无故障自动分闸

一、事故简述

1990年9～11月期间，某220kV变电站LW-220SF$_6$断路器连续三次均在天气下雨、系统无故障情况下发生偷跳，见图2-7、图2-8。

第一次：9月2日15时55分，C相断路器无故障自动分闸，断路器位置不对应起动

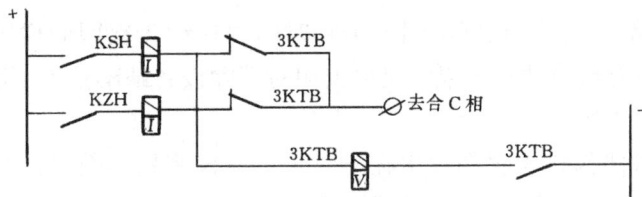

图2-7　断路器合闸回路简图

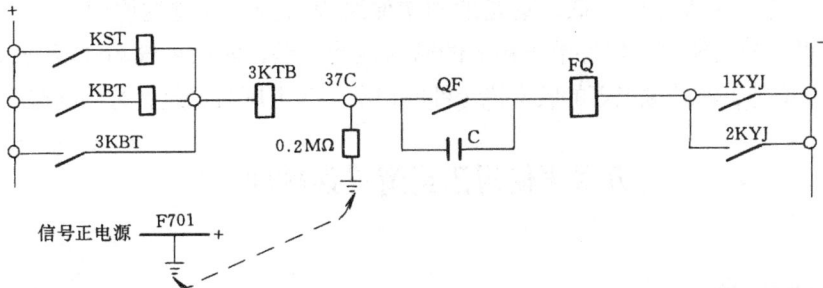

图2-8　断路器跳闸回路简图

重合闸，C 相断路器重合，由于 37C 接地点在防跳跃继电器 3KTB 线圈后面，防止跳跃继电器 3KTB 没进入此不正常跳闸回路，失去断路器防跳跃功能，断路器多次跳合，使合闸线圈烧坏。

第二次：11 月 8 日 14 时 54 分，发生同 9 月 2 日同样的 C 相偷跳，由于这次值班人员立即取下直流熔丝，合闸线圈没有烧坏。

第三次：11 月 19 日 6 时 26 分，申请该断路器停役检查，早晨值班人员在准备用旁路断路器代路操作前，又发生 C 相断路器第三次偷跳，合闸线圈烧坏。

二、原因分析

（1）事后检查发现 C 相断路器操动机构箱内信号正电源 F701 接地，有放电痕迹，C 相断路器跳闸回路 37C 端子对地电阻 0.2MΩ（用万用表的测量值），停电检查，加电压时基本击穿，由于 37C 接地点在防跳继电器 3KTB 电流起动线圈后面，在此不正常跳闸回路中 3KTB 继电器没有防跳跃功能，断路器跳闸后，不对应回路起动重合闸，KZH 动作发合闸脉冲，37C 接地点未消失，断路器又跳闸，断路器发生多次跳合闸，直到合闸线圈烧坏为止。断路器多次跳合闸，气压下降，压力触点拉弧而烧坏粘住。

（2）断路器操动机构箱密封性能差，下雨天进水，端子排受潮严重，绝缘下降造成 C 相断路器无故障多次偷跳闸。

三、事故对策

（1）更换断路器操动机构箱密封条，更换合闸线圈。
（2）更换端子排，提高绝缘水平。

四、事故教训

（1）同一只断路器、同一相别不到 3 个月时间内连续 3 次因同样原因引起断路器无故障偷跳闸，虽然没有造成严重后果，足以说明对消除设备缺陷重视不够，没有认真查找原因，因而连续发生 3 次。

（2）断路器无故障偷跳 3 次都发生在下雨天，应该判别多数是绝缘不良，检查回路绝缘应用 1000V 绝缘电阻表测量才能及时发现问题，万用表在绝缘没有完全击穿时是检查不出来的，因为万用表电压很低，这是前两次偷跳没有查出问题的原因。

（3）国产断路器机构箱、户外端子箱等的密封性能很差，阴雨天气潮气能进去，晴天潮气不易出来，端子排、辅助触点等的胶木绝缘件的耐潮、耐电压质量差，有待制造厂改进。

万用表使用不当造成误跳闸

一、事故简述

1997 年 8 月 25 日，某 220kV 变电站在运行中对继电保护二次回路进行特别巡检工作，用 MF-35 万用表测量电流互感器回路不平衡电流及 TV-3$U_。$ 不平衡电压、信号及中间继电器线圈是否断线。当测到某一条 220kV 线路零序方向Ⅱ段信号继电器时，发生零序方向Ⅱ段跳闸中间继电器 KTQ 起动跳闸，重合成功（三相重合闸方式）。

二、原因分析

事后发现万用表应放在直流电压挡，误切到 250mA 挡，万用表电阻小，通过直流绝缘监测装置和抗干扰的对地电容 C 构成回路，如图 2-9 所示，该变电站 220、35kV 线路保护均选用静态型保护，抗干扰对地电容量很大，跳闸回路直流正电源一点接地很容易误起动出口中间继电器跳闸。

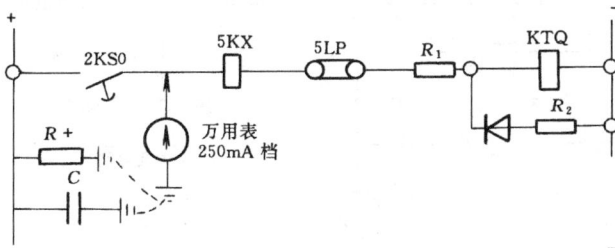

图 2-9　万用表使用不当接线示意图

三、事故对策

（1）图 2-9 中的 R_1 电阻，为了提高跳闸中间继电器 KTQ 工作电压而设，图 2-9 中位置放置不妥，不能解决 KTQ 线圈绝缘降低而误起动跳闸。

图 2-10 的接线方式是正确的，对防止 KTQ 线圈正端接地动作有利。但经万用表 250mA 挡对地测量时仍旧会误动作跳闸的。

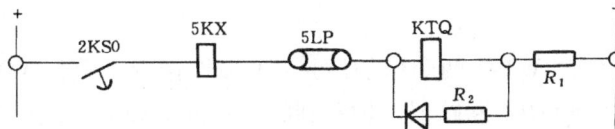

图 2-10　提高出口中间动作电压

（2）改进工作方法，加强监护工作。

四、事故教训

（1）用万用表在运行设备上进行测量工作，最好在不同回路上进行同一种工作内容，一种工作内容完成后，再换挡进行另一种工作内容，万用表换挡频繁，很易发生上述差错。

（2）在运行设备上工作，要加强监护工作，操作人员要讲述每次操作任务，得到监护人员认可后方可操作，就可避免万用表使用位置同工作任务不相符而发生的差错。

电流互感器极性接反引起高频保护误动

一、事故简述

1998 年 3 月 27 日 20 时 11 分，某电网 220kV W1 线 AC 相雷击故障，W1 线两侧 WXB—11C 及 WXB—15 保护正确动作，然而 220kV W2 线的两侧的方向高频保护（WXB—15）亦同时误动，两侧断路器三相跳闸。该地区电网接线示意图见图 2-11。

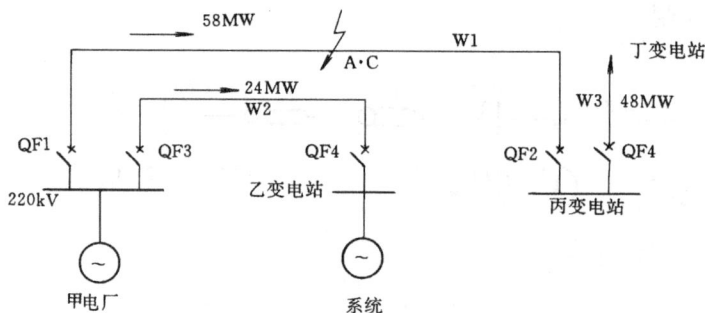

图 2-11　电网接线示意图

当 W2 线恢复供电时，20 时 50 分，甲厂 2 号机变大差动保护（BCD—55）动作跳闸。后来对机组零起升压，一次设备正常，证实差动保护误动。

21 时 25 分 W1 线又发生 B、C 相故障，W1 线两侧保护动作跳闸，W2 线 WXB—15 方向高频保护又再次误动。

在 220kV W1 线事故期间，20 时 57 分甲厂 6 号机因励磁机风扇失电而出口跳闸。

二、事故分析

（1）检查发现甲电厂侧 W2 线两套保护所接 TA 极性接反，致使 WXB—15 在背后短路时误判为正向（此时对侧 QF4 断路器保护看到的为正向故障），故两侧判为区内故障，使 W2 线误跳闸，同时还发现 WXB—15 的电流回路 B 和 C 相序也接反了。该保护为葛洲坝工程局施工安装，投产时人已撤走，故投入后未作保护方向性测试。

（2）甲厂 6 号机在 2 号机跳闸后随之跳闸，原因是其励磁机风扇切换供电回路的切换继电器切换不到位所致。按设计原理，当励磁机风扇电源切换不成功，5min 后即跳灭磁开关及发电机主断路器。

（3）当 W1 线、W2 线恢复送电时，W1 线再次发生 BC 相故障，220kVW 2 线 WXB—15 方向高频保护达到动作值又误动一次。W1 线因故障电流较小（甲厂 2 号、6 号机跳闸），甲厂侧达不到动作值保护未启动，丙侧 W1 线的 WXB—11 保护虽判出区内故障且高频闭锁零序保护停信，但被对侧收发信机远方启动闭锁，故两侧保护均未动作。

三、措 施

（1）重新改接 W2 线甲厂侧 TA 二次回路，重新校验 WXB—15 型保护。发现甲厂侧故障录波器 TA 极性也接反，同时予以更正。

（2）处理好 6 号机励磁机风扇电源切换继电器缺陷。

（3）2 号机变大差动保护初步检查未发现误动原因，下一步安排计划彻底查清隐患。

四、经 验 教 训

安装调试和定期校验保护装置时，往往只注重装置本身，忽视二次回路检查，不少保护误动事故都缘于二次回路的错误。

8 仪用互感器电流与电压回路短路引起事故

一、事 故 简 述

1990 年 6 月 25 日 10 时 10 分，某变电站 220kV 甲乙线乙侧断路器无故障跳闸，保护动作情况如下：甲乙线乙侧经零序方向控制的零序电流 I 段、II 段、III 段和 IV 段保护动作，三相跳闸，故障录波器动作。导致按频率减载 I ～ IV 轮动作，造成某地区大面积停电。

二、保 护 动 作 分 析

经检查，此次事故的直接原因是：接于距离保护、零序方向保护电流互感器回路中的录波器装置中，有一条长约 160mm（ϕ1.00mm）的钢条把 TA 的 B 相与 TV 的 C 相短路，如图 2-12 所示。此钢条是厂家在产品制造扎线时遗留的，随着时间的增加，慢慢导致 TV 与 TA 回路短路。

事故后测量的有关数据如下：

$I_N = 12A$　　　$U = 2.6V$

U_{CN} 由 57V 降至 32V。从而导致在无故障情况下，零序方向保护 I ～ IV 段动作，出口

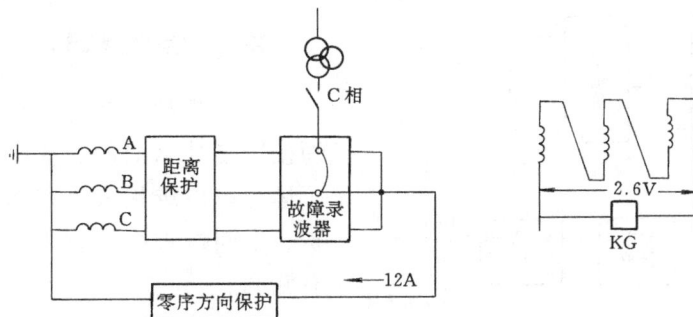

图 2-12　录波器内钢条使 TV、TA 短路示意图

跳断路器。

三、采取对策

拆除故障录波器内设置的钢条，测得各回路绝缘分别为：

TA/对地　　　12.5MΩ

TV/对地　　　12MΩ

TV/TA　　　　12.3MΩ

已满足要求。

四、经验教训

选用设备应以质量为先，制造厂质量不良，给用户带来麻烦，对电网造成损失。制造厂应严把产品质量关。

9 电流回路接线错误造成保护拒动

一、事故简述

1990年7月2日16时41分，220kV甲、乙线发生单相接地故障，甲侧继电保护装置拒动，使甲站出线对侧零序后备保护误动作，造成甲站全站停电。（故障前甲、乙线两套高频保护均因装置缺陷退出运行）

二、事故分析

事故后经到现场检查发现，造成这次保护拒动的原因为在保护屏 PXH—109X 的端子1017 和 1018 之间跨有一条短线，如图 2-13 所示，发生故障时，$3I_0$ 经过这条短跨线流回中性线，使零序电流元件和零序功率方向元件电流线圈被短路，造成方向零序保护拒动。

三、采取对策

拆除 1017 与 1018 之间的短接线。

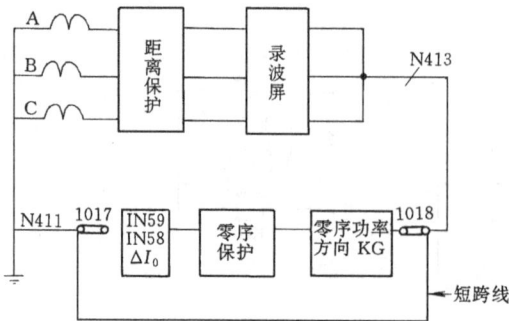

图 2-13　1017、1018 之间跨线示意图

四、经验教训

（1）事故后无法确认 1017 与 1018 之间短接线是什么时间、什么原因短接，暴露了运行单位维护人员在基建验收、正常维护、定期检查中没有认真检查，管理上还有漏洞。

（2）如果定期检验时，从 N411 和 N413 之间通入电流时，即可被发现。因为电流从短路线上流走了。所以，试验电流必须从保护屏的端子排处通入。

19 回路设计错误造成断路器多次跳跃

一、事故简述

1996 年 4 月 20 日 19 时 42 分，110kV 甲、乙线由备用转供电，当运行人员操作 110kV 甲、乙线甲侧断路器合闸时，甲乙线 26 号杆 A 相绝缘子爆裂导线跌落横担造成永久性接地故障，断路器经过"合闸—分闸—合闸—分闸—合闸"过程后，断路器液压机构压力降低"闭锁分闸"，造成丙站 220kV 线路零序Ⅳ段保护跳开 220kV 侧 2248 线路断路器及变压器 110kV 侧相间方向过流保护动作跳开主变压器中压侧断路器，造成多个 110kV 变电站的大面积停电事故。事故时系统一次接线简图见图 2-14。

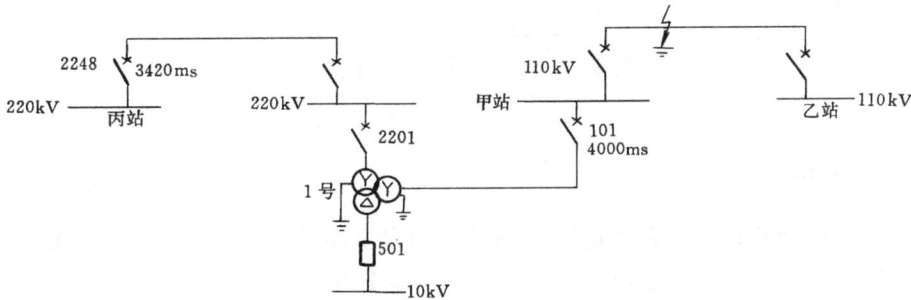

图 2-14　事故时系统一次接线简图

二、事故分析

甲乙线采用 PXH—112X 型《四统一》保护屏，SF₆ 断路器配 cy 液压机构，事故后从录波图上看到 110kV 甲乙线甲侧断路器经过了"合闸—分闸—合闸—分闸—合闸"三次合闸二次分闸的过程，合于故障线路上最大录波电流为 $I_A = 37A$，$3I_0 = 37.25A$，甲乙线甲侧断路器第一次合上后，零序Ⅰ段保护 20ms 出口，断路器 70ms 跳闸，至 195ms 第二次合上，过 20ms 零序一段保护第二次动作出口，至 270ms 断路器第二次跳闸，断路器至 386ms 第三次合上，零序一段保护 20ms 后再次出口，零序三段保护 2000ms 后出口，此时断路器经历了"三合二分"，机构压力已下降至"闭锁分闸"，而不能跳开断路器。最后由丙站丙甲线零序四段 3420ms 跳开丙站断路器，甲站 1 号主变压器 110kV 侧相间方向过流 4000ms 跳开 1 号主变压器中压侧 101 断路器。

事故后经过检查发现：110kV 甲、乙线 PXH—112X 屏保护设计上已配备了防跳回路（KTB），SF₆ 断路器的 cy 液压机构本身也有防跳设计（K2 防跳继电器），设计时只要完善其中一种，断路器即具有防跳功能，防止开关多次分合。接线如图 2-15 所示。

虚线内为液压机构设备。但设计人员却将"同期合闸"后的"21"直接接合闸线圈 K3 的"A1"点，同时又断开了开关防跳继电器 K2 的"A1"点，使断路器失去了防跳

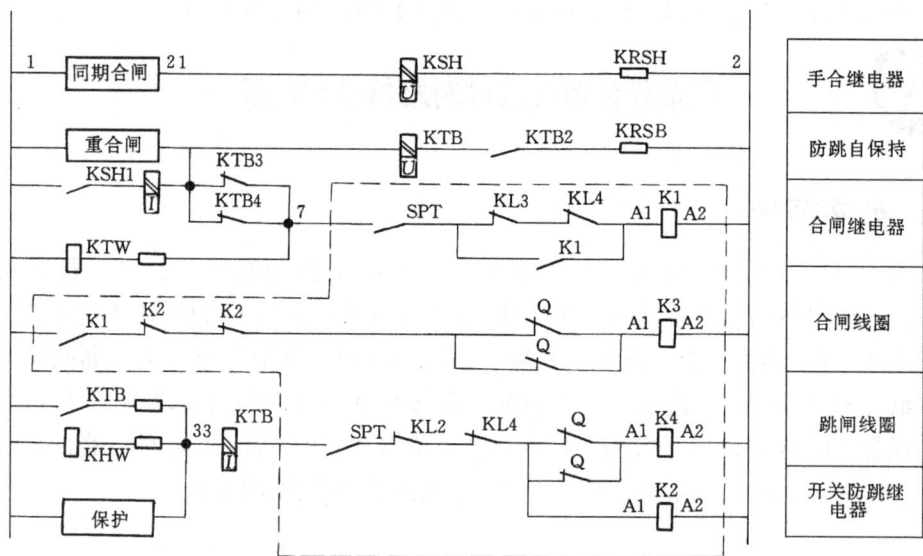

图 2-15 防跳回路接线示意图

功能。

三、防范措施

对于目前保护及断路器中都有防跳回路的，一定要注意正确的接线，防止断路器及保护中防跳回路均没有接，造成断路器多次分、合现象发生。

四、经验教训

继保人员在验收前应仔细会审竣工图，并根据试验规程、验收规程按设备单元制定验收项目，确保保护投产后能正确无误。以防止因设计安装遗留下事故隐患对系统构成威胁。

各套保护装置和断路器连动试验项目应完善。手合故障线路试验应发现此隐患。

11 寄生回路造成保护误动

一、事故简述

1999 年 7 月 21 日 11 时 25 分，220kV 某变电站 1 号变压器高压侧 B 相，2 号变压器高压侧 A 相同时跳闸，非全相保护延时 5s 出口，两台主变压器均三侧跳闸。其一次接线示意图如图2-16所示。事故时，该站有继保人员正在进行 220kV 甲乙线路保护的保护定检。

二、事故分析

某变电站采用两组操作电源分别接于两组独立的 110V 蓄电池，而 I 、Ⅱ段母线隔离开关的电压切换回路,都接在第二组操作电源上,见图 2-17。事故后通过模拟试验,证实用 101 正电源碰 735（或 737）,必然造成 1 号主变压器高压侧断路器 B 相保护出口,经过检查发现,主变压器高压侧断路器的两组操作回路之间存在着寄生回路（见图 2-18）。由于 V1、V2 桥路的存在,当 101 正电源触到 735 或 737 时,电流就通过 1K—202—2KTB—V1、V2—KS,直至 102 负电源,等效展开图见图 2-19。

模拟试验测出 CD 两点电压 U_{CD} 为 55V,而在验收试验记录中两台主变压器高压侧断路器

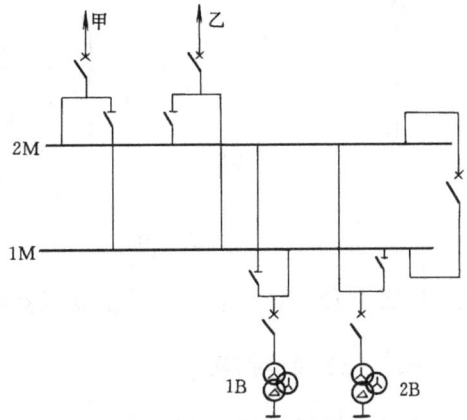

图 2-16 某变电站一次接线示意图

6 个 KS 的动作值中,最低的是 1 号主变压器 B 相,55 V 与 2 号主变压器 A 相,55 V,因

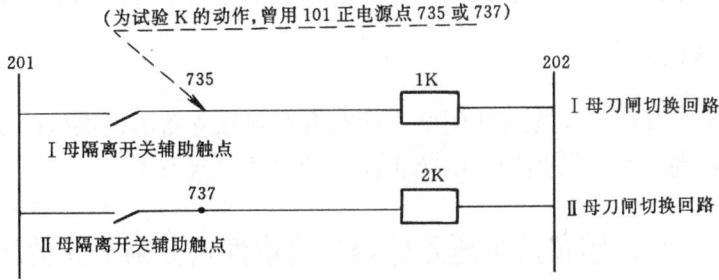

图 2-17 母线隔离开关切换继电器接线示意图

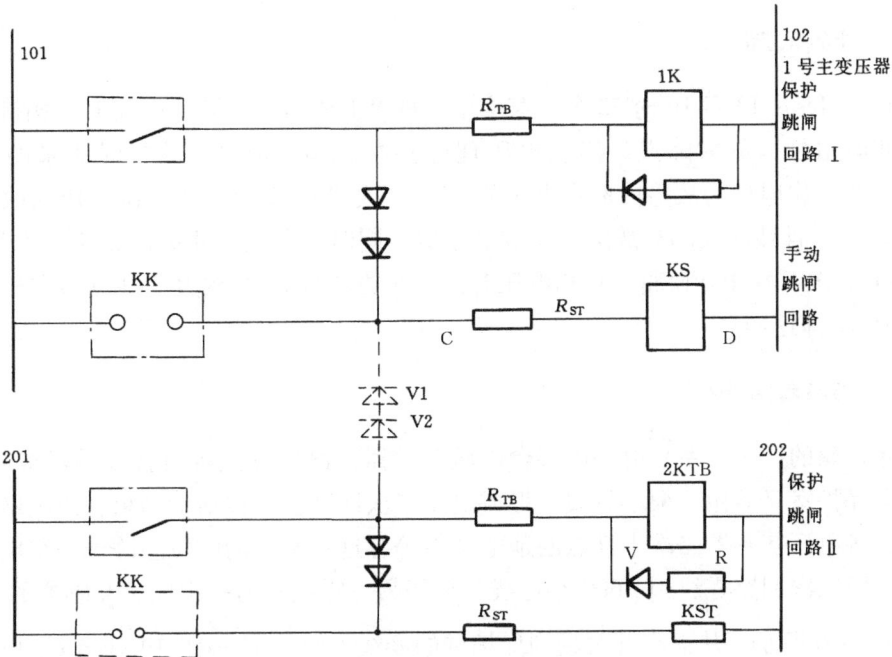

图 2-18 两组操作回路之间的寄生回路

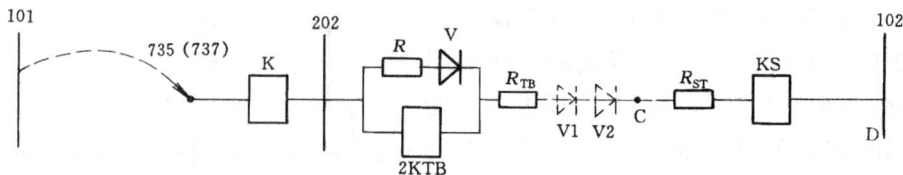

图 2-19   以 101 点 735 或 737 时，等效电流回路图

此，造成 1 号主变压器及 2 号主变压器的误动。

三、防范对策

在高压侧操作箱插件上拆除 V1、V2 二极管（如图 2-18 所示），断开保护跳闸回路 Ⅱ 永跳起动 KS 回路，消除两组操作回路之间的寄生。严格防止两组控制回路电源以任何方式发生电气连接，特别是在两段直流母线分别由两组独立蓄电池供电的变电站。

四、经验教训

在二次回路上工作时，应先查清图纸。而在有两组独立蓄电池供电的变电站，在二次回路设计时，应避免电气交叉连接，以防止此类情况的再次发生。

12 两组仪用电压互感器二次中性点分别于开关场接地，引起保护不正确动作

一、情况简述

1983 年 11 月 13 日 16 时 52 分，某变电站的 W1 线出口，第一次人工 A 相接地短路试验，该变电站录取的故障点故障相电压理应基本为零，但是，故障时所录的实际母线 CVT 故障相二次电压为故障前额定电压的 40%，线路 CVT 故障相二次电压为故障前额定电压的 10%，且残压波形与故障电流波形相似，同时，非故障相电压、相位也都有改变，母线 CVT 二次 C 相电压降低，B 相电压升高，正方向保护 A 相阻抗继电器在故障后只动作了约 10ms 即返回。

二、情况分析

上述现象的产生，系变电站内多台电压互感器二次中性点各自在开关场保安接地后，引到继电保护室又共用一根小母线，形成电压二次回路多点接地的结果。当电网发生接地短路时，各电压互感器二次中性点的地电位不等，这一不等的电位差跨于一组电压互感器的中性点经二次回路零线到 N600 小母线，再经另一零线到另一组电压互感器的中性点之间，如图 2-20 所示。从而在开关场到保护屏的零线上引入了一附加电压 $\alpha \dot{U}_{\mathrm{d}}$ 和 $\beta \dot{U}_{\mathrm{d}}$，此电压迭加在各相电压上，使故障相及非故障相电压的相位及幅值均发生改变。如果附加电

压的相位合适，则这个附加电压不仅能造成故障线路距离保护拒动，而且也有可能引起非故障线路距离保护误动，甚至可能造成变电站母线全停的严重事故。为了证实上述分析，在该变电站进行了模拟试验，试验是这样做的：在主变中性点与故障点之间加入204A电流，这相当人工接地短路电流4500A的 $\frac{1}{22}$，然后在继电保护室内测量各组电压互感器二次电压，具体数值见表2-1。

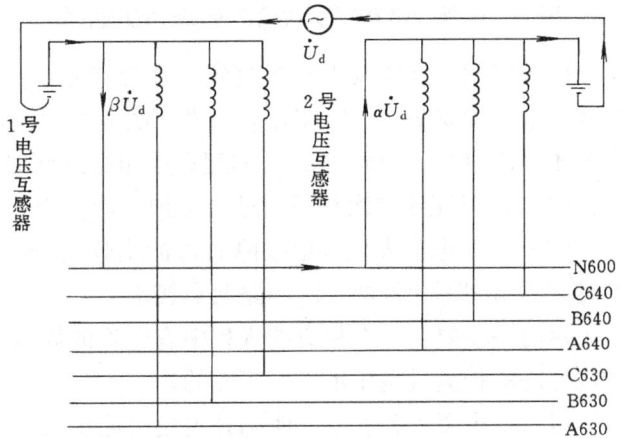

图 2-20　两组电压互感器中性点分别在开关场接地的接线图（图中一、三次绕组未画出）

在上述变电站 W1 线出口第一次人工 A 相接地短路试验时，接到母线侧电压互感器的保护继电器，引入的是很大的反方向附加地电位差，以致在极短时间后，通入继电器执行元件的电压就由正方向作用的记忆电压为主，转而为以反方向作用的附加地电位差为主，因而在动作后即快速返回。

表 2-1　　　　　　　　　　模拟试验所测电压值

电压二次回路接地方式	注入地网电流（A）	控制室 500kV 母线侧二次电压（V）			控制室 500kV 线路侧二次电压（V）		
		U_A	U_B	U_C	U_A	U_B	U_C
两台 500kV 电压互感器二次侧中性点分别在开关场接地	204	1.168	1.165	1.163	0.276	0.272	0.275
两台 500kV 电压互感器二次侧中性点只在 N600 小母线一点接地	210	0.045	0.047	0.046	0.041	0.038	0.037

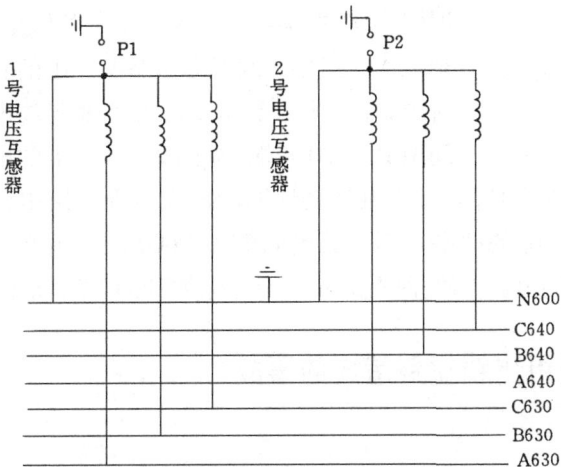

图 2-21　两组电压互感器中性线分别引入控制室 N600 小母线，实现一点接地的正确接线图（图中 P1、P2 为放电间隙）

三、采取对策

在分析了第一次人工短路接地试验的经验后，即时将该变电站和对侧变电站的 500kV 及 220kV 电压互感器的二次中性点在开关场的接地断开，改为只在控制室将 N600 一点接地，如图 2-21 所示。从第二次人工短路接地试验开始，一切归于正常，并将这一措施列入部颁《反措要点》，立即执行。

四、放电间隙的起动电压的确定

按照部颁《反措要点》的规定，在控制室一点接地的电压互感器二次绕组，为了二次绕组本身的安全，可以在开关场将二次绕组中性点经放电间隙或氧化锌阀片接地，其击穿电压峰值应大于 $30I_{max}$ V，它的起动电压必须同时满足如下两个要求。

（1）足以充任二次绕组的绝缘保护，即低于它规定的相应耐压水平。

（2）大于电网发生接地故障时可能出现的开关场两点地电位差的最大值，确保在关键时刻不出现不允许的二次回路两点接地。

对前一项要求，在相应的规程中有明确的规定，保护器件的动作电压水平低于被保护器件允许的相应过电压水平是当然的。

对后一项要求，主要要明确开关场可能出现的两点地电位差最大数值，在有关国际大电网会议工作组报告中提到："对于格网式接地系统，当回路完全置于变电站地网范围内时，最大的期望横向电压（由导线及地网引入回路的电压）为每 1kA 故障电流 10V。"不知道这个数据来源于何处，但从我们在上述变电站做人工短路试验时和实际模拟试验时测得的数据来看，接地故障电流 4.5kA，故障相二次电压两组回路值之和大约是 $40\% U_N + 10\% U_N \approx 30V$，相当于每 1kA 接地电流 7V，确在它的估计值范围内。

按要求，二次绕组的耐压值为 2kV、1min。考虑可能最大开关场接地故障电流 50kA，估计的最大开关场两点间的地电位差值为 500V，不难取得前述两项要求的配合。

根据国际大电网会议工作组规定：横向电位差值 10V/1kA，其击穿电压峰值应大于 $30I_{max}$ V，即 $10 \times 2\sqrt{2} \times I_{max} \approx 30I_{max}$ V。式中 $2\sqrt{2}$ 考虑短路电流中的直流分量（冲击系数取 2），为了说明放电间隙 P1（P2）两端（见图 2-21）产生的电位差值，可用图 2-22 说明。当电网发生接地故障时，通过变电站接地网的最大接地短路电流为 I_{max} 时，产生的横向电位差值，作用于放电间隙的两端。因为放电间隙和 N600 的接地点都在变电站的接地网上，放电间隙的两端承受横向电位差值，而不是纵向对地电位，如图 2-22 所示。

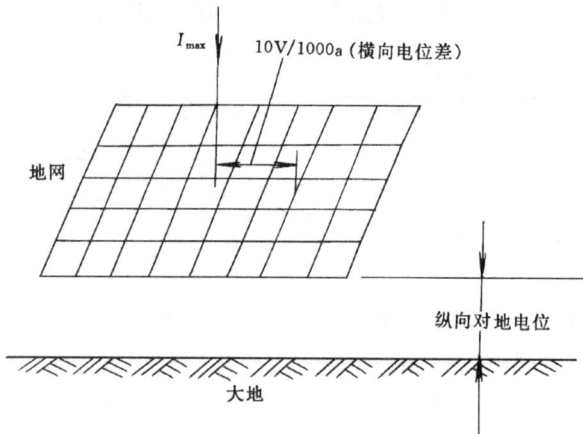

图 2-22　电压互感器二次绕组中性点接入放电间隙后所承受的横向电位差说明图

13　电压互感器三次绕组引出线短路造成的事故

一、事故简述

1996 年 10 月 3 日 5 时 30 分，220kV W4 线发生 B 相接地短路，两侧保护动作切除故

障。同时 W2 线两侧保护误动作跳闸，幸三相重合成功，其一次系统简化接线如图 2-23 所示。

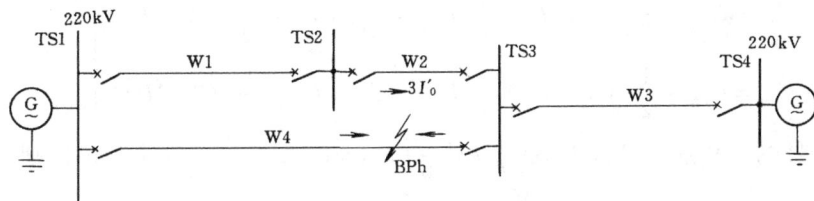

图 2-23   W4 线路 B 相故障引起 W2 线非故障线路
保护误动一次系统简化图

二、事故分析

经过现场调查，W2 线路保护两侧均为 PXW-32 型微机高频闭锁式保护装置，这次事故是由于零序功率方向元件误动作造成的。TS3 变电站侧本应为反方向，应该向 TS2 变电站侧发闭锁信号，但因 TS3 变侧电压互感器三次线圈引出线，在故障录波器屏处被误短接，造成了这起事故，其回路接线如图 2-24 所示。图中 R 为电压互感器三次绕组引出的电缆线 ON 的电阻，当 W4 线 B 相发生接地短路时，在 R 上产生的电压降落为 $\frac{1}{2}$ ($3\sqrt{3}U_\circ$)。按照图 2-24 并根据对称分量法，可分析如下：

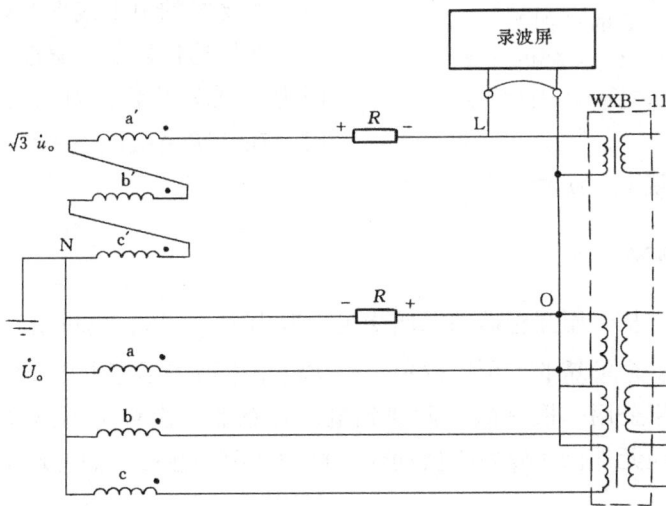

图 2-24   电压互感器三次绕组引出线在 L0 处
被误短接连接图

$$
\left.
\begin{aligned}
\dot{U}_{aN} &= \dot{U}_{a1} + \dot{U}_{a2} + \dot{U}_\circ \\
\dot{U}_{bN} &= \dot{U}_{b1} + \dot{U}_{b2} + \dot{U}_\circ \\
\dot{U}_{cN} &= \dot{U}_{c1} + \dot{U}_{c2} + \dot{U}_\circ
\end{aligned}
\right\}
\tag{2-1}
$$

$$\dot{U}_{ao} = \dot{U}_{aN} - \frac{1}{2}\ (3\sqrt{3}\dot{U}_o)\ = \dot{U}_{a1} + \dot{U}_{a2} + \dot{U}_o - \frac{1}{2}\ (3\sqrt{3}\dot{U}_o)\ \left.\vphantom{\begin{array}{c}a\\a\\a\end{array}}\right\}$$

$$\dot{U}_{bo} = \dot{U}_{bN} - \frac{1}{2}\ (3\sqrt{3}\dot{U}_o)\ = \dot{U}_{b1} + \dot{U}_{b2} + \dot{U}_o - \frac{1}{2}\ (3\sqrt{3}\dot{U}_o)\ \qquad (2\text{-}2)$$

$$\dot{U}_{co} = \dot{U}_{cN} - \frac{1}{2}\ (3\sqrt{3}\dot{U}_o)\ = \dot{U}_{c1} + \dot{U}_{c2} + \dot{U}_o - \frac{1}{2}\ (3\sqrt{3}\dot{U}_o)$$

将式（2-2）等号两边相加，并注意到 $\dot{u}_{a1} + \dot{u}_{b1} + \dot{u}_{c1} = 0$，$\dot{u}_{a2} + \dot{u}_{b2} + \dot{u}_{c2} = 0$，则

$$\dot{U}_{ao} + \dot{U}_{bo} + \dot{U}_{co} = 3\dot{u}_o - 3 \cdot \frac{\sqrt{3}}{2}\ (3\dot{u}_o)\ = \left(1 - \frac{3\sqrt{3}}{2}\right)3\dot{u}_o = -1.6\ (3\dot{u}_o) \qquad (2\text{-}3)$$

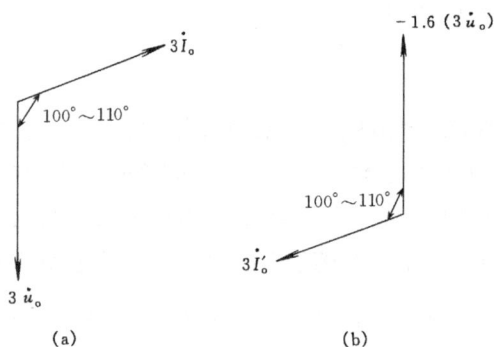

图 2-25　W4 线 B 相接地短路反映到 W2 线两侧的
零序分量的相量图

（a）W2 线 TS2 变电站侧相位关系；
（b）W2 线 TS3 变电站侧相位关系

从式（2-3）可知，W2 线 TS3 变电站侧微机保护零序功率方向元件取得的"自取" $3\dot{u}_o$ 电压反相。但零序电流 $3\dot{I}_o$ 也反相，如图 2-25（b）所示。它的相量关系仍属于区内故障，即零序电流越前零序电压。

三、采取对策

部颁《反措要点》已作出规定；将电压互感器二次绕组的引出线 a、b、c 和 N，与三次绕组的引出线 L、N 分开，不公用 N 线。如果这样做了，就能避免这类误动作。因为 N 线分开后，当三次绕组引出线短路时，在二次绕组的 N 线上不会产生零序电压降落。保护装置就不会误动作了。

四、经验教训

以往人们认为，从电压互感器的二次绕组中取出 $3\dot{u}_o$ 电压，提供给零序功率方向元件的电压线圈，是最安全可靠的。可以避免从三次绕组中取得零序电压而常常引起接线错误的弊病。但是。如果公用一根 N 线，而遇到电压互感器三次绕组引出线短路时的这种情况，则零序功率方向元件仍然要发生误动作。这种情况往往被人们忽略了。

14　电压互感器三次绕组引出线极性接反造成的事故

一、事故简述

1996 年 1 月 24 日，220kV W3 线发生 B 相接地短路，如图 2-26 所示。同时，W1 线的 TS2 变电站侧的一套微机高频闭锁式保护（WXB-11、YBX-1）动作跳闸，另一套（WXB-15、YBX-1）投试运，但动作信号亦表示，单相重合成功。

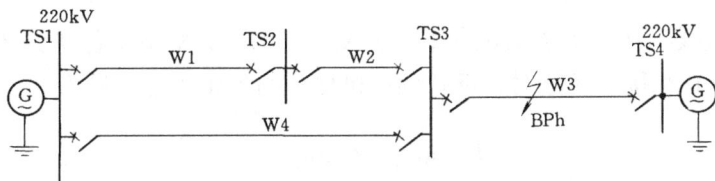

图 2-26　W3 线路 B 相故障引起 W1 非故障线路保护
误动作一次系统接线图

二、事故分析

TS2 变电站 220kV 为单母线接线方式，母线上仅有一组电压互感器（CVT 型），供继电保护与仪表用。当时 TS2 变电站另一条 W2 线的 WXB—11 型微机保护与误动线路微机保护打印的电压回路采样值完全相同，并且有以下特征：

（1）电压互感器二次绕组电压 $\dot{u}_a$、$\dot{u}_b$ 和 $\dot{u}_c$ 采样值之和，与三次绕组零序电压 $3\dot{u}_o$ 采样值之间存在一定的关系。

（2）线路发生 B 相接地短路时，二次绕组电压 $\dot{u}_b$ 的采样值本应很低，但实测的采样值高于正常的额定电压值。并且与三次绕组零序电压 $3\dot{u}_o$ 同相位。

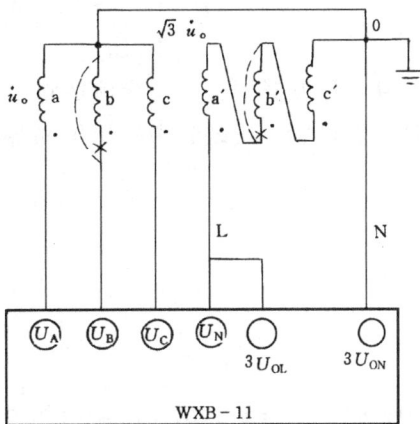

（3）同时发现，三次绕组零序电压 $3\dot{u}_o$ 采样值与误动线路零序电流 $3\dot{I}_o$ 采样值之间的相位关系，反映到 WXB—11 型与 WXB—15 型微机保护装置属正方向内部故障，而实际是区外故障。经过分析认为，这次保护误动，是由于电压互感器三次绕组引出线与保护屏之间 L 和 N 线接反所致，如图 2-27 所示。

图 2-27　电压互感器二、三次绕组引出线与微机保护之间的不正确接线回路图

为了证实上述误动原因，分别将电压互感器的二、三次绕组 b 相和 b′ 相绕组断开（图中"×"者），并用虚线所示连好。这相当于从电压互感器二、三次绕组侧模拟一次 B 相接地短路。以及 220kV B 相电压互感器一次绕组从 B 相母线上断开，将 B 相电压互感器一次绕组接地，模拟一次侧 B 相接地短路。在这两种模拟试验方式中（实质是一种），由微机保护打印的电压回路采样值与故障时的采样值比较，均存在与故障时的相同关系。

通过上述分析和试验，要想同时符合故障和模拟试验所得到的采样值，电压互感器二、三次绕组的接线必须是如图 2-27 所示的不正确接线。即 U_N 错接三次绕组的 $3u_{OL}$，三次绕组的 U_L、U_N 与微机保护屏端子间也接反了。不过这与误动作无关，因为正常情况下，是由二次绕组侧的电压取得 $3u_o$ 电压。即称之为自取 $3u_o$ 方式，只有当二次绕组回路不正常时（如发生短路,熔断器或自动开关动作,断开时）,才投入三次绕组的 $3u_o$ 电压。

根据图 2-27 接线，将三次绕组电压 $3u_o$ 接入到 WXB-11 型微机保护的 $\dot{U}_A$、$\dot{U}_B$ 和 $\dot{U}_C$ 端子上了。当线路 B 相接地短路时，反映到微机保护的各相相电压量为

$$\dot{U}_A = \dot{u}_a - 3\sqrt{3}\dot{u}_o$$

$$\dot{U}_B = \dot{u}_b - 3\sqrt{3}\dot{u}_o$$

$$\dot{U}_C = \dot{u}_c - 3\sqrt{3}\dot{u}_o$$

式中，$\dot{u}_a$、$\dot{u}_b$ 和 $\dot{u}_c$ 分别为电压互感器二次绕组侧电压，$3\sqrt{3}\dot{u}_o$ 为电压互感器三次绕组侧电压。又因 $\dot{u}_a + \dot{u}_b + \dot{u}_c = 3\dot{u}_o$，则上述三式可写为

$$\dot{U}_A + \dot{U}_B + \dot{U}_C = 3\dot{u}_o - 3\sqrt{3}\ (3\dot{u}_o)$$

上式等号两边同除以 $3\sqrt{3}\dot{u}_o$，并取绝对值后得

$$\frac{\dot{U}_A + \dot{U}_B + \dot{U}_C}{3\sqrt{3}u_o} = \frac{3\dot{u}_o - 3\sqrt{3}\ (3\dot{u}_o)}{3\sqrt{3}u_o} = \frac{1}{\sqrt{3}} - 3 = -2.42$$

从电压互感器二、三次侧或将 B 相电压互感器一次侧引线断开，并接地的模拟 B 相接地短路试验，反映到微机保护的各相相电压量为

$$\dot{U}_A = \dot{u}_a - \sqrt{3}\dot{u}_o$$

$$\dot{U}_B = \dot{u}_b - \sqrt{3}\dot{u}_o$$

$$\dot{U}_C = \dot{u}_c - \sqrt{3}\dot{u}_o$$

式中，$\dot{u}_a = \dot{u}_c = \dot{u}_o$，为二次绕组相电压，$\dot{u}_b = 0$。将上述三式等号两边相加，并与 $\sqrt{3}\dot{u}_o$ 相比，则可以得到

$$\frac{\dot{U}_A + \dot{U}_B + \dot{U}_C}{\sqrt{3}\dot{u}_o} = \frac{\dot{u}_o - 3\sqrt{3}\dot{u}_o}{\sqrt{3}\dot{u}_o} = \frac{1}{\sqrt{3}} - 3 = 2.42$$

通过以上分析，W3 线 B 相接地短路与模拟 B 相接地试验，反映到微机保护装置的电气量与相位是一致的，所以相邻的 TS2 变电站的 W1 线微机保护必然要误动作。

三、采取对策

这与上一例采取的对策相同，这就更进一步说明二、三次绕组引出线的 N 线分开的重要性和必要性。

四、经验教训

电压互感器二、三次绕组的引出线，如果公用一根 N 线，则无论三次绕组的引出线发生短路或接线错误等，都会引起零序功率方向元件误动（区外）或拒动（区内）。所以必须将 N 线分开，这一点已被上述误动作所证实。

15 误触跳闸端子，母联断路器跳闸

一、事故概况

1988 年 10 月 6 日，济南供电局 220kV 韩仓变电站 1 号主变压器停电检修，2 号主变压器运行，继电保护人员进行 1 号主变压器改定值工作。10 时 38 分，110kV 母联断路器掉闸（保护无信号），造成韩钢线停电。110kV Ⅰ母线失压后，35kV 重型线、遥墙线低频保护误动作掉闸，10 时 40 分，重型、遥墙二线送电良好。10 时 46 分，韩钢线改由历钢线送电。

二、事故原因

当日 1 号主变计划停电，继电保护人员在 1 号主变压器保护盘上做保护改定值和改掉闸方式等工作（110kV 母联断路器复合电压闭锁过流联切掉闸端子在该盘后面）。未采取防止误碰误动的安全措施，工作中又未认真执行监护制，致使在用试灯法对线过程中，误触掉闸端子（33）、（1）触点，导致 110kV 母联断路器掉闸。35kV 重型、遥墙线误动原因系该低频电源来自 110kV Ⅰ母线 TV，当 110kV Ⅰ母线突然停电，低频继电器触点抖动所致。

三、防止对策

（1）对复杂的二次线工作要制定专门的书面安全措施，并需将防误碰误动措施填入工作票中；

（2）现场工作负责人应向工作人员交代可能引起误碰误动的设备位置，并认真采取防误措施。

16 运行人员误碰二次设备造成线路跳闸

一、事故概况

1989 年 4 月 22 日 17 时 50 分，德州电业局 110kV 陵县变电站停电检修，在送电操作中，当合上 110kV 陵德线断路器后，发现"交流电压回路断线"光字牌亮。即汇报地调，要求检查并要求解除陵德线保护及重合闸连接片。该站长主动配合留在现场的继电保护人员进行处理，在处理过程中，站长误碰了防跳继电器，造成 110kV 陵德线断路器掉闸。掉闸后立即汇报地调并抢送成功。

二、事故原因

事故发生后，经有关专业人员检查发现 110kV Ⅱ 段母线 TVA 相辅助二次侧错接线，陵德线距离保护屏零序功率继电器烧坏，使陵德线送电后发"交流电压回路断线"信号。当检修人员要求解除零序、距离保护、重合闸连接片进行查找（现场查对图纸），运行人员未经检修人员同意即帮助检查时，认为连接片已经解开，捅继电器不会跳闸，当捅了 TBJ 继电器便接通了跳闸回路，致使断路器掉闸。

三、防止对策

（1）加强技术培训和安全教育；

（2）在运行的设备上工作，事前应订出相应的防范措施，特别是监护制；

（3）认真贯彻落实继电保护现场保安规定。

四、事故教训

（1）运行人员对保护二次回路不熟悉，不能参与保护检验工作。

（2）TV 开口三角错接线存有障碍；没有及时消除，存有隐患，应吸取教训。

17 运行人员清理盘面卫生，线路保护动作跳闸

一、故障概况

1988 年 5 月 9 日 8 时 15 分，淄博电业局付家变电站当值值班员在清理盘面卫生时（值班员用的是鸡毛掸子），110kV 付南线零序 Ⅰ 段保护动作无故障跳闸，重合成功。

二、事故原因

值班员在清扫卫生时，误碰了 110kV 付南线零序 Ⅰ 段保护的继电器，继电器触点晃动，导致断路器掉闸。现场应用的继电器型号为 DL—21C/200，保护定值为 60A，整定继电器在小刻度处。继电器刻度起点为 50A，经分析、实验，触点的拉簧游丝处于失控状态。省电力三公司在安装继电器校验时，项目不全，没对小刻度进行标度试验，留下了继电器轻碰外壳触点晃动的隐患，导致了本次保护无故障误动作跳闸。

三、防止对策

（1）今后继电器在选型时应注意与定值的配合，尽量使定值处于中刻度或大刻度处，以确保继电器触点稳定；

（2）将原事故继电器换下；

（3）对局属变电站所有定值在小刻度的继电器进行校核，并在以后的继电器校验中，要特别重视小刻度的标度试验。

18 继电保护人员误碰二次回路，导致保护误动

一、事故概况

1991年11月2日，菏泽电业局220kV赵柚站事故前运行方式：220kV菏三线经菏泽电厂220kV母线、220kV菏赵线至赵柚220kV旁路断路器供赵柚2B及110kV、35kV负荷，赵柚站110kV越荷线供菏泽变电站1T、2T运行。菏泽变电站110kV三菏线处在备用电源自投位置。

事故经过：11月2日9时45分，继电人员在越柚站1B保护回路上工作时，误碰了1T跳220kV旁路断路器跳闸回路，造成旁路5227断路器跳闸，该站220kV、110kV母线失压，2T停止运行。

菏泽变电站在110kV赵菏线停电时，110kV母线失压，三菏线备用电源自投成功。

处理后，10时15分，越柚变电站恢复供电。

二、事故原因

保护人员在赵柚站1T保护回路上工作时，没有解除已接在旁路断路器控制屏上的线头，另一端，在作电缆头时，线芯相碰，将旁路断路器跳闸，赵柚站2B停运，110kV、35kV对外停电。

三、防止对策

（1）今后继电人员在二次回路上工作时，必须事先做好安全措施：填用继电保护安全措施票。

（2）对继电人员做进一步的安全教育和复杂二次回路的技术培训。

四、事故教训

人员的安全意识差，工作前未作好安全措施即行开工；车间技术负责人没认真组织执行继电保护安全措施票。

19 违规操作，导致线路保护跳闸

一、事故概况

1988年3月30日，德州电业局220kV临邑变电站110kV母线倒运行方式，黄Ⅱ临线经主变压器与黄Ⅰ临线合环。7时37分，运行人员在投黄Ⅰ临线零序保护出口时断路器跳闸。当时负荷58MW，7时41分强送成功。

二、事故原因

零序保护传动断路器后,零序出口继电器(2CKJ)触点卡死,检修人员没有按规定进行必要的外观检查,运行人员对保护装置外部情况也未进行检查验收。

三、防止对策

(1)今后在投保护出口连接片时,事前要按规程要求,将测量出口连接片电压的内容填入操作票,并进行认真测量;

(2)认真执行继电保护检验条例和其他有关规程,严把调试质量关、验收关。

四、事故教训

运行人员在投入跳闸连接片前,没有安现场运行规程规定测量零序出口连接片两端电压。也未按安规第20条规定,"将……切换保护回路和检验是否确无电压等"填入操作票。暴露了检修和运行人员在执行规程方面不严肃、不认真。

20 误投保护,造成线路跳闸

一、事故概况及原因

1992年5月28日17时05分,德州电业局临邑变电站按中调令退出220kV华临线高频相差闭锁保护之后,17时10分,中调下令投入该保护,运行人员投入该保护电源后,没有认真检查装置信号情况,没有测量连接片两端是否有电压,即投保护跳闸连接片,造成开关跳闸。该保护本身有缺陷,即在投入保护电源时,装置发生误动跳闸。23时,继保人员到现场检查保护时,在投入电源装置已发出跳闸信号的情况下,测量连接片两端电压时,误将万用表测量线插入电流端子孔内,造成断路器又一次跳闸,因系统方式临邑变是220kV华临线与济临线环网运行,所以未造成对外限电。

二、防止对策

(1)测量连接片两端分别对地电压应用专用的高内阻电压表;

(2)运行人员应熟悉继电保护装置的功能,投、停继电保护装置应按规程要求规范操作。

三、事故教训

继电保护人员在运行中处理缺陷时一定要按安全规程要求有序进行,切不可忙乱而出差错。

21 错投保护，导致主变压器误跳闸

一、事故概况

1998 年 4 月 8 日，电业局站 220kV 4、5 号母线经分兼旁断路器并列运行，4 号母线接有龙汤一、福汤一、1 号主变压器高压侧。5 号母线接有龙汤二、汤福二；110kV 5 号母线带邱北、邱篷、邱季、邱许、1 号主变压器中压侧；35kV 4 号母线带 1 号主变压器低压侧，1 号站变压器。1 号主变压器带负荷约 60MVA。18 时 19 分，1 号主变压器零序电流电压保护动作，1 号主变压器三侧断路器跳闸，220kV 故障录波器动作，110kV 5 号母线电能表交流电压消失，故障录波器打印：1 号主变压器 A、B、C 三相接地，故障距离 543.6km，故障切除时间 552ms，故障线路：母联旁路，故障类型 A 相接地，故障距离 540.7km，切除时间 543ms，启动方式过限。故障电流：1 号主变压器 A 相 300A，B 相 180A，C 相 510A，零序电流 610A，母联旁路断路器：A 相 650A，B 相 90A，C 相 280A，零序电流 320A。根据故障录波器打印及保护动作情况分析，主变压器属误动跳闸。由于 1 号主变压器三侧断路器跳闸后，高压侧断路器 B 相机构分合闸阀内部减压到零，断路器闭锁，1 号主变压器暂不能送，对汤邱站 2201 断路器检修处理后，汤邱站主变压器于 22 时 29 分送电。汤邱站 1 号主变压器跳闸原因为：110kV 邱季线 29 号塔 A 相合成绝缘子击穿，本身保护应 1s 动作切除故障，由于汤邱站错投主变压器 220kV 零序过流过压保护连接片，该保护 0.5s 动作，误跳主变压器三侧断路器。

二、事故原因

本次事故暴露了送电操作未进行认真检查核对，在 1997 年 10 月 30 日主变压器定检后送电时，未解除应解除的保护连接片。每周一对保护连接片检查没有认真执行，没有及时发现保护连接片投错。继电保护人员工作时，1 号主变压器定检结束后，保护连接片的状态无记录，给本次事故分析造成了障碍。变电工区管理上存在漏洞，典型票有指导方向错误。电业局安全管理上也有漏洞，在其后的 5 个多月时间内经多次运行检查均未查出连接片错误，说明在运行管理，两票执行及规章制度执行上有流于形式的现象。

三、防止对策

（1）变电工区立即安排对所辖的变电保护连接片的投切进行一次全面检查，并将现投切位置普查后于 4 月 20 日前打印报调度所方式组保护专工审查，审查后返回变电工区。

（2）变电工区安排对所有规程及操作典型票进行重新审查，对一投连接片即可跳闸的所有保护装置连接片的投切及检查必须全部列入操作票内。

（3）在今后的保护校验工作中，保护班要严格执行安全措施票，措施票除过去要求填写的内容外，还要详细列出连接片状态，工作完毕后要恢复到原始状态并履行签字手续。

（4）新投运或连接片有变化的保护；必须有书面交代保护压板的功能、用途、名称、编号，做到连接片名称与定值单相符。

（5）今后每季度由调度所将变动的保护连接片汇总下达变电工区，变电工区审查执行后电话报调度所。每年 12 月底变电工区将保护压板重新上报并由方式组审查后执行。

四、事故教训

制度不认真执行流于形式这是继电保护误动跳闸的根本原因，再好的制度要人去执行，对工作人员加强安全思想教育，严格规章制度是安全生产的保证。

22 交直流电源混接，重瓦斯保护误跳闸

一、事故简述

1989 年 5 月 5 日 11 点 10 分，3 号主变压器重瓦斯保护无故障跳闸，见图 2-28。

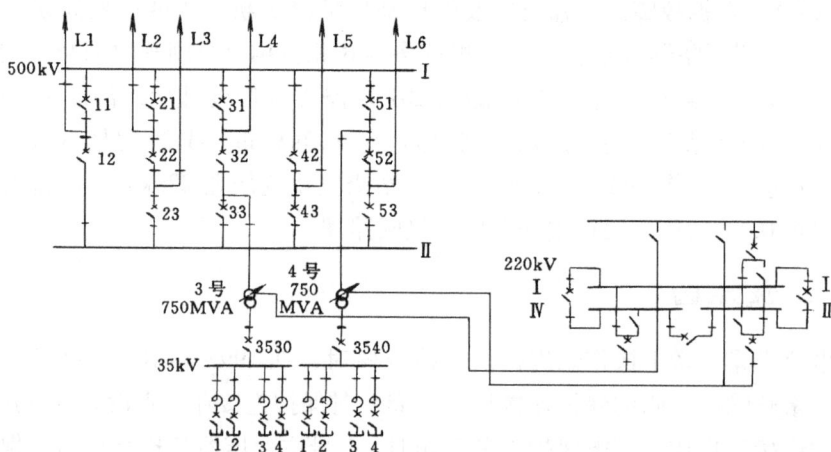

图 2-28　某变电站 500kV 一次主接线图

某 500kV 变电站扩建工程中，继电保护人员检查 52、53 断路器低气压闭锁触点接线是否正确，发现"201"没有正电源，随即将"201"同"01RB"（正电源）连通时，发出直流接地信号，接着 3 号主变压器重瓦斯出口中间继电器动作跳闸，重瓦斯掉牌信号动作，见图 2-29。

二、原因分析

事后检查发现设计图纸错误，设计院误将 52 断路器三相一组常闭辅助触点同时给断路器非全相运行准备三跳回路和隔离开关操作闭锁二个不同回路使用，准备三相跳闸回路用于直流电源回路，要求三相常开与常闭辅助触点各自并联后串联。而隔离开关操作闭锁回路用 380V 交流电源，要求三相常闭辅助触点串联（如图 2-29 虚线所示），同一组常闭辅助触点的接线又并联又串联，实际上52断路器的一组常闭辅助触点被短接而退出闭锁功能，这样设计造成如下后果：

（1）52断路器合闸后由于常闭辅助触点被短接，常开辅助触点闭合，立即开放三相跳闸回路，无法实现单相重合闸方式运行。

（2）52断路器在拉闸位置才允许刀闸操作的闭锁功能消失，因为断路器三相常闭触点被短接了。给隔离开关误操作提供允许条件。

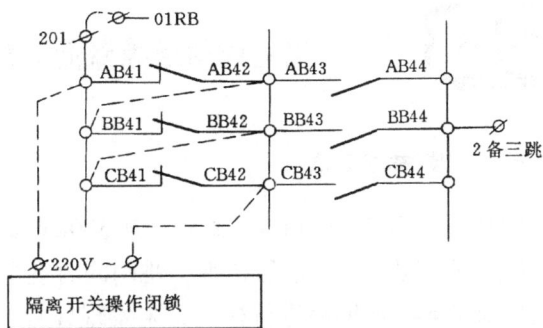

图 2-29　交、直流电源混接示意图

（3）直流系统正极同交流电源连接在一起，交、直流电源混接，造成直流电源正极接地，这对变电站内继电保护安全运行构成威胁，由于瓦斯保护控制电缆较长，约400m左右，对地电容量大，首受其害，如图2-30所示，另外，交流电源经 V1—V3 二极管半波整流后叠加在电磁耦合干扰电压上，重瓦斯跳闸中间继电器 KZ 更易起动跳闸。

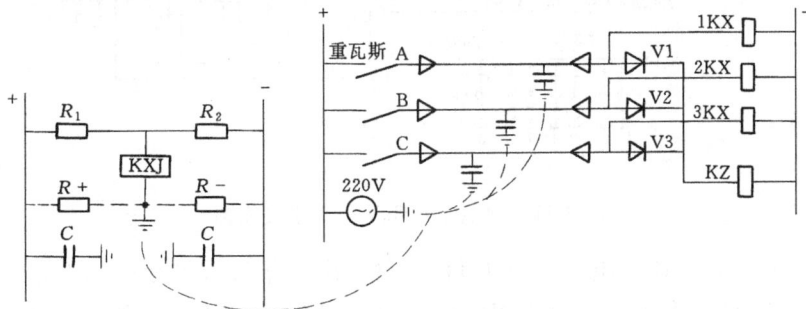

图 2-30　重瓦斯保护跳闸示意图

三、事故对策

（1）修改设计图纸，改正接线，52断路器用二组常闭辅助触点分别接入隔离开关操作闭锁回路和准备三相跳闸回路。

（2）提高重瓦斯保护跳闸中间动作电压提高到（0.55～0.6）U_H。

四、事故教训

（1）设计院需加强图纸校对、审核工作，尤其对套用图纸更要认真核对，不要依赖于运行单位去发现。

（2）设计单位加强对运行单位设计图纸交底，加强双方的设计联络工作，这不但能减少设计图纸的差错，还可使设计图纸更符合运行实际的需要。

（3）认真加强验收试验工作。

23 电缆线间绝缘降低，重瓦斯保护误跳闸

一、事故简述

1994 年 6 月 28 日 14 时 12 分，某 500kV 变电站 3 号主变压器运行中无故障跳闸，A、C 两相重瓦斯保护动作信号掉牌，跳闸同时变电站内有直流接地信号，事后对 3 号主变压器瓦斯保护等二次回路进行检查，未发现异常，主接线图见图 2-31。

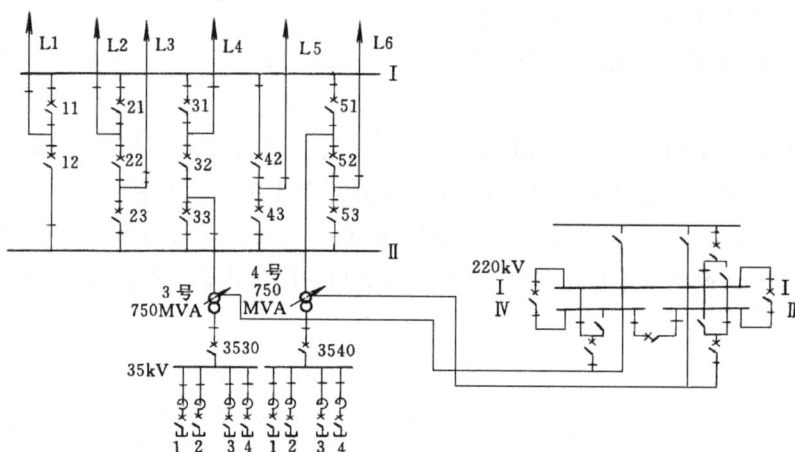

图 2-31　变电站 500kV 一次主接线图

1994 年 7 月 1 日，该变电站又发生 L6 线路二次回路直流接地，3 号主变压器在运行中重瓦斯保护又无故障跳闸，检查发现 511 隔离开关操动机构到隔离开关控制箱的一根控制电缆中直流正电源线与交流 220V 火线的芯线间绝缘为零，对地绝缘只有几欧姆（万用表测量值）。

二、原因分析

（1）同一座变电站、同样原因发生三次（包括 1989 年 5 月 5 日一次）主变压器重瓦斯保护无故障误跳闸，均是由于设计不当造成交、直流混接，发生直流系统正电源接地，这是误跳闸的主要原因。

（2）变压器重瓦斯保护起动跳闸中间继电器的控制电缆很长，约 400m 左右，电缆芯线对地电容较大，容抗 $X_c = j\dfrac{1}{WC}$ 较小，通过线间电磁耦合过来的干扰电压较大，所以三次均是变电站直流电源正极接地时，发生重瓦斯保护无故障跳闸，如图 2-32 ～ 图 2-35 所示。

图 2-34 是通过直流正极接地电磁耦合干扰电压的等值电路图。图中 $R+$ 是直流系统正极对地的等值电阻，若直接接地则 $R+ = 0$。重瓦斯保护跳闸中间 KZ 分到直流耦合电压

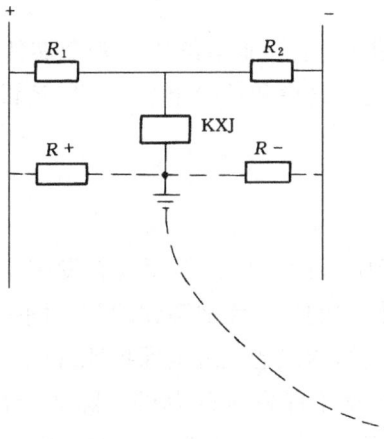

图 2-32　直流监视装置示意图　　　图 2-33　重瓦斯保护跳闸示意图

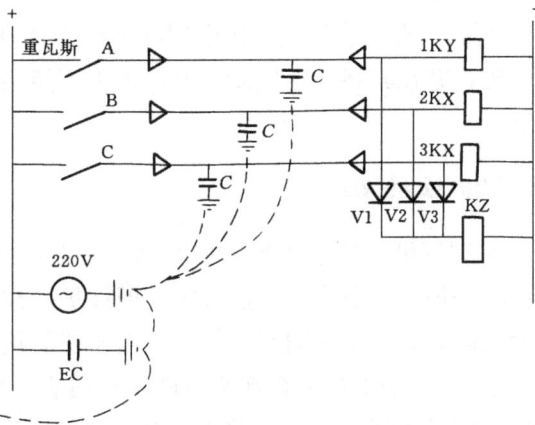

U_1，U_1 的大小随 $R+$ 及 $j\dfrac{1}{WC}$ 大小而异。

（3）重瓦斯保护跳闸中间继电器 KZ 同分相动作信号继电器 1KX～3KX 之间有二极管隔离，见图 2-33。二极管对交流有整流作用，如图 2-35、图 2-36 所示。瓦斯保护跳闸中间继电器 KZ 除有电磁干扰耦合过来的直流电压 U_1 外，还叠加有经 V1～V3 二极管将交流 220V 半波整流脉动电压 U_2，交流电源对耦合电容 C 的充放电过程企图使半波整流的脉动电压连续。

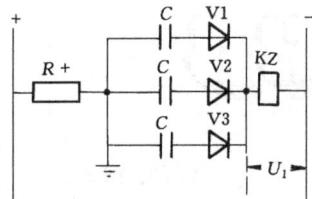

图 2-34　电磁耦合干扰电压 U_1 等值图

$$U_{ZJ} = U_1 + U_2$$

这是直流电源正极混接交流电源时容易造成重瓦斯保护无故障跳闸的根本原因。

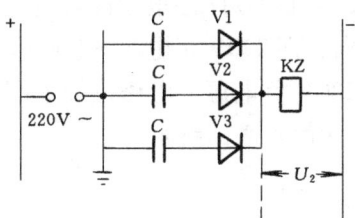

图 2-35　交流半波整流电压 U_2 等值图

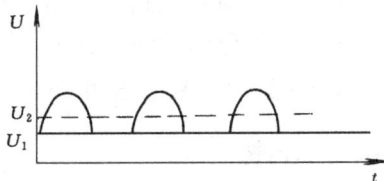

图 2-36　交、直流混接时 ZJ 两端电压

（4）该变压器的继电保护装置是 ABB 公司的产品，中间继电器的动作电压普遍较低，约 $30\% U_H$ 左右，这也是直流接地时造成重瓦斯保护无故障跳闸的原因之一。

三、事故对策

（1）提高重瓦斯保护跳闸中间继电器的动作电压，在线圈回路加串电阻，使动作电压大于 50% U_H，小于 60% U_H。

（2）交流、直流、强电、弱电回路不能合用在同一根控制电缆中，避免芯线间感应出干扰电压，并在其终端连接设备上产生出不能接受的共模和差模干扰电压。请设计单位引起注意。

四、事故教训

（1）工程图纸审核往往忽略二次回路安装接线图纸的审核，因而没有发现交流、直流电源在同一根控制电缆中，造成重瓦斯保护同样原因的二次无故障误跳闸。同一组断路器辅助触点同时给二个不同回路使用，由于安装接线的错误造成继电保护原理图的错误。

（2）查找二次回路设备绝缘不良，万用表一般是不能发现问题的，除非全部击穿，只有在加电压时才能有泄漏而发现绝缘不良，6 月 28 日第一次误跳闸，如果用 1000V 绝缘电阻表检查回路绝缘，也许不会发生第二次误跳闸。

24 寄生回路（一）

一、事故简述

1982 年 6 月 18 日，某变电站一条 220kV 线路的 JSF—11A 高频闭锁保护由于二次回路安装接线不当，拆除 14KX 信号继电器端子上的负电源时，构成寄生回路，使高频闭锁零序停信中间 KZ0 动作跳闸，如图 2-37 所示。

二、原因分析

14KX 是相差高频发信信号继电器，运行中发现 14KX 线圈断线，进行更换，当拆断 14KX 信号继电器端子上的负电源接线时，JSF—11A 收发信机和零序停信中间继电器 KZ0 同时失去负电源，构成寄生回路，如图 2-37 箭头所示方向，即 220V 正电源—JSF—11A 收发信机—KZ0 零序保护停信中间—2KS0 零序 II 段时间—220V 负电源。电压分配如图 2-37 所示。KZ0 二端分配到 150V 电压而动作，经"收信"常闭触点立即跳闸。

三、事故对策

零序停信中间继电器 KZ0 用的负电源从高频相差保护发信继电器 14KX 端子上分离开，直接从端子排引入负电源，如图 2-38 所示。

四、事故教训

（1）过去一条线路各套继电保护装置、重合闸装置、操作控制回路等合用一组熔丝，二次线互相连来连去，在运行中消除设备缺陷，拆动二次小线时很易产生寄生回路。现在各套保护直流电源各自独立，就是吸取过去的事故教训，不容易产生寄生回路。

（2）要重视继电保护、自动装置的二次回路安装图设计、审核工作，往往原理图设计是正确的，由于二次接线混乱，很易发生电源混接、寄生回路等差错。

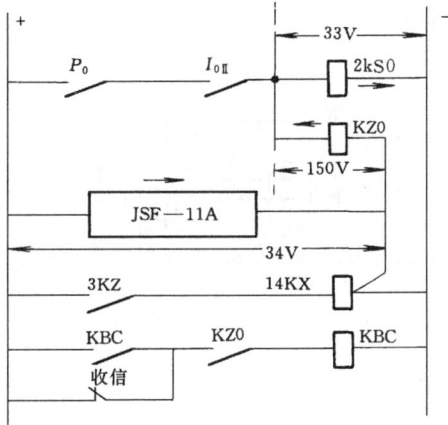

图 2-37　保护原理图　　　　　　　图 2-38　改正后原理图

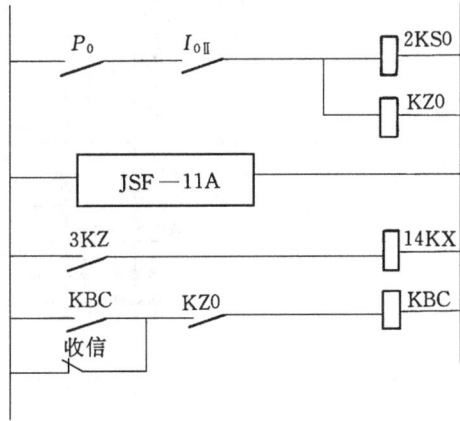

25　寄生回路（二）

一、事故简述

1996 年 8 月 16 日 14 时 12 分，某 500kV 变电站发生直流接地信号，500kV 线路继电保护就地站一室的绝缘监测装置发出报警，装置显示第 57 支路有直流接地，该支路是一条 500kV L3 线路继电保护屏（RD35 屏、RD36 屏），值班人员用 ABB 公司提供的继电保护装置专用的隔离插把做隔离措施，对 RD36 屏上各套继电保护装置分别进行隔离，先隔离 RAZFE 距离保护装置，再隔离方向零序电流保护装置，最后隔离过电压保护装置时，发生远方跳闸收信回路动作，无故障误跳 32、33 断路器，此时 L3 线路对侧并没有发出跳频信号。

主接线图见图 2-39 所示。

二、原因分析

事后发现给过电压保护隔离用的那个插把只有 17 档（其他插把都是 18 档），即插入后过电压保护装置的正电源 R6 +（D25·101·1B）隔离点没有断开，只断开负电源 R6 -（D25·101·18B），出现寄生回路，如图 2-40 所示。

图中，KG1、KG2 是二台载波机监频收信常开触点，高频通道正常运行时闭合；

KT1、KT2 是二台载波机跳频收信常开触点，高频通道正常运行时打开；

KZ1、KZ2 是跳频收信重动中间继电器。

寄生回路如图 2-40 箭头指示，正电源 R6 + 通过未断开的隔离点 D25、101、1B 经过

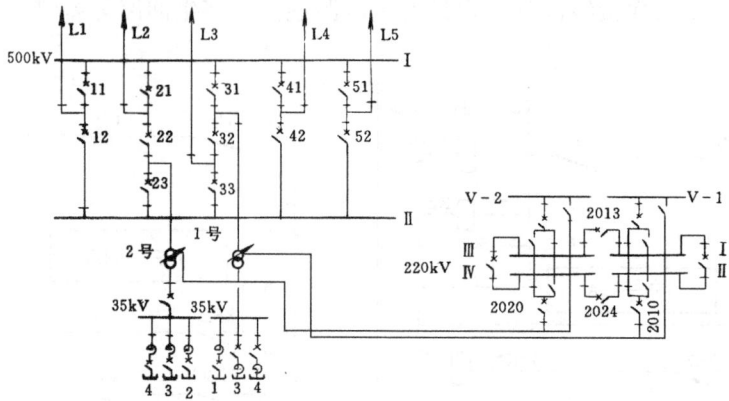

图 2-39　变电站 500kV 一次主接线图

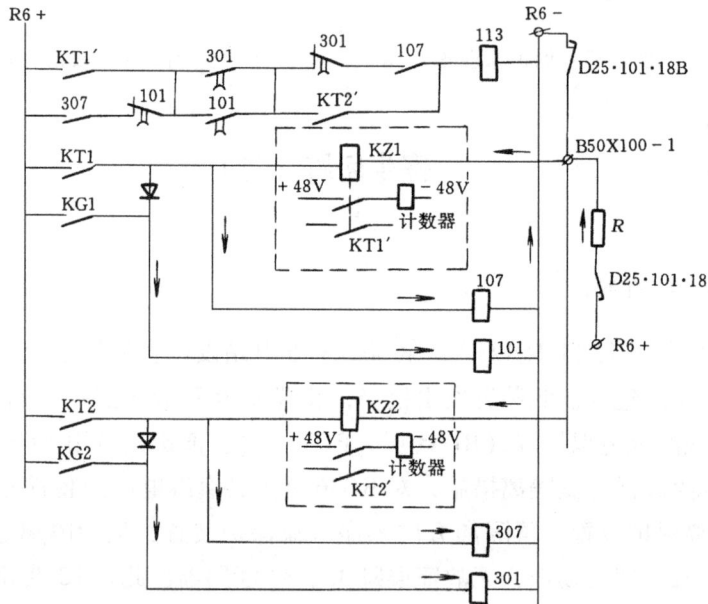

图 2-40　L3 线远方跳闸原理图

电压保护直流工作回路等值电阻 R → 经端子

$$B50 \times 100 - 1 \nearrow \begin{array}{l} \text{第一台载波机跳频收信重动中间 KZ1} \to \text{远方跳闸逻辑继电器 107} \\ \\ \text{第二台载波机跳频收信重动中间 KZ2} \to \text{远方跳闸逻辑继电器 307} \end{array} \left.\begin{array}{l} \\ \\ \\ \\ \\ \end{array}\right\} \text{到负}$$

电源 R6 −（D25、101、18B 已断开）。跳频收信重动触点 KT1′、KT2′闭合，此时载波机的监频收信并未消失，KG1、KG2 监频收信触点仍闭合，101、301 中间继电器在励磁状态，此时远方跳闸出口中间 113 动作，本变电站 32、33 断路器跳闸，相当于收到 L3 线路对侧发来的跳频信号。

124

三、事故对策

（1）加强对隔离插把的管理工作。

（2）加强监护制度。

（3）加强对安装接线图的审核、管理工作。

四、事故教训

（1）过电压保护、断路器失灵保护，线路高压电抗器保护等都是通过高频通道远方跳开线路对侧断路器，合用一组直流电源，各套保护装置可以分别停用，事故后发现实际的二次接线有误，若过电压保护装置停用，用 18 档插把插入，D25·101·1B 将正电源 R6+ 断开，此时虽不构成寄生回路，但因为跳频收信继电器 KZ1、KZ2 的负电源失去，远方跳闸全部停用了。

（2）图 2-40 的原理图也有误，正确接线是跳频收信常开触点 KT1′、KT2′应分别与监频收信常闭触点串联，能满足监频消失、跳频有收信，才允许跳闸的原理，按图 2-41 正确接线，即使出现寄生回路也不会误跳闸，因为此时监频并未消失，KG1、KG2 常闭触点正常是打开的。

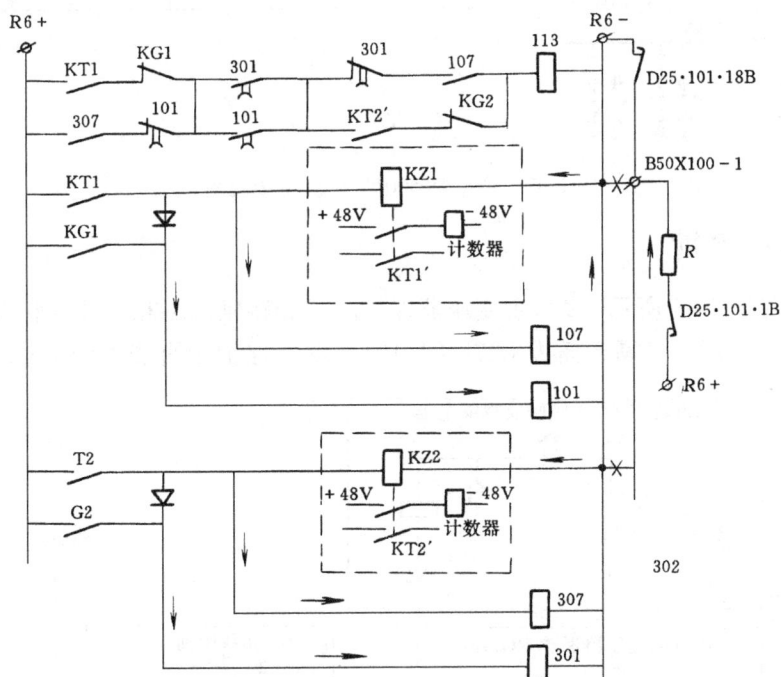

图 2-41　正确的双通道远方跳闸原理图

26 寄生回路（三）

一、事故简述

某 500kV 变电站用 12 断路器对 2 号主变压器充电合闸过程中，误起动失灵保护而误跳相邻的 11 断路器，2 号主变压器各侧断路器及远方跳 L4 线路对侧断路器。主接线见图 2-42。

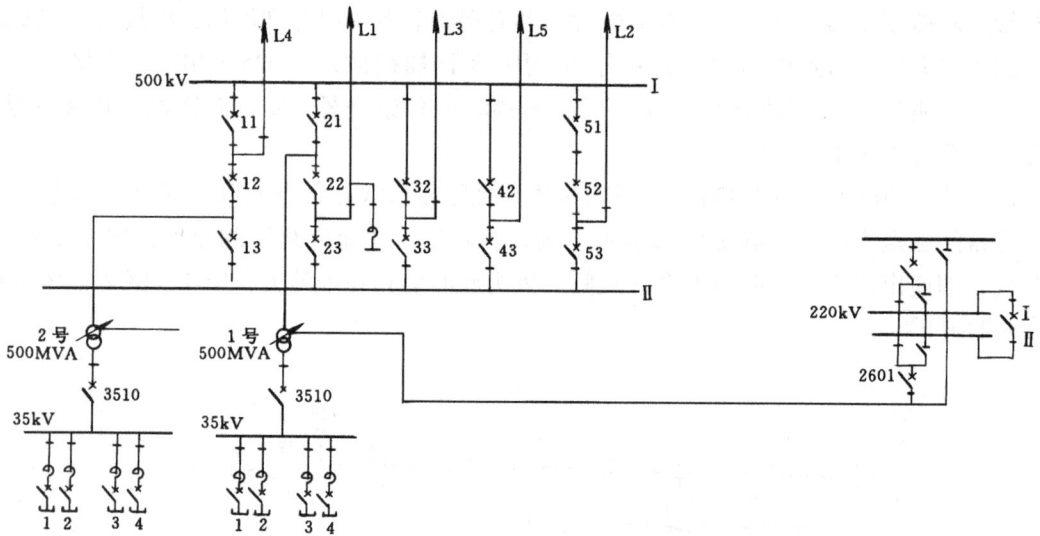

图 2-42　变电站 500kV 一次主接线图

二、原因分析

寄生回路见图 2-43 所示，2 号主变压器保护的 C 相跳闸回路和 2 号主变压器起动失灵保护回路设计成合用一只隔离插拔 U27.101.101，继电保护用直流电源 R6 + 与断路器操

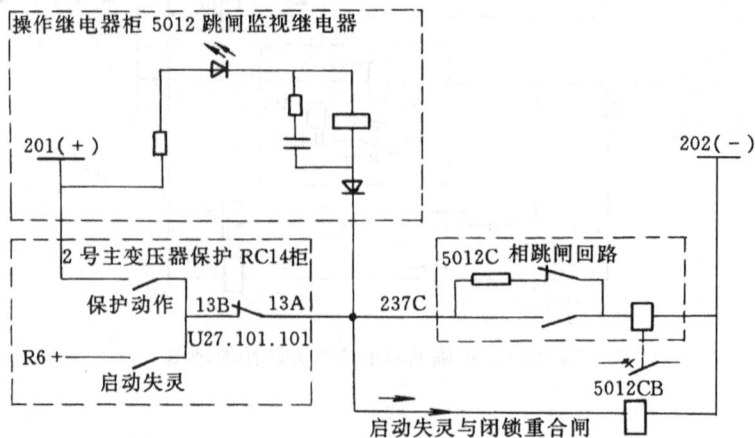

图 2-43　保护接线图

作电源 201 + 混接在一起，当 12 断路器在合闸过程中，断路器常开辅助触点和常闭辅助触点在转换过程中，有一个两者均断开的瞬间，此时通过跳闸监视断路器与失灵保护起动中间，构成分压回路，失灵保护起动中间继电器动作且通过跳闸监视继电器自保持直到跳闸，合闸时 2 号主变压器有励磁涌流，主变压器保护动作，失灵保护电流会动作，经 187ms12 断路器失灵保护动作跳开相邻 11 断路器、2 号主变压器总出口、远方跳线路 L4 对侧断路器。

此次失灵保护误跳闸主要是 2 号主变压器本体保护和失灵保护共用一个断开点，在 12 断路器合闸时出现寄生回路，造成失灵保护误动作跳闸。

三、事故对策

将 2 号主变压器本体保护和失灵保护的出口断开点分开，同时将起动失灵保护用直流电源 R6 + 同断路器操作电源 201 + 分开，见图 2-44。

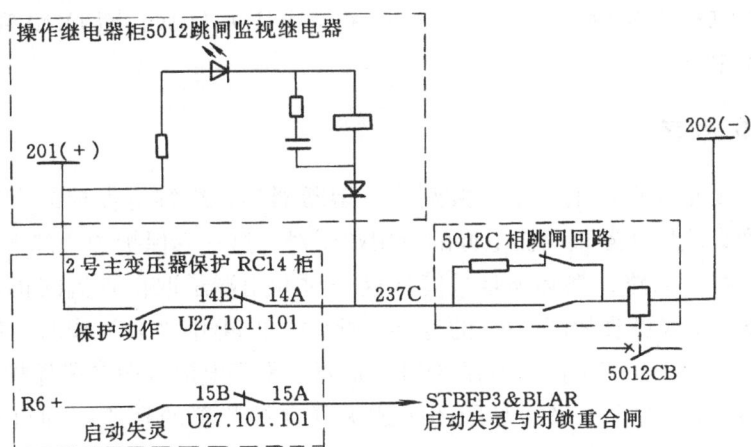

图 2-44　改进的保护接线图

四、事故教训

这条失灵保护误跳闸的寄生回路，如果不是对 2 号主变压器冲击合闸没有励磁涌流，也就发现不了。但是，把起动失灵保护和 2 号主变压器本体保护跳闸触点共用一个隔离断开点，相当于多套保护合用一个连接片，造成继电保护直流电源同断路器操作电源混接，虽然设计、基建、运行单位都明白这是不允许的，但实际工作中没有引起重视。

27　未按"专用端子对"接线造成的事故

一、事故简述

1982 年 6 月 18 日，某变电站一条 220kV 线路，在进行高频闭锁式纵联保护停役检验时，当拆开发信信号继电器 KS 的负电源（图 2-45 中的"×"）线，引起该保护出口继电器

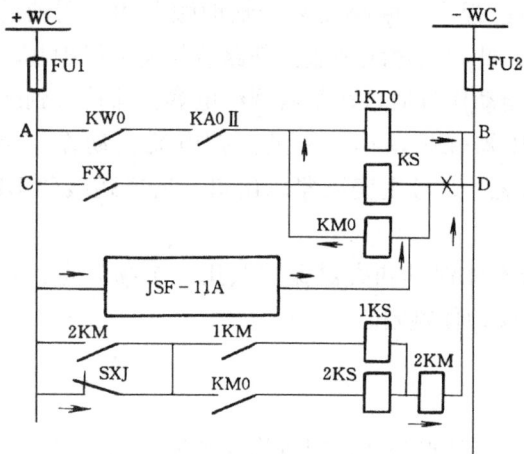

图 2-45 未按"专用端子对"
接线产生的寄生回路图

装置各分得 34V 和 33V。

2KM 动作跳闸。误动过程：从图 2-45 中可看出，当断开"×"线时，引起 KM0 动作，经收信继电器常闭触点与 KM0 常开触点起动 2KS 和 2KM，如图 2-45 中箭头所示。

二、事故分析

经过现场调查，由于零序电流方向二段时间继电器 1KT0 的负电源端子，与高频闭锁式纵联保护出口继电器 2KM 的负电源端子没有分开造成的。是因为没有按各自的"专用端子对"接线，产生的寄生回路造成的。经过现场实测，KM0 线圈两端分得的电压为 150V，而 1KT0 和 JSF—11A 型

三、采取对策

按照部颁《反措要点》的规定，接到同一熔断器的几组继电保护的直流回路，均应有专用于直接到直流熔断器正负极电源的专用端子对，这一套保护的全部直流回路包括跳闸出口继电器的线圈回路，都必须且只能从这一对专用端子取得直流的正和负电源。为此，可将图 2-45 的接线更改为图 2-46 的连接，此时，再断开"×"线时，就不会发生上述的跳闸事故了。图 2-46 中的 A、B 端子对，是属于零序电流方向二段保护装置的直流正和负电源，C、D 端子对，是属于高频闭锁式纵联保护装置的直流正和负电源。断开的"×"线实际断的是 D 端子线，它就不会产生寄生回路。

四、经验教训

（1）试验人员对保护的停役问题心中不明确，因为被试保护装置在未断开跳闸连片的情况下，是不允许触动保护回路的。

（2）如果跳闸连片只控制本保护的出口跳闸继电器的线圈回路，则必须断开跳闸接点回路才能认为该保护确已停役。

（3）如果跳闸连片只控制正电源的三相分相跳闸回路，停役时除断开跳闸连片外，尚需断开各分相跳闸回路的输出端子，才能认为该保护已停役。

（4）总之，必须要有明显的断开点，才能确认在断开点以前的保护停役了。

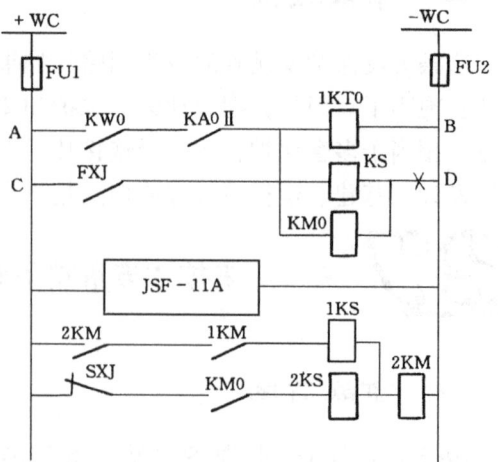

图 2-46 对图 2-42 的改进接线图

28 两套保护共用一个触点引起的跳闸事故

一、事故简述

1982 年 4 月 15 日，某变电站一条 220kV 线路，在进行高频相差动保护停役检验前，断开高频相差动保护的负电源时，产生寄生回路引起跳闸。

二、事故分析

这起跳闸事故，与上一例有相同之处，即在断开高频相差动的直流负电源时引起的。图 2-47 的"×"处线断开时，产生寄生回路如箭头所示，使 KM0 动作，由图 2-42 可知通过收信继电器常闭触点起动 2KM 出口跳闸。但是如果零序三段时间继电器 3KT0 和高频闭锁零序方向重动继电器 KM0 不共用 KW0（零序方向元件）与 KA0 Ⅲ（零序三段电流元件）接点时，亦不会产生寄生回路。所以这起跳闸事故是由以上两个原因造成的。图 2-48 中的 3KR 为高频闭锁保护的距离二段或三段的重动继电器。

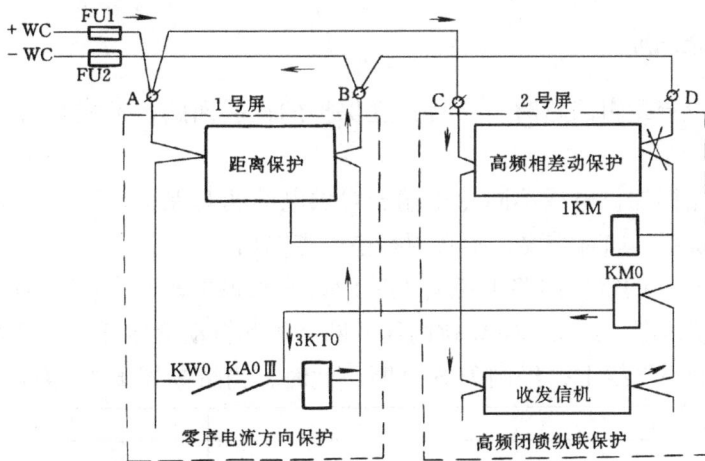

图 2-47　保护之间未经空触点输出、未按"专用端子对"连接产生寄生回路图

三、采取对策

通过以上分析，采取如下对策，即可消除这起误动作事故，如图 2-48 所示。

（1）各套保护按自己的"专用端子对"接入保护，如图 2-48 所示。

（2）增设 KW0 与 KA0 Ⅲ 的重动继电器 3KM0，用两副 3KM0 常开触点，分别起动 3KT0 和 KM0，这样就消除了寄生回路。

（3）不允许一套独立保护的任一回路包括跳闸继电器，接到由另一套独立保护的专用端子对引入的直流正和负电源。为此，设置两套直流熔断器。

（4）对于分装在不同保护屏上的一套独立保护的继电器及回路，也必须只能由同一

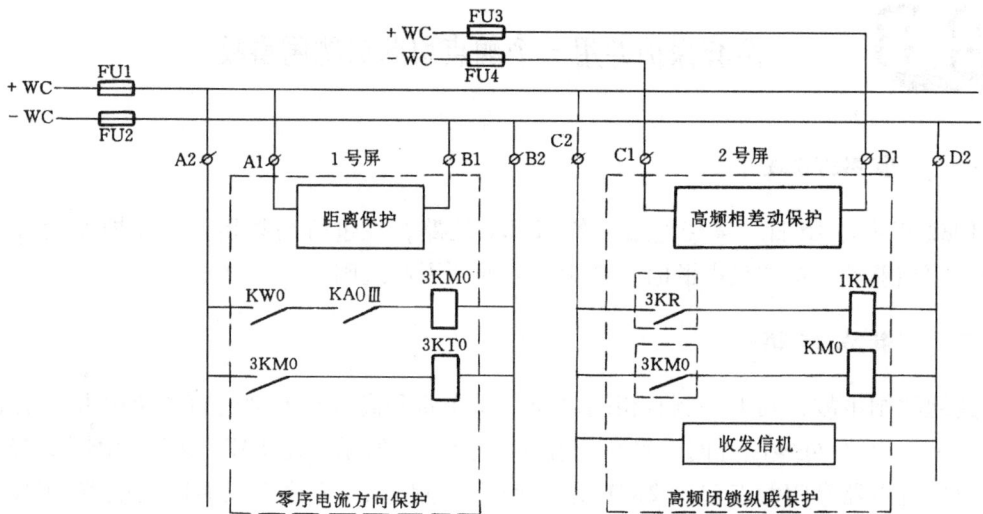

图 2-48　对图 2-44 的改进接线回路图

专用端子对取得直流正和负电源。

四、经验教训

（1）在设计直流逻辑回路时，一套独立保护的任一回路，不能与另一套保护的直流逻辑回路混用。

（2）由不同熔断器供电或不同专用端子对供电的两套保护装置的直流逻辑回路间不允许有任何电的联系，如有需要，则必须经空触点输出。

下面例举图 2-49 的寄生回路来说明上述两条应汲取的教训。图中为发电机——变压器组保护的简化接线图，经 1～3KM 跳高压侧断路器和自动灭磁开关。1KM 和 2～3KM 分别接在两段不同的小母线上，经闸刀 S 分断。此时，当熔断器 FU2 熔断，或取下时，将

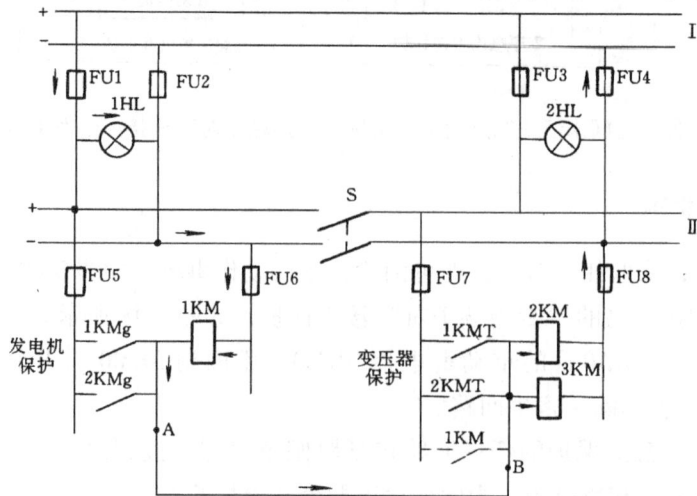

图 2-49　FU2 熔断时，产生的寄生回路图

出现如图中箭头所示的寄生回路。如果 1KM 线圈两端的电压足够使它动作时，就会引起误跳闸事故。如果将 AB 线断开，引入一空接点 1KM 去起动 2~3KM，则可消除此寄生回路，如图中虚线所示。

29 中间继电器的并联电阻接错引起的跳闸事故

一、事故简述

（1）1991 年 8 月 26 日，某变电站清扫一条 220kV 线路的 PJH—11F 型距离保护直流回路时，当抹布擦到图 2-50 L 点的"×"处时，使 7R 电阻失去负电源，产生寄生回路，如图中箭头所示。引起距离保护出口继电器 KMT 动作跳闸。

（2）1992 年 3 月 21 日，某大型水电厂，在定期检验距离保护，断开连片 B 时，产生寄生回路，如图 2-51 中箭头所示，引起 B 相分相跳闸继电器 KMB 动作跳开 B 相断路器，造成非全相运行，最终由运行人员全相拉闸造成停电。

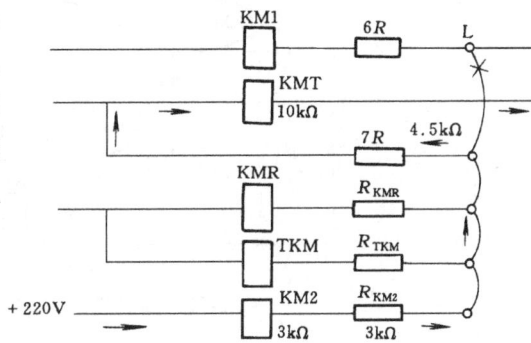

二、事故分析

首先看一下图 2-47 所示回路接线，由于图中 7R 的连接违反了部颁《反措要点》的规定，因此产生了寄生回路。从图中所标有关阻值，可计算出 KMT 线圈两端分得 107V 电压，占额定电压的 48.6%，小于规定值 50% U_N。所以，这也是促使误动作的一个原因。

图 2-50 L 点"×"处开焊产生寄生回路接线图

再看一下图 2-51 所示回路接线，由于图中 KMB 的动作电压较低，使之单相跳闸，最终造成线路停电。

三、采取对策

（1）对图 2-50 来说，将 7R 电阻的负电源侧，直接与 KMT 继电器线圈的负电源侧相连，如图 2-51 所示。

（2）对图 2-51 来说，将图中的"×"断开，让 R_{1KT} 的 2 号直接与 1KT 的 18 号相连。

（3）原《火力发电厂、变电所二次接线设计技术规定》（强电部分）SDGJ—8—78（试行）第 124 条之三"……。保护的负电源应在屏内设备之间接成环形，环的两端应分别接至端子排。其他回路一般均在屏内连接。"现以图 2-50 作一例子进行改进如图 2-49 所示，这样连接后，不论在何处断开，均不会产生寄生回路。可惜这一条规定在实际施工图纸中未曾见过使用。

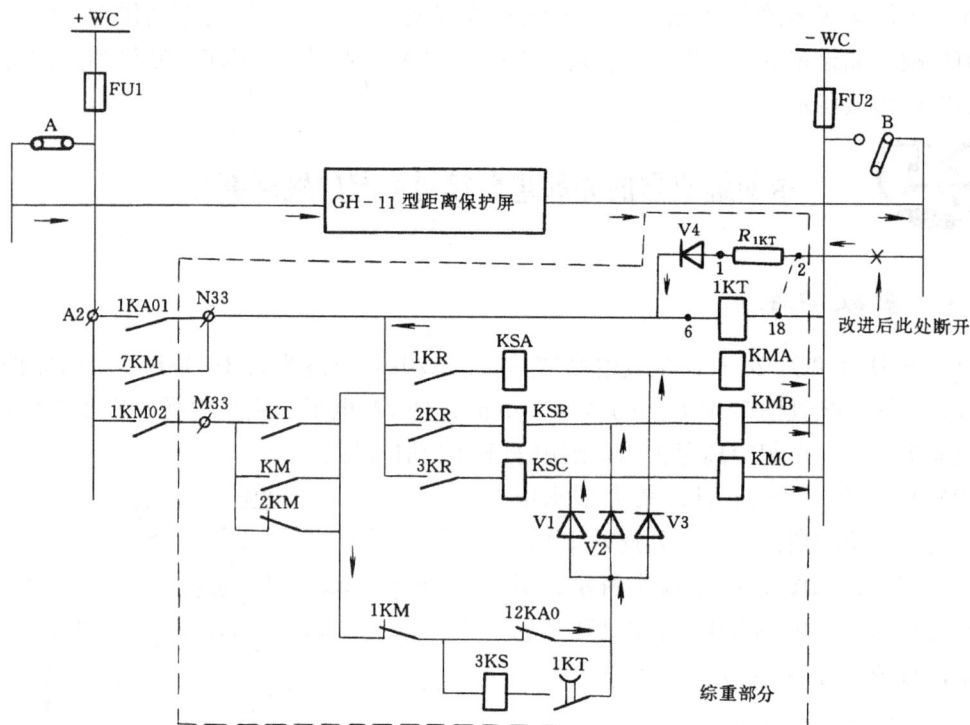

图 2-51　断开连片 B 时产生寄生回路接线图

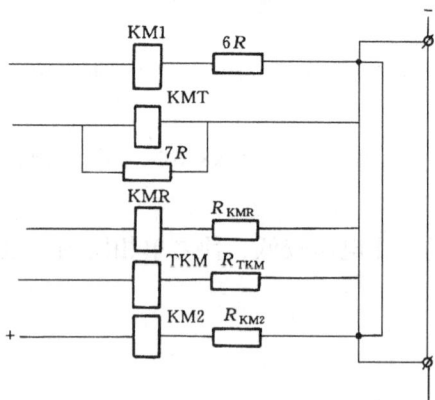

图 2-52　对图 2-50 接线的改进图

四、经验教训

对于图 2-50 来说，有两点教训可汲取。

（1）厂家焊接质量不高，现场检验人员检查不够仔细。

（2）现场运行人员不应在裸露的带电设备上清扫。

对于图 2-51 来说，厂家和现场检验人员缺少这方面的经验，因此，今后凡是继电器线圈与电阻或继电器线圈与继电器线圈并联时，都应先并联后再引出至负电端子。图 5-52 为图 5-50 接线的改进图。

30 220kV 断路器跳闸线圈相别接错拒动，引起多机组多条线路跳闸

一、事故简述

1989 年 12 月 1 日，某大型火力发电厂，一条 220kV 线路发生 B 相接地短路，保护及

重合闸动作信号表示正确。但 B 相断路器拒绝跳闸，重合闸使用综重方式。引起 220kV 双母线 7 台机组保护和 4 条线路对侧保护动作跳闸，造成母线全停事故。断路器失灵保护未投运，这也是扩大停电范围的一个原因。

二、事故分析

经过现场调查，在 SW—220 型断路器操作箱内，检修人员将 B、C 相跳、合闸线圈相别接错了，但 B、C 相跳、合闸的辅助触点相别没有接错，如图 2-53 所示。断路器大修后，检修人员在恢复操作回路跳、合闸线圈时，未按接线图恢复而留下的隐患。从图中可看出，当 B 相出口跳闸继电器 KCOB 常开触点闭合时，且跳了 C 相断路器，B 相故障未消除，引起母线上的其他机组和线路保护动作，切除故障。由于跳开了非故障相，所以重合 C 相也无意义。

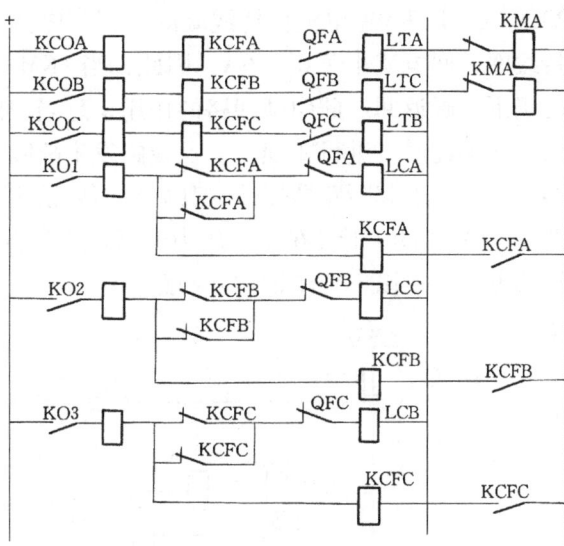

三、采取对策

（1）在二次回路上作业，所拆开的线，必须要有记录，恢复时要按记录恢复。

（2）在使用综重或单重方式的重

图 2-53　B、C 相跳、合闸线圈相别接错
断路器拒动回路接线图

合闸，当断路器检修完毕，一定要联动继电保护装置、作断路器的分相跳、合闸试验，而且要会同检修人员一起，观察断路器跳、合是否正确，如果做了这一条，也不会发生这次事故。

四、经验教训

本单位的检修人员负责断路器的跳、合闸电压（电流）和主触头的动作时间等试验项目。似乎与继电保护专业人员无关，这是一个漏洞。所以今后必须订立一条规定；断路器的动作试验，必须要与继电保护的整组试验结合起来。不能各自为政，这是这次事故应该汲取的教训。

31　压力降低闭锁跳闸回路继电器失效

一、事故简述

1993 年 2 月 5 日，某变电站一条 220kV 线路，使用 ZFZ—31/E 型分箱操作箱。由于

反映液压降低对跳闸回路进行闭锁的 1KMA 继电器的保持电流较小，在压力降低到闭锁压力时继电器常开触点 1KMA 不返回。

二、原因分析

经过现场调查，1KMA 串 $6R$ 在内的动作电压为 120V（电源电压为 220V），返回电压为 20V。每相串联的合闸位置继电器 KCC 为 DZ—32E/312 型，工作电压 110V，内阻为 2420Ω。通过 1KMA 电流保持线圈的三相总电流为 0.136A，如图 2-54 所示。而 1KMA 的保持线圈返回电流小于 0.136A，因此，当 1KMA 的电压线圈被"压力降低闭锁接点"短接时仍不失磁返回。此闭锁回路的作用，是当线路无故障情况下，压力降低时应闭锁跳闸回路。如果此时不进行闭锁，一旦线路发生故障，由于断路器压力已降低，主触头已无消弧能力，可能引起断路器爆炸，其后果不堪设想。但是当线路发生故障，压力降低时，虽然此时 1KMA 的电压线圈被"压力降低触点"短接，但因三相跳闸电流远大于保持线圈的返回电流，所以不会闭锁跳闸回路。

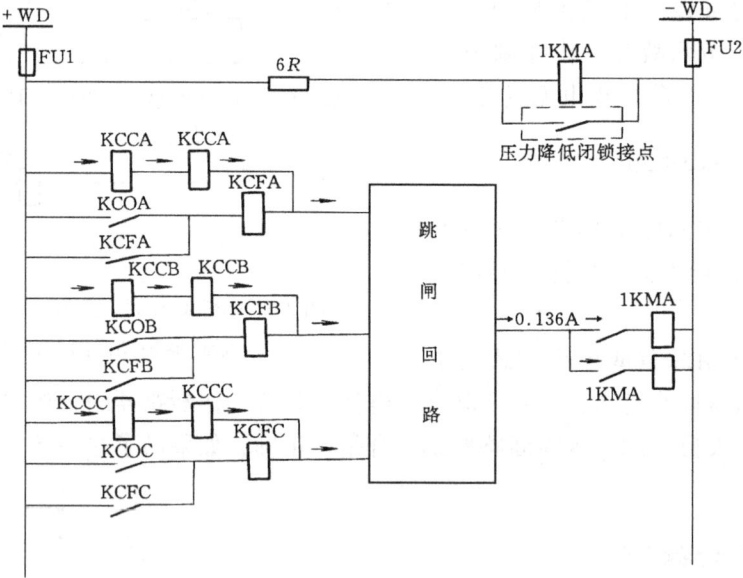

图 2-54　压力降低闭锁跳闸回路失效接线图

三、采取对策

（1）调整 1KMA 的保持电流为 0.35A，它大于 0.136A 的 2.5 倍，这样即可消除此缺陷。

（2）如果调整有困难，则更换 1KMA，选择保持电流大于 0.35A 的继电器。

四、经验教训

（1）在检验 1KMA 保持线圈的返回电流小于 0.136A 时，没有引起足够的重视。但是，如果根本就没有对它进行检验，那就另当别论了。此缺陷是在压力降低信号表示，而闭锁跳闸回路的信号没有表示而被发现的。

（2）模拟"压力降低闭锁触点"动作（闭合）1KMA 的电压线圈被短接，此时，闭锁跳闸回的信号应表示，如果没有表示，经查找也可发现此缺陷。所以还是那句老话，"检验项目和整组试验不齐全"。

32 电压互感器接线错误，线路保护误动作跳闸

一、事故概述

1983 年 3 月 22 日，甲厂 W1 线出口隔离开关经变电站构架闪络接地，甲厂相差高频、零序电流一段动作，由于重合闸中 B 相选相元件拒动而三相跳闸。虽线路对侧保护单跳、单合重合成功，但仍造成 W1 线停电事故。

二、事故分析

从甲厂故障录波图看出，故障相 B 相对地电压不仅没有降低，反而比正常电压还高。其主要原因是甲厂 220kV 母线电压互感器为 B 相接地方式，且 B 相是接在构架上通过构架接地，电压互感器二次电压只引出 A、C、N 三根电缆线至室内，而室内是将接地点引根线当B 相，见图 2-55。

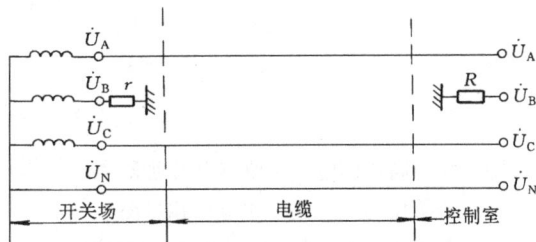

图 2-55　电压互感器二次绕组接线图

r—开关场 B 相经构架接地至地网接触电阻；
R—控制室 B 相经保护屏接地至电网接触电阻

由于甲厂 W1 线隔离开关 B 相经构架闪络接地，一次接地短路电流直接经构架入地，使得接地网电位大大升高，而室内接地点电位显然不是零电位，该电位已高出 B 相正常电压，是造成 B 相阻抗选相元件拒动的主要原因。

三、措施

电压互感器 B 相接地方式完全违背了《反措要点》接地方式。要么取消电压互感器 B 相接地方式，或改为隔离变压器实现同步并列。

四、经验教训

电压互感器 B 相接地方式通过实践证明对继电保护不正确工作带来的严重后果。

（1）电压互感器 B 相接地方式，因为 B 相在室外接地，又省掉 B 相到室内的接地相电缆芯。室内 B 相只能从接地点取，形成两个接地点，而两个接地点的接地电阻有可能不相等，必然造成两接地间有电位差，这个电位差造成继电保护不正确动作的后果。

这种接地方式省掉接地相的电缆芯形成了两个接地点显然违反了"反措要点"规定的"电压互感器二次回路只允许一点接地"的要求。

（2）电压互感器 B 相接地方式，B 相接地点在开关场直接与构架相连，尤其不可取，当 B 相对构架接地闪络时，其接地短路电流就有一部分故障电流经 B 相接地点流入接地网，使得 B 相接地网电位高于大地电位，分布的接地电流通过地网的导体产生电位差，从而在两接地点间产生了工频地电位差，接地短路时的工频电位差就不是电压互感器反映一次系统的二次电压，而是工频干扰，事故录波显示接地相 B 相电压不是降低，反而升高，说明接地相电压互感器二次电压不仅没有真实反映一次系统电压，而是工频干扰电压，理所当然 B 相阻抗元件会拒动。

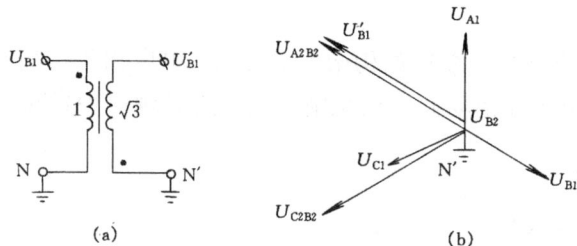

图 2-56　高压侧电压互感器 B 相加隔离
变压器后与低压侧二次电压相量图
（a）隔离变压器接线图；（b）同期电压相量图

总之，电压互感器 B 相接地方式宜取消，或改为隔离变压器实现同步。

取消变压器高压侧电压互感器 B 相接地方式，其目的是满足"反措要点"要求的"……电压互感器二次回路必须分别有、且只能有一点接地"和"来自电压互感器二次的四根开关站引入线和电压互感器三次的两（三）根开关站引入线必须分开，不得公共"。过去在并列点取自变压器高低压侧电压实现并列。采取将变压器高压侧电压互感器 B 相接地方式，根本没有考虑到这种做法对线路保护带来的危害。通过很多事故的教训，"反措要点"中做出"电压互感器 B 相接地方式宜取消，或改为隔离变压器实现同步"。其具体做法是：若变压器为 $Y_0/\triangle$-11 接线方式，以变压器高压侧断路器作为并列点，并列点电压若以变压器低压侧电压做基准，且变压器高低压侧电压互感器接线方式分别为 $Y_0/Y_0/\triangle$ 及 V/V，取低压侧电压 $\dot{U}_{A2B2}$，将 B2 相接地，为了取消变压器高压侧电压互感器 B 相接地方式，那么高压侧电压互感器 B 相必须加隔离变压器（见图 2-56），隔离变压器一、二次变比为 $1:\sqrt{3}$，N'接地，那么隔离变压器（装在保护室内）二次电压 $\dot{U}'_{B1N'}$ 与 $\dot{U}_{A2B2}$ 同相，且电压相等。电压相量图参加图 2-56（b）。

高压侧电压互感器取消 B 相接地后，供给线路保护及仪表的二次电压完全可以实现"反措要点"的要求，将 A1、B1、C1、N 四根线从开关场引入室内接在小母线上，且只在 N 小母线实现一点接地。

33　零序电流二段动作出口信号不掉牌

一、事故简述

1982 年 1 月 30 日，220kV W1 线路 F 电厂出口 A 相接地短路，Q 变电站侧零序电流二段动作，信号继电器不掉牌。当时在 A 相故障点下面，有 66kV 线路作业，在紧架空地线时，引起断线，将导线崩到 220kVW1 线路 A 相导线上，造成 A 相接地短路。线路两侧使用单相重合闸，F 侧重合时间为 1.2s，Q 侧重合时间为 1.5s。

二、事故分析

经过现场调查，从录波器录得电流，如图 2-57（a）所示，其中括号内数值为单相重合时又故障的短路电流数值。两侧保护动作情况（无高频保护）如下：

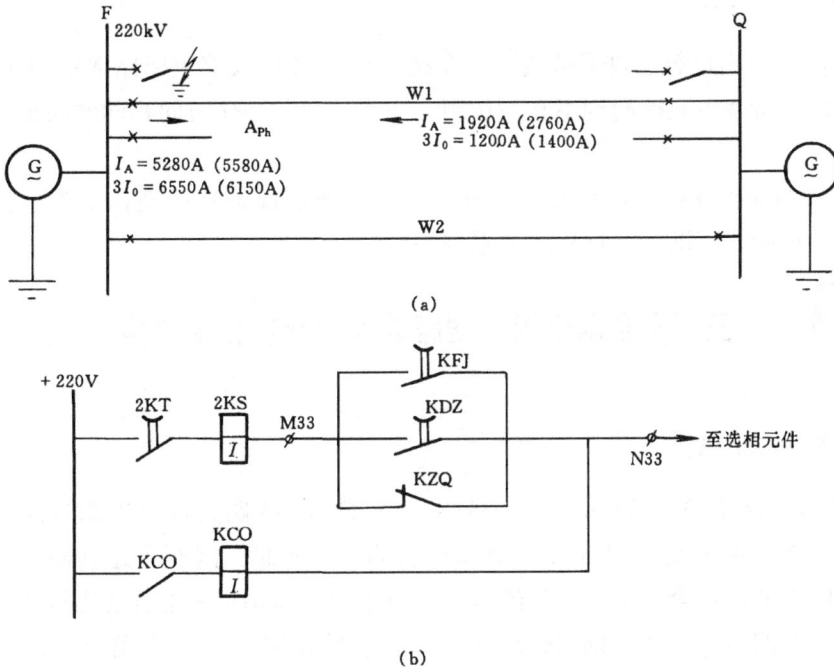

(a)

(b)

图 2-57　A 相接地短路有关一次系统及综重入口回路图

（a）A 相接地短路一次系统接线图；（b）保护出口进入综重回路接线图

F 侧定值：不灵敏一段 1890A，0s；　　Q 侧定值：不灵敏一段 1410A，0s；接地后加速 0.1s；
相间距离一段 23.8Ω/ϕ；　　　　　　　　灵敏二段 410A，0.5s；
接地后加速 0.1s　　　　　　　　　　　相间距离二段 35Ω/ϕ，0.5s

F 电厂侧：零序电流不灵敏一段动作、相间距离一段动作 0.1s 切开 A 相断路器。经 1.6sA 相重合又经 0.09s 跳三相断路器，属永久性故障。

Q 变电站侧：零序电流二段、相间距离二段动作 0.6s 切开 A 相断路器。经 1.44sA 相重合又经 0.15s 跳三相断路器，属永久性故障。

经查，Q 变电站侧零序电流二段信号继电器不掉牌，是因为距离二段出口触点 KCO 的保持线圈电流为 1A，其内阻约 2.5Ω，而零序电流二段出口信号 2KS 继电器额定电流为 0.075A，其内阻为 30Ω、且距离二段 KCO 触点闭合先于 2KT 触点。故零序电流二段信号继电器不掉牌，如图 3-102（b）所示。

三、采取对策

（1）取消 KCO 出口的自保持电流线圈，改用与 2KS 内阻相同的电流信号继电器，即选用额定电流为 0.075A 的信号继电器。从该回路来看，1A 的自保持电流线圈，起不到保持作用。如果真能实现保持作用时，则 KCO 出口触点将永远处于动作状态。将引起线路停电事故。

（2）改用相同参数的信号继电器后，应经过试验，其动作灵敏度及线圈电压降，都要满足要求。

四、经验教训

（1）距离二段出口触点自保持线圈，在接口设计（进入综重回路 N33 端）时，考虑不周。设置以保持线圈只能起到不利的作用，应改用与其动作时间相同的同类参数的信号继电器。

（2）该线路保护在投入运行时，应进行整组（所有保护）的动作试验，直至断路器的跳、合闸。试验要不漏项，这样才能发现问题。

34 三相重合闸停用，线路故障引起重合闸动作

一、事故简述

1974 年 2 月 16 日 0 时 59 分—3 时 35 分，某 220kV 线路共计发生瞬时性单相闪落接地短路故障 6 次，保护及三相重合闸全部正确动作。此时，网调考虑到断路器已动作 6 次，不能再继续使用重合闸了。于是给运行人员下令，停用三相重合闸连接片 1XB。即将 1XB 合上，如线路再有故障，则三相跳闸出口继电器 KCO 常开触点闭合，将电容器 C 通过 6R 放电，使之不能重合，如图 2-58 所示。

当线路第 7 次发生瞬时性单相接地短路时，继电保护正确动作，断路器三相跳闸后，又三相重合上去了。

二、事故分析

经过现场调查，从图 2-58 中可看到，当 KCO 触点闭合时，电容器立即放电，而 KCO 触点因线路故障被切除很快就断开了。图中箭头所示，电容器 C 很快经过绝缘监视装置回路的电阻 $R_1 \sim R_3$ 和继电器 K（综合电阻不足 5kΩ）充上电，当时间元件触点 KT2 闭合时，重合闸继电器 KM 即能动作，发出合闸脉冲。幸亏是瞬时性故障，如果是永久性短路时，则断路器将会跳跃，最终可能发生爆炸，后果不堪设想。

三、采取对策

（1）消除连接片 1XB 的接地现象，今后在投入或断开的过程中，不会接地。

（2）在拧动 1XB（投入）过程中，已发生接地，但绝缘监视继电器 K 的灵敏度不高而没有动作发警报。如果有足够的灵敏度，就会发出直流接地警报信号，而采取断开 2XB 连接片。

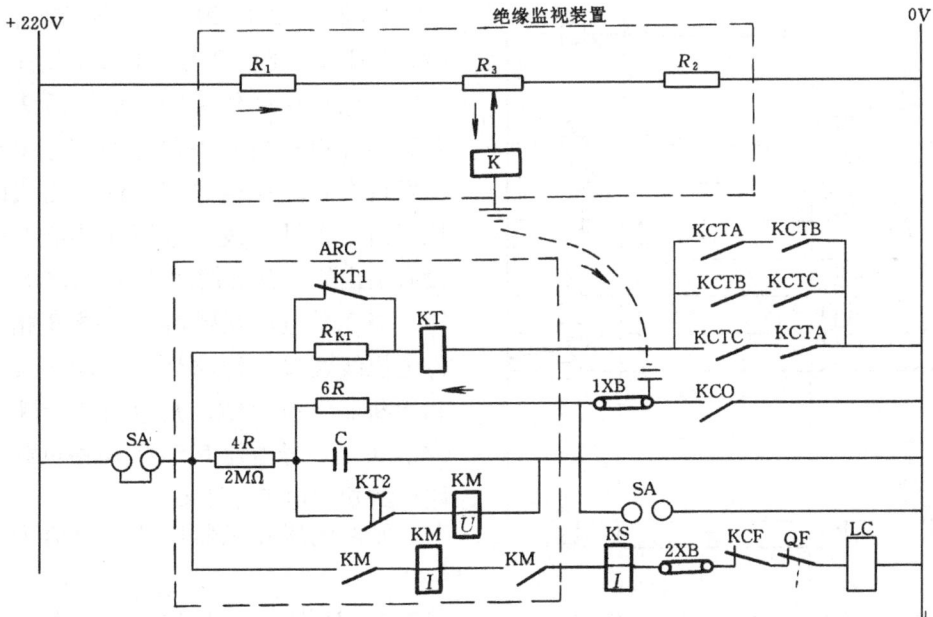

图 2-58　连接片 1XB 投入时接地引起重合闸误动作回路图

四、经验教训

（1）部颁《反措要点》4.4 条已作出规定："……穿过保护屏的连接片导电杆必须有绝缘套，并距屏孔有明显距离；检查连接片在拧紧后不会接地……。"这一条经验教训，必须吸取。

（2）停用重合闸，应使用 2XB 连接片为好。投入时即起用，断开时即停用，这样规定既安全又可靠。

35 电压互感器接线错误引起主变压器零序电压保护误动跳闸

一、事故简述

×××电站 220kV 为双母线接线方式，接入母线上的发电机变压器组为单元接线，事故前 2 号母线上接入 2 号、4 号机变压器，每一母线上有一组电压互感器，该电站 220kV 母线两组电压互感器接线见图 2-59。当 220kV W1 线 B 相选相元件电压线圈接地时，引起 2 号、4 号主变压器中性点零序电压保护误动作跳闸事故。

二、事故分析

220kV 主变压器中性点设计时没有装设放电间隙，主变压器中性点保护由零序电流保护、低定值零序电压保护构成。

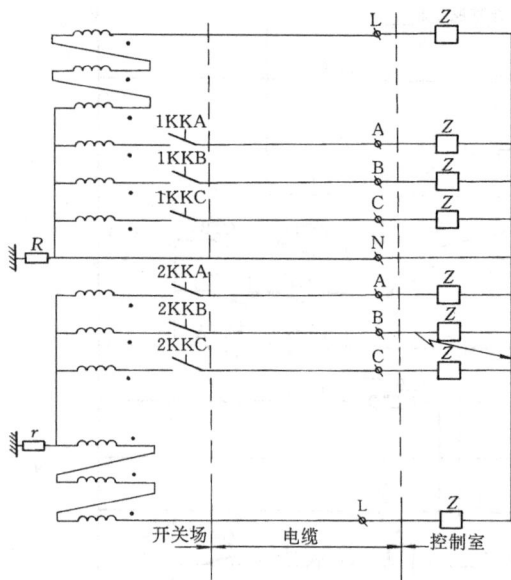

图 2-59　事故前双母线电压互感器接线图

1KK、2KK—快速熔断开关；R、r—1 号、2 号母线电压
互感器在开关场接地网的接触电阻；Z—电压互感器
所接等值负载

即 1 号电压互感器开口三角上电压 $U_1 \approx 6V$

2 号电压互感器开口三角上电压 $U_2 \approx \dot{U}_B = \dfrac{100}{\sqrt{3}}$ （V），而变压器中性点零序电压保护

定值二次值为 10V。

运行变压器的零序电压保护取自变压器所在运行母线上电压互感器的开口三角电压。

显然，接在 1 号母线上变压器的零序电压保护不会动作，而接在 2 号母线上变压器的零序电压保护必然会误动作，这就是 2 号、4 号变压器的零序电压误动作跳闸的原因。

三、措施

双母线接线方式的母线上的电压互感器其正确的接线应该是：每一台电压互感器的二次绕组四根线、三次绕组开口三角两根（及 U_a 试验线）线都必须全部引入到控制室中。每一台电压互感器的二次绕组中性线与三次绕组零线不允许共用，保证二次回路和三次回路相互独立，其电压互感器接地点不能设在开关场，应该将二次绕组中性线和三次绕组零线都接到零相小母线上，再从零相小母线牢固焊在接地网上。为了保证接地可靠，

1982 年 12 月 29 日，系统没有任何故障，2 号母线上的 2 号、4 号主变压器零序过电压保护误动作跳闸，事故后 2 号电压互感器开口三角有不稳定的零序电压。继又发现 W1 线 B 相选相元件电压线圈有接地。由于 2 号母线上电压互感器上中性线没有引出线，其等值回路见图 2-60。

当 2 号电压互感器 ×× 线 B 相选相元件电压线圈接地短路后 2 号电压互感器 B 相熔断器没有熔断，其熔断器熔断电流为 6A，可见 2 号电压互感器 B 相负载接地短路后的短路电流小于 6A。

则两电压互感器接地电阻值为：$R + r$

$$\geq \frac{\dot{U}_B}{I} - \Delta r \text{ 即：} R + r \geq \frac{100/\sqrt{3}}{6} - 1 \approx 8.6\Omega$$

1 号电压互感器中性线上压降 $\Delta U = $

$$\frac{\Delta r}{R + r + \Delta r} \cdot \frac{100}{\sqrt{3}} \approx 6V$$

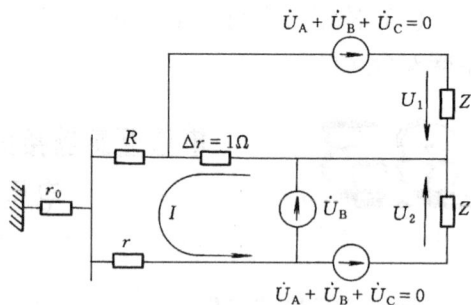

图 2-60　双母线电压互感器 2 号 TV B 相
负载接地等值回路图

R、r—1 号、2 号电压互感器在开关接地网的接触
电阻；r_0—地网接地电阻；Δr—中性线电阻，约 1Ω

各电压互感器的中性线不得装设熔断器或快速开关等设备。

四、经验教训

电压互感器的二次回路只允许一点接地，电压互感器二次回路和三次回路相互独立，在我国已在相关的事故通报及规程都有过明确的规定，特别是"反措要点"规定更加明确。这个问题直到现在为止为数不少的变电站电压互感器二次回路接线仍未按"反措要点"规定执行。主要原因是对"反措要点"这一规定不理解，对继电保护不正确工作的原因不知出在哪里。

（1）电压互感器必须有一点接地，是为了保障人身和二次设备的安全，假设电压互感器二次回路没有接地点，电压互感器一次侧高电压，将通过一、二次绕组间的分布电容和二次回路对地分布电容形成分压，将一次高电压引入二次回路上，当然其值决定于两分布电容的比值，人若在二次回路上工作，很容易触电。若二次回路中性点接地，则二次回路上的分布电压为零，从而保证了人身安全的目的，绝大多数电气工作人员对这一点都能理解。

（2）但是电压互感器只允许有一点接地，不能有多点接地，对这个规定的理解就不那么深刻了。例如×××电厂××Ⅰ回线单相接地故障，线路过电压保护在线路两侧切除故障相后发生过电压保护误动作跳三相事故。就是因为有两个接地点，将开口三角电压加到二次电压的中性点上，使得二次线电压升高所致，至于电压互感器二次回路两（多）点接地，引起继电保护不正确动作的事例就很多了。对于两（多）台电压互感器，所有二次线全引入到控制室，如果两台电压互感器中性点在开关场接地，当在变电站一次系统发生接地短路时，两个接地点之间将因接地零序电流而产生地电位差。

若 1 号电压互感器中性线为长度 O_1N，2 号电压互感器中性线长度为 O_2N，O_1、O_2 分别在开关场接地，N 点在控制室内为公共点不接地。那么当发生接地短路在两接地点间形成的电位差将作用在 O_1NO_2 上，且这个电位差的接地零序电流部分将流过 O_1NO_2，且 O_1N 与 O_2N 电压方向完全相反，电压值不一定相等。在控制室内，1 号电压互感器在中性线 O_1N 多了一个电压 $\dot{U}_{O_1N}$，2 号电压互感器在中性线 O_2N 多了一个电压 U_{O_2N}，且 $\dot{U}_{O_1N}$ 与 $\dot{U}_{O_2N}$ 方向完全相反，中性线上由一次接地通过地网的零序电流，在 O_1NO_2 产生的电位差，很可能使得该变电站区内故障上的保护拒动，区外故障上的保护误动。

（3）每台电压互感器的二次绕组中性线及三次绕组的零线都必须引到控制室内，不能两台电压互感器二次回路只引一根中性线引入到控制室内，在开关场也不允许有两个接地点，因为这种接线在×××电厂主变压器就发生过零序电压保护无故障跳闸事故。

电压互感器二次绕组四根线及三次绕组开口三角两根（及 U_a 试验线）必须同时引入到控制室，在控制室将中性线和零线同时接在一根小母线上接地，不允许从电压互感器端子箱的中性线与开口三角中性线在开关场连接在一起。

（4）单台电压互感器二次绕组和三次绕组必须相互独立决不允许二次绕组的中性线和三次绕组的零线从开关场共用一根线引入到控制室来接地。

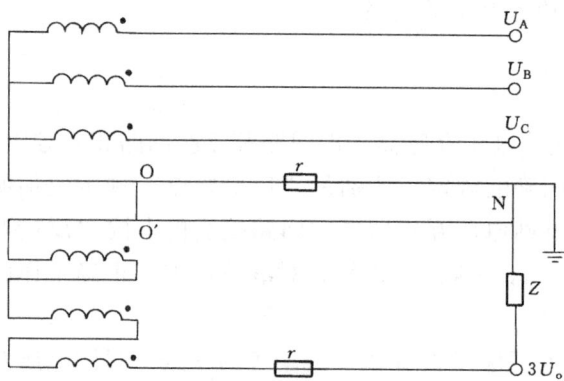

图 2-61　电压互感器二次回路和三次回路的错误接线

电压互感器二次绕组和三次绕组共用中线的接线见图 2-61。由于中性线 O′N 没有接线，对于自产 $3U_0$ 是在控制室内从电压互感器二次电压（$\dot{U}_A + \dot{U}_B + \dot{U}_C$）取得，其变比为 $\dot{U}_\phi / \dfrac{100}{\sqrt{3}}$，而开口三角电压变比为 $\dfrac{\dot{U}_\phi}{100}$，变比相差 $\sqrt{3}$ 倍。当发生接地短路时，电压互感器的开口三角电压在中性线电阻 r 上的压降 $U_{ON} = -\dfrac{r}{2r+Z}(3U_0)$，折合到电压互感器二次侧为 $-\dfrac{r}{2r+Z}3\sqrt{3}U_0$，则通入零序方向保护三倍零序电压将是 $\left(1 - \dfrac{3\sqrt{3}r}{r+Z}\right)3U_0$。

当 $Z < (3\sqrt{3} - 1)r$ 或在开口三角回路 $3U_0$ 端子短路，$Z = 0$ 时，都会使 $\left(1 - \dfrac{3\sqrt{3}r}{r+Z}\right) < 0$。那么通入零序方向保护的测量电压将与 $3U_0$ 反向，于是正向的零序方向保护将会拒动，而反向的零序方向保护则会误动。这就是电压互感器二次绕组与三次绕组共用中线带来的不良后果。也是"反措要点"规定电压互感器二次绕组和三次绕组相互独立，不能共用中性线的理论根据。

36　连接片安装不当造成跳闸事故

一、事故简述

1984 年 4 月 30 日，某变电站为了检查一条 220kV 线距离保护误动作事故，将运行中的该线距离保护停下来检查，当断开接地距离一段及零序电流一段跳闸连接片时，该线三相跳闸。

二、事故分析

如图 2-62 所示，由于跳闸连接片间的安装距离小于（或等于）连接片长度，且连接片的固定端直接接在正电源上，当断 3LP 连接片时，正电源碰上 9LP，给出跳闸脉冲。这是设计安装上的失误所致。

三、采取措施

（1）跳闸连接片不能接在正电源与跳闸出口中间继电器之间，只能按正电源→出口

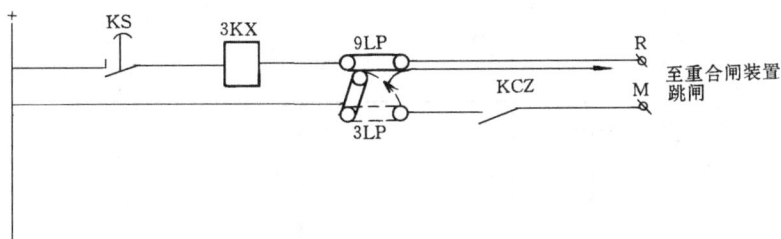

图 2-62　整流型距离、零序电流保护跳闸出口图

KCZ0—接地距一段及零序电一段出口中间继电器；KS—时间继电器；3KX—信号继电器

中间继电器触点→连接片→跳闸线圈，这一顺序来接线。

（2）连接片的开口端在上方，上方应接至跳闸线圈或转接中间继电器线圈回路。

（3）两连接片间的距离必须大于连接片的长度，保证在操作过程中不会碰到相邻的连接片上。

37　电厂主机、主变压器烧毁事故

一、事故概述

1996 年 7 月 28 日，某水电厂先发生直流接地，派人前去处理，仅隔几分钟的时间，中控室光字牌显示"全厂所有发电机、变压器、厂用电保护及操作的直流电源全部消失"。原因尚未查清，直流接地点并未找到，控制屏上电流表计强劲冲顶，值长下令由另一组（Ⅱ组）蓄电池向全厂机、变、厂用电的保护和操作供直流电源，由于Ⅱ组蓄电池向机、变馈电的直流支路其熔断器根本就没有，因而机、变的保护及操作直流电源仍不能立即恢复。随即 5 号发电机（75MW）出现短路弧光并冒烟，5 号发电机、变压器的保护及操作回路因无直流电源，发电机及变压器断路器均不能跳闸，短路继续蔓延，由于持续大电流作用，殃及 4 号主变压器低压线圈热击穿，进而发展为高低压线圈绝缘击穿短路，主接线图见图 2-63。

因为该厂短路故障继续存在，与系统并网的二条 220kV 线路的对侧有两条线路的零序电流二段 C 相跳闸，一条为零序电流二段三相跳闸（该线路重合闸停用），此时系统是非全相线路带着该厂短路点在运行。

Ⅰ、Ⅱ回线两侧均由高频闭锁保护动作跳三相（保护另作分析），该厂与系统解列，有功甩空，加上 5 号机短路故障仍然存在，实际短路故障已扩大到 4 号变压器上，健全发电机端电压急剧下降，调速器自动关水门或自动灭磁，因都无直流电源，紧急停机命令都拒绝执行。危急之中，就地手动切开 5 号发电机出口断路器，才将短路故障切除。结果全厂停电，造成 5 号发电机、4 号变压器严重烧毁重大事故。

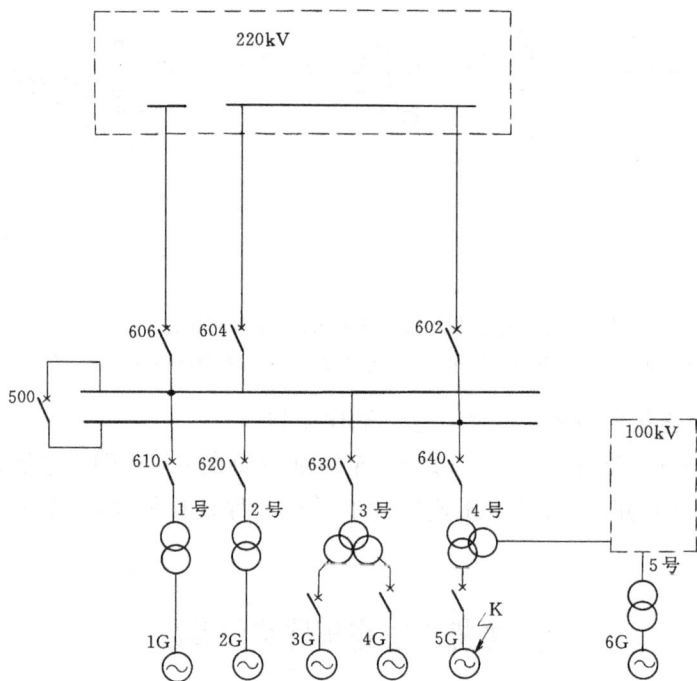

图 2-63　主接线图

二、事故分析

5号发电机短路故障,因其保护及操作的直流电源消失、保护不能动作,断路器不能跳闸导致事故扩大。

(1)直流一点接地在先,才派人去查找直流接地,接着发生全厂发电机、变压器的保护及操作回路直流电源消失,由事故演变的过程,从技术上分析,只有直流两点接地或造成直流短路才会引起中控室光字牌(Ⅰ组蓄电池,专用熔断器)显示直流电源消失(注:人为拉熔断器,不属于技术上的原因)。

(2)直流系统接线明显不合理、全厂主机、主变压器的保护及操作回路均由同一直流母线馈电。一是违反了《继电保护及安全自动装置的反事故措施要点》中规定的直流熔断器的配置原则。二是电力部在1994年以191号文颁布"反措要点"之后,国、网、省三级调度部门大力宣传贯彻"反措要点"之中,可该水电厂就是在这样的形势下将机变保护更新为微机保护时,仍沿用原熔断器配置方案。说明该厂对部颁"反措要点"的意义认识不足,没有认识到"反措要点"是汇集了多年来设计与运行部门在保障继电保护装置安全运行方面的基本经验,没有认识到"反措要点"是事故教训的总结。正因为如此,该厂这次事故是重蹈覆辙的惨重教训。

三、采取措施

(1)原有直流系统接线方式及熔断器的配置方法,使全厂发电机、变压器的保护和操作直流电源同时消失，扩大了事故，证明原直流系统接线是有致命的缺点，必须按"反措要点"修改。

首先是直流母线的接线方式，从运行经验来看，直流母线采用单母线分段方式，直流负荷采用辐射状馈电方式较为合适。其特点是：①接线简单、清晰。②各段之间彼此独立，互不影响，可靠性高。③查找直流接地方便。④分段母线间设有隔离开关，正常断开，当一组蓄电池退出运行时，合上隔离开关，由另一蓄电池供两段母线负荷，运行方便。

其次是熔断器的配置方式，千万不能将一个元件（指发电机、变压器、母线、线路）的保护装置及操作的直流电源从同一段直流母线段馈电方式，更不允许同一元件的保护装置与操作的直流电源共用同一对熔断器。对有双重化要求的保护，断路器操作的直流电源也要从不同的母线，不同的熔断器供给直流电源。

（2）查找直流接地的注意事项：查找直流接地故障，做到快捷、安全、准确是一件非常不容易的事。更重要的是保障安全，不能因为查找直流接地，使运行中的保护直流电源消失，也不能在查找直流接地时投合直流造成运行中的保护装置由于存在寄生回路而误动作跳闸。因此查找直流接地的注意事项必须严格遵守：

1）禁止使用灯泡来查找直流接地。

2）用仪表检查时，所用仪表内阻不应低于 $2000\Omega/V$。

3）当直流接地时，禁止在二次回路上工作。

4）处理时不得造成直流短路或另一点接地。

5）必须两人同时进行工作。

6）拉路前必须采取预先拟好的安全措施，防止投、合直流熔断器时引起保护装置误动作。

四、经验教训

（1）电力部颁发的《电力系统继电保护及安全自动装置反事故措施要点》是汇集了全国各地电力系统多年来在运行中的事故教训，是运行经验的总结。对我国电力系统继电保护装置安全可靠运行有指导意义，各级继电保护人员必须要掌握它。掌握它，电力系统保障安全稳定运行能够发挥有益的作用，掌握它使电力生产能创造出可观的经济效益，掌握它，能提高继电保护人员的技术水平。反之，惨重事故还会重演。这次事故再次告诫我们，"反措要点"不仅要深刻理解，而且必须要执行。

（2）查找直流接地的问题。变电站的直流系统和交流系统、一次设备一样也有接地和短路故障发生，它同样受天气变化的影响，它同样受一次系统接地故障产生的过电压的破坏。它受直接雷击遭遇的绝缘击穿，它还有绝缘自然老化绝缘降低的问题。总之，变电站的直流系统也是经常有接地和短路故障发生，尤其是那些投运年头长的变电站，在遇到雷雨和长期阴雨季节，其故障的频率还会更高。

长期以来，寻找直流一点接地问题，要做到安全、准确、快捷并非易事，这个问题一直困扰着运行值班人员，甚至一些有经验的继电保护人员也视为畏途。

俗话说："工欲善其事，必先利其器"。要想把查找直流接地故障快捷、准确的找出来，最好配备有精良的检测仪器或装置。遗憾的是，我们目前还没有比较满意的一种快捷、准确检测直流一点接地故障的仪器装置。希望能有一种比较满意的检测直流一点接地故障的仪表装置问世。

在检测直流一点接地故障的仪表装置问世之前，我们只有老老实实沿用原始的查找直流一点接地方法，运用积累的经验，因地制宜制定一个本变电站查找直流一点接地的安全措施。

38 辅助接点切断跳闸电流时引起干扰误跳三相

一、事故简述

某电网两座发电厂之间的一条 500kV 联络线 L1 线路两侧，分别配有一套微机型高频允许式相间和接地距离保护装置和集成电路高频允许式相间和接地距离保护装置。并按线路装设一套集成电路重合闸装置，用单相重合闸方式。主接线如图 2-64 所示。

1999 年 8 月 4 日 18 时 59 分，发电厂 1 侧 L1 线路出口 A 相避雷器爆炸，造成 A 相永久故障，二套主保护均正确起动，故障录波器显示 70msA 相断路器跳闸，再经 45msB、C 二相断路器跳闸，没有重合，三跳信号是微机型保护装置发出的。

发电厂 2 侧 L1 线路二套主保护装置及重合闸装置动作正确，故障后 70ms A 相断路器跳闸，该线路采用顺序重合闸，即发电厂 1 侧重合成功后发电厂 2 侧再重合，可减少发电厂 2 大机组的故障冲击，由于发电厂 1 侧 L1 线路已三相跳闸，发电厂 2 侧 L1 线路故障相没有电压，线路三相没有电流的条件成立，立即三相跳闸，动作正确。

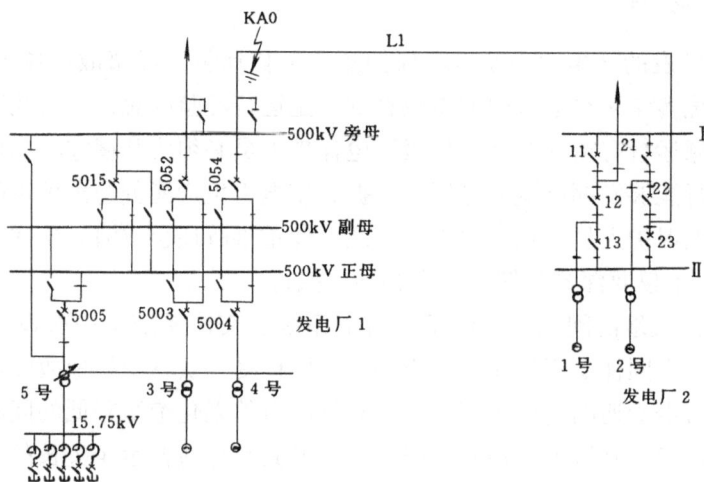

图 2-64　一次主接线图

二、原因分析

发电厂 1 侧 L1 线微机保护装置打印出的故障报告（见附表）：A 相故障电流持续时间 85ms，实际故障录波器波形图显示 A 相故障电流持续时间为 70ms 切除故障，这 15ms 的差值是微机保护装置的内部时延。

故障后 25ms 距离保护 I 段动作，95ms 后返回。

故障后 75ms 出现 10ms 的开放三相跳闸脉冲，此时距离保护 I 段尚未返回，随即发出三相跳闸脉冲，115ms 非故障相 B、C 两相断路的跳闸。见故障报告及图 2-65 的故障过程图和图 2-66 的故障录波图。

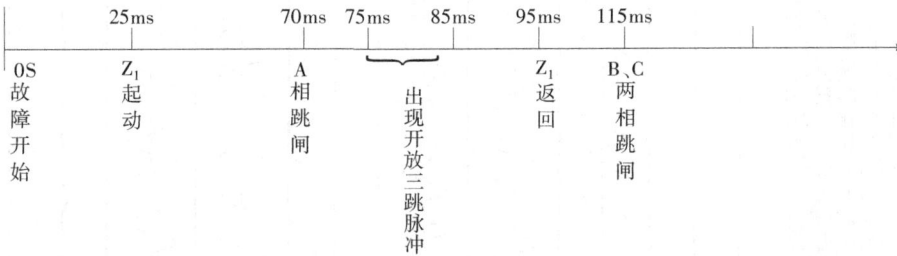

图 2-65　故障过程图

事故后分别作静态模拟 A、B、C 瞬时单相故障连动断路器试验，误跳三相的概率很高，随后用记忆示波器在微机保护装置内开放三跳的接口光耦 7 上测量干扰电压，发现在模拟故障相单相跳闸时，单相断路器辅助触点切断跳闸线圈电流的瞬间，光耦 7 上有干扰脉冲电压，如图 2-67 所示。

直流电源电压 220V，干扰脉冲幅值超过 110V 时间有 5～10ms 时间，光耦动作电压为 50%U_H，内部延时 6.25ms，无法躲过干扰脉冲而三相跳闸。

断路器辅助触点切断跳闸线圈直流电流的瞬间，跳闸线圈中的储存能量需释放，通过杂散电容（导线间的耦合电容 C、抗干扰电容 C）形成高频谐振回路，将 C 充电到高电压，其理论性 $U = \dfrac{E}{R}\sqrt{\dfrac{L}{C}}\, e^{-\frac{R}{C}t} \sin\dfrac{t}{\sqrt{LC}}$，电容 C 上电压和电源电压，使初始拉开的辅助触点闪络（冒火），直到触点距离拉大而终止。每次触点冒火，都会在回路中产生暂态干扰，通过电磁耦合对同一电源系统相近的其他回路产生严重的电磁干扰。光耦 7 的对外接线同微机保护屏到断路器的 A、B、C 相跳闸控制电缆间线长约 400m，在保护屏内的小线是扎在一起的，因而，断路器辅助触点切断跳闸线圈电流瞬间产生高频干扰，通过相近的线间电容 C，耦合到光耦 7 上的干扰电压很高，光耦 7 动作，误开放三相跳闸，如图 2-68 所示。

三、事故对策

应急措施：为了 L1 线尽快送电，当时将备用光耦 6 同光耦 7 并联使用，以此降低输

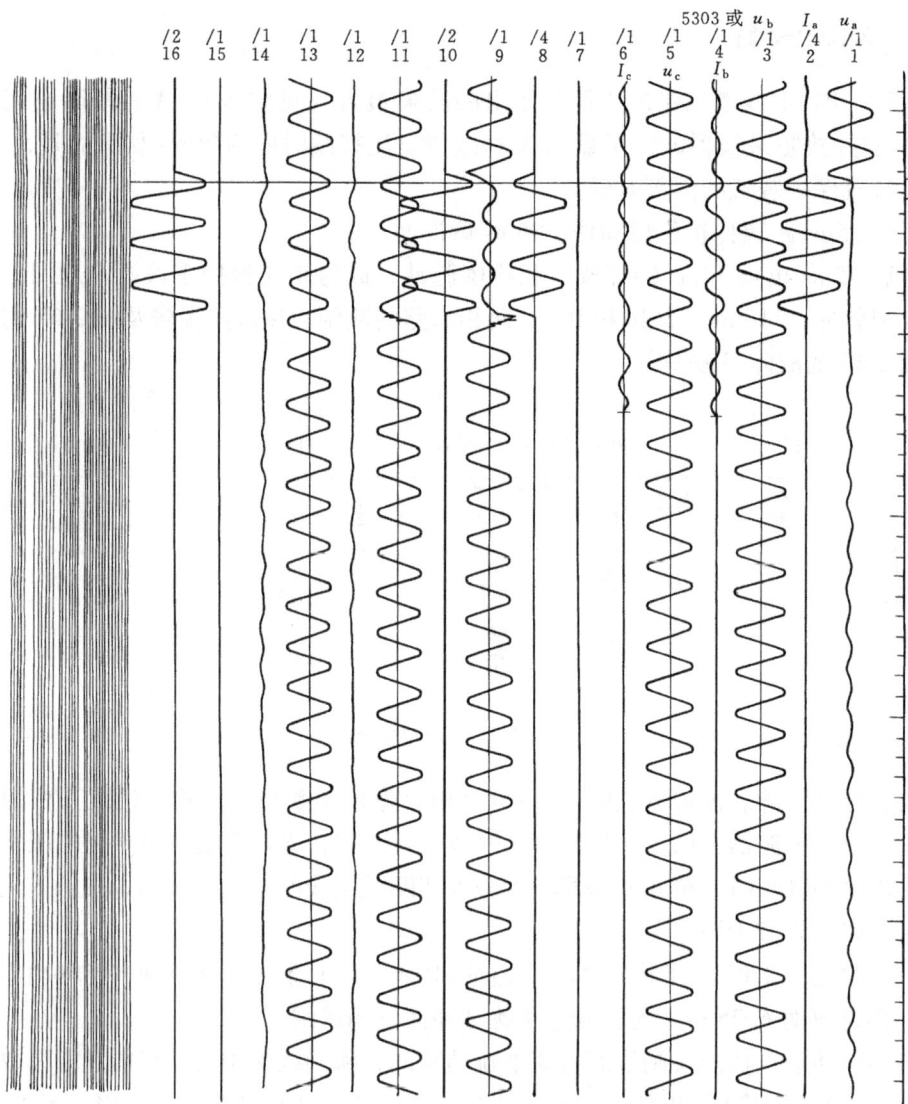

图 2-66 故障录波图

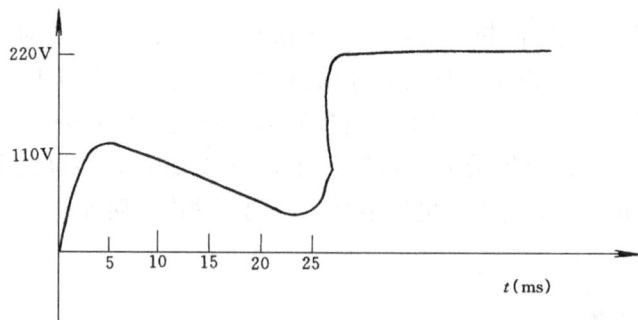

图 2-67 光耦 7 上的干扰电压

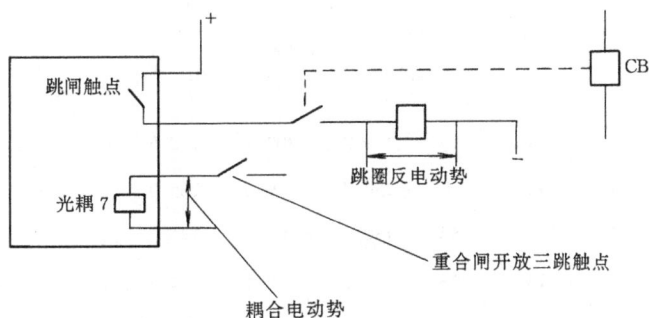

图 2-68 干扰电压源

入阻抗，从而降低耦合干扰电压，同时加大光耦的动作能量，如图 2-69 所示，录波证明干扰电压的幅值和波宽均减小了，多次模拟单相故障试验正常，不发生单相故障误跳三相。

四、事故教训

（1）保护屏内将易产生高频干扰的小线和易受干扰会出现不正常动作行为的小线应分层，分路捆扎，防止线间电容耦合干扰。

（2）研究解决微机保护感受故障电流持续时间，不应延迟于一次系统故障电流持续时间，使继电保护返回时间过长。

（3）开放三相跳闸回路光耦的内部延时可适当延长到 10～15ms 左右，能躲过电磁干扰耦合电压的脉冲宽度，也

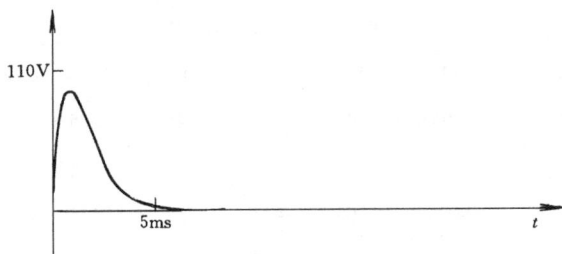

图 2-69 光耦 6 与 7 并联后的干扰电压

可躲过保护返回时间长而误动，延迟 10～15ms 时间开放三跳对继电保护的动作性能没有多大影响，但对提高抗干扰能力大有好处，望生产厂研究。

附表
事 件 记 录 表

	I（A）			U（kV）					
I_R	I_C	I_B	I_C	U_A	U_B	U_C			
1	171	−221	51	−159.6	302.1	−142.1	………	………	…. B3··
4	153	71	228	−256.4	−10.1	265.2			B3··
−5	−173	220	−53	159.5	−302.1	142.2			B3··
−1	−155	−73	226	256.5	10.0	−265.2			B3··
1	171	−221	51	−159.4	302.1	−142.3			B3··
−3	154	71	−228	−256.6	−9.8	265.1			B3··
−6	−173	220	−54	159.2	−302.1	142.4			B3··
0	−155	−71	226	256.6	9.7	−265.2			B3··

	I (A)				U (kV)						
	I_R	I_C	I_B	I_C	U_A	U_B	U_C				
	1	170	−221	53	−159.2	302.1	−142.5	………	………	……	B3··
	−4	154	71	−229	−256.7	−9.6	265.0	………	………	……	B3··
	−8	−173	219	−54	159.0	−302.1	142.6	………	………	……	B3··
	0	−154	−73	226	256.7	9.4	−264.9	………	………	……	B3··
	4	171	220	53	−158.9	302.1	−142.7	………	………	……	B3··
	−231	86	75	−220	−234.9	−7.7	266.1	………	………	……	B3··
故障开始	−1324	−1606	271	11	158.7	−302.7	142.0		M…		B3··
0.5 ~	2134	2171	−163	125	106.1	7.7	−265.2		….H…	……	B3··
	3738	4230	−361	−131	−70.3	301.0	−141.0	…4…	Fp..H…	……	B3··
									发 IP 信号		
	−3948	−4175	264	−36	−0.5	−7.1	263.7	…2…	Fp..H…	I…	B3··
1 ~	−4925	−5531	405	201	−13.9	−297.6	140.0	…2…	Fp..H…	I…	B3··
	3955	4194	−284	45	3.5	4.4	−262.8	…1…	Fp..H…	I3..	B3··
								一段动作		跳 A 相	
	4936	5566	−416	−214	5.6	295.3	−139.5	…1…	Fp..H…	13..	B3··
	−3879	−4103	286	−63	−5.6	−4.6	261.1	…1…	Fp..H…	13..	B3··
1 ~	−4921	−5556	420	215	−3.7	−293.8	138.7	…1…	Fp..H…	13..	B3··
	3854	4078	−294	70	4.9	4.7	−259.9	…1…	Fp..H…	13..	B3··
	4920	5566	−428	−219	4.4	292.6	−138.0	…1…	Fp..H…	13..	B3··
	−3833	−4049	296	−80	−3.5	−4.7	258.9	…1…	Fp..H…	13..	B3··
1 ~	−4880	−5523	428	215	−3.4	−291.6	137.4	…1…	Fp..H…	13..	23..
	3364	3558	−291	98	2.8	6.9	−256.6	…1…	Fp..H…	13..	23..
										跳 A、B、C	
	2920	3388	−351	−116	3.2	290.6	−137.8	…1…	Fp..H…	1B5.	23.7
	−1494	−1516	213	−190	−2.5	−7.5	256.4	…1…	Fp..H…	1B5.	23.7
0.75 ~	−395	−625	253	−23	−4.5	−292.4	138.8	…1…	Fp..M…	1B5.	23..
电流消失	119	−1	−138	258	5.4	7.6	−259.1	…1…	Fp..M…	1B5.	23..

39 辅助触点切断合闸电流时引起干扰误跳三相

一、事故简述

2000 年 7 月 8 日，某 220kV 变电站一条 220kV 线路 C 相发生雷击故障，二套 REL—551 光纤纵差保护、一套接地距离 I 段、零序方向 I 段 100ms 后 C 相断路器跳闸，经 1700ms 后 C 相断路器重合成功（有负荷电流），再经 30ms 后无故障三相跳闸，此时没有保护动作的三相跳闸信号，在 FCX—11C 操作箱内第一组和第二组三相跳闸灯亮，合闸灯亮。

二、事故原因分析

事故后模拟 C 相瞬时故障，做联动断路器试验，C 相跳闸，C 相重合成功后立即三相跳闸，FCX—11C 操作箱内二组三相跳闸灯亮，重合闸灯亮，同 7 月 8 日故障时情况相同。随即在 FCX—11C 操作箱拔去 KST 手动跳闸继电器，再模拟 C 相瞬时故障，C 相跳闸，C 相重合成功，一切动作均正常。测 KST 动作电压为 120V 正常（直流电源 220V）。用录波试验仪对操作屏内小线进行监测，再次模拟 C 相瞬时故障，由录波图上发现通道 11（起动 KST 小线）在合闸脉冲切断瞬间有一个正跃变干扰脉冲，该脉冲幅值为 220V，脉宽为 6ms（见图 2-70 通道 11），KST 是小密封继电器，动作时间 5ms 左右。幅值为 220V，脉宽为 6ms 的干扰脉冲电压足以使 KST 手跳继电器动作误跳三相。干扰源是 C 相断路器重合闸后断路器辅助触点切断合闸电流瞬间产生的，合闸线圈中的储能通过杂散线间电容 C 形成高频谐振回路，对线间电容 C 充电到高电压，使辅助触点冒火，直到触点距离拉大而终止，每次触点冒火都会在回路中产生暂态干扰，通过电磁耦合对同一电源系统相近的其他回路产生严重的电磁干扰。该线的断路器三相不一致保护在断路器操动机构内形成，其跳闸线返回到保护室操作屏 FCX—11C 操作箱内起动 KST，这根控制电缆很长，且同断路器合闸操作回路在同一根控制电缆内，线间电容 C 很大，另外在操作屏和 FCX—11C 操作箱内这些小线也是捆扎在一起，在切断合闸电流的瞬间，产生的暂态干扰电压，通过线间电容 C 耦合来的差模和共模干扰，使 KST 动作，误跳三相。干扰脉冲录波图见图2-70。在模拟试验过程中将操作屏后小线松开逐一检查是否有绝缘损伤，没有发现异常后重新捆扎，此后再做试验，KST 再也不会误动。说明各小线间的位置有变化，干扰源的切入点有改变，KST 感受到的干扰电压的幅值和脉宽变小而不会起动。

三、采取措施

（1）跳闸、合闸用的小密封继电器线圈上不宜接有很长的小线及控制电缆，防止线间暂态电磁干扰而误起动。

（2）手跳继电器不宜用小功率快速动作的继电器，对其动作时间没有快速性要求，动作时间稍长的电磁型继电器，动作能量大，其抗干扰能力可提高很多。

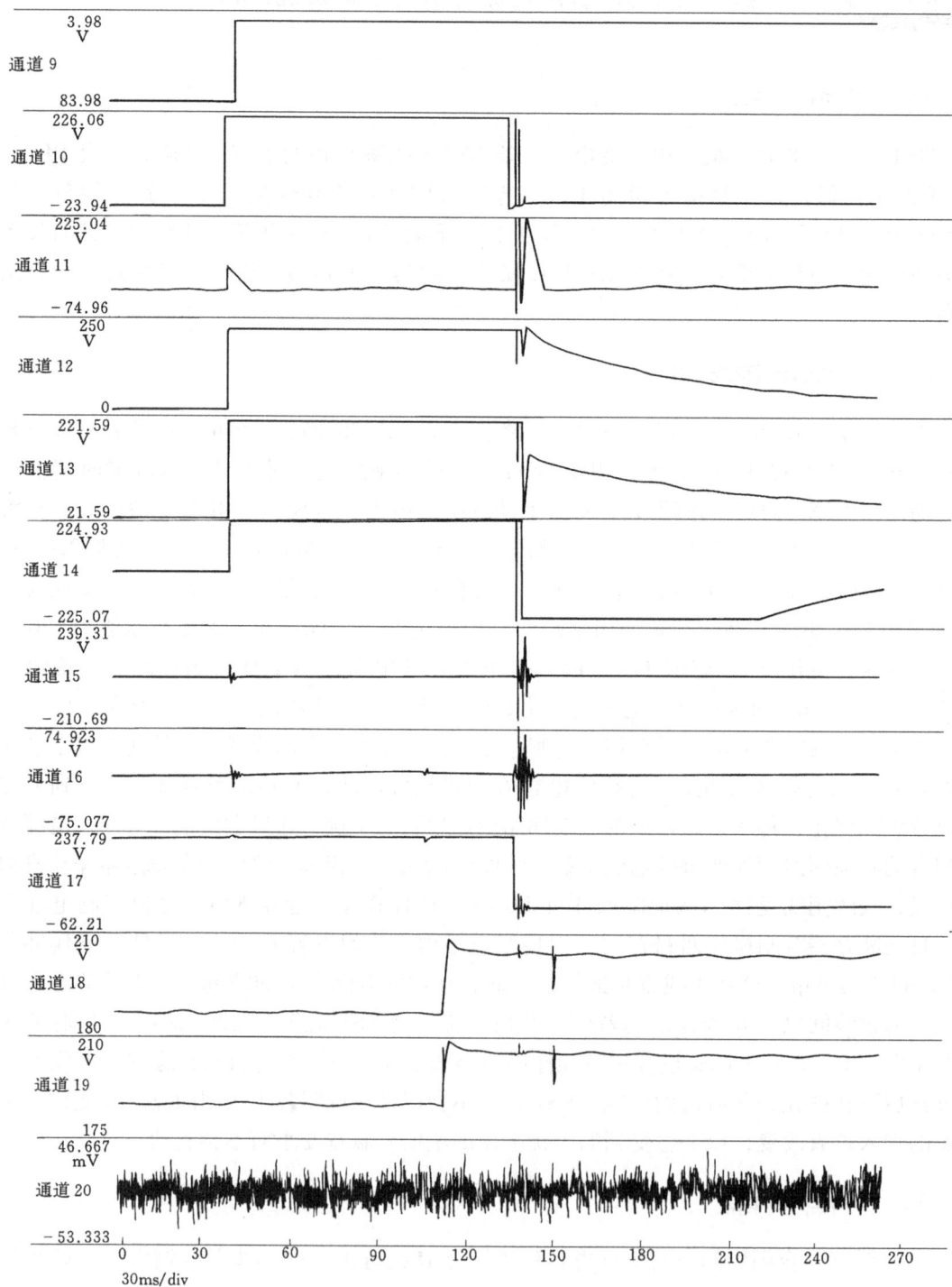

图 2-70 干扰脉冲录波图

（3）直接到断路器跳闸、合闸的小线应同继电器保护跳闸及开放三相跳闸的小线尽量远离布置。

49 直流熔丝熔断，造成四段母线失压引起保护失效

一、TV 失压过程简述

某 500kV 变电站的 220kV 母线为双母线双分段接线方式，线路和主变压器保护装置使用的 TV 电压经母线隔离开关联动切换而来，变电站四段母线 TV 电压切换中间继电器的直流电源全部由一组熔丝供电，主接线图如图 2-71 所示。

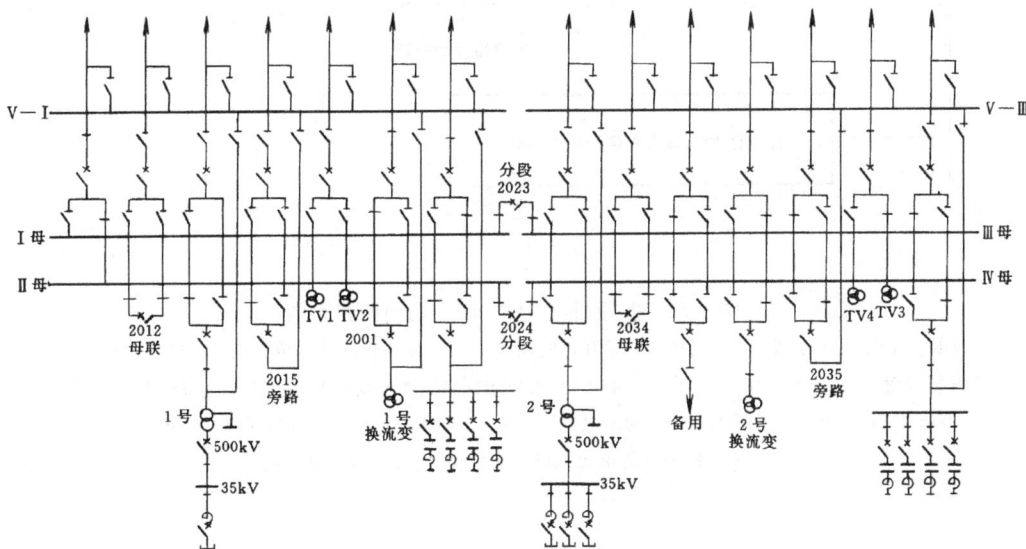

图 2-71　变电站 220kV 主接线图

1999 年 5 月 29 日，变电站一条 220kV 线路保护装置更新改造，在拆除盘顶小母线工作时，误碰使 TV 电压切换直流小母线短路，造成 220kV 四段母线 TV 电压切换中间继电器的直流熔丝正极熔断，四段母线电压切换中间继电器全部失电返回，致使 220kV 四段母线上的各条线路距离保护、方向保护、零序方向保护、主变压器后备距离保护、母差保护低电压闭锁功能全部退出工作，见图 2-72。

值班人员历经 3～4h 才将四段母线 TV 电压切换中间继电器恢复正常，在此期间，选用方向高频保护、高频闭锁距离零序保护的线路处于无保护状态。第二天又发生相同原因的四段母线 TV 电压切换中间继电器失电，处理时间稍缩短。

二、吸取教训

（1）多少年不变的母线 TV 电压切换回路的设计方案有待改进，四段母线至少分两组直流熔丝，这样可缩小 TV 失压的范围。是否可改为直流熔丝断或隔离开关辅助触点接触

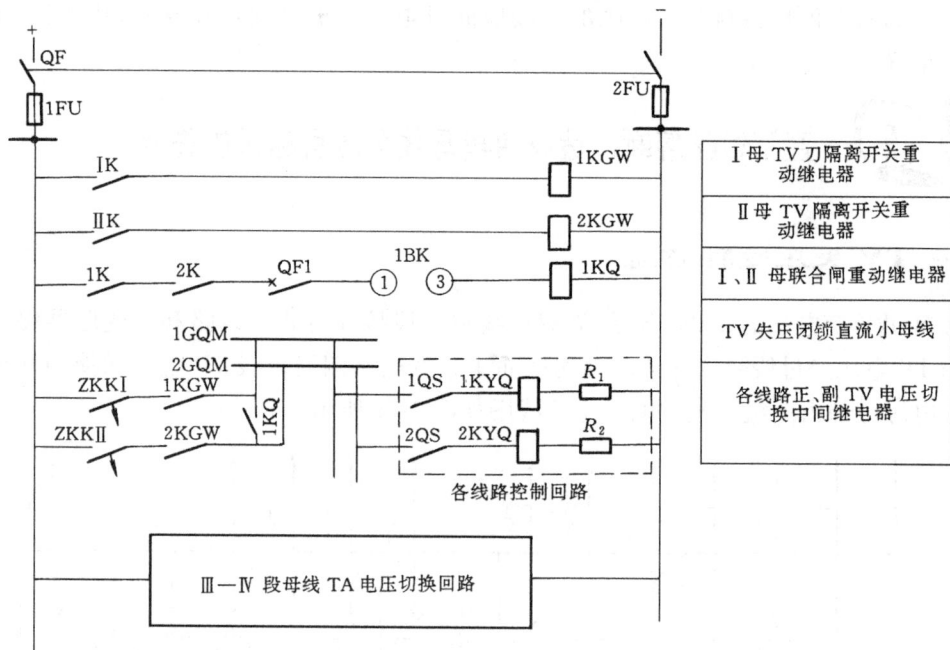

图 2-72　四段母线 TV 电压、切换回路简图

ⅠK、ⅡK—Ⅰ母、Ⅱ母 TV 隔离开关常开辅助触点；1K、2K—母联及各单元正、副母隔离开关常开辅助触点；1KGQ、2KGQ—Ⅰ母、Ⅱ母 TV 失压闭锁直流小母线正电源；1KGW、2KGW—Ⅰ母、Ⅱ母 TV 隔离开关常开辅助触点重动继电器；ZKKⅠ、ZKKⅡ—Ⅰ母、Ⅱ母 TV 二次快速小开关；1KYQ、2KYQ—各单元Ⅰ母、Ⅱ母 TV 电压切换中间继电器

不良时，发出报警信号，但母线电压切换中间继电器 1KYQ、2KYQ 不返回。

（2）变电站内 TV 失压是频发性异常，建议线路保护选型至少有一套快速保护不依赖于 TV 电压。

（3）值班人员处理 TV 失压的时间稍长，在此时间内 220kV 线路保护全部失去保护功能，如遇雷雨天气这是非常危险的。

41　220kV 失压误跳500kV 主变压器

一、事故简述

（1）1987 年 12 月 5 日，500kV 某变电站 220kV Ⅰ母线停电操作，将Ⅰ、Ⅱ母线 TV 二次切换回路并列时，电压切换继电器的直流熔丝熔断，全站 220kV 母线 TV 电压切换中间继电器全部失电返回，1 号主变压器 220kV 阻抗保护 TV 失压闭锁不完善，造成后备阻抗保护误动跳 1 号主变压器三侧断路器。

（2）1988 年 1 月 24 日，500kV 江都变电站进行直流系统切换操作过程中，造成 220、35kV 系统部分保护用直流电源屏失电，220kV 母线 TV 二次电压切换中间继电器 1KYQ、2KYQ 用的直流电源来自该直流电源屏。由于直流电源消失造成 220kV 母线 TV 二次电压，切换中间全部返回，TV 二次电压全部失去，由于 1 号主变压器 220kV 后备阻抗保护 TV 失压闭锁不完善，而无故障误动作跳开 220kV 母联断路器和 1 号主变压器三侧断路器。

（3）1999 年 6 月 16 日，某 500kV 变电站的 220kV 母线 TV 二次侧总快速小开关 ZKK 跳闸，由于设计图纸没有将 ZKK 参与 TV 失压闭锁，220kV 母线 TV 二次电压，全部消失，3 号主变压器 220kV 侧后备阻抗保护 TV 失压闭锁不完善，而无故障误动作跳开 3 号主变压器各侧断路器。

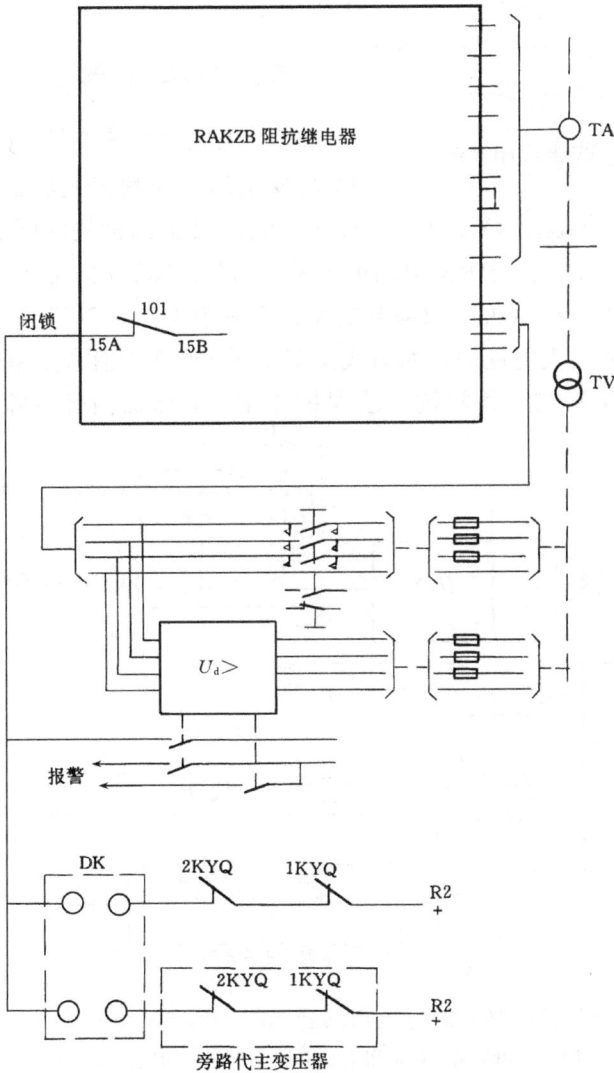

图 2-73　低阻抗保护原理图

二、原因分析

500kV 主变压器保护装置是 ABB 公司产品，阻抗保护考虑了 TV 失压闭锁功能，失压闭锁继电器 $U_d>$ 要求接入二组来自不同回路的 TV 二次三相电压，当阻抗保护用的三相电压不完整时，$U_d>$ 继电器动作，立即闭锁阻抗保护及失压报警，若另一组三相电压不完整，$U_d>$ 继电器动作立即报警，不闭锁阻抗保护，如图 2-68。不考虑二组 TV 电压同时消失。

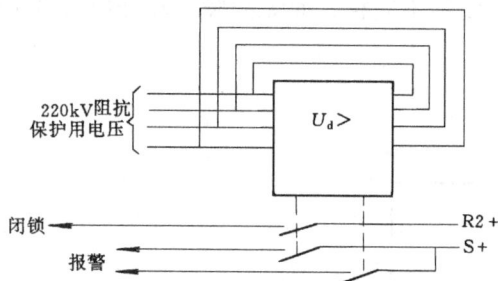

图 2-74 设计院的 TV 断线闭锁图

设计院没有按照制造厂提供的图纸设计，见图 2-74 所示，而是把阻抗保护用的 TV 二次三相电压分别接到 $U_d>$ 继电器两侧，如图 2-74 所示，这种接线方式对任何形式的 TV 失压均无闭锁功能。

三、改进对策

（1）失压闭锁继电器 $U_d>$ 接入二路不同的 TV 二次电压，一侧接入后备阻抗保护用的 TV 三相电压，另一侧接入仪表用 TV 三相电压，这两路电压同时消失的可能性很小。

（2）两组母线 TV 二次电压切换中间继电器 1KYQ、2KYQ 的常闭触点串联，接入阻抗继电器闭锁回路，补充 $U_d>$ 失压闭锁继电器的不完善，如图 2-75 所示，防止直流电源消失，1KYQ、2KYQ 同时失电返回，而造成主变压器 220kV 侧阻抗保护误动作跳闸。

（3）将变压器 220kV 侧后备阻抗 I 段保护停用，变压器内部故障主要靠瓦斯保护、

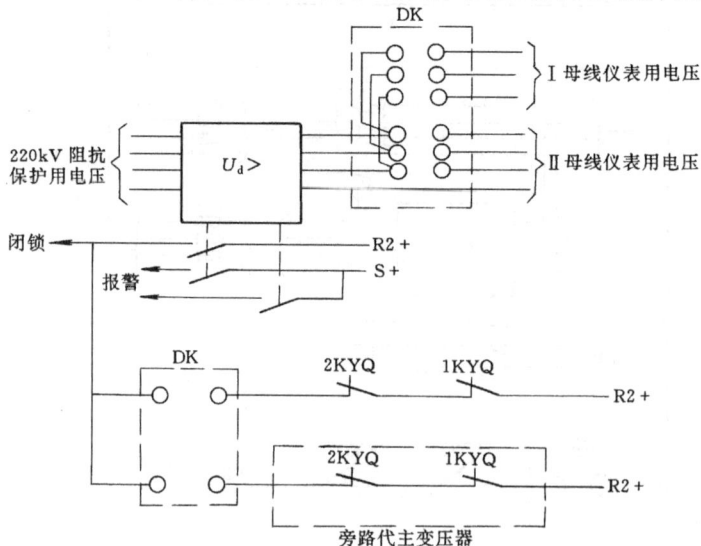

图 2-75 改进后的失压闭锁回路，旁路代主变压器

DK—220kV 阻抗保护用主变压器/旁路电压切换开关；

DK′—仪表用 I/II 母线电压切换开关

二套差动保护快速跳闸,防止 TV 失压时,失压闭锁继电器和阻抗 I 段保护触点竞赛而误动作跳闸。

四、 事故教训

(1) 500kV 主变压器 220kV 侧阻抗保护,因母线 TV 电压切换中间继电器直流电源消失而误动作跳闸已发生多次,均是因设计院出的设计图纸不完善所致,1988 年初调度部门查明误动作原因后,发出了更改通知,同时也通知有关设计院,但是不同设计院、不同人员、不同时期的设计图纸仍出现同样的差错,且不加思索地照抄原设计,因而 10 多年来 500kV 主变压器仍不断发生 TV 失压误动作跳闸事故,若设计院能消除"抄图"现象,也就是消除了继电保护不正确动作的一大隐患。

(2) 及时总结编写继电保护运行中不正确动作原因、对策、教训等的事故通报,这是生动的教科书,坚持安全活动日学习"事故通报",接受教训,对照本单位举一反三,查出事故隐患,减少同样原因的不正确动作,这是提高继电保护运行水平的有效措施之一,希望运行管理部门能坚持这一传统。现在继电保护人员的文化水平普遍很高,通过学习"事故通报"可不断提高实践水平。

12 双母线两组 TV 二次中性点在开关场两点接地,引起保护拒动

一、 事故简述

220kV 变电站 L31 线旁路断路器代 L31 线运行在 220kV 副母线,相差高频保护退出运行,高频闭锁保护投入工作,事故前主接线见图 2-76。

L31 线路二侧继电保护配置:

(1) 相差高频保护停用——变电站侧旁路断路器代本线断路器;

(2) 高频闭锁保护投入——变电站侧 L31 线高频收发信机切到旁路断路器;

(3) 三段式相间距离保护投入;

(4) 四段式零序方向保护投入;

(5) 单相重合闸方式投入。

1985 年 6 月 24 日 18 时 24 分,220kV L31 线路 119 号杆处 C 相遭雷击,引起 C 相接地故障,L31 线路两侧继电保护动作情况如下:故障点靠近发电厂侧,方向零序 I 段保护动作,0.12s C 相断路器跳闸,高频闭锁保护没有动作出口,原因是对侧没有停信,经 0.94s,C 相断路器重合闸不成功(对侧尚未跳闸,故障存在),再经 0.12s 后加速三相跳闸,继电保护动作正确。

变电站侧:由三台光线式故障录波器的录波图显示,变电站 220kV 两组母线 TV 二次电压幅值相差很大(当时双母线并联运行母联断路器在合闸状态),副母线 TV 二次电压畸变很严重,故障相 C 相电压升高,非故障相 B 相电压降低,$3U_0$ 电压的相位偏移到另序功率方向继电器的动作区外,旁路断路器零功率方向拒动,造成高频闭锁零序方向电流保

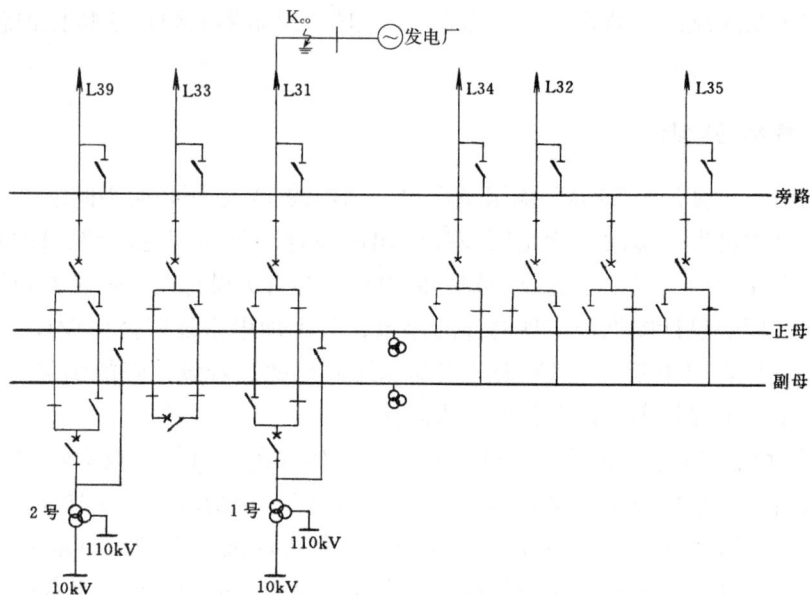

图 2-76 变电站 220kV 一次主接线图

护拒动，而不能停信，零序方向电流后备段全部拒动。

故障后 4.12s，运行于正母线 2 号主变压器 220kV 侧后备零序方向电流保护动作，跳开 220kV 母联断路器，220kV 正母线系统立即恢复正常。

1 号主变压器运行于副母线，由于副母线 TV 二次电压在故障后畸变严重，1 号主变压器 220kV 侧后备零序方向电流保护拒动。1 号主变压器 220kV 侧不带方向的后备零序电流保护起动，故障后 5.1s，1 号主变压器三侧断路器跳闸，当两台主变压器中性接地点先后同故障系统隔离后，变电站地网中流过的故障电流大大减小，此时副母 TV 二次电压恢复正常的 C 相故障状态，旁路断路器高频闭锁零序电流方向保护动作，跳 C 相断路器，故障点熄弧，C 相重合成功，故障点绝缘子已烧断，好几只绝缘子产生烧伤，瓷体变脆。

二、原因分析

这次事故中变电站侧继电保护动作不正常的原因是多方面的，由于缺少现代化记录手段，难以正确的定量分析，只能简略地初步分析。

该变电站是 1960 年建设的 220kV 大型枢纽变电站，两组大容量自耦变压器，每组容量 3×70MVA，中性点直接接地运行，6 条 220kV 线路，变电站单相短路容量很大。两组母线 TV 二次接地点分别在开关场 TV 端子箱内，如图 2-72 所示。

由图可知 TV 二次电压的实际接线是：

正母线 TV 二次电压 A630、B630、C630、L630、N600 自正母 TV 户外端子箱经约长 150m 的电缆到控制室电压切换屏。

副母线 TV 二次电压的实际接线是：

副母线 TV 二次电压 A640、B640、C640、L640、N600 自母线 TV 户外端子箱经约 200m 的电缆到控制室电压切换屏；

158

正母电压 A630、B630、C630、L630、N600，副母电压 A640、B640、C640、L640，由电压切换屏送到 220kV 旁路保护屏及 220kV 各单元保护屏屏顶小母线，供各单元继电保护和自动装置电压回路使用，但正母 TV 和副母 TV 的 N600 没有在电压切换屏内相连通如图 2-77 所示，只在户外端箱的接地点通过开关场地电网相连通，送到各保护屏屏顶小母线的 N600 是正母 TV 的。当运行在副母线的 L31 线发生 C 相接地故障时，短路电流从故障点通过大地绝大部分流入变电站地网进入主变压器中性点，由于地网是铁质的，且锈蚀、断裂严重，有较大的地电阻值 Z_G，如图 2-78 所示。

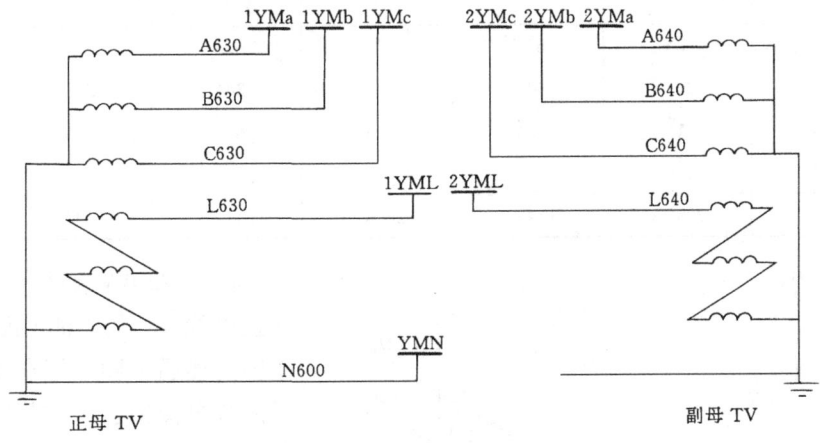

图 2-77 220kV 正、副母 TV 二次接线示意图

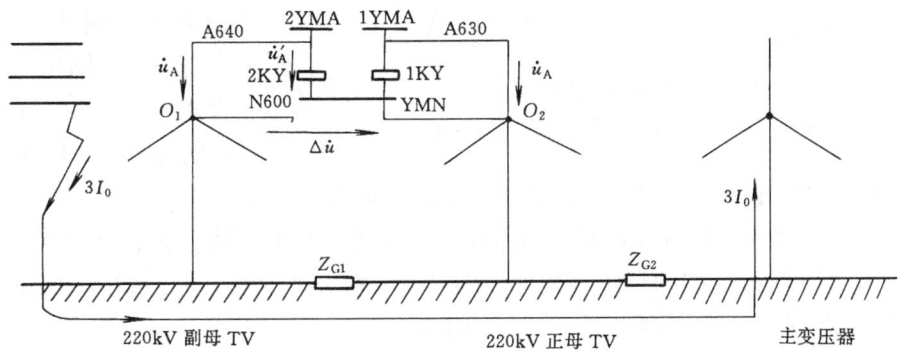

图 2-78

根据国际大电网会议工作组报告中提到"对于格网式接地系统，当回路完全置于变电站地网范围内时，最大的期望横向电压（由导线及地网引入回路的电压）为每 1kA 故障电流为 10V"。根据东北电网在 1983 年新建投运的 500kV 变电站进行模拟试验，每 1kA 接地电流为 7V。本变电站是 1960 年投入运行，经过近 30 年的运行，铁质地网锈蚀断裂严重，使故障电流在地网中的分布不均匀，地网中各点的电位差值大小不均，故障时录到的副母线电压严重畸变，每 1kA 接地电流的电压比上述更严重。现将 L31 线 C 相接地故障时，杭变侧 220kV 正、副母线电压值及旁路断路器故障电流 $3I_0$ 的变化列于表 2-2，表中数据是根据光纤录波器图量出毫米值，再换算到电压、电流值，有一定误差。

表 2-2 正副母线电压值及 $3I_0$ 的变化情况表

		故障后 40ms	2231线 C相跳闸 120ms	2231线 三相跳闸 1180ms	220kV 母联 跳闸 4120ms	1号主变压器 三侧跳闸 5100ms	杭2231线 C相跳闸 5280ms
正母线	U_A	62V					
	U_B	54V					
	U_C	45V					
	$3U_0$						
副母线	U_A	68V	62V	62V	62V	57V	55V
	U_B	29V	34V	34V	34V	51V	55V
	U_C	71V	68V	68V	68V	45V	54V
	$3U_0$						
旁路 $3I_0$		2288A	1844A	2400A	2112A	1534A	0

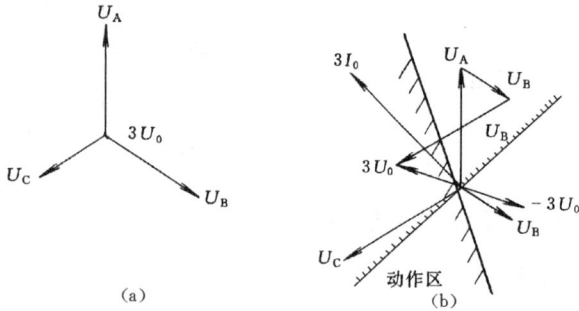

图 2-79 母线 TV 相量图

(a) 正母 TV 母压；(b) 副母 TV 电压零功率方向拒动

由于 220kV 副母线 TV 的 N600 同正母线 TV 的 N600 没有在电压切换屏内连通，即运行在副母线上各单元的继电保护、自动装置、故障录波器等所接入的副母线 TV 相电压均是对正母 TV 的 N600 之间的相电压，如图 2-78 所示，副母线 TV 的零相在户外开关场接地同室内的 N600 没有连通，保护室内 N600 同户外开关场正母 TV 的零相 02 是连通的，所以接入正母线 TV 相电压基本上没有畸变。相量图见图2-79（a）。

故障时地网中流过零序故障电流 $3I_0$，在地网中产生压降，正、副母线 TV 二次中性点 O_1、O_2 之间有电位差值 ΔU，叠加在副母线 TV 二次相电压上，ΔU 的相位基本同流过地网的 $3I_0$ 同相位。此时副母线 TV 二次相电压为

$$\dot{U}'_A = \dot{U}_A + \Delta \dot{U}$$

$$\dot{U}'_B = \dot{U}_B + \Delta \dot{U}$$

$$\dot{U}_C = \dot{U}_C + \Delta \dot{U}$$

ΔU 是造成副母线 TV 三相电压发生畸变的根本原因。L31 线零序功率方向继电器的动作行为如下。

L31 线故障时运行于副母线，由于副母线 TV 三相电压严重畸变，1 号主变压器跳闸前零序功率方向进入不动作区，见图2-79（b）。

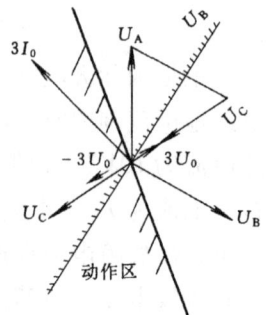

图 2-80 1 号主变跳闸后相量图

当 1 号主变压器跳闸后，地网中故障电流减少很多，副母线 TV 二次电压基本不畸变，L31 线零序功率方向继电器进入动作区，相量图见图 2-80。高频闭锁零序正确动作，切除故障（对侧断路器已跳闸，高频闭锁在停信状态）。

二、二侧高频闭锁保护动作行为的分析

发电厂 1 侧故障录波图（见图 2-81）完整地显示了二侧高频闭锁发信和停信的全过程，故障开始二侧立即发信，故障后 50ms 发电厂 1 侧高频闭锁零序停信，变电站侧高频闭锁由于零序方向拒动而没有停信，故二侧高频闭锁保护拒动。由于故障点近发电厂侧，零序方向 I 段动作，故障后 0.12s 发电厂 1 侧 L31 线 C 相断路器跳闸，再过 50ms 二侧均停信（此时发电厂 1 侧 L31 线的零序方向保护已返回，高频闭锁没有出口掉牌信号是 C 相断路器跳闸后辅助触点继续停信），变电站侧是高频闭锁距离停信的（有掉牌信号）。

事后在 TQ-16 计算机上进行模拟计算，证实当发电厂 1 侧 L31 线 C 相跳闸后，杭州侧 L31 线距离 III 段动作停信（ZIII 动作有副母 TV 二次电压畸变的因素），共停信 110ms 后继续发信，因为距离 III 段停信经振荡闭锁触点控制，JJ—12C 振荡闭锁开放时间整定 200ms ~250ms（故障开始计时），高频闭锁保护二侧停信时间达 110ms，杭州侧高频闭锁保护为什么不跳闸？

变电站两台 210MVA 自耦变压器直接接地，单相短路电流很大，曾发生过单相故障滞后相（非故障相）选相元件误动而误跳三相，此后将变电站侧 220kV 线路选相元件取消 $K3I_0$，作为选相元件并不要求精确测量距离，而故障选相一定要正确，为此我们采用不带偏移的方向阻抗，整定为线路全长的 1.5 倍左右，实践证明此举是可行的。这次故障主要是副母 TV 二次电压畸变严重，造成故障相选相元件拒动，高频闭锁保护二侧停信时间110ms，而选相元件拒动开放三相跳闸延时正定 250~300ms，故变电站侧高频闭锁保护无法出口跳闸又返回。

三、对 策

（1）将 220kV 正、副母线 TV 二次中性点在户外端子箱的接地点拆除，二组母线 TV 的 N600 在控制室电压切换屏连通后一点接地，用 ϕ12mm 铜管焊接到接地网上。

（2）该变电站对户外开关场地网进行过部分开挖，发现铁质地网经过将近 25 年运行后锈蚀严重，由于工作量太大只进行了部分的修补工作。

变电站 220kV 正、副母线 TV 接地点改接后，同年 7 月 3 日 L31 线在 108 号杆发生 A 相接地故障，录波图见图 2-82，副母 TV 二次电压没有畸变，继电保护动作正确。

四、教 训

（1）该变电站是 1960 年投运的枢纽变电站，当时没有规程规定正、副母线二组 TV 二次回路只能一点接地，也没有明确在户外开关场接地还是在控制室接地，很重要的原因是不了解这个问题的重要性；因而几十年来 TV 和 TA 的接地点一直在户外开关场接地。

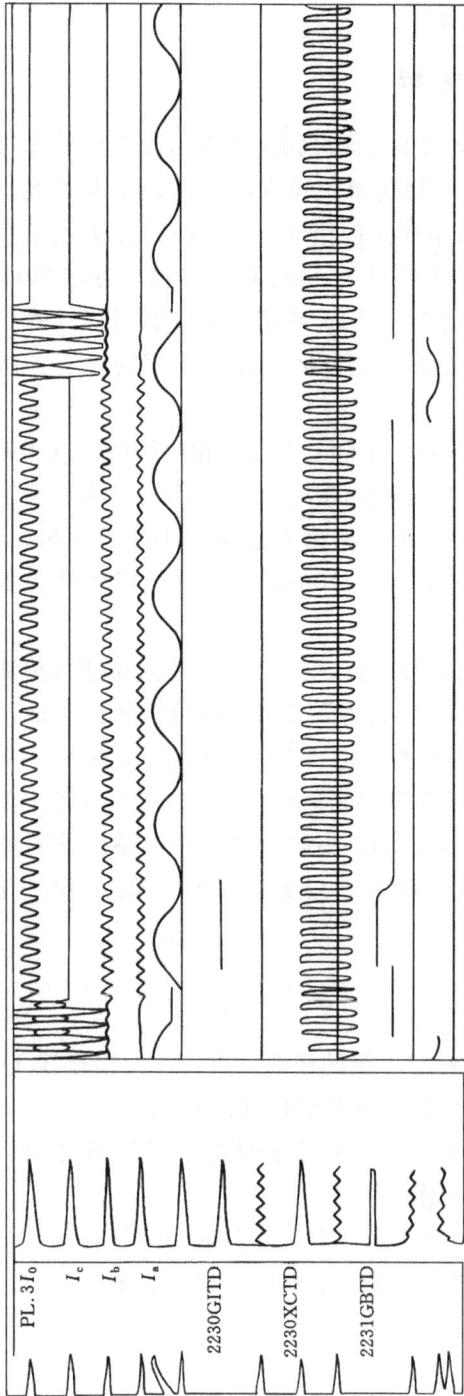

图 2-81　发电厂 1 录波图

PL. 3I_0
I_c
I_b
I_a
2230GITD
2230XCTD
2231GBTD

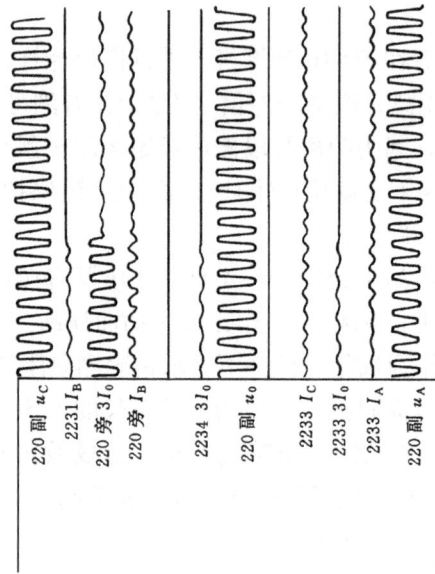

图 2-82　7 月 3 日，L31 线 A 相接
地故障录波图

220 副 u_C
2231I_B
220 旁 3I_0
220 旁 I_B
2234 3I_0
220 副 u_0
2233 I_C
2233 3I_0
2233 I_A
220 副 u_A

（2）正、副母线 TV 二次的 N600 均放了电缆线，但在控制室没有连通，不知何因，几十年来该变电站各单元发生过各种故障许多次，没有发生过 TV 二次电压如此严重畸变致使继电保护拒动或误动，也许原来正、副母 TV 二次的 N600 是连通的，后来在某次检修试验中解开后没有恢复连通，以后变成事实。另外，大多数故障是与 TV 二次电压无关的相差高频保护动作切除故障，当时没有故障录波器录取电压，因而就没有人在意 TV 二次电压的畸变与否。这次变电站侧 2231 断路器用旁路断路器代路运行，相差高频保护停用，故障时 L31 线高频闭锁零序保护拒动，有故障录波器录到完整的电流、电压波形图方得以猛醒，如果没有这张录波图，事后又查不到拒动原因，最后还会以原因不明了结。

（3）保护装置的拒动和误动都是有原因的，故障录波器是个好手段，它能表示故障情况、故障切除的过程，勉强还能分析高频保护通道的工作情况，如果还配有事件顺序记录器，记录故障时各套保护装置各个环节的动作与返回的逻辑顺序，分辨率为 1ms，这样就能在故障时及正常运行时，科学地分析各套保护装置的动作行为是否正常，目前事件顺序记录器还没有较理想的产品，也没有作为工程设计的必配设备。希望有关各方能重视。事件顺序记录器对提高电网运行分析水平及继电保护装置的质量极有好处，目前微机保护装置也有些事件顺序功能，但各套继电保护装置的动作顺序要在同一套装置内比较，才能发现问题。

（4）随着电力系统的发展，短路容量不断扩大，现代化的电网对变电站的接地网要求越来越高，多年来由于接地网的不良发生多起继电保护误动、拒动、烧坏二次回路设备等事故，列举如下：

1）1977 年元月 16 日，四角形接线的 220kV 变电所发生三只变流器、一只支持绝缘子闪络接地事故，由于接地网电阻率高，地电位升高，户外的 TA、TV 接地线将高电压引入控制室、保护室而烧坏控制电缆，接入电压、电流回路的阻抗保护、方向元件、差动保护继电器等全部烧坏，接线图见图 2-83。

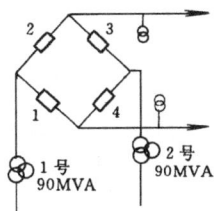

图 2-83 四角形
接线图

2）1980 年元月 29 日，某发电厂一条 220kV 线路 A 相线路 TV 爆炸，由于故障电流大，接地网地电位升高严重，线路纵差保护受高电压而损坏，直流熔丝烧断，造成事故扩大。

3）1984 年 3 月 14 日，四角形变电所 1 号断路器 A 相支持绝缘子闪络接地故障，故障电流 11.6kA，1 号主变压器差动保护正确动作，跳开 1 号、2 号断路器，由于接地网电阻大，地电位升高，故障电流到处乱窜，造成电流互感器户外接地点烧断，高电压窜入 2 号主变压器差动保护电流回路而误动，跳开 3 号、4 号断路器，全所停电，一条线路的相差高频保护 TA 回路过电压放电，造成相差保护误动作，线路二侧跳闸。

综上所述变电站的接地网和安全接地对继电保护装置、自动装置的安全运行多么重要！对电网的安全运行多么重要！某市 30～40 年代建造的变电站都为铜质接地网，80 年代建造的宝钢电厂也是铜质地网，国外对安全接地的接地网是非常讲究的。我国使用铁质地网，在导电率、耐腐蚀等方面均不如铜质地网，多年运行后地电位升高危害继电保护和自动化装置，不安全运行的问题逐渐暴露，尽管在二次回路接地点作了许多反措，仍不断有"干扰"侵袭继电保护和自动化设备，发生不安全行为，危害电网的安全运行，敬请有关各方重视接地网的研究。提高设计标准。

43 零序电压回路接线错误造成误动跳闸

一、事故简述

（1）1994 年 5 月 16 日 10 时 52 分，A 变电站 L1 线 A 相经高阻接地，线路两侧高频相差切除故障，同时本变电站 L2 线高频闭锁区外故障反方向误动跳闸。

（2）1994 年 6 月 8 日 22 时 17 分，某发电厂母线故障，A 变电站 L2 线路高频闭锁区外故障反方向又误动作跳闸。

（3）1994 年 7 月 1 日 12 时 58 分，某变电站 2559 线 A 相接地故障，线路两侧相差高频动作切除故障，同时 A 变电站侧 L2 线高频闭锁区外反方向故障第三次误动作跳闸。主接线图见图 2-84。

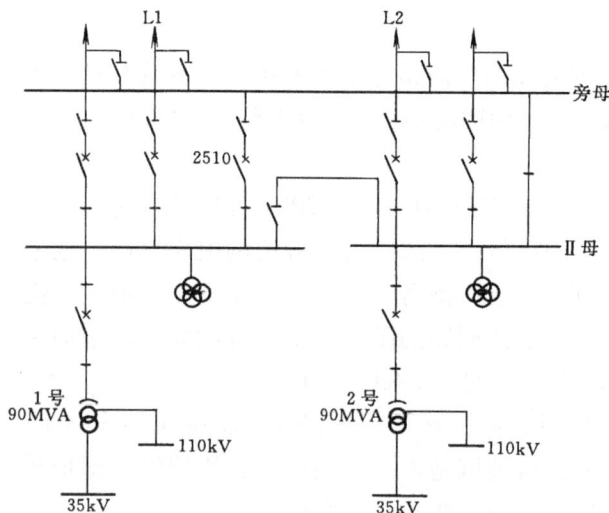

图 2-84　A 变电站 220kV 主接线图

二、事故原因分析

这三次误跳闸原因是 A 变电站 220kV 母线 TV 二次开口三角 $3U_0$ 小母线 L 与 N 线接反，致使 JJL—21 在反向故障时误停高频闭锁信号而误动作跳闸。

三、事故对策

将 220kV 母线 TV 二次 $3U_0$ 小母线 L 与 N 张接线改正确。

四、事故教训

（1）不到二个月时间内，在同一座220kVA变电站内，同一条220kV线路上，连续三次发生同样原因的区外故障，在L2线高频闭锁误动作跳闸事故，才发现TV三次$3U_0$小母线L与N线接反。

（2）本线路故障均是相差高频动作跳闸，高频闭锁、接地距离、零序方向保护均无反映，很可能相差高频正确动作切除故障而不去追思高频闭锁、接地距离、零序方向保护的动作行为是否正常，留下隐患。

（3）继电保护人员应提高现场查找继电保护装置不正确动作原因的能力，一定要熟悉现场工作，熟悉继电保护装置的技术性能，熟悉二次回路图纸的正确性，在实践中理论联系实际，一查到底，不断磨炼自己，不断提高技术水平和处理事故的能力，加强责任心。这样就可避免在同一设备上，同样原因误动作连续发生三次才找到真实原因。

11 零序电流回路接线错误引起误动跳闸

一、事故简述

（1）1991年3月15日20时06分，某发电厂9号变压器起火，发生单相接地短路故障，继电保护动作正确切除故障，与此同时一条220kV线路对侧220kV某变电站1号主变压器零序方向Ⅱ段反方向误动跳闸，原因是$3I_0$电流线圈极性接反，接成$-3U_0$、$-3I_0$。

（2）1991年4月13日15时49分，某220kV变电站线路C相瞬时故障，其他保护动作正确，但JGB-11D高频闭锁零序方向保护没停信而拒动，原因是零序方向电流线圈极性接反。

（3）1991年6月11日10时45分，某发电厂2881线JGB-11D高频闭锁零序方向保护区外故障，反方向误动作停信跳闸，原因是零序方向电流线圈极性接反。

（4）1991年7月1日10时05分、7月2日11时55分，某发电厂2882线JGB-11D高频闭锁零序方向保护在区外故障时，反方向停信跳闸，二次误动作，原因均是零序方向电流线圈极性接反。在同一发电厂同一条线路发生同样原因的二次误动作。

二、事故原因分析

上述五次不正确动作，均是零序功率方向继电器电流线圈极性接反，接成$-3U_0$、$-3I_0$，误将电流互感器来的零相线接入零功率继电器电流线圈的极性端，造成区外故障反方向误动，区内故障正方向拒动，见图2-85。

三、事故对策

将电流互感器零相线接入零序功率方向继电器电流线圈的非极性端，如图2-81所示。

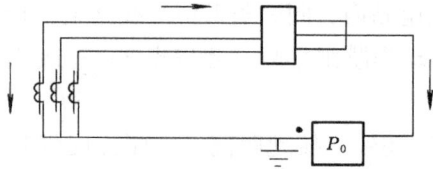

图 2-85 错误接线   图 2-86 正确接线

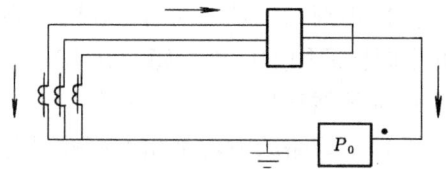

四、事故教训

（1）零序功率方向继电器电流线圈在 TA 零相回路中极性接反，如图 2-85 所示。设计院、制造厂多发生接线错误，到现场查线或做带负荷试验时发现后才改正的情况很多，他们把 TA 来的零相线接入零序功率方向继电器电流线圈的极性端，这种接入使得零序功率方向继电器电流线圈接入 $-3I_0$。

上述五次不正确动作发生在三个省、三个不同的设计院，其中有三次发生在同一个发电厂不同的 220kV 线路上，说明这种误接线带有普遍性。

正确的接线是 TA 来的 I_a、I_b、I_c 相线并头线接入零序功率继电器电流线圈的极性端，如图 2-86 所示。

大电流接地电网发生接地故障时，短路功率永久是由故障点流向接地变压器的中性点，如图 2-87 所示。

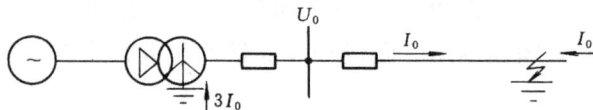

图 2-87 单相接地故障

此时，零序电压 $3U_0$ 和零序电流 $3I_0$ 的相位如图 2-88 所示。

零序功率继电器的动作方程为

$$S_p = U_p I_p \cos(\varphi_p + 90°) = -U_p I_p \sin\varphi_p$$

公式中的负号表示零功率继电器的动作区为 $0° < \varphi_p < 180°$，必须将接入零序功率继电器的 TV（即 $3U_0$）和 TA（即 $3I_0$）回路的线圈之一极性反接。现在一般接法是将 $3U_0$ 反接入，即引入 $-3U_0$ 接入零序功率继电器的电压线圈，$3I_0$ 接入电流线圈，$3I_0$ 不能接反，否则将拒动或误动，见图 2-89。

（2）加强基建工程验收试验，带负荷试验时一定要认真根据线路潮流方向正确判别，这样就不会发生在同一单位不同设备单元出现同样原因的接线错误，连续发生多次误动作跳闸。

（3）继电保护装置动作不正确往往同二次回路接线不正确有关，不要单纯从继电保

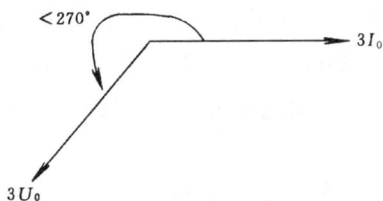

图 2-88　单相接地时 $3U_0$ 和 $3I_0$ 相位

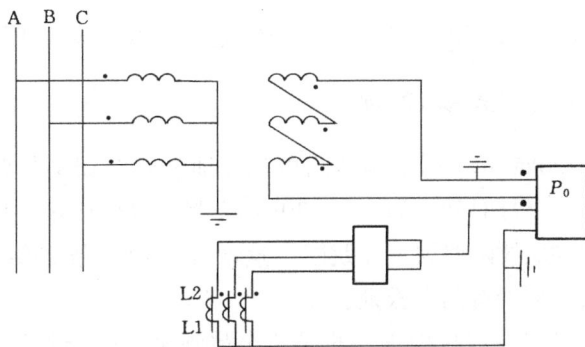

图 2-89　零功率继电器的正确接线

护装置内部去找原因。

（4）发生继电保护不正确动作，一定要有一查到底、举一反三的精神，这样就不会因同样原因连续发生多次误动作，任何不正确动作都是有原因的，要认真分析。

45　母差保护电流回路接线错误而误动作

一、事故简述

（1）1994 年 7 月 3 日 18 时 45 分，L1 线 B 相雷击瞬时接地故障，如图 2-90 所示。

变电站 1 侧线路继电保护装置动作正确，重合成功。

变电站 2 侧线路继电保护装置动作正确，B 相断路器跳闸，同时变电站 2 的220kV 母线差动保护误动作跳闸。

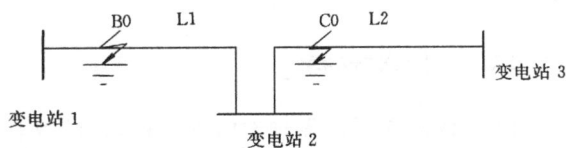

图 2-90　主接线示意图

（2）1994 年 8 月 1 日 17 时 14 分，L2线 C 相对树放电接地故障。变电站 2 侧线路保护装置动作正确：C 相断路器跳闸，同时220kV 母线差动保护误动作跳闸。变电站 3 侧线路保护装置动作正确：C 相断路器跳闸，重合成功，经 1min 35s C 相又发生接地故障，线路保护再次动作，重合不成，三相跳闸。

二、原因分析

上述母线差动保护误动作跳闸，原因是有两条母差用电流互感器的零相线没有接入母差保护的电流零相回路，在正常运行时不易发现此缺陷，因为三相电流对称，零相回路没有电流。单相故障时，故障相电流需经零相线返回，由于零相线未接入，此时电流互感器开路，母差电流回路在区外故障时出现差流而误动作跳闸。

三、对策

将两条220kV线路母差用电流互感器的零相线接入母差保护电流零相回路。

四、事故教训

220kV母差保护在线路单相接地故障时误动作跳闸，没有找出原因又重新投入运行，不到一个月时间，另一条220kV线路又发生单相接地故障，220kV母差保护再次发生区外单相接地故障时误动作跳闸，这次才找出二条220kV线路母差用电流互感器零相线没有接入，至少有两点教训：

（1）继电保护重大的误动作跳闸事故，查找误动原因不够认真，两条线路的电流回路接线有误，一处也没发现。

（2）校验母差保护电流回路完整性，分相通电流试验工作不可少，母差保护是非常重要的保护装置，电流回路是否完整是母差保护正确动作的根本，马虎不得。

46 寻找直流接地造成500kV线路跳闸

一、事故简述

1994年5月4日0时02分，乙变电站W1线QF1断路器三相跳闸，对侧甲厂QF2断路器也已三跳。询问保护动作情况，乙变电站侧为两套CKJ—1的零序后备段动作三跳，重合闸未动作，甲侧无任何保护动作。但当时继电专业人员正在现场寻找直流接地。

二、事故分析

（1）跳闸前甲厂发现QF2断路器直流操作回路有一点直流接地，立即派人查找，在查找过程中曾手动断开QF2断路器直流刀闸S1，发现刀闸断开后有异常响声，立即又将QF2直流刀闸S1合上，此时QF2断路器三相跳闸，无任何保护动作信号。

（2）事故后对现场实际检查发现甲厂QF2断路器C相操作回路KHW1线圈正极端碰地，同时，发现两组跳闸线圈间多连了一根线，图中P₁—P₂连线，为此在现场作了一次模拟试验，即在图2-91所示情况下，手动断开S1直流开关，TQ2线圈上分得190V直流电压，大大超过其动作电压132V，由此证明QF2断路器C相系寻找直流接地，专业人员手拉直流刀闸S1中断操作电源时，由第二跳闸线圈跳掉的。此时，断路器仅A、B两相在运行，符合重合闸不对位启动和三相不一致保护启动条件，因S1断开时间足够长，两套保护都动作后发出命令给QF2断路器，但此时因操作电源S1在断开位置，命令无法执行（注意：此时QF2断路器接到两个相反的命令，其一为重合闸的合闸命令；其二为三相不一致保护的跳闸命令），当专业人员听到异常响声后，去重新合上S1直流刀闸后，跳闸命令立即启动防跳继电器，由防跳继电器的切换触点，把合闸命令切断并旁路，只允

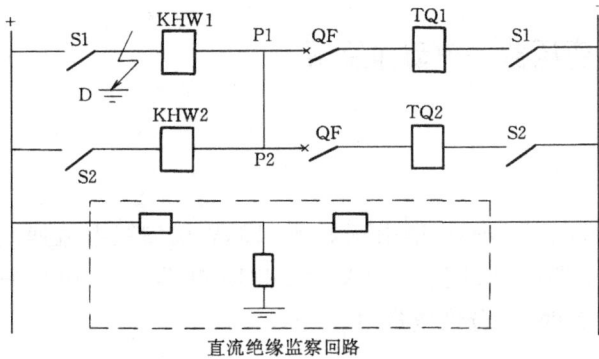

图 2-91 跳合闸回路图

许跳闸命令继续执行，因此 A、B 两相又被跳开了。

（3）C 相两个合位继电器线圈负极端多出一根连线，是何时何人所为，已经无从查起。此 P_1—P_2 连线在正常运行中，因 S1 和 S2 两刀闸都处于合位，且两条回路参数配置基本一致，因此 P_1、P_2 两点几乎电位相等，看起来对回路无甚影响，相当于无此连线。但当 S1 或 S2 被拉开后，接地点 D 就会通过绝缘监察等回路重新分配电压，若此时在 TQ2 上获得的电压超过其动作电压 132V，即可造成断路器自动跳闸，事实证明正好是如此。

（4）甲厂寻找直流接地在断开 S1 直流刀闸到重新合上有个较长的过程（因为断开后听到异常响声，才赶快又去合闸，时间约应以分计算），因此在 C 相断路器跳闸后，出现较长时间的非全相运行，所以引起乙变电站侧 QF1 开关零序后备段动作，经外部 R 端子三跳 QF1 断路器，并闭锁了重合闸。后调出乙变电站故障录波图，可看出，线路各相电流并未增大，仅 C 相电压降低及 U_0 增大，有一定的 I_0 但不大、I_c 反而减小了，结果证明以上分析基本真实。

三、采取措施

（1）用分别断开直流电源的方法寻找直流接地，存在着一定的缺点，建议采用直流接地探测仪，在直流不中断的情况下去查找直流接地。

（2）立即拆除 P_1—P_2 连线。该设备投产尚不满一年，该线估计为基建时遗留，说明新设备投产验收检查尚不够严密，仍有隐患存在，应认真对重要的二次回路进行重点清查，消除隐患。

（3）对 500kV 保护要求从直流电源、TV、TA，到跳闸线圈都应严格分开，互不牵连，此次事故暴露的问题说明未严格执行此项规定，望能立即对其他几个 500kV 断路器回路进行检查，看是否存在同样性质的问题。

四、经验教训

（1）对 500kV 的保护应严格执行电源、TV、TA 控制保护回路严格分开，互不牵连的规定，新设备投产应严格对二次回路进行认真检查，不可大意。

（2）重要回路寻找直流接地时，应采取必要保安措施，最好用直流接地探测仪在直流不中断的情况下寻找。

47 错接线导致主变压器保护动作跳闸

一、事故概况

1990 年 7 月 23 日 5 时 25 分,济南供电局 110kV 华山变电站 110kV 祝甸线电流速断动作跳闸,重合成功,同时,2 号主变压器差动动作,110kV 侧 4215 断路器,10kV 侧 023 断路器,10kV 母线及所属出线停电,5 时 33 分恢复送电。

二、事故原因

5 月 9 日,进行 2 号主变压器 110kV 侧 TA 预试,由试验人员解开 TA 二次接线,试验结束,恢复 TA 二次引线时,由于试验人员疏忽大意,将 A 相 TA 的二次回路的同一引线,短接了同一线圈的两个出线端子(2K1、2K2)致使差动保护电流回路一侧被短接,祝甸线短路发生穿越性故障,造成差动保护误动,主变压器跳闸。

三、防止对策

(1)试验需要拆除引线时,拆前要先在记录本上进行原接线记录;
(2)试验结束恢复接线时,要照记录恢复,并签字;
(3)严格执行接线复查制,恢复接线后要由他人复查;
(4)加强人员培训,增强工作人员责任心。

48 保护试验中线路跳闸事故

一、事故概况

1987 年 11 月 14 日,潍坊电业局根据(1987)鲁电调字第 466 号文件规定,继电保护工作人员在贾庄站 220kV 的辛坊 I 、II 回线加装联切 110kV 贾平、贾吕、贾太线装置。安装完毕后进行试验过程中,只退出了保护连接片,而未解开该套装置经手跳继电器而不经任何连接片的跳闸线,致使试验中 220kV 坊招线跳闸。

二、事故原因

工作中未严格执行《继电保护现场工作保安规程》,其一是工作时没有经领导批准的正式施工图纸,只有工作人员凭记忆画的简单草图,且与实际接线不符。其二,试验中只退出了保护连接片,未断开不经连接片的跳闸线。

三、防止对策

(1)所有二次回路的工作都必须按图纸进行;

（2）增加、改进保护装置工作，由继保负责人提出原理图，保护班绘出符合现场情况的正式图纸，经领导审核批准后，按图施工。严禁无图工作。

四、事故教训

试验工作中拆动过的线头一定要经负责人认真核对正确无误后，方可送电。

49 保护箱密封不严，导致保护触点击穿线路跳闸

一、事故概况

1988年4月22日9时52分，济南供电局水屯变电站主控制室发音响，110kV水西线断路器跳闸，重合不成，造成110kV西郊、匡山两个变电站停电。经检查发现水西线距离保护冒烟，信号灯烧坏，出口中间继电器的触点烧住。当时系统运行正常，无操作。水西线全线巡线未发现问题。17时30分，由旁路断路器带水西线恢复供电。

二、事故原因

水西线跳闸原因经中调继电保护专业人员协助分析，认为主要是距离保护箱密封不严，积灰较多，出口中间跳闸触点间隙积灰，其间隙（1.5mm）在运行中击穿，造成水西线断路器误跳闸。

三、防止对策

（1）对地处污秽区的变电站，缩短保护检查维护周期；
（2）结合保护定检，逐步将出口中间的触点改为对角串联；
（3）对个别不严密的保护箱采取防尘措施。

50 保护定检漏项，导致故障时越级跳主变压器

一、事故概况

1988年10月1日15时34分，潍坊电业局110kV上圩河变电站10kV系统A相接地，Ⅰ、Ⅱ主变压器分段运行后，经拉试为10kV跃进线，原因是新华印刷厂内电缆被人刨伤所致。因A相接地引起10kV系统过电压，15时57分与跃进线同在Ⅱ段母线运行的10kV烟潍线邢田农业支线28号杆电容器台架C相避雷器，因过电压造成击穿接地爆炸，与B相弧光短路，引起了邢田支线B、C相跌落熔断器熔断，跌落过程中拉弧短路。因烟潍线保护跳闸负电源接线端子螺丝丝扣不对，线头未压紧，接触不好，保护拒动，致使2.5s后越级跳Ⅱ主变压器，110kVⅡ段等线全停。经值班人员现场检查无异常后，于16时05分送Ⅱ主变压器。

二、事故原因

（1）10kV 烟潍线保护跳闸负电源接线端子螺丝丝扣不对，未能压紧线头，接触不好，致使故障情况下保护拒动，越级跳了 II 主变压器，扩大了事故范围，这是造成这次变电事故的直接原因。

（2）该套保护投运时间较长，虽 1987 年 3 月做了保护定检，但由于检查项目及内容未把二次接线作为重点，对端子排及接线情况检查不细，未发现和消除跳闸负电源端子接线未压牢的事故隐患。

（3）这次事故也暴露了对继电保护装置及回路的管理、检查、维护工作不认真、不严细、不全面等问题。

三、防止对策

完善保护定检项目，尤其对运行时间较长的装置和回路接线、端子排情况进行检查，及时消除老化、腐蚀、接触不好等缺陷，保证故障情况下及时正确动作。

四、事故教训

继电保护工作的完好性同二次回路是否完好关系极大，定期检验工作重点之一就是检查二次回路的完好性，80% U_H 连动试验不可少。

51 接拆线漏项导致试验中线路跳闸

一、事故概况

1989 年 5 月 23 日，潍坊电业局 220kV 贾庄站 I 主变压器停电，进行 I 主变压器风冷控制回路 A、B 电源互为备用的改造工作。因风冷控制箱（波兰产，5 月 4 日投运）内信号备用冷却器自投所用的 "19P" 接触器触点是常开、常闭切换触点，工作人员在将常闭触点接入信号电源 "701" 后，未将常开触点的原接线拆除。19 时 46 分，做拉 A 电源、B 电源自投试验，交流电源在切换过程中与直流电源相混，将 110kV 贾朱线（107）保护出口中间线圈因对地绝缘薄弱而击穿，造成直流两点接地，贾朱线（107）断路器跳闸，保护发后加速动作信号，强送不成。20 时 35 分由 100 断路器线代路 107 断路器对贾朱线送电。

二、事故原因

（1）I 主变压器风冷控制回路 A、B 电源互为备用的这项改造工作，时间上安排得比较仓促，赶在 II 主变压器更换前进行，各项准备工作不够全面、充分。技术方面只拿出了原理图，没有与实际相符的具体接线图。

（2）保护人员、现场工作对实际接线检查不清楚，拆接线造成漏项使交、直流电源相混。

（3）107 保护出口中间继电器线圈因制造质量问题对地绝缘薄弱，而导致击穿接地。

三、防止对策

（1）继电保护现场工作必须有与实际相符的图纸，工作前检查清楚接线方可工作；

（2）加强对运行设备绝缘情况的监视、检查。

四、事故教训

（1）二次回路更改工作一定要有经过各级审批后的完整图纸方可工作；绝对不允许没有经审批的安装图进行现场改线。

（2）加强技术管理工作。

52 拉合直流熔断器造成的继电保护事故

一、事故简述

2 月 26 日 15 时 22 分，某变电站发生直流接地故障，变电站值班人员利用拉、合直流熔断器的办法寻找接地点。由于值班人员对保护装置的性能不够熟悉，在拉、合纵联方向保护的直流熔断器时，未将该保护的跳闸出口连接片打开，仅将该保护的高频投入连接片（弱电功能连接片，无电位时投入）置于断开位置（此时该保护装置所有功能均处于投入运行状态），拉、合直流熔断器时一条 220kV 联络线单侧误动跳闸。

二、原因分析

该套保护装置为集成电路型保护，拉、合直流熔断器时，保护装置的直流逆变电源处于不正常的工作状态，逆变电源的输出不正常造成装置内部集成电路元件的工作不正常，内部逻辑紊乱，从而引起保护装置的误动作。

三、措施

将此次事故通报全网，要求各局、厂继电保护人员在现场运行规程中必须规定：厂、站值班人员在拉、合站内直流熔断器（或直流小开关）时，必须事先将由该直流熔断器（或直流小开关）所控制的保护装置退出运行，防止类似事故的重复发生。并以此次事故教训为契机，向继电保护及相关专业人员全面宣贯继电保护反事故措施。

四、经验教训

（1）原电力部 1994 年下发的继电保护反事故措施要点中第 1.4 条明确规定："找直流接地，应断开直流熔断器或断开由专用端子对到直流熔断器的连接，并在操作前，先停用由该直流熔断器或由该专用端子对控制的所有保护装置；在直流回路恢复良好后再恢复保护装置的运行"。提高继电保护装置的正确动作率，仅靠继电保护专业人员的努力工作是不够的，必须同时提高运行人员、基建施工人员的技术水平，提高产品质量、提高设计水平方能实现。

（2）落实各项继电保护反事故措施，是一项常抓不懈的工作。不能只停留在纸面上、口头上，必须真正落实到与继电保护专业相关的各项工作之中去，要做好全过程的管理。

（3）各级继电保护专业人员在做好本职工作的同时，应努力做好对相关专业人员的技术培训和监督工作，认真贯彻、执行各项规程、反措；认真汲取本单位、外单位的事故教训。只有这样，才能使得整个专业的技术水平上到一个新的台阶。

53 零序电压回路短路导致继电保护误动事故

一、事故简述

1995 年 2 月 10 日 12 时 28 分，甲变电站对站内断路器、互感器等设备进行水冲洗时，引起甲站 2216 断路器 A 相电流互感器端部短路，电压互感器原理接线图见图 2-92，短路时 5 号母线电压相量图见图 2-93，该断路器所带 220kV 线路两侧纵联方向保护动作跳 A 相，重合不成功后跳三相。与此同时，线路对端的乙变电站的另外两条 220kV 线路的纵联方向保护及接地距离保护误动跳闸，由乙站的故障录波器所得故障时电压数据如下：

4 号母线：$U_A = 37V$；$U_B = 50V$；$U_C = 52V$；$3U_0 = 6.63V$

5 号母线：$U_A = 21V$；$U_B = 57.5V$；$U_C = 57.5V$；$3U_0 = 60V$

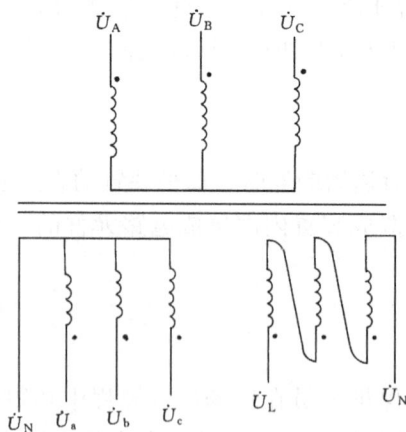

图 2-92　TV 原理接线图

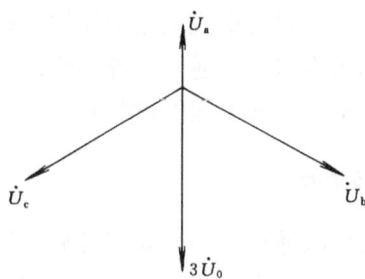

图 2-93　TV 回路正常，系统发生 A 相短路时的电压相量图

两条母线之间的母联断路器处于合入状态，故障时误动的线路当时均接在乙变电站的 4 号母线上，5 号母线上所接线路的保护装置均未误动作。

二、事故分析

通过对故障时的乙变电站的电压分析可以看出：虽然两条母线之间的母联断路器处于

合入状态，但乙变电站的 4 号母线、5 号母线电压却存在较大的差异：4 号母线 A 相电压下降较少；零序电压较低；B、C 相电压较正常电压下降 5~7V，5 号母线 A 相电压下降较多；零序电压较高；B、C 相电压基本上是正常电压，与事故仿真计算的故障电压值相差不大。相对于所发生 A 相故障而言，4 号母线的电压明显不正常，且与事故仿真计算的故障电压值相差较大。

经对乙变电站现场检查发现：误动线路之一的综合重合闸所接的 4 号母线 TV 三次绕组回路被不慎短接。当系统发生接地故障时，4 号母线电压互感器的三次绕组（$3U_0$ 回路）回路中均通过较大的电流（如该回路未被短接，由于保护装置的交流电压回路阻抗较大，电流较小）。反映到保护装置上的故障相电压较实际电压升高，非故障相电压较实际电压降低（参见图 2-94）。利用电压与电流之间相位关系做判据的保护装置由此而误动作。

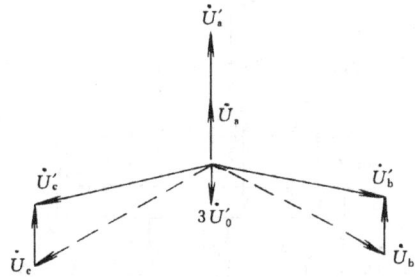

图 2-94　$3\dot{U}_0$ 回路短路，系统发生
A 相短路故障时的电压相量图

图中 $\dot{U}_a$、$\dot{U}_b$、$\dot{U}_c$ 为 $3\dot{U}_0$ 回路未短路时的三相
电压，$\dot{U}'_a$、$\dot{U}'_b$、$\dot{U}'_c$、$3\dot{U}'_0$ 为 $3\dot{U}_0$ 回路
短路时的三相电压及零序电压

三、措施

拆除 $3U_0$ 回路的短接线，将此事故通报全网，要求各单位在进行年度校验工作时，必须对 $3U_0$ 回路进行认真检查，以杜绝此类事故的重复发生。

四、经验教训

电压互感器的 $3U_0$ 回路正常时几乎没有电压，因此，该回路出现的缺陷较为隐蔽，检查较为困难。由于 $3U_0$ 回路的开路或极性错误所造成的继电保护事故时有发生，这一点继电保护专业技术人员已有较为清醒的认识。此次事故表明：$3U_0$ 回路短路同样会引起继电保护装置的不正确动作，特殊情况下甚至会引发灾难性的系统事故，因此也必须加以足够的重视。

54　TV 二次回路两点接地，线路保护误动跳闸

一、事故简述

1999 年 12 月 15 日 18 时 03 分，某变电站的一条 110kV 高压电缆出线因电缆头爆炸而发生 C 相永久性接地故障，该线路保护正确动作，重合不成功跳三相。与此同时该站 220kV 某线两侧的纵联距离保护跳 C 相，重合不成功跳三相。经查线证实，事故发生时 220kV 系统无故障，纵联距离保护属误动作，见图 2-95。

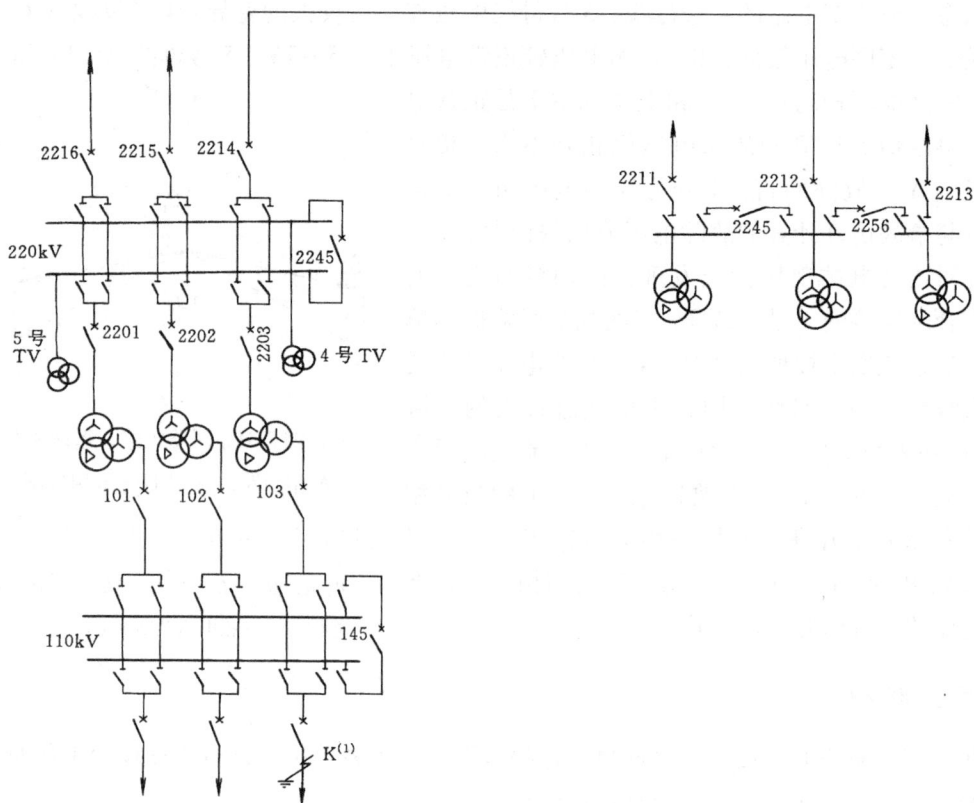

图 2-95　系统接线、故障点及误跳的线路

二、事故分析

故障录波以及误动线路的纵联距离保护打印报告表明：220kV 某线两侧纵联距离保护中的零序方向元件均判别为正方向，且误动线路所在母线的故障电压与另一母线的故障电压有一定差异（事故时该站 220kV 母联断路器为合入状态），经检查发现：该站尚未完全贯彻落实"反措要点"，其两条 220kV 母线的电压互感器二次中性点分别在开关场就地接地，并在控制室内连到一起，因此，该站的 TV 二次电压中性线回路中存在两个接地点。当区外发生接地故障时，由于地电位差的影响，造成该站 220kV 母线的电压互感器二次电压的相位和幅值发生改变，导致该线该侧纵联距离保护中的零序功率方向元件方向判别错误，并将收发信机停信，从而导致两侧保护误动。

三、措施

在验证电压互感器二次回路中不存在其他接地点的情况下，将中性点移至控制室一点接地，并原在开关场的两个接地点拆除。在事后该站附近发生接地故障时，通过检查故障录波及微机保护打印报告，证明已经消除导致此次误动的原因。

四、经验教训

继电保护反事故措施是通过总结长时间的运行实际经验而得到的，有相当一部分是通过事故教训得来的，因此必须严格执行。等到事故发生在自己身边时，再总结经验、汲取教训则为时晚矣。此起由于未及时执行"反措"而造成的事故教训相当深刻，作为电网安全卫士的继电保护专业切不可存有任何侥幸心理，必须扎扎实实地做好工作。

55 二次回路接线错误造成保护拒动

一、事故简述

2000年4月6日6时17分16秒，某发电厂的2号机高压厂用6kV B段当工作进线断路器变压器侧发生短路故障，引起2号机组发变组和高压厂用变压器差动等保护动作，将机组解列、灭磁，跳开厂用分支断路器，并由厂用电快速切换装置将备用进线断路器合上。此后，故障延伸至该段备用电源进线TV间隔和工作电源断路器母线侧，引起起动备用变压器差动和220kV侧过流保护动作。但由于保护第一出口的接线错误，未能跳开起动备用变压器220kV侧2200断路器切除故障，最后经58s发展为变压器内部故障，靠重瓦斯保护动作跳闸（故障位置见图2-96）。

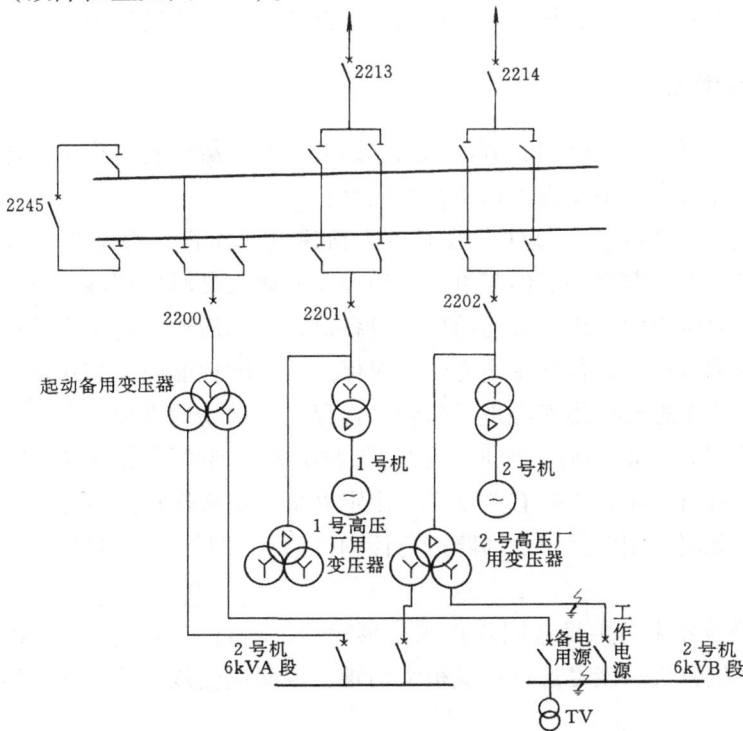

图 2-96 某电厂主接线及 2 号机 6kV 母线示意图

二、事故分析

经查，起动备用变压器保护采用的是国外某公司的 SR745 继电器，该继电器共设八个出口，其中"1"出口是无触点可控硅输出并且会导致直流系统一点接地，不符合国内设计直流系统的要求，1999 年 4 月保护生产厂商、某发电厂以及基建调试单位共同商定后，临时将保护输出"1"出口临时改为继电器触点输出的备用"5"出口，保护装置的内部软件设置和外部输出触点接线均做了相应改动，通电试验后投入运行。

1999 年 12 月，继电器生产厂家将提供给某电厂的所有同型号的继电器做了更改，将原"1"出口的可控硅输出改为继电器触点输出，重新供货，继电保护人员在恢复原继电器时，仅将保护装置的内部软件设置由"5"出口恢复至"1"出口，但继电器背后的接线未做改动，仍然接在"5"口上，修改后亦未做传动试验，埋下了隐患，从而导致了此次事故的扩大。

三、措施

（1）将保护装置外部输出线恢复正常，并重新进行传动检查，确保装置本身及回路的正确性。

（2）以此次事故教训为契机,组织全网继电保护人员认真学习有关规程、规定,强化安全意识,克服侥幸心理,不等不靠,在各项工作中严把质量关、安全关,切实做好工作。

（3）进一步严格执行基建验收程序，要求参加验收的人员必须提前做好准备工作，熟悉图纸、熟悉设备，不走过场，不甩项漏项，严格把好验收质量关。

四、经验教训

事故发生后，电网安监部门、调度部门立即介入到事故分析工作中，通过对事故的认真分析，认为从此次事故中暴露出以下几个问题：

（1）投产前的技术准备和基建验收对一个新建电厂而言，都是非常重要的工作，直接关系到投产以后的运营水平。但某电厂的领导及专业人员对生产准备及基建验收工作重视程度不够，事故调查中发现：基建单位对设备进行改动后没有向生产单位详细交底；生产单位的继电保护人员的运行准备不充分，对保护装置的性能以及基建调试中的改动没有深入了解，抱有依赖思想和侥幸心理，验收工作存在走过场的现象。

（2）专业人员责任心不强，对所维护的保护装置的原理及使用方式等情况不清楚，安全意识薄弱，盲目作业。不按有关规程、规定办事，更换保护继电器后，因为变压器未停电就不按规程规定对相应保护及回路进行传动试验，留下了事故隐患，是这次扩大事故的直接原因。

（3）故障录波器未与主设备同步投入，事故后，运行人员亦未记录好各继电保护的动作信号，给事故分析和恢复运行造成很大困难，因此说明该厂的管理工作上还存在一定的不足之处。

此次事故说明，继电保护专业管理工作，在投产之前就应该提前介入，必须做好投产前的生产准备工作，认真抓好设计审查、设备选型验货、调试验收等工作的全过程管理，否则将会对设备的安全运行带来很大的威胁。

56 防跳回路异常造成的事故

一、事故简述

1997 年 2 月 2 日，某电厂 220kV 出线由于外单位铲车误撞线路铁塔，造成 A 相故障，线路两侧保护装置正确动作，但在重合时两侧断路器均产生"跳跃"现象。其中，该电厂侧的断路器连续开断后液压急剧下降，断路器停留在合位后拒分。由于故障点未切除，该厂 220kV 断路器失灵保护动作将母联断路器及一条母线上的所有元件切除，一条母线停电。

二、事故分析

事故检查发现：故障线路的该电厂侧分相操作箱中防跳继电器电压保持线圈极性接反，防跳回路未能起到作用，致使断路器产生"跳跃"现象，该分相操作箱中的防跳继电器在运行中曾经烧损，继电保护人员在更换继电器时没认真核对电压保持线圈的接法，将线圈接反；对端则由于其防跳继电器中的电流线圈短路而导致防跳回路未能起到作用，继电保护人员由于没有很好掌握分相操作箱中防跳回路的原理及传动方法，年度校验工作中将此回路疏漏。

三、措施

制定下发断路器防跳回路的传动试验方法，要求全网对所有未进行检验的断路器防跳回路逐相进行传动，传动方法如下：

（1）检查重合闸触点及手合继电器触点是否正确接入；

（2）断开断路器失灵保护、重合闸的断路器位置不对应起动回路；

（3）用手合方式合上断路器，并在整个传动过程中使断路器的控制把手保持在"合闸"位置；

（4）用短接线逐相短接跳闸回路的方法跳开断路器，如防跳回路完好，则断路器应只跳开一次且不再合入，否则应对防跳回路进行更进一步的检查。

四、经验教训

（1）二次回路的正确与否对继电保护装置的正确动作有非常重要的作用，二次回路的异常同样会造成严重的系统事故。因此，必须加以足够的重视，必须坚决消除"重装置，轻回路""重视主保护，轻视辅助保护"的错误思想，确保整套保护回路的正确性。

（2）继电保护人员不能只满足于知道如何按照校验规程对保护装置进行校验，同样应对保护装置、二次回路的原理有比较深入的了解，从而可根据其原理接线进行正确的试验工作。

（3）在加强对现场继电保护人员技术培训的同时，也要重视对设计人员的技术培训工作，加强对原理图、安装接线图的设计审核工作，防止由于回路的设计不当而造成二次设备的工作不正常。

57 电流互感器二次接线错误引起误动

一、事故简述

某厂的高压厂用变压器的高、低压侧绕组均为星型接线，高压侧为电源侧，其绕组的中性点直接接地；低压侧为负荷侧，无电源且为不接地系统，变压器差动保护用的高、低压侧 TA 二次绕组均 Y 接线。自投产运行以来，在变压器高压侧（电源侧）发生区外单相故障时，变压器差动保护多次误动作。经继电保护专业人员反复验算定值、检查保护装置均未见异常。

二、原因分析

经过专业人员的认真分析，得到以下结论：

尽管变压器低压侧无电源，但当变压器的高压侧发生区外接地故障时，由于变压器高压侧的中性点直接接地，因此，变压器依然向故障点提供含有零序分量的故障电流，该故障电流的大小与变压器及整个系统中诸元件的正、负、零序电抗的大小及分布状况有关。

变压器高压侧的故障电流中含有正、负、零序分量，其中正、负序电流由于可以通过负荷形成回路而传变至变压器的低压侧；零序电流则由于变压器低压侧为不接地系统，无零序通路而仅存于高压侧。当用于变压器差动保护 TA 二次侧均采用 Y 接线，且不考虑如何消除高压侧零序电流的影响时，高压侧故障电流中的零序电流将全部成为差动保护继电器的不平衡电流，当这种不平衡电流足够大时，便会导致保护装置的误动作。

三、措施

为了避免 Y_0/Y 变压器差动保护在电源侧（中性点直接接地侧）发生接地故障时的误动作，应设法消除中性点直接接地侧零序电流分量的影响，一般需将此类变压器差动保护用的 TA 二次侧均接为 Δ 型接线，使高压侧的零序电流仅在电流互感器二次绕组内环流，不流入差动继电器，而微机型的变压器保护亦可在程序设计时采取措施防范。

四、经验教训

出现此类错误的原因在于专业人员，特别是设计人员犯了经验主义的错误，没有对具体情况进行认真的分析。简单地认为 Y_0/Y 变压器差动保护中不存在"角度转换"的问题，因此 TA 二次回路接成 Y 型或 Δ 型均无所谓，而没有考虑电源侧发生接地故障时的特殊情况。

电磁型差动保护通常是按躲变压器空载合闸电流等因素整定的，其整定值一般为额定电流的 1.3～1.5 倍，灵敏度较低，因此当 Y_0/Y 变压器差动保护的 TA 二次采用 Y 接线时，高压侧区外接地故障引起的差回路不平衡电流不易导致保护误动作；静态型变压器差动保护装置通常采用间断角判别、二次谐波制动或波形对称等原理来判别励磁涌流，其整定值一般为额定电流的 0.3～0.5 倍，灵敏度较高，如 Y_0/Y 变压器差动保护的 TA 二次采用 Y 接线，高压侧区外接地故障引起的差回路不平衡电流相对较大，容易造成保护装置误动作。今后对于 Y_0/Y 变压器，不论使用何种型号的差动保护装置，在 Y_0 侧的 TA 均应接成 △ 接线。

58 电压继电器触点接触不良，导致母差拒动

一、事故简述

1998 年 5 月 19 日，某地为大风天气，地处该地的某电厂 220kV 4 号母线检修，5 号母线单母线运行，3 号机停运。1.2 变压器接地运行，系统为正常方式。17 时 28 分，大风导致 5 号母线对树放电，故障最初为 C 相接地故障，经 380ms 发展成 BC 相故障。又经 870ms 发展成 ABC 三相故障，该厂 220kV 母差保护拒动，厂内各发电机组保护相继动作跳闸，8710ms 后故障又波及该厂的一条 220kV 出线，线路保护正确动作。故障持续十几秒后由对端线路后备保护及上一级线路后备保护越级动作切除故障，见图 2-97。

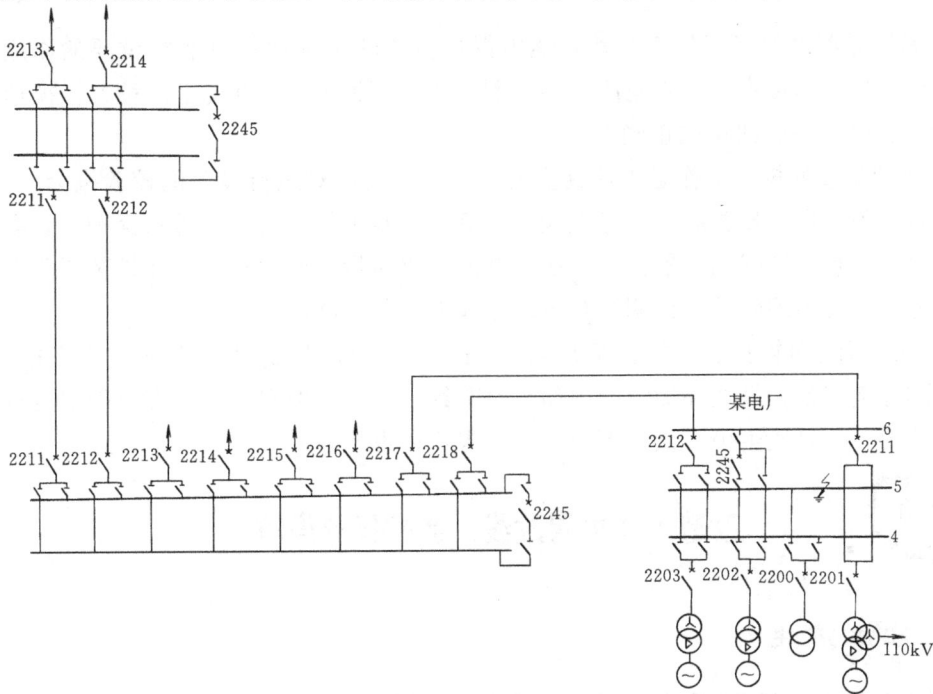

图 2-97 系统接线、故障点及越级动作的断路器

二、事故分析

（1）拒动的母差保护为晶体管相位比较式，在此次故障中确已动作，但因用做防误闭锁的低压继电器（1KY，接于出口继电器的线圈回路）常闭触点压力不够且有氧化现象，闭合不好，导致母差动作而不能出口。

（2）该厂的两条 220kV 出线为 2.5km 短线，为防止越级误动，对端线路零序一段保护停用。因故障初期为单相接地故障，经 380ms 发展成 BC 相故障时，线路所配置的 JJ—12 型距离保护一、二段已进入振荡闭锁，因而后备距离三段保护动作。

（3）对端变电站的上一级的两条线路与该电厂的两条 220kV 出线（2.5km）为长短线配合，为保证灵敏度，长线的后备保护与短线的快速保护以及电厂的母差保护配合整定，因此当该电厂的母差保护拒动时，对端上一级线路（双回线）LFP-901 保护中的后备距离二段保护动作。

三、措施

本次事故引起了各级领导和继电保护专业人员的高度重视，本着举一反三的原则，各单位着重对母差保护及其附属元器件、其他快速保护进行了重点检查；对运行时间较长、缺陷出现频繁的保护装置尽快安排资金进行改造（对本次事故中拒动的母差保护，当年就安排了改造项目）。

四、经验教训

（1）附属元器件的好坏与否对整套继电保护装置的正确动作有非常重要的作用。因此，必须加以足够的重视，必须坚决杜绝"重装置，轻回路""重视主保护，轻视辅助保护"的思想，确保整套回路的正确性。

（2）保护装置的校验工作必须落到实处，要充分利用对运行设备的校验机会，认真、彻底的检查设备，保证校验质量，做到校必校好。校验工作中既要注重对保护装置本体的检查，同时也必须保证附属元器件和二次回路的校验质量。此次拒动的保护装置距上次校验仅一年零几天便出现问题，说明当初校验工作的质量不够理想。

（3）对运行时间较长、性能落后以及缺陷出现频繁的保护装置必须尽快安排改造，这些保护的超期服役，虽然在短时间内似乎是节约了资金，但对系统的安全稳定运行却构成严重的威胁，一旦发生拒、误动事故，其后果不堪设想。

59 改造工程中漏改线，造成保护误动

一、事故简述

1999 年 2 月 2 日 11 时 47 分，某变电站进行 500kV 2 号母线母差及失灵保护校验时，误跳一中间断路器，造成该站一条 500kV 线路停电。

该站的主接线形式为 3/2 接线，事故发生前，该站的 500kV 2 号母线处于在检修状态，该母线上各断路器均处于断开位置，误跳闸的 500kV 线路在该站通过 5032 断路器与系统相连。当继电保护人员校验、传动 2 号母线的母差保护时，5032 断路器的失灵保护被误启动（误跳闸的 500kV 线路正常运行，电流启动条件具备），5032 断路器跳开，造成该线路停电。

二、事故分析

经查：1994 年该站对 500kV 母线的第三串进行改造，增加 5033 断路器，由不完整串恢复完整串时，未将母差保护启动 5032 断路器失灵回路改为启动 5033 断路器失灵，此次 2 号母线母差保护校验时，因误跳线路的负荷电流已达到了失灵保护的启动值，导致了 5032 断路器误跳，一条 500kV 线路停电。事故检查发现：该站另一串也存在同样问题，此次仅因失灵保护电流未达到启动值，而侥幸未动。

三、措施

此次事故引起了各级领导和继电保护专业人员的高度重视，在认真总结事故经验教训的同时，充分认识到保证设计、施工质量，保证验收质量以及图纸与实际相符的重要性，加强了继电保护的全过程管理和技术监督工作。对已运行的设备利用停电、校验等机会重新进行了核查，同时对设计、施工、调试及验收等工作进一步细化了工作程序和质量标准，使新设备投入改造工程中的各项工作有章可循，在保证质量方面做到了制度化和规范化，避免同类事故的重复发生。

四、经验教训

（1）基建验收工作是保证继电保护装置在运行中正确动作的重要环节，而做好验收工作的关键在于提前做好生产准备工作，参加验收的人员在验收时对设备及其相关回路做到心中有数，才能真正保证验收乃至整个工程的质量，保证电力系统的安全稳定运行。

（2）合理的工期安排也是保证施工质量的重要因素之一，工期安排的过长，不利于资金的合理使用，势必也要影响到资金投入的回报。但是如果只是一味地盲目压缩工期，甚至压缩必要的验收工期，则很可能使施工质量受到严重影响，在造成事故时，由其所带来的经济损失及政治影响可能无法弥补。本次事故的外因之一便是工期紧、任务重，验收人员没能为验收工作做好充分的准备，从而留下了事故隐患。

（3）基建工程的设计、审核应充分考虑对运行设备进行改造时的困难，尽量安排阶段性规模的整体投入。为本次事故留下隐患的改造工程就是由于 1991 年变电站投产时，该站 500kV 第三串的第二条出线当年不能完成，为节约当年的投资计划、缩短建设周期而决定少上一组断路器，1994 年第二条线路具备投产条件时方对该串设备进行改造完善。由于设计图纸的不完整，给改造施工带来较多的困难，加上部分改线工作需要在带电设备上进行，客观上为遗留隐患提供了条件。

69 变压器充电引起的母差误动事故

一、事故简述

1. 事故前的运行方式

1997 年 8 月 12 日，500kV 某变电站进行 1 号联络变压器投运前的充电工作。当时有关系统接线如图 2-98、图 2-99 所示。联络线受电 320MW。

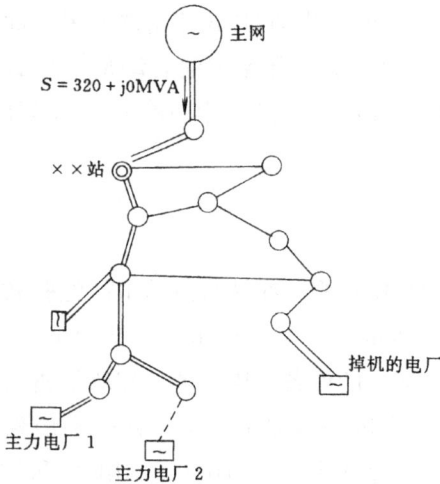

图 2-98 主系统接线图

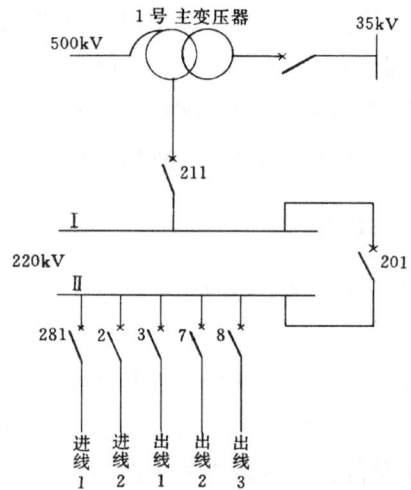

图 2-99 某站系统接线

500kV1 号变压器为待投运设备，其三侧断路器均在断开状态；其余 220kV 运行设备均倒至 2 号母线运行，母联 201 断路器在合位，计划用 1 号母线带 211 断路器对 1 号空载联络变压器进行五次冲击试验。220kV 母差为中阻抗的比率制动型保护，其跳 I 母断路器（211、201）出口连接片因当时联络变压器 211 断路器 TA 二次未接入母差回路而解除，母联 201 断路器专用充电保护投入。

2. 事故经过

在对 1 号联络变压器完成第一次冲击后，未见任何异常。随即于 15 时 16 分再次合 211 断路器进行第二次冲击时，该站 220kV 母差保护出口跳闸，跳开如图 2-94 所示的五条 220kV 运行线路，经检查一次设备无故障。省网与主网解列，主网频率从 50.02Hz 升至 50.08Hz，省网频率从 50.02Hz 降至 49.50Hz。省中调立即事故拉路，并令本省两主力电厂调压调频。15 时 25 分，省网内一台 300MW 机组因 DEH 自动系统故障掉闸，省网频率降至 49.3Hz。全网共限负荷 400～500MW。

二、事故分析

此次事故的主要原因是冲击联络变压器时，母差保护误动跳闸所致。

通过分析现场录波图发现，211 断路器两次合闸冲击时联络变压器均产生了较大励磁涌流，而第二次合闸时断路器有三相不同期现象（B 相比 A、C 相慢合 20ms）。1 号母线上只接有联络变压器 211 断路器和母联 201 断路器，由于 211 断路器的 TA 二次尚未接入母差回路（未做相量检查），故 1 号母线的差动回路中只有母联 201 断路器 TA 二次回路接入，因而在第一次合闸冲击时，1 号母线差动元件即因主变压器励磁涌流作用而动作，但因电压闭锁元件的闭锁作用而未出口（实际上，为了避免这种情况下频繁跳开母联断路器已将母差跳 201 断路器连接片解除）。但此时，由于装置本身的原因无任何中央信号告警。

第二次冲击时母差动作跳闸是因为比率制动型母差保护在 211 断路器第一次冲击联络变压器后，即因 1 号母线的差动元件动作，而使母联断路器辅助 TA 二次封闭回路动作并一直保持，导致母联 TA 二次不能接入 2 号母线差动回路。当第二次冲击时，由于联络变压器励磁涌流的作用使 2 号母线差动元件动作，又由于断路器不同期使得复合电压闭锁元件开放，最终导致母差保护出口跳闸。

母联断路器辅助 TA 二次封闭回路动作并一直保持的原因分析如下：比率制动型母差保护由于原理原因出口回路设有自保持（现场整定保持时间 0.5s），即当母联断路器失灵或故障发生在母联断路器与 TA 之间时，强迫另一条母线差动元件动作，并为了防止母联断路器停运时母联 TA 二次回路分流，该装置设有母联 TA 二次自动封闭回路，如图 2-95 所示简化回路。当 1 号或 2 号母线差动元件动作后（即 CK1 或 CK2 闭合）或母联断路器 DL 断开后（b1 闭合），启动时间继电器 125，经整定延时（现场整定 300ms）后，125 时间继电器的 1、2 触点向上吸合。同时，双位置继电器 113 向下线圈励磁，使双位置继电器 113 的 3、4、5 触点闭合，2 触点打开。进而使双位置继电器 101 的向下线圈励磁，101 继电器的 2、3、4、5、6 触点打开，1、7 触点闭合。同时，使时间继电器 125 失磁，使其 1 触点打开，2 触点打开并向下吸合。这样，便完成了母联断路器 QF 辅助 TA 二次的封闭操作，并有先封后断的次序。

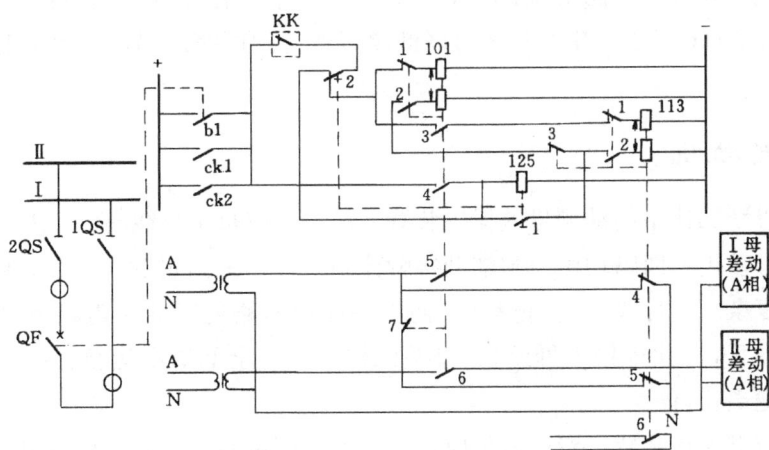

图 2-100　母联 TA 二次自动封闭回路

但若要解除母联断路器辅助 TA 二次封闭回路，只有母联断路器在断开状态下（正常

CK1、CK2 不动作）手合母联断路器才能完成。即正电源通过 b1 触点、KK 触点（手合母联断路器瞬时通）、125 继电器的 2 触点、101 继电器的 1 触点使 101 继电器向上线圈励磁，使 101 继电器的 2、3、4、5、6 触点闭合，1、7 触点打开。进而使 113 继电器的向上线圈励磁，使 113 继电器的 1、3、4、5 触点打开，2、6 触点闭合。从而完成母联断路器辅助 TA 二次解除封闭而接入差动元件的操作。

三、事故暴露的问题及解决措施

1. 暴露的问题

由于该型母差装置封母联辅助 TA 二次回路不能自行复归，在运行中有以下问题：

使用母联断路器进行自动同期并列时，上述回路不能自行复归。在并列操作时，可能导致母差出口误动。

当图 2-100 中的母联断路器辅助触点 b1 采用三相辅助触点并联时，如果运行中母联断路器有一相偷跳时，可能导致母差出口误动。

在母差装置校验或检修时，如果差动元件动作过，母联辅助 TA 二次回路将被封闭，且无告警信号。在母差投入运行，系统遇有故障时，极易因此而造成母差出口误动。

2. 解决措施

经与设备制造厂家共同研究，对装置回路进行了完善，提出以下解决措施：

增加母联断路器辅助 TA 二次封闭回路动作指示信号。该信号只有在母联断路器处于合位且母联断路器辅助 TA 二次封闭回路解除时才能手动复归。

使用自动同期装置合母联断路器时，用同期装置启动合闸的一副触点去解除母联断路器辅助 TA 二次封闭回路。

对母联断路器辅助触点 b1 使用三相并联的改为三相串联。

为了确保先解除母联断路器辅助 TA 二次封闭回路，后合母联断路器，将图 2-95 中 113 双位置继电器的 6 触点，串联接入母联断路器的合闸回路。当母差停运时，用连接片将该触点短接。

四、经验教训

应用于双母线的比率制动型母差保护装置，虽然对应每条母线有一个差动元件，但交流电流回路、母差出口回路均由刀闸辅助接触控制，再加上封母联 TA 二次回路，使本装置二次接线较复杂。当母线设备有操作，而母差保护回路处于非正常状态时（如本次事故中 211 断路器 TA 二次未接入母差），母差保护装置宜全部退出运行，不宜部分装置运行而另一部分退出运行。

对引进的新型保护装置，专业人员应认真学习，刻苦钻研。管理部门应组织有关人员进行教育培训，提高专业人员的责任心和设备的应用水平。

厂家的产品说明书中应对可能导致保护不正确动作的内容做出醒目标示，以提醒用户注意，防止因理解不清而造成保护不正确动作及电网负荷不必要的损失。

61 相差高频保护出口误跳三相

一、事故简述

1984年7月10日，某大型水电厂，一条220kV线路发生A相瞬时性接地短路，使用单相重合闸方式。电厂侧安装有JZC—11A型综合重合闸装置、JL—11A型零序电流方向保护、JJ—11A型和JJ—12型距离保护以及GCH—1A型高频相差动保护装置。

由于JZC—11A型综合重合闸装置的切换开关在装置的本体箱内，不便于运行人员操作。因此，设计部门对上述各种保护装置在箱体外的屏面上，设置了"直接跳闸"（当重合闸停用时）和经"单相跳闸"（高频投役经综重跳闸重合闸时）回路，如图2-101所示。

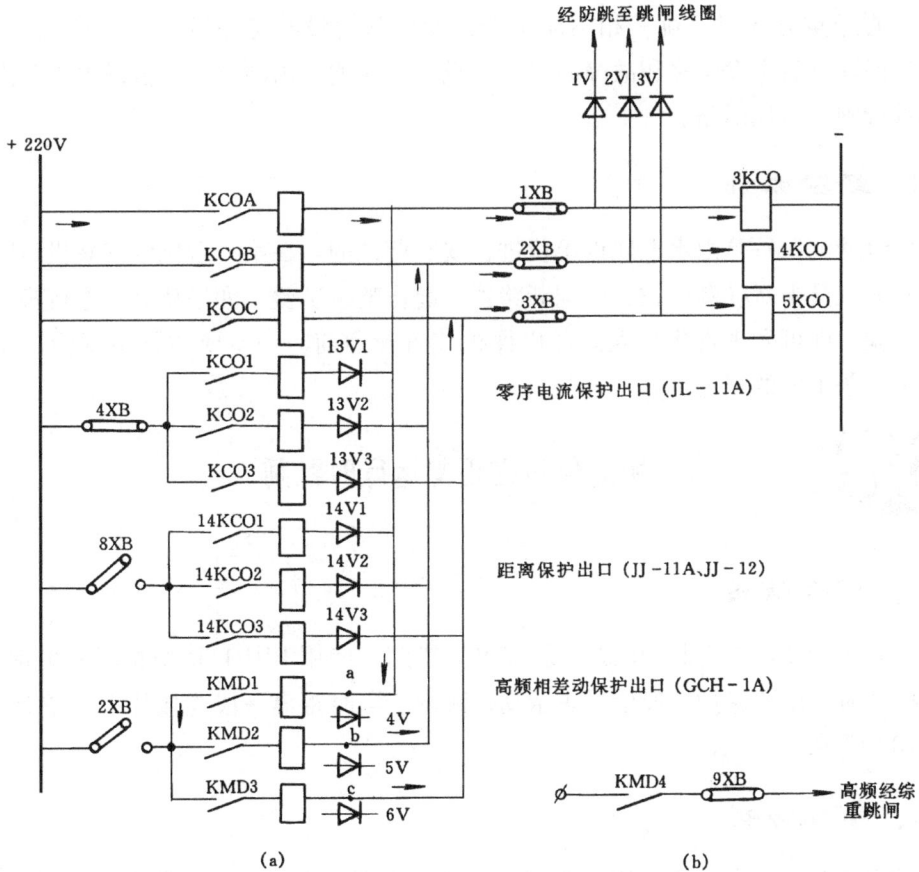

图 2-101 高频相差动保护出口回路误跳三相接线图
(a) 直跳方式；(b) 经重合闸跳闸方式

二、事故分析

电厂侧一次接线为发电机——变压器线路组接线，故线路两侧使用单相重合闸方式。

只有高频相差动保护投役时，才起用单相重合闸。当时线路发生 A 相接地短路，两侧高频和零序电流一段保护动作、经选相元件跳开 A 相，线路对侧 A 相重合成功。电厂侧经综重分相出口 KCOA 跳 A 相断路器，图中"直跳出口"回路的高频连片 2XB 在断开位置，但其出口触点 KMD1 ～ KMD4 仍会闭合。这样就产生了寄生回路，致使三相跳闸。综重装置无三相跳闸闭锁重合闸的回路，所以重合闸仍起动进行三相合闸，造成了三相非同期合闸。从当时的录波图中可以看到，产生很大的冲击电流，约为发电机（300MW）额定电流的 2 ～ 3 倍。图中 4XB 在"直跳出口"回路不须断开，否则接地三段无法跳闸。

三、采取对策

（1）在高频相差动的"直跳出口"回路中每相串入一隔离二极管 4 ～ 6V。

（2）在单重方式时，跳三相不应重合，设计部门没有考虑这一点，这是一个错误。因此，为保证以后再发生多相故障时可靠不重合，应增设由断路器位置继电器触点两两串联解除重合闸的附加回路。

四、经验教训

电厂侧继电保护是由水电建设单位进行安装调试的。在第一台机组安装投运时，电厂的继电专业人员未对各套保护，联同断路器一起作整组试验。如果认真地进行模拟单相故障整组试验，即可发现寄生回路。所以保护装置投运前，一定要做整组试验，而且要做全。这是一条重要的规定。

62 距离保护在正常运行时跳闸

一、事故简述

1989 年 9 月 19 日，某变电站一条 220kV 线路，使用 PJH-11D 型相间距离保护装置，在系统操作时，距离保护二段信号表示动作跳闸。当时距离一段连接片 1XB 在断开位置，如图 2-102 所示。

二、事故分析

经过现场调查，有一个垫片落在 1KS 信号继电器的 1 号、2 号端子间。2 号端子为信号正电源，如图 3-94 所示。相当于在 1 号、2 号间加一根连线，当系统有操作时，出现负序和零序电流分量，KMS 失磁触点闭合。正电源通过 KME 自保持触点、KLO 和 KMS 常闭触点，起动距离保护一、二段重动中间继电器 KMR，KMR 常开触点闭合，起动距离二段时间继电器 2KT，其滑动触点 2KT 闭合，起动出口 KCO 跳闸。并通过 KCO 触点自保持，使断路器跳闸后重合不成功，因为跳闸脉冲没有消失。

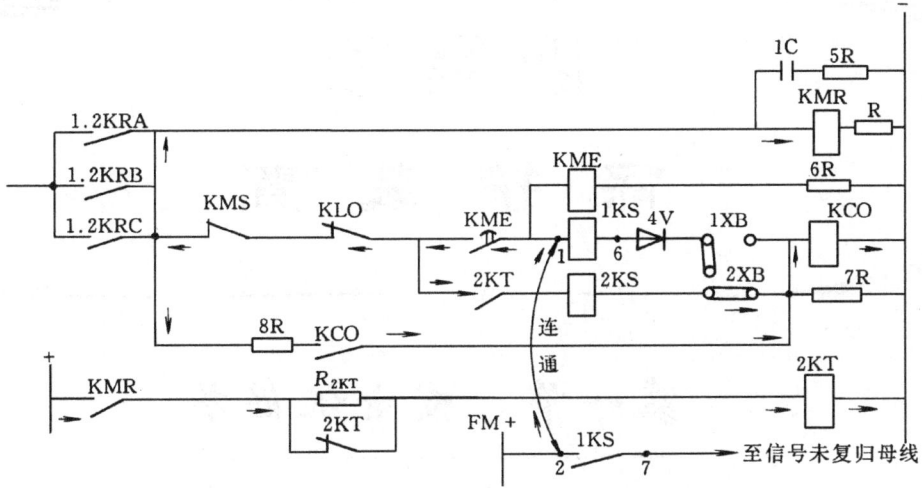

图 2-102　PJH-11D 型距离保护误动作跳闸回路接线图

三、采取对策

（1）1KS 的 1 号、2 号螺杆间，用绝缘套加以绝缘。

（2）选取信号正电源端子与信号继电器线圈端子应隔开一个端子号。

四、经验教训

（1）在屏内拧螺丝，如果不慎掉了，必须把它找到。这次事故可能是这样产生的。掉了也不去找，就可能掉到两个端子间里了。

（2）在电气设备上工作，必须两人进行，即一人操作，另一人监护，这样做对设备和人身都安全。

第三章

保 护 装 置

第一节　发电机保护

与变压器差动保护相比，发电机差动保护的运行条件较好。通常，发电机差动保护的误动原因，多半是整定值有误，两侧 TA 特性相差太大，差动 TA 二次回路多点接地等。

LCD—2 型纵差保护误动

一、情况简介

某水电厂 1 号机组的额定电流为 3586A，其差动 TA 的变比为 5000/5，配置有 LCD—2 型整流型差动继电器构成的纵差保护。

二、事故过程及试验检查分析

1992 年 2 月，1 号机并网操作时，由于合闸角较大，出现冲击电流，致使 LCD—2 型差动继电器误动，使 1 号机解列灭磁。

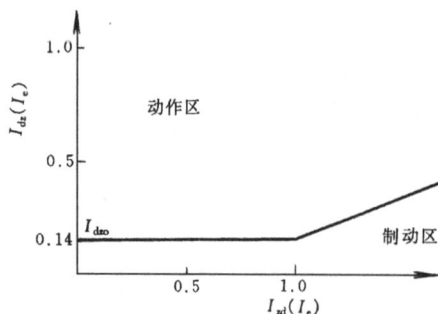

图 3-1　差动继电器的比率制动特性

调查发现，该纵差保护的定值未经过整定计算，只是将继电器的初始动作电流 I_{dzo} 调到 0.5A，将比率制动系数调到 0.2。保护投入前，未作差动继电器的比率制动特性。

通过试验录得的比率制动特性曲线如图 3-1 所示。

发电机的差动 TA 二次电流为 3.59A，而初始动作电流 $I_{dzo} = 0.5A$，为额定电流的 0.14 倍。比率制动系数只有 0.2，而拐点电流（即开始出现制动作用时的制动电流）则为 I_e。I_e 为发电机的额定电流（TA 二次值）。

差动保护这次误动的原因，是初始动作电流取得太小，而拐点电流较大，且比率制动系数（即表征制动量上升速度快慢）过小。由于合闸角较大，在并网瞬间必定出现较大

190

的定子电流，使差流增大；又由于制动量增加较小，导致差动继电器误动。

三、事故对策及教训

对于具有比率制动特性的发电机纵差保护，其差动继电器的整定值一般应按以下范围整定：

初始动作电流 I_{dzo}，取 $(0.25 \sim 0.3) I_e$；

比率制动系数 K_{res}，取 $0.3 \sim 0.4$；

拐点电流 I_{zdo}，取 $(0.7 \sim 1.0) I_e$。

其经验教训是：保护在投运前应有主管部门下达的定值通知单，同时，保护要经过认真校验，证明保护的动作特性良好，其各种定值与定值通知单一致。

2　发电机纵差保护误动

一、情况简介

西北某水电厂 1 号机组系容量为 400MW 的水轮发电机组，其定子额定电流为 14256A。发电机定子绕组为 Y 型连接，且每相绕组支路数为 2。由于发电机结构的特殊性，设计的纵差保护的交流回路（以一相为例）如图 3-2 所示。

在图中，中性点 TA 两个并联，每个 TA 变比为 9000/5；机端 TA 为 18000/5。为了使正常工况下差动继电器的差流为零，在中性点 TA 的输出接一中间变流器，中间变流器的变比为 2/1。

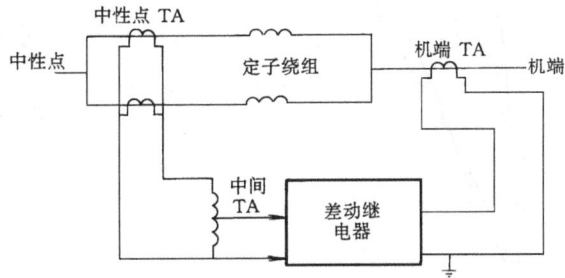

图 3-2　一相差动继电器的交流接入回路

二、事故过程及试验检查初步

1997 年 7 月上旬，距电厂较远的线路上（330kV 线路）发生了 A 相接地故障，1 号机 C 相差动保护动作，切除了 1 号机组。差动保护动作时发电机的电流约 $1.5I_e$。

经调查知，误动的差动保护是具有比率制动特性的集成电路型分相差动保护。其整定值如下：初始动作电流 $I_{dzo} = 0.9A$；比率制动系数 $K_{res} = 0.3$；拐点电流 $I_{zdo} = 4A$。

事故发生之后，多方面的有关人员对差动继电器、二次回路进行了试验检查；并在正常工况下进行了测量，没有发现问题。

三、性能试验及误动原因分析

为了查清差动保护误动的原因，我们对差动 TA 的特性进行了试验，模拟区外故障观察对差动继电器的影响。基本搞清了差动保护误动原因。

（1）两侧差动 TA V—A 特性的录制，差动 C 相 TA 的伏安特性见表 3-1。

表 3-1　　　　　　　　　　　　差动 C 相 TA 的伏安特性

中性点TA	二次电压（V）	98	195	279	337	381	428	455	509	
	二次电流（mA）	39	90	139	176	206	246	278	395	
	二次电压（V）	110	186	278	339	390	409	436	503	
	二次电流（mA）	54	84	121	150	180	194	216	330	
机端TA	二次电压（V）	92	180	279	329	431	511	597	670	692
	二次电流（mA）	10	14	22	30	53	74	100	127	136

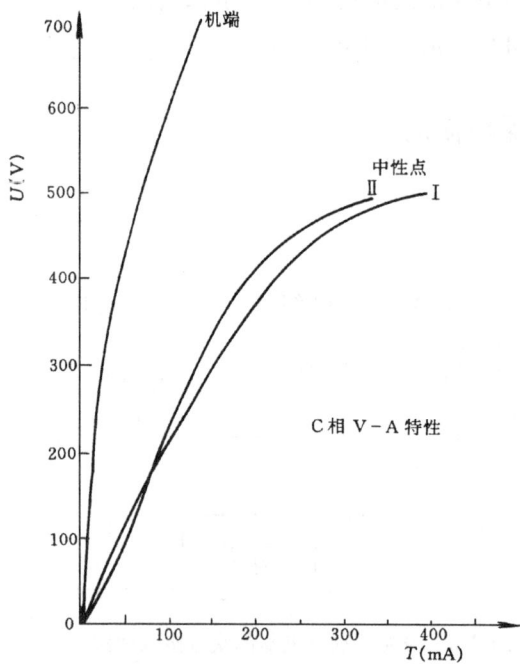

图 3-3　差动 C 相 TA V—A 曲线

根据表 3-1 绘得的曲线如图 3-3 所示。

由图 3-3 可以看出：差动 TA 两侧的 V—A 特性相差很大：中性点 TA 在 500V 左右开始呈现饱和，而机端 TA 在 700V 时仍为线性。这样在区外故障时的暂态过程中，由于差动保护两侧 TA 暂态特性不一致，可能短时在差动继电器中出现差流。

（2）区外故障模拟试验。区外故障模拟试验接线如图 3-4 所示。

在图 3-4 中，W1、W2—差动继电器的制动线圈；W3—差动继电器的差动线圈；K1、

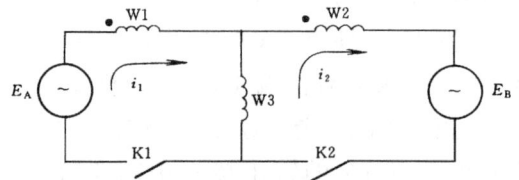

图 3-4　区外故障模拟试验接线

K2—三相刀闸的两个刀口；E_A、E_B—微机试验仪的两相电流源。

试验时：先合上 K1、K2，调节试验仪使 $i_1 = i_2 = 5A$，i_1 与 i_2 的相位相同，拉开 K1、K2。突合 K1、K2，观察差动继电器的状态。

试验结果如下：当继电器定值为 $I_{dzo} = 0.8A$、$K_{res} = 0.3$、$I_{zdo} = 4A$ 时，同时突合刀闸（即 K1、K2）5 次，每次差动继电器均动作。而当继电器的定值提高为 $I_{dzo} = 1.6A$；$K_{res} = 0.4$、$I_{zdo} = 4A$ 时，再突合 5 次刀闸，差动继电器可靠不动作。

为了验证试验仪工作性能及 K1、K2 闭合的同时性，对上述试验进行了录波。从录波图可以看出：合 K1、K2 后，电流 i_1、i_2 立即大小相等，方向相同，并没有暂态过程。另外，K1、K2 合闸不完全同时度，只相差 2～3ms。

测量差动继电器的动作时间知，5 倍动作电流时的动作时间为 15ms 左右。

（3）差动继电器误动原因分析：区外故障差动继电器误动原因主要有：差动继电器

的整定值较小，两侧 TA 的暂态特性及电流上升速率不同，以及当整定值较小时差动继电器本身工作不稳定。

与其他发电机的差动保护不同，该机两侧差动 TA 的型号不一，变比不同，且中性点 TA 由两个 TA 并联，又加一个中间变流器。因此，该机差动继电器的整定值应适当提高，制动系数应增大，拐点电流应降低。

而原定值为，$I_{dzo} = 0.8A$，仅为额定电流的 0.2 倍；比率制动系数只有 0.3。对于集成型差动继电器，拐点电流取 $0.7 \sim 0.8 I_e$ 是合理的，而实际拐点电流为 I_e。

在区外故障时，由于两侧 TA 特性不一致，且中性点侧 TA 又多一个中间环节，因此，保护两侧电流，上升的快慢必定不一样，很可能有 $3 \sim 5ms$ 之差。从区外故障模拟证实：当两侧电流出现时间相差 $2 \sim 3ms$ 时，便足能使差动继电器动作。

差动继电器的最短动作时间为 15m 左右。而两侧电流出现时间差（即出现差流的时间）仅为 $2 \sim 3ms$，差动保护就动作实属差动继电器本身问题。

四、对策及教训

为了提高该机该型差动保护的动作可靠性，可采取以下对策。

将初始动作电流 I_{dzo} 增大至 $0.4 I_e$；比率制动系数增大到 $0.40 \sim 0.45$；拐点电流降至 $0.7 I_e$。此外，为了消除两侧 TA 暂态特性不一致对差动继电器的影响，应对差动继电器增加 $10 \sim 15ms$ 的动作延时。

经验教训是：在计算差动继电器的整定值时，应考虑两侧 TA 的不同及中间环节。此外，还应考虑采用的差动继电器构成特点及性能。

3 5 号机纵差保护误动

一、事故情况简介

西北某热电厂 5 号机组系容量为 6MW 的汽轮发电机。它与容量相同的 6 号机构成扩大单元接线，通过一台变压器接在 110kV 母线上。在 110kV 母线上还接有 110kV 线路及其他变压器。5 号发电机的纵差保护系微机型差动保护装置。

二、事故简介及调查初步

1998 年 3 月 18 日，电厂 110kV 出线上发生 AB 相间短路故障，5 号机的差动保护动作，切除了 5 号发电机。

经调查知，差动保护的整定值为：初始动作电流 $I_{dzo} = 1A$（$0.3 I_e$）；比率制动系数 $K_{res} = 0.4$；

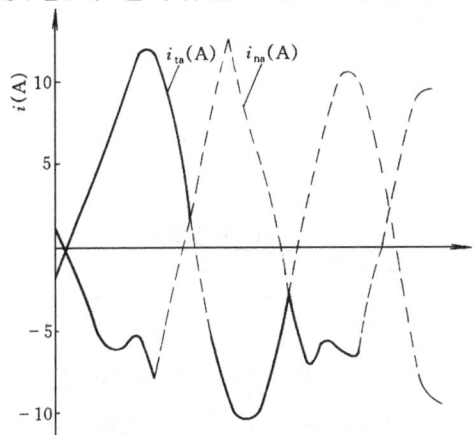

图 3-5 故障时的采样波形

拐点电流为5A（$1.45I_e$）。可以看出：除拐点电流整定值偏大之外，其他定值基本合理。

A 相差动保护动作时，打印出的 A 相两侧电流采样值如表3-2所示。

根据表3-2给得的曲线如图3-5所示。

表3-2　　　　　　　　　外部故障时 A 相差动两侧电流采样值

采样点	1	2	3	4	5	6
I_{ta}（A）	−1.95	0.31	3.05	6.10	9.57	11.96
I_{na}（A）	1.90	−0.36	−3.1	−5.98	−6.2	−4.98
采样点	7	8	9	10	11	12
I_{ta}（A）	11.27	7.2	1.8	−3.39	−7.71	−10.18
I_{na}（A）	−5.41	−7.76	−3.46	2.46	8.15	12.49
采样点	13	14	15	16	17	18
I_{ta}（A）	−9.98	−6.98	−2.02	3.46	8.03	10.47
I_{na}（A）	8.59	5.66	2.00	−3.49	−6.9	−5.66
采样点	19	20	21	22	23	24
I_{ta}（A）	9.81	5.85	0.61	−4.46	−8.56	−10.79
I_{na}（A）	−6.07	−6.48	−1.53	3.93	8.39	9.37

三、差动保护的性能试验检查

为查明该差动保护的误动原因，我们对保护装置及其二次回路进行了试验检查。还对保护装置作了区外故障模拟试验，试验结果表明：保护装置性能良好，定值整定无误，二次回路正确。

对 A 相差动两侧 TA 进行了试验，录制了 V—A 特性曲线。得到的 V—A 特性数据列于表3-3。根据表3-3绘得的曲线如图3-6所示。

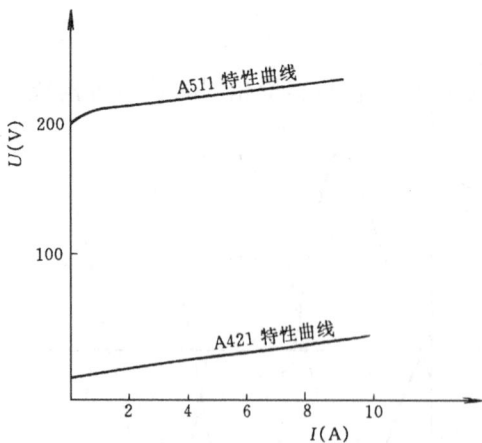

图3-6　A 相差动两侧 TA V—A 特性

表3-3　A 相差动两侧 TA V—A 特性

二次电流（A）	0.2	0.4	0.8	1	2
机端二次电压（A511）	185	190	192	198	200
中性点二次电压（A421）	16	17	18.5	19.2	22
二次电流（A）	3	4	6	8	
机端二次电压（A511）	202	205	210	214	
中性点二次电压（A421）	24.5	27	32	37	

从图3-6可以看出：差动保护两侧 TA V—A 特性相差太大，中性点 TA 饱和电压20V，机端 TA 饱和电压高达200V。两者相差10倍。

四、差动保护误动原因的分析

3 月 18 日事故发生后，将保护的动作电流及比例制动系数分别提高至 $I_{dzo}=0.5I_e$；$K_{res}=0.5$。但在由 110kV 母线对其他变压器空充电时，该差动保护又误动。差动保护误动的原因是：当外部故障或其他变压器空投时，造成 5 号发电机电流剧增。由于差动继电器两侧特性相差太大，中性点 TA 容易饱和，致使在电流峰值附近出现差流，进而使差动保护误动。

五、对策及经验教训

为了消除差动保护误动，应更换发电机中性点电流互感器，并使更换后的电流互感器与机端 TA 特性一致。这是消除差动保护区外故障误动主要措施。

为了避免区外故障时由于两侧 TA 特性有差异，致使差动保护误动，发电机差动保护的动作时间不宜低于 35ms 左右。

另外，应将制动特性曲线上的拐点电流减到 3.44A 以下。

经验教训是，在选择发电机的差动 TA 时，两侧 TA 的特性应尽量一致。

BCD—53 型发电机纵差保护误动

一、情况简介

该厂 7 号机配备有阿城继电器厂生产的全套晶体管保护装置。发电机纵差保护为 BCD—53 型保护装置。

二、事故过程

1998 年 6 月 15 日，在厂出线 2353 线路上发生 A、C 相接地故障，上述发电机纵差保护误动切机。

三、试验检查

事后，对保护继电器、二次回路及差动 TA 进行了试验检查。

试验检查发现，有一相两侧差动 TA 的特性不一致，差动 TA 二次回路负载较大。对差动继电器进行了区外故障模拟试验，发现在突加电流时，差动继电器整流输出回路（差流回路）短时（2～3ms）出现脉冲，导致继电器误出口。

四、误动原因分析

两组差动 TA 特性不一样，其测量误差及暂态特性必然不一致。这样，在外部故障的暂态过程中，差动两侧 TA 2 次电流变化速度及大小均不同，将在差动继电器中短时出现差流。又由于差动继电器的暂态特性较差，在外部故障时，导致了差动保护误动。

五、对策建议

为提高该机差动保护动作的可靠性，可采取以下对策：

（1）更换不合格的 TA，使差动保护两侧 TA 型号、变比及特性一致；

（2）更换差动继电器，选用暂态性能好的继电器；

（3）暂时无法更换时，可适当提高保护的整定值，并对继电器增加 20ms 左右的动作延时。

5 发电机匝间保护误动（一）

一、情况简介

西北某电厂装有 4 台 200MW 汽轮发电机。机组的匝间保护，为纵向零序电压型晶体管匝间保护装置。为防止区外故障时匝间保护误动，采用负序功率方向闭锁；为防止匝间保护专用 TV 断线时保护误动，设有 TV 断线闭锁装置。保护的构成框图如图 3-7 所示。

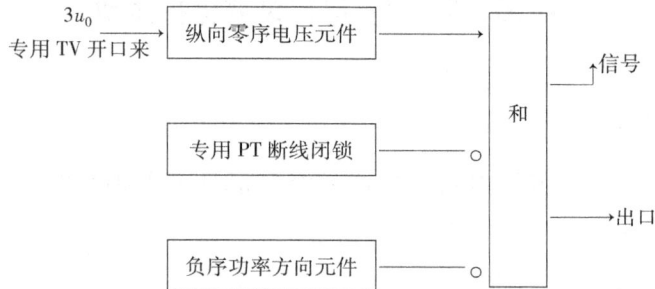

图 3-7 纵向零序电压型匝间保护框图

二、事故情况简介及调查

80 年代中期，4 台 200MW 机组陆续投产后，该厂机组的匝间保护先后误动 4 次（不是一台机的）。其中有一次是工作人员误将专用 TV 一相拉开造成的。其他三次原因不明。

调查结果表明：保护误动时系统无冲击；纵向零序电压的定值为 3V。此外，华南某电厂发电机采用的匝间保护，构成框图与图 3-7 相同。也曾先后误动过 2 次，原因不明。华北某电厂的同类型保护也曾误动过 2 次。误动原因不明。

三、对匝间保护装置的试验研究

每次匝间保护动作之后，均要对保护继电器及其二次回路进行试验和检查。均未发现过问题。

为查明匝间保护误动的原因，需要进行常规试验检查以外的试验研究。

（1）纵向零序电压继电器的频率特性。继电器的整定电压（工频下动作电压）为3V。继电器内有3次谐波过滤器，其3次谐波过滤器比（对基波）>80。通过试验得到的频率特性列于表3-4。

表3-4　　　　　　　　纵向零序电压继电器的频率特性（稳态值）

频率（Hz）	20	25	50	75	100	150	200	250
动作电压（V）	1.8	1.9	3	4.6	10.9	>50	>50	9

由表3-4可以看出，当频率为50Hz时，继电器的动作电压等于整定值。当频率为150Hz时动作电压最大。当频率低于50Hz，继电器的动作电压大大降低。在分频电压下继电器可能会误动。

（2）3次谐波下的暂态特性试验。试验接线如图3-8所示。继电器整定动作电压仍为3V。

试验时，调节低频信号发生器使输出电压频率为150Hz，输出电压为某一定值，突合、突断刀闸K，观察继电器的动作情况。

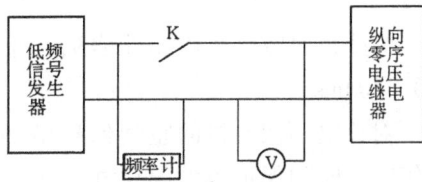

图3-8　继电器的暂态特性试验接线

试验结果如下：当电压为13V时合K，继电器动作。有时电压降至6V时，继电器也动作。这是由于无源滤过器暂态特性不可能好的原因。

从上述试验结果可知，继电器对于稳态的3次谐波有较好的抑制能力，而对于暂态的3次谐波，抑制能力并不强。

（3）纵向零序电压继电器的动作时间测量。曾对晶体管型及整流型零序电压继电器进行测量。结果如下：

对于整流型继电器，2倍整定电压下的动作时间约为20ms；而对于无附加延时电容的晶体管继电器，2倍整定电压下的动作时间约为15ms。

四、误动原因分析

发电机有较大的3次谐波电动势。由于匝间保护专用TV一次中性点与发电机的中性点直接连接，因此，TV开口电压中的三次谐波电压，应与发电机三次谐波电动势相当。测量结果表明，在满负荷运行时，此电压可达5～6V。这样，在暂态过程中，此电压可能使匝间保护误动。

当拉开专用TV一相刀闸，该TV拉开相的一次绕组被断开，在开口三角形绕组上，必定出现很大的基波零序电压，从而使匝间保护误动。

但是，该型匝间保护均有专用TV断线闭锁装置，为什么闭锁不住呢。原因是，在TV断线时，纵向零序电压继电器的动作速度比TV断线闭锁装置动作速度快，故来不及闭锁。

我们曾对西北某两个电厂125MW机组匝间保护的TV断线闭锁装置动作时间进行测量。断线闭锁装置的动作时间在15～150ms之间。而在TV断线时，由于TV开口电压很大，故零序电压继电器的动作时间将小于20ms。这样，零序电压继电器往往抢先动作并作用于出口。

此外，发电机机端TV（包括匝间保护专用TV）通常为抽屉型，被装设在发电机的下部。该位置振动大。由于振动，可能使专用TV一相出现接触不良（抖动接触不良）。在TV开口绕组上短时出现较大的零序电压，又由于TV断线闭锁装置动作时间较慢，可能使匝间保护动作于出口。

五、对策及效果

由上述知：匝间保护误动的原因主要是暂态三次谐波电压的影响，或是由于专用TV一次断线时（包括接触不良或抖动）断线闭锁装置动作速度慢于零序电压继电器而致。

为此，对零序电压元件增加一个小延时，可避免匝间保护误动。小延时的时间可取150~200ms。

对该电厂四台机的匝间保护增加了150ms的延时。运行实践表明，自加延时后的十多年来，匝间保护再没误动过。

另外，20世纪90年代初，西北某电厂300MW汽轮发电机的匝间保护，一年内曾误动过6次。造成了巨大的经济损失。自加了小延时以后至今，再没发生过误动现象。

发电机匝间保护误动（二）

一、情况简介

西北某电厂的一台125MW发电机，经升压变压器接到110kV母线上。110kV母线有多条出线。发电机配置有纵向零序电压整流型匝间保护装置。保护的构成框图如图3-9所示。

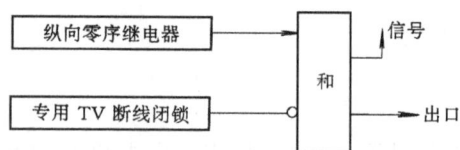

图3-9　匝间保护构成框图

二、误动情况介绍及调查

从1998年12月21日至1999年2月25日，匝间保护共误动5次，详细情况如下：

（1）1998年12月21日，110kV某出线B相接地故障，故障持续100ms（即从线路故障至故障切除共100ms，以下同）。匝间保护误动，切除发电机。

（2）1998年12月24日，110kV另一出线C相接地故障，故障持续100ms，匝间保护误动，切除发电机。

（3）1999年1月1日，由该电厂供电的某变电站110kV线路B相接地，故障持续100ms，匝间保护误动，切除发电机。

（4）1999年2月24日，110kV出线A相接地，故障持续100ms，匝间保护零序电压继电器动作，但没有出口切机。

（5）1999 年 2 月 25 日，110kV 出线 A 相接地，故障持续 100ms，匝间保护零序电压继电器动作，但没有出口切机。

对上述 5 次故障进行了调查。纵向零序电压的整定值为 4V。对保护继电器及其二次回路进行了较细致的试验和检查。结果表明：保护继电器良好，动作值与定值相符，二次回路完好，匝间保护专用 TV 特性也良好。

第 4 次及第 5 次故障，保护没有出口切机的原因是增加了 200ms 的小延时。

此外，还在不同工况下对零序电压继电器的输入电压进行了检查。检查结果列于表 3-5。

表 3-5　　　　　　　　　　　不同工况下零序电压继电器输入电压

发电机工况	零序电压继电器输入电压（V）	经 3ω 滤过器后作用于执行元件电压（V）
空载 13.8kV	1.3	0.009
$P = 35MW$　　$Q = 25MVA$	2	0.04
$P = 90MW$　　$Q = 30MVA$	3	0.03

由表可以看出：匝间保护 TV 及保护输入回路良好，输入保护继电器的电压主要是三次谐波电压。

在区外单相接地故障时（110kV 出线上单相接地），曾拍摄到一次专用 TV 开口三角形电压的波形，如图 3-10 所示。

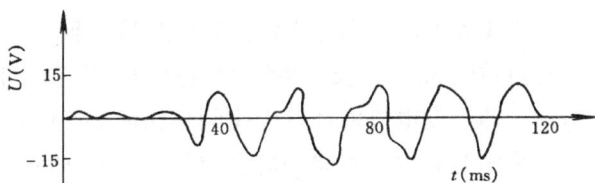

图 3-10　故障时专用 TV 开口电压波形

由图 3-10 可以看出，在正常工况下，专用 TV 开口电压，主要是三次谐波电压。故障时，基波分量很大，其有效值达 8V 左右。

三、误动原因分析

在 110kV 线路接地时，专用 TV 开口电压中的基波分量达 8V 左右。但由于零序电压继电器的整定动作电压只有 4V，因此，零序电压继电器动作是必然的。

测量结果表明，零序电压继电器的动作时间最长为 30ms（1.2 倍整定动作电压下）。出口中间继电器为快速继电器，其动作时间不大于 30ms。由于出口继电器有电流自保持回路，因此，当外部单相接地故障时，只要故障持续时间有 70～80ms，匝间保护必然出口跳闸。这就是 1999 年 1 月 1 日前，匝间保护 3 次动作而作用于出口跳闸的原因。

为消除外部故障匝间保护误动，电厂人员给该保护增加了 200ms 的延时。增加延时后的逻辑回路如图 3-11 所示。

由图 3-11 可以看出，由于增加了 200ms 的延时，只有故障持续时间大于 270～280ms 时，保护才能作用于出口。因此，在上述第 4 次及第 5 次故障时，由于故障持续时间只有 100ms，虽然零序电压动作了，但没有作用于出口。

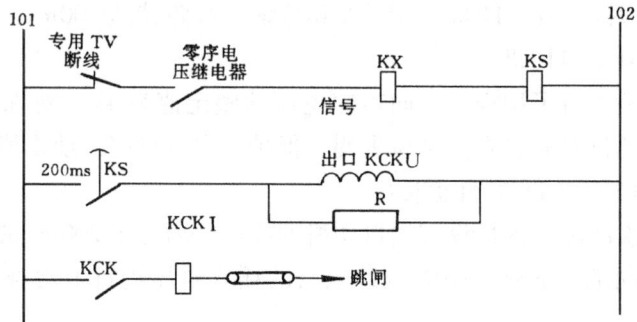

图 3-11 加延时后的匝间保护逻辑回路

KCKU—出口继电器的电压启动线圈;

KCKI—出口继电器的电流保持线圈

四、对策及效果

为防止区外故障时匝间保护误动,应增加负序功率方向元件。根据发电机定子绕组结构(该 125MW 定子绕组呈单 Y 型连接,且一旦发生匝间保护短路,短路匝数很多(占全分支匝数的33%)及发生匝间短路时负序功率较大的特点,负序功率元件采用常开触点闭锁。即当发电机内部发生匝间短路时,负序功率方向元件闭合,接通出口回路。

采用对策后的匝间保护框图如图 3-12 所示。

在图 3-12 中, t 为小延时,取 150ms。用来躲暂态的 3 次谐波干扰及保证 TV 一次断线时保护不误动。

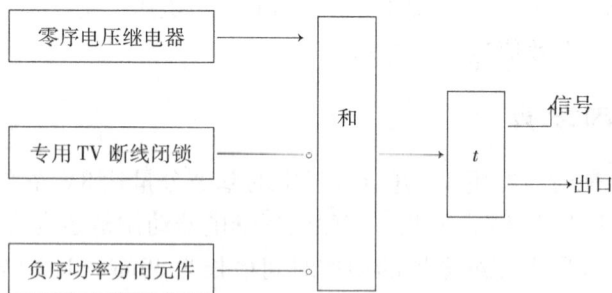

图 3-12 改进后的匝间保护框图

改进后的保护已运行近两年,期间,在 110kV 线路末端曾发生过单相接地故障,持续时间在 400ms 以上,匝间保护未误动。

五、值得进一步探讨的问题

用对称分量法分析,在 110kV 线路单相接地故障时,在发电机侧经 $Y_0/\triangle$—11 变压器隔离后的低压侧,应不会出现零序电压。

另外，由于发电机定子回路（包括专用 TV 与发电机中性点连线在内）没有接地点（绝缘也良好），因此，110kV 侧的零序电压通过变压器高、低压绕组之间耦合电容传递至发电机侧的电压很小，不可能使匝间保护误动。那么专用 TV 开口电压是如何产生的呢？

目前，我们的解释是：当变压器高压侧发生单相接地短路时，发电机只有两相流过短路电流（另一相没有电流），在此暂态过程中，由于短路电流很大及电枢反应的不对称，零序漏磁通增大，使得发电机三相纵向不对称度增大，从而产生较大的纵向零序电压。使匝间保护误动。

7 发电机匝间保护误动（三）

一、情况简介

该电厂第 4 期工程，装有两台 125MW 发电机组。两台机组均通过双绕组变压器接入 110kV 系统。发电机的匝间保护，采用纵向零序电压整流型保护装置。保护的构成框图如图 3-9 所示。

二、误动情况及试验检查

1995 年，1 号机投产试运期间，其匝间保护动作，切除了发电机。经试验检查，未发现问题。零序继电器的整定值为 3V。这次故障后，匝间保护一直退出运行。

1999 年，又对匝间保护继电器及其二次回路进行了详细检查，并做了性能试验。发现了以下问题：①匝间保护用 TV 采用半绝缘 TV，其一次中性点对地耐压水平较低；②交流输入回路不满足"反措"要求；③TV 断线闭锁装置，动作速度较慢。

三、误动原因分析

专用 TV 二次回路有多点接地情况，且开口三角形电压回路的一根线与二次 Y 形回路的 B 相用一根电缆由开关室引至保护盘当地电流大时，干扰信号大。由于保护定值小（动作电压 3V），可能引起误动。

四、对策及效果

为了提高匝间保护的动作可靠性，采取了以下对策。

（1）更换专用 TV，换成了全绝缘 TV。

（2）整顿 TV 二次回路，使其满足"反措"要求。

（3）增加了 150ms 的动作延时，增加了负序功率方向元件。

（4）根据发电机定子绕组结构的特点（发生匝间短路时，纵向零序电压最小为 33V），将保护的动作电压由 3V 提高到 4V。

发电机定子接地保护误动（一）

一、情况简介

该发电厂装有 4 台 200MW 汽轮发电机，均配置了叠加直流式 100% 定子接地保护。保护的构成及作用原理图如图 3-13 所示。

当发电机定子绕组发生系统接地时，经整流桥输出的直流电压，启动继电器 JDJ —21。

二、事故简介及调查

1986 年秋，两台并网运行的 200MW 发电机的定子接地保护同时动作，切除了两台发电机。

事后，对两台机的定子接地保护继电器及其二次回路进行了试验及检查。结果表明：保护继电器性能良好，二次回路无误。保护整定值为 40kΩ。保护动作时，发电机冷却水系统进了些酸。

经分析研究确定，这次事故是由于定子线棒冷却水水质不良，导电度大大升高造成。还了解到，山东某电厂，也曾因冷却水系统水质不合格，导致两台 200MW 发电机的定子接地保护（与该电厂同型号的定子接地保护）误动，切除了两台发电机。

三、冷却水导电度增大造成保护误动的原因分析

对于定子绕组采用直接水内冷的发电机，如图 3-13 所示，叠加直流式定子接地保护测量的定子绕组对地电阻，应为两路电阻并联组成：一路是由定子线棒经外层绝缘至定子铁芯的电阻；另一路是由定子线棒导体通过冷却水回路的对地电阻（该电阻实际上为水系统的对地电阻）。

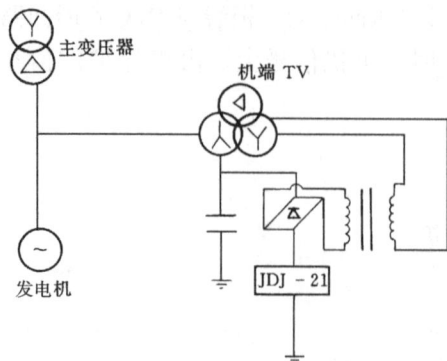

图 3-13　叠加直流 100% 定子接地
保护构成原理图

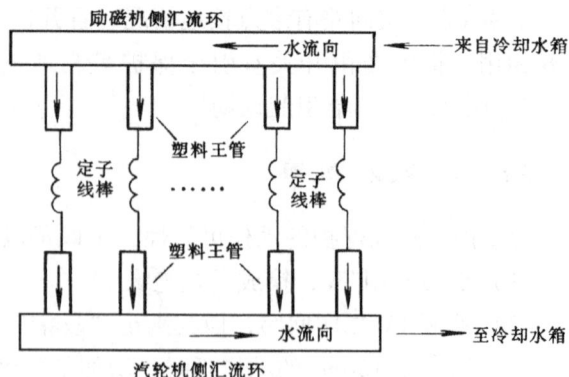

图 3-14　发电机定子冷却水系统

冷却水导电度的增大，必将造成单位水柱的电阻下降。当电阻下降到小于整定电阻

时，定子接地保护必然动作。

该电厂发电机冷却水系统的示意图如图 3-14 所示。

根据塑料王管的尺寸规格及数量，对该电厂发电机定子绕组通过水回路的对地电阻和相间电阻进行了计算。得到的电阻值与冷却水导电度的关系列于表 3-6。

表 3-6 不同冷却水导电度下定子绕组对地及相间的电阻

导电度（μΩ/cm）	3	5	10	12	20	50	100	200
对地电阻（kΩ）	152	91.2	45.6	38	22.8	9.1	4.56	2.28
相间电阻（kΩ）	919.5	551.7	275.8	229.9	137.9	55.2	27.6	13.7

为验证计算结果的正确性，在发电机空载运行时，通过改变冷却水的导电度，来改变发电机定子绕组的对地绝缘电阻。测量结果表明：当冷却水的导电度小于 20μΩ/cm 时，测量结果与计算结果相接近。

该电厂发电机定子接地保护的定值为 40kΩ。由表 3-6 可以看出：当冷却水的导电度大于 12μΩ/cm 时，定子接地保护将误动切机。

另外，由于该电厂冷却水系统是几台机公用的开放式系统，因此，这次事故同时切除了两台运行的发电机。

四、对策和效果

由表 3-6 还可以看出，对于 200MW 的汽轮发电机，当冷却水的导电度小于 50μΩ/cm 时（相间电阻 15.4kΩ），不会造成相间短路。另外，从对发电机线棒锈蚀方面考虑，当冷却水导电度小于 100μΩ/cm 运行几个小时，不会对发电机有多大影响。

为确保大型发电机的安全经济运行，采取了以下对策：

（1）将保护的切机定值由 40kΩ 减小到 10kΩ。

（2）增加了反应冷却水导电度的带接点表计，当冷却水的导电度大于 5μΩ/cm 时，发出"冷却水质不良"信号，而当冷却水的导电度大于 10μΩ/cm 时，自动改变定子接地保护的切机整定值，将其由 10kΩ 减小到 5kΩ。

对该电厂 4 台机的定子接地保护都进行了改进。10 多年的运行经验表明，效果良好。

发电机定子接地保护误动（二）

一、情况简介

西北某电厂 3 号机，系容量为 300MW 的汽轮发电机。机组的定子接地保护，为晶体管型双频式 100% 的定子接地保护。3 次谐波接地继电器的型号为 JDJ—31 型。

二、故障情况及试验检查

90 年代初 3 号机投产后，JDJ—31 型定子接地保护经常误动，无法投入运行。后来，进行了一次带负荷调平衡，消除了误动。但进行发电机中性点接地试验时，该保护拒动。

对保护继电器及其二次回路进行了试验检查。试验及分析结果表明：保护误动的原因是回路构成及调整均有问题造成的。

三、保护不正确动作原因分析

JDJ—31 型定子接地保护交流及输入回路如图 3-15 所示。

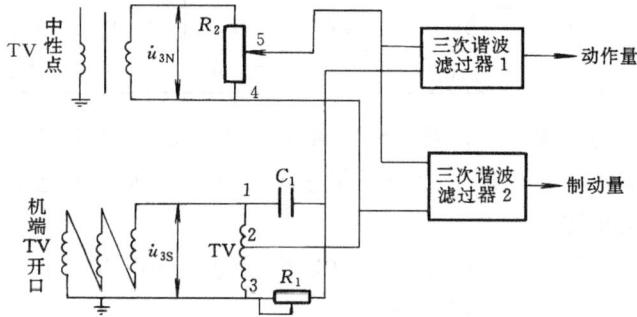

图 3-15 JDJ—31 型定子接地保护交流及输入回路

保护的动作方程为

$$| \dot{K}_1 \dot{u}_{3S} + \dot{K}_2 \dot{u}_{3N} | \geq \beta | \dot{u}_{3N} |$$

式中 $\dot{K}_1$、$\dot{K}_2$——相位、幅值平衡系数；

$\dot{u}_{3S}$——机端 TV 开口 3 次谐波电压；

$\dot{u}_{3N}$——中性点 TV 二次 3 次谐波电压；

β——制动系数。

可以看出，在图 3-15 中，中性点 TV 二次电压 $\dot{u}_{3N}$，经电位器 R_2 分压后加到 3 次谐波滤过器 2 中；同时机端开口三角形输出电压 $\dot{u}_{3S}$ 经自耦变压器 T，电容器 C_1 及电位器 R_1 构成的移相回路移相，并与 R_2 输出电压相加后，输入到 3 次谐波滤过器 1 中。当三次谐波滤过器 1 输出的动作量大于三次谐波滤过器 2 输出的制动量时，保护动作。

由图可以看出：由于回路中有两个保安接地点，将自耦变压器 T 的 2—3 线圈短路，也相当于将 1—3 线圈短路，从而使 $\dot{u}_{3S}$ 传递不到变压器的二次侧去。这样相当于公式中的 $\dot{K}_1 \dot{u}_{3S}$ 永远为零。又由于 β 一般为 0.3 左右，故不管在什么工况下，保护将一直动作。

而在调平衡后保护又拒动的原因是：由于自耦变 T 的输出为零，只有将电位器 R_2 的滑动头 5 移到 4 位置时，才能调到使上式右侧为零。这样，相当于使 $\dot{u}_{3N}$ 永远为零。u_{3S} 永远为零，$\dot{u}_{3N}$ 又永远为零，则保护将永远不动作。

四、对策和效果

上述误动原因，实际上是由于保护继电器中采用自耦变压器 T、电容器 C 及电位器

R_1 构成的移相回路造成的。

　　理论分析及真机测量表明，对于中性点不接地或经消弧线圈接地的发电机，在各种工况下（除接地及其他短路故障外），机端的 3 次谐波电压与中性点的 3 次谐波电压的相位基本相同（最大相差 7°左右），故可以去掉移相回路。

图 3-16　改进后的 JDJ—31 继电器接线图

　　我们对 JDJ—31 型继电器进行了改进，改进后的继电器原理接线图如图3-16所示。

　　此外，为了进一步提高该型接地保护的动作可靠性及动作灵敏度，建议应在 20% 有功负荷下调平衡。制动系数 β 可取 0.3 左右。还对继电器晶体管逻辑回路增加了 0.2s 的延时。

　　运行实践表明，改进后的保护灵敏度高，动作可靠。

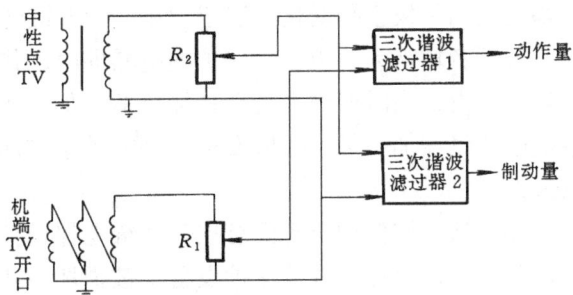

发电机定子接地保护正确动作

一、情况简介

　　该电厂 4 号机与（二）中所述 3 号机的情况相同：即容量为 300MW，采用 JDJ—31 型晶体管继电器构成 3ω 接地保护。并且对该继电器进行了改进。改进后的原理接线图如图3-16所示。

二、事故情况及试验检查

　　1996 年 5 月某日，4 号机带 120MW 左右的负荷运行。第二天凌晨 2 时，在加负荷过程中，JDJ—31 型继电器动作，切除了 4 号发电机。

　　停机并冷却后，对 4 号发电机进行了详细检查及试验，耐压试验表明，发电机定子回路绝缘良好。重新启动机组并网运行，也没有发现什么问题。上级主管单位认为 JDJ—31 型装置误动。

　　查阅追忆记录资料发现，在 JDJ—31 型继电器动作之前，发电机一个定子线棒的冷却水回路被堵塞，该线棒的温度已大大超过了允许值，并还有升高趋势。另外，从发电机故障录波图发现，发电机的一相对地电压在下降，另两相电压在升高，JDJ—31 型继电器动作时，一相电压已降到了 50V（TV 二次值），另两相电压已升到 64V（TV 二次值）。

三、动作分析

　　由上述数据可以看出：由于线棒冷却水回路被堵塞，致使该线棒温度超标。在高温下，线棒外层绝缘的绝缘能力劣化，对定子铁芯的绝缘电阻降低，从而使 $\dot{u}_{3S}$ 与 $\dot{u}_{3N}$ 的相对幅值及相位发生了变化，造成 JDJ—31 型继电器动作。因此保护动作是正确的。

分析者均认为，由于该保护继电器即时动作，避免了一次重大事故的发生。因为事故发生在后夜，当时值班人员正在加负荷，如果不即时切机，待负荷加到 200MW 以上，发电机电流将增加一倍，线棒发热呈平方关系增加，必然要烧坏线棒。那时，经济损失将是巨大的。

那种认为被保护设备没有损害时继电保护动作属于误动的想法是极其错误的。特别是主设备保护，应捍卫其被保护设备不被损坏，或损坏极其轻微。被保护设备严重损坏时保护才动作，这样的保护只能叫"保险丝"。

发电机定子接地保护拒动

一、情况简介

6 号机容量为 300MW 的汽轮发电机。机组配置引进型全套集成电路保护。其定子接地保护为双频式 100% 的定子接地保护装置。

二、事故过程及调查

1998 年 6 月，6 号机在运行中因故主汽门关闭，发电机逆功率运行。在发电机解列过程中，发电机差动保护、发变组差动保护及发电机匝间保护全动作，切除了发电机。

调查发现：发电机汽侧冒烟。操作盘上有 TV 断线信号，但定子接地保护未动作。打开机盖检查，在发电机汽侧端部，几根线棒烧坏，有定子线棒之间及线棒对定子铁芯放电痕迹，定子端部铁芯烧损。从电气回路检查，属于在发电机出口发生两相接地短路。

三、事故原因分析

检查发现，发电机端部对线棒的固定有缺陷。由于长期运行，固定松动，致使外层绝缘磨损，容易发生定子单相接地故障。

分析表明，在事故之前，首先在机端发生了单相接地故障。另两相对地电压升高$\sqrt{3}$倍。由于定子接地保护拒绝动作，在手动解列发电机时，瞬间发电机电压升高；进而引起另一相接地，造成两相接地短路。

四、定子接地保护拒动原因

定子绕组的接地点位于机端，$3U_0$ 定子接地保护应动作。并且，在机端接地，保护的灵敏度应最高。

对保护继电器及二次回路反复进行了试验检查，未发现问题。进一步分析表明，拒绝动作的原因，是由于 TV 断线闭锁装置有问题所致。

$3u_0$ 定子接地保护采用的 TV 断线闭锁装置的原理，系比较匝间保护专用 TV 及其他保

护用 TV 的二次电压构成。其动作方程为：$|(\dot{U}_a + \dot{U}_b + \dot{U}_c) - (\dot{U}'_a + \dot{U}'_b + \dot{U}'_c)| \geq \Delta u$

式中 $\dot{u}_a$、$\dot{u}_b$、$\dot{u}_c$——专用 TV 二次电压；

     $\dot{u}'_a$、$\dot{u}'_b$、$\dot{u}'_c$——保护用 TV 二次电压；

           ΔU——动作门槛电压。

并且，当$(\dot{U}_a + \dot{U}_b + \dot{U}_c) > (\dot{U}'_a + \dot{U}'_b + \dot{U}'_c)$时，认为是专用 TV 一次断线，将匝间保护闭锁；相反时，则认为是保护用 TV 一次断线，将定子接地保护等闭锁。

TV 断线闭锁装置的交流接入回路如图 3-17 所示。

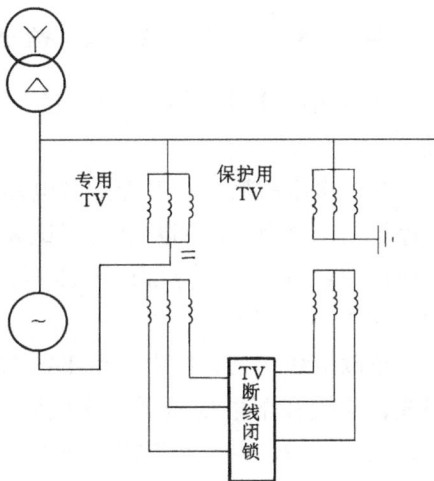

由图 3-17 可以看出，专用 TV 一次中性点不接 图 3-17   TV 断线闭锁装置的输入回路 地，而与发电机中性点连在一起，而保护用 TV 的一次中性点是接地的。当发电机一相在机端接地时，保护用 TV 的一次绕组的对应相被短接，从而使二次电压 $(\dot{U}'_a + \dot{U}'_b + \dot{U}'_c) \approx 100V$。而由于专用 TV 中性点不接地，$(\dot{U}_a + \dot{U}_b + \dot{U}_c)$ 仍近似等于零。此时 TV 断线闭锁装置动作，将$3u_0$定子接地保护闭锁。

五、对策建议

$3u_0$ 定子接地保护，是一种简单而可靠的接地保护。增加 TV 断线闭锁，大大降低了其动作可靠性。为此，应取消断线闭锁装置。

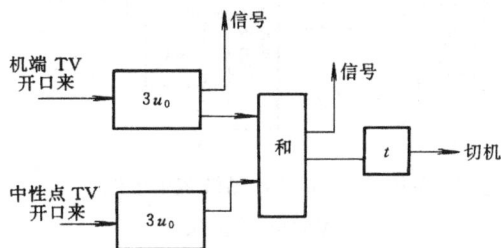

图 3-18   建议采用的$3u_0$接地保护框图

建议采用构成框图如图 3-18 所示的$3u_0$定子接地保护装置。

12 发电机定子接地保护误动（三）

一、情况简介

某电厂 3 号机容量为 300MW，机组配置有全套集成电路型保护装置。其定子接地保护采用双频式 100% 的接地保护装置。其动作方程为$|\dot{U}_{S3} + \dot{K}\dot{U}_{N3}| \geq \beta U_{N3}$。

发电机在投产初期，3 次谐波式定子接地保护无法调平衡。为此，电厂让制造厂家专门改制了该保护插件。

二、事故简介及试验检查

1997 年，3 号机的三次谐波定子接地保护曾两次动作，切除了并网运行的 3 号发电机。

第一次事故后，曾对保护继电器进行了试验检查，未查出什么问题。第二次误动后，对保护继电器及二次回路进行了试验检查。检查发现，保护继电器的输入回路线接错了。本应接在发电机中性点配电变压器二次的线，而错误地接在了发电机中性点 TA 的二次侧，如图 3-19 所示。

正确接线应是，接中性点 TA 二次的两根线，应接在配电变压器二次电阻 R 的两端，以取得中性点三次谐波电压 U_{N3}。

三、误动原因分析及教训

由于接线错误：无论在什么工况下，U_{N3} 永远很小或者等于零。在发电机运行时机端三次谐波电压 U_{S3}（由机端 TV 开口取得）始终存在，且随发电机有功负荷增加而增大。因此，在发电机运行时，三次谐波接地保护的动作方程永远满足，故该保护误动。

在 3 号机投运时，三次谐波接地保护之所以无法调平衡，并不是保护继电器插件有问题，而是输入回路接错，此时 U_{N3} 只是一些杂散扰动信号。

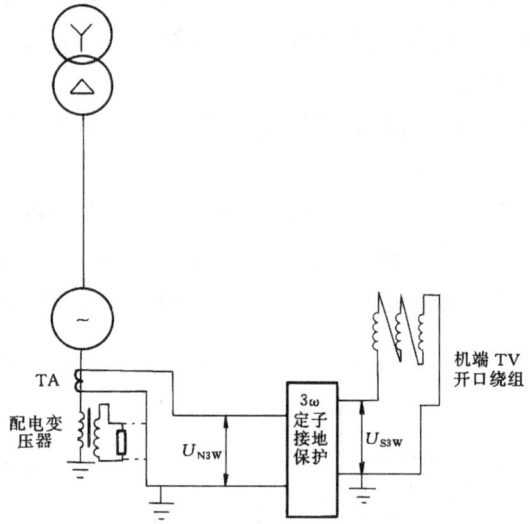

图 3-19　3 号机 3 次谐波定子接地
保护误动时的接线

其经验教训是：在机组投产时，一定要通过试验检查来确保二次回路接线的正确性。对于三次谐波式定子接地保护，在第一次开机试验时，应用专用的谐波分析仪来测量机端（TV 开口）及中性点（中性点 TV 或配电变压器二次）的三次谐波电压的大小及相对相位，随发电机电压及负荷的变化规律，以确认二次输入回路的正确性。

13　发电机定子接地保护误动（四）

一、情况简介

某电厂 3 号机容量为 125MW。1998 年，该机的保护更换成全套微机保护。发电机的定子接地保护，采用双频式 100% 的定子接地保护装置。其中 3 次谐波定子接地保护投信

号运行，其动作方程为：$|\dot{K}_1\dot{U}_{N3}+\dot{K}_2\dot{U}_{S3}|\geqslant K_3U_{N3}$

二、故障过程及检查

1999 年 7 月，3 号机的 3 次谐波定子接地保护动作（动作于信号），运行人员复归不了。

打印机打印出的报告表明，来自发电机中性点的 3 次谐波电压等于零，而机端 3 次谐波电压正常；该保护的动作量很大，而制动量很小。

从三次谐波保护的显示窗口屏幕上看出：中性点三次谐波电压为零，机端三次谐波电压正常，保护的动作量大于制动量。

进一步检查发现，发电机中性点 TV 的一次侧装有熔丝（该熔丝安装已 6 年之久，从未检查过），由于氧化及振动等原因，该熔丝已熔断，将 TV 从发电机中性点断开。

三、动作分析

此次故障，纯属由于发电机中性点 TV 从发电机回路断开致使 $\dot{U}_{N3}$ 为零而造成的。对于保护继电器来说，是正确动作。但对保护的评价，属于误动。

四、对策

发电机正常运行时，发电机中性点电压很低。因此，在中性点 TV 的一次及二次均不应装熔丝。故将原装熔丝位置用铜线短接。

14 发电机定子接地保护误动（五）

一、情况简介

在西北某电厂 4 台 100MW 汽轮发电机组上，配备有全套晶体管保护。发电机的定子接地保护为 DD—3 型（双频式）100% 的定子接地保护。该保护的构成框图如图 3-20 所示。

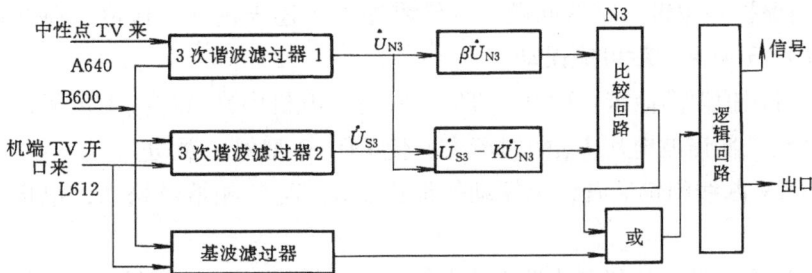

图 3-20　DD—3 型定子接地保护构成框图

3 次谐波接地保护的动作方程为：$|\dot{U}_{S3} - \dot{K}\dot{U}_{N3}| \geqslant \beta U_{N3}$

$3u_0$ 定子接地保护的整定值为 10V。

二、事故情况简介

该厂 4 台发电机，自 20 世纪 80 年初始陆续投产以来，DD—3 型定子接地保护多次误动切除发电机。有一次，天降大雨，有 3 台机的 DD—3 型保护误动切机，造成了很大的经济损失。

由 1996 年 10 月至 1997 年 3 月，4 号机的 DD—3 型保护多次误动切机。与过去误动原因不同的是：不是雨季，天气良好。

三、对 4 号发电机 DD—3 型保护的试验检查

为了查清 4 号机保护误动原因，对 DD—3 型保护的构成、二次回路及保护继电器的动作特性进行了分析试验和检查。发现了以下问题。

（1）保护构成不合理。由图 3-20 可以看出，其基波零序电压接地保护与 3 次谐波保护公用逻辑回路。相互之间有干扰，影响动作可靠性。

（2）没有 TV 断线闭锁。基波零序电压接地保护的输入电压，取自机端 TV 开口电压。当 TV 一次的一相熔丝熔断，接触不良或线圈开路时，该保护必然误动。

（3）保护的逻辑回路性能不良，抗干扰能力差。试验发现：基波零序电压接地保护的整定电压为 10V，但当输入电压达 5V 时，逻辑回路便开始出现振荡现象：即动作—返回—动作—……状态。偶尔也作用于出口继电器。

（4）检查发现：4 号发电机中性点一次绕组与发电机中性点连接的螺丝松动（因连接处开孔过大）。

四、误动原因

（1）下雨天保护误动原因。该电厂位于煤矿区，又处于风口，自然环境恶劣。但发电机不是封闭母线，厂房顶、墙壁、穿墙套管上灰尘较多。当下雨天，从房顶冲下的含灰量很多的水流，落在发电机出线上，使某一相对地绝缘降低，TV 开口出现零序电压，又由于 DD—3 型保护的逻辑回路有问题，尽管零序电压还未达到动作值，在扰动的零序电压作用下，DD—3 型保护就可能误动。

（2）4 号机保护误动原因。中性点 TV 一次与发电机中性点连接不可靠，可能导致引入保护的中性点三次谐波电压 U_{N3} 短时消失，使 DD—3 型保护误动。

由于没有 TV 断线闭锁装置，因振动等原因机端 TV 一相熔丝松动，也将造成 DD—3 型保护误动。

此外，还检查到发电机机膛内附着大量油垢，这是由于汽轮机轴瓦漏油及机组两端密封不严所致。油雾伴随灰尘进入发电机膛内及附在汽侧定子线棒上，由于爬电发热的影响，可能使某相对地绝缘下降，从而在机端 TV 开口出现零序电压。又由于 DD—3 型保护

逻辑回路不良，扰动的零序电压造成保护误动。

五、对策

DD—3 型保护性能不良，应考虑更换成性能良好的定子接地保护装置。

在没更换之前，可先采用以下措施：

（1）由于没有 TV 断线闭锁，故将接入 DD—3 型继电器的零序电压，改由中性点 TV 二次取得。

（2）中性点 TV 一次与发电机中性点的连接应绝对可靠。连接螺母应带弹簧片，且螺丝应带锁扣。

（3）发电机经穿墙套管出线处上方应加装防水流措施。并应定期清扫套管上灰尘。

（4）即时清理发电机膛内及定子线棒出线上的灰尘、油垢等。

15 发电机负序电流反时限保护误动（一）

一、情况简介

该厂5、6 号机，系容量为 200MW 的汽轮发电机，投产于 20 世纪 80 年代中期。两台机分别通过5、6 号主变压器接在 330kV 母线上。330kV 母线通过联络变压器与该厂 110kV 母线连接起来。

机组采用全套晶体管保护装置。其负序电流反时限保护，采用由 JFL—31 型两相式负序电流反时限继电器构成的保护装置。

二、事故情况介绍

1987 年元月，电厂 110kV 母线绝缘闪络。5 号机负序电流反时限保护误动，切除了 5 号发电机，并由此引起 5 号机组高压 TV 和秦南线断路器爆炸。

1987 年 2 月，距该厂很远的某线路故障，5 号机负序电流反时限保护误动，切除了 5 号发电机。

另外，在 1986 年末，远处故障，6 号机的负序反时限保护误动，切除了 6 号发电机。

三、保护误动原因的试验研究

鉴于该反时限保护多次误动，5、6 号机的装置被迫长期退出运行。为提高5、6 号机负序电流反时限保护装置的动作可靠性。对其进行了大量的试验检查及研究工作。发现保护继电器及调整试验方法均存在有问题。

（1）保护继电器存在的问题：

1）继电器出口回路采用可控硅，抗干扰能力差。且可控硅的负极正常运行时不接零，当继电器中的单晶管或可控硅损坏时，不能立即发现。此时，一旦系统出现故障，便可能无延时跳闸切机。

2）继电器中采用的小型密封继电器质量不佳，其触点之间，触点与线圈之间，或触点线圈对外壳的距离太小，在受潮或积灰时容易使装置误动。此次试验检查时，就发现小型继电器一触点与线圈之间的绝缘很低。

3）长延时放电回路的电阻取值太大（其阻值为 22MΩ），当系统中出现闪络故障时，容易使继电器误动。

（2）调整试验方法不对：对负序电流反时限继电器的调整，主要是对负序电流滤过器的调整。

在现场对负序电流滤过器的调平衡方法，均采用制造厂家提出的等边三角形法。该方法在理论上是可行的，但实际上调节困难，且误差太大。我们曾用此方法对 6 号机的继电器进行了调整。并用通入两相电流（该两相电流相位相差 120°，而幅值相等，且为正相序）及实际工况两种情况下进行了校核。

（1）通入两相电流检查：通入电流 $I_{A0} = I_{B0} = 2.6A$，且 $\dot{I}_{A0}$ 超前 $\dot{I}_{B0}$ 120°；测得过滤器输出不平衡电压为 7.6V。太大，不满足要求。

（2）接入实际回路测量：当发电机带 90% 额定负荷时（有功 180MW），测得过滤器输出不平衡电压高达 9.6V。再大时，保护可能误动。

四、误动原因分析

该保护误动的原因，是由于保护继电器性能不良及调整不当造成的。由于调整不当，在正常运行时，负序过滤器有很大的不平衡输出；又由于继电器出口采用可控硅，小密封继电器有问题及长延时回路放电电阻太大，在远方故障或绝缘闪络时，很容易使保护继电器抢先作用于跳闸。

五、对策及效果

采取的对策是：对保护继电器进行了改进，提出了合理的调试方法。

（1）对保护继电器的改进。针对继电器存在的问题，对继电器进行了改进。①去掉了可控硅出口，而用三极管取代。②将原来的 10M 型小密封继电器换成了 20M 型的继电器。③将长延时回路的放电电阻 R_{11} 由 22MΩ 改成 5MΩ（模拟散热常数为 30s 左右）。④重新设计了反时限回路，改进后的反时限回路如图 3-21 所示。

（2）调试方法的改进。调试负序电流过滤器可采用加入两相对称电流调整法，或采用调幅值平衡和相位平衡法。当采用后者时，应断开负序电流滤过器的输出。

曾采用上述两种方法分别对该厂 6 号发电机的保护继电器进行了调整，并接入实际回路进行了校验。其结果是：采用加入两相对称电流调整法调整，接入实际回路校验，发电机负荷为 90% 额定负荷时，负序过滤器的不平衡输出为 1.5V；当采用调幅值平衡和相位平衡法时，在相同工况下接入实际回路校验结果只有 1V。

近 15 年的运行实践表明，采取上述对策是有效的。再没发生过上述误动情况。

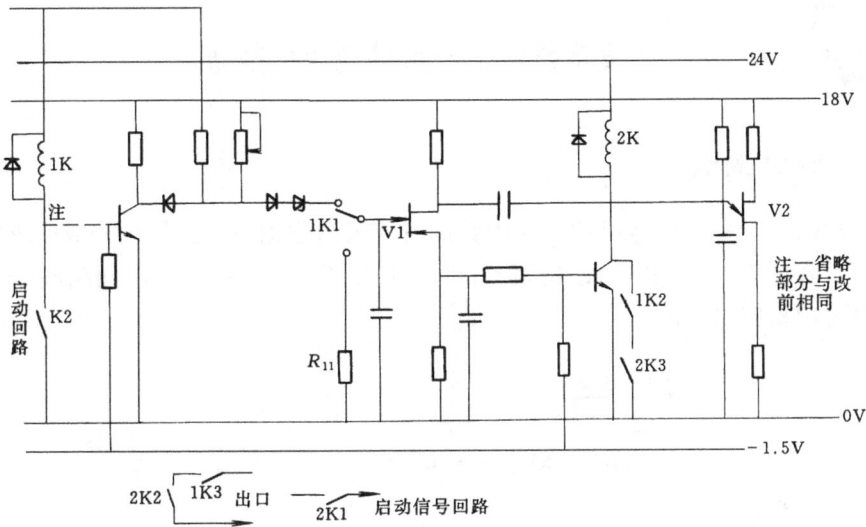

图 3-21　改进后的反时限回路

16　发电机负序电流反时限保护误动（二）

一、情况简介

该厂 1 号机，系容量为 300MW 的汽轮发电机。该机通过 1 号主变压器接在 220kV 母线上，220kV 母线通过联络变压器与 330kV 母线连接。该机的负序电流反时限保护，采用上海继电器厂生产的整流型继电器构成。

二、事故简介及试验检查

1996 年 10 月，该厂 330kV 出线上发生故障，在线路保护动作的同时，1 号机负序电流反时限保护动作，切除了 1 号发电机。

调查知，故障点距电厂 330kV 母线约 10km。

对负序电流反时限保护继电器及二次回路进行了试验检查。发现继电器中的极化继电器不良，其触点之间距离很小；几乎挨在一起。加大电流（模拟故障电流）冲击试验，保护无延时出口。

三、事故评价及经验教训

很明显，这次切机事故是由于保护继电器不良，在故障电流冲击下无延时动作造成的。属于误动。

这次保护误动事故发生在 1 号机检修后不久。给出的经验教训是：在对保护继电器进行调整试验时，一定要严格把关。对极化继电器触点之间的距离，一定要按规程要求进行测量和调整。当无法满足时，应即时更换极化继电器。

17 发电机转子一点接地保护拒动

一、情况简介

发电机的转子一点接地保护，采用叠加直流式原理构成。其简化构成原理图如图 3-22 所示。为了降低 TV 的负担，设计院设计时要求线圈 W3 及稳压输出回路断开，而由直流逆变电源对逻辑回路供电。

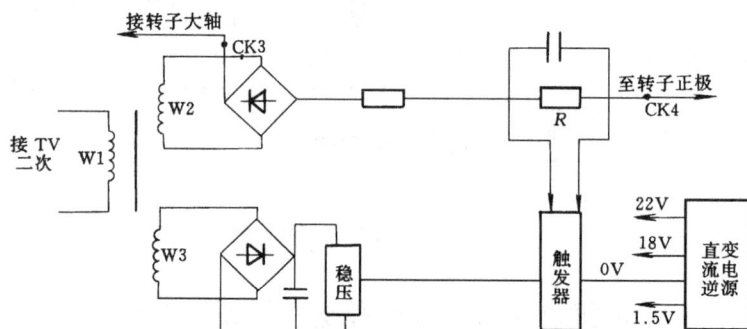

图 3-22　叠加直流式转子一点接地保护简化原理接线图

二、拒动情况简介及检查

1998 年 6 月，6 号机转子绕组的正极端部（在灭磁开关端口附近）发生了金属性接地故障（接地点对地的电阻小于 1Ω）。转子一点接地保护拒绝动作。此后，对 5 号机转子做了一点接地试验，接地点在转子绕组的正极处，转子一点接地保护同样拒绝动作。5、6 号发电机，是本节 15 中所指的 5、6 号发电机。

经检查，保护继电器及二次回路无问题。该保护的整定值为 15kΩ。

三、保护拒动原因的试验研究

为了搞清转子一点接地保护拒动的原因，在试验室对保护继电器进行了试验，又在 6 号机运行时进行了接地试验。

（1）试验室试验。试验时，将图中 CK3 点接地（即大轴接地）；在变压器一次（即线圈 W1 两端）加电压 100V；用直流逆变电源供电。

将 CK4 通过电阻接地。保护继电器拒动。若断开直流逆变电源输出（将 0V、-1.5V、+18V、+22V 四根线断开），恢复由装置本身的稳压电源供电。降低 CK4 点对地电阻，当电阻降至 15kΩ 时，保护继电器动作。

采用逆变电源供电时，保护继电器拒动的原因是：在发电厂，直流系统分布很广，各带电设备的电磁场通过线间的耦合电容，在直流系统中感应交流电压，并通过逆变电源进入保护继电器触发回路，而对触发器的工况产生扰动。

（2）真机转子接地试验。在 6 号机运行时，进行了转子真机接地试验。试验时，继电器逻辑回路的电压，由继电器本身的稳压电源供给。

在转子绕组正极接地短路时，保护继电器拒绝动作。拒动原因是，接发电机大轴及转子正极的两根电缆线均很长，且经过发电机的强磁场区，又由于这两根线又直接接保护继电器的逻辑回路（没有电的隔离），故对逻辑回路干扰信号大，造成保护继电器拒动。

后将图 3-22 中的 CK3 点在保护盘上接地。再作接地试验，保护动作正常。

四、拒动原因分析及对策

由于与转子正极及大轴连接的两个电缆芯直接进入保护继电器的逻辑回路，因此，强磁场区的干扰信号便进入继电器的逻辑回路。干扰信号使保护继电器拒动。应采取以下对策：

（1）保护继电器的直流电源应由装置本身的稳压电源供给（即将交流整流稳压后供给）；

（2）将图 3-22 的 CK4 点在保护盘上接地；

（3）凡与保护继电器逻辑回路直接连接的电缆，均采用屏蔽电缆。

18 发电机失磁保护元件误动

一、情况简介

西北某电厂装有 4 台容量为 400MW 的水轮发电机，每台发电机配置有两套失磁保护。一套微机型失磁保护；一套集成电路型失磁保护。两套失磁保护均有 u_{L-p} 元件（即转子低电压元件的动作电压随着有功功率变化而变化）。

二、误动情况及检查

当发电机的有功负荷大时，两套失磁保护的 u_{L-p} 元件便误动作。由微机保护的通道数据知：当发电机转子电压较高时（盘上仪表指示），通道显示电压值很低，例如：盘表指示值为 220V，而通道显示值只有 100V 左右，两者相差甚大。

曾用标准直流电压表，对盘表进相校核，结果表明，盘表指示基本正确。

用蓄电池作电源，对微机保护的通道进行了校验，校验结果列于表 3-7。

表 3-7 外加直流电压及保护通道显示值

外加直流电压（V）	10	30	50	100	150	220
保护通道显示值（V）	10	30	50	100	150	220

由表 3-7 可以看出，保护通道显示电压值与外加直流电压相等，说明微机保护通道正常。

在不同转子直流电压下，观察了保护通道的显示值，其结果列于表3-8。

表 3-8 不同转子电压下通道显示值

转子电压（V）标准表指示	41	85	132	170	190	226	240	250
通道显示值（V）	42	67	68	70	80	99	100	104

由表3-8可以看出，当发电机转子电压较低时，通道显示电压与标准表指示值相差不大，随着转子电压的升高，两者之差越来越大。

三、对转子电压的谐波测量

为了搞清发电机转子电压升高时其直流电压不能全部传递给保护通道的原因，对转子电压进行了谐波测量。

测量转子电压谐波分量的接线图如图3-23所示。

当发电机转子直流电压为85V时，用谐波分析仪测得的谐波电压如表3-9所示。

表 3-9 转子直流电压为 85V 时的谐波电压

谐波次数	2	3	4	6	8
电压值（V）	1.11	1.62	1.11	152.2	0.69
谐波次数	10	12	18	24	
电压值（V）	0.83	46.7	6.6	11.95	

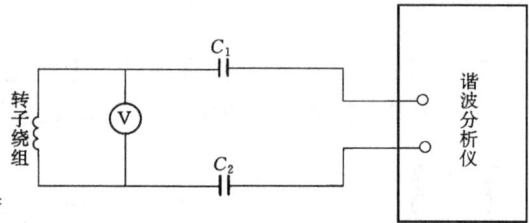

图 3-23 转子电压及谐波分析仪
C_1、C_2—隔直电容；V—直流电压表

从表3-8可以看出，转子电压中的6次、12次、18次、24次谐波分量很大。其中6次谐波最大。另外，当转子直流电压为132V时，交流分量电压已超过1000V。

转子直流电压不能全部传递给保护通道的原因是，在u_{L-p}元件中，转子电压是通过霍尔元件传递至通道的。由于转子电压中交流分量过大（交流分量远大于直流分量），在总电压幅值达到一定值之后，霍尔元件呈现非线性（饱和），从而使输给通道的电压远小于实际的直流电压。

四、大负荷时 u_{L-p} 元件误动原因分析

当发电机有功负荷增大时，u_{L-p}元件的动作电压按一定比例升高。然而由于霍尔元件的非线性，u_{L-p}元件实际感受的电压很低。这样，当发电机负荷大于某一值时，u_{L-p}元件必然误动。

五、对策建议

为防止u_{L-p}元件误动，可采用以下措施：

（1）提高霍尔元件的饱和电压；

（2）失磁保护换型（不采用转子电压闭锁元件）。

发电机低电压过流保护误动

一、情况简介

华南某电厂装有三台 240MW 的发电机，发电机通过主变压器接到 500kV 母线上，电厂主接线及与系统的连接，如图 3-24 所示。

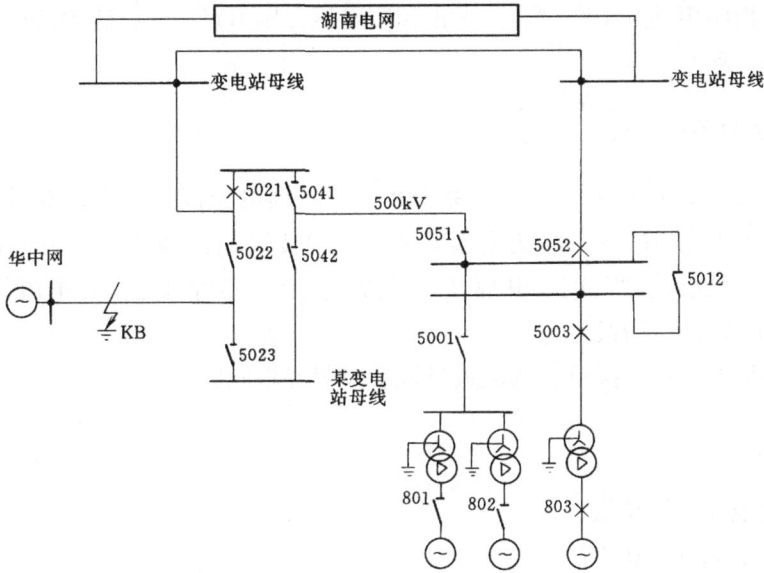

图 3-24　电厂及系统连接主接线

1 号机配置的低压过流保护是采用具有电压自保持的 BYL—3 型过流继电器构成。保护的构成如图 3-25 所示，动作延时为 4.5s。

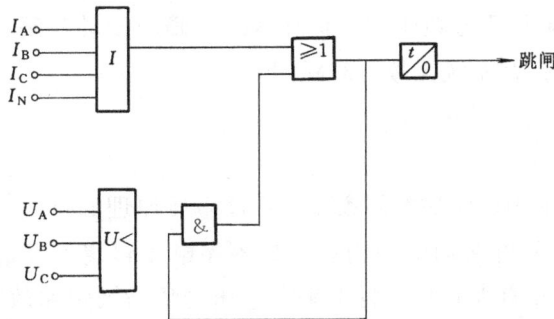

图 3-25　低电压自保持的过流保护构成框图
I—过电流元件；$U<$—电压元件（正、负或复合电压）

二、事故过程及检查

1996年6月3日，在图3-24中的KB点发生了B相瞬时接地故障。线路两侧的保护均在故障后的50ms内跳开两侧B相断路器，并经约970ms重合闸动作，断路器重合成功。与此同时，电厂1号机的低电压自保持的过流保护误动作，先跳母联断路器，再跳主变压器高压侧断路器及灭磁开关。

事后试验检查发现，BYL—3型装置中设有电压切换继电器，切换继电器输出电压的相序与输入电压相序相反。正常时，输入正相序电压，则BYL—3型装置感受到的是负序电压，电压元件长动作。

三、误动原因分析

由图3-25可以看出：正常运行时，由于装置切换继电器接线错误，电压元件处于动作状态。一旦系统内发生故障，即使是远方故障，只要瞬间出现故障电流并使图中"或门"短时有输出，就能使"与门"开放并自保持。此后，不管有无故障电流，$t/0$时间元件将一直计时至保护出口切机。

误动的原因是电压相序接反。调试人员没有及时发现问题。

四、对策

（1）改正继电器接线错误；
（2）工作人员调试要认真。

29 发电机匝间保护误动（四）

一、事故简述

1992年3月25日，某电厂2号机匝间保护在区外故障时误动跳闸。1993年10月26日，同一电厂1号机匝间保护在系统无故障时跳闸。

二、事故分析

该电厂1号、2号机均采用负序功率闭锁定子零序电压原理的匝间保护。其原理接线图见图3-26。事故后经检查分析误动原因为：一是零序电压整定值偏低，原整定为3V，因每台发电机固有不平衡电压有大有小，且不平衡电压受负荷及短路故障电流大小影响，此值必须经过实测确定，事故后检查发现满负荷下不平衡电压为3.67V，轻负荷或刚带负荷时为2.4V。二是设计上有缺陷，见图3-27。

从图3-27上看出，1KZ正常即是动作状态，如果2KY一旦受某种冲击干扰而动作，1KBC即出口跳闸。

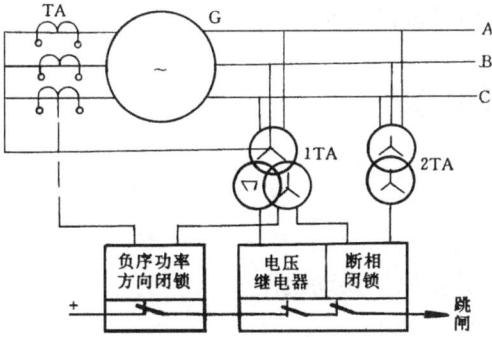

图 3-26　原理接线图

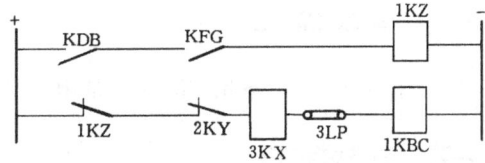

图 3-27　原匝间保护出口回路示意图

KDB—断线闭锁继电器；KFG—负序功率方向继电器；
1KZ—中间继电器；2KY—零序电压；1KBC—出口继电器

三、防范措施

将零序电压整定值由原 3V 改为 6V；在设计上将图 3-27 中的 KFG 负序方向继电器的触点改为常开，直接与 2KY 串联去启动 1KBC，提高匝间保护防误动的性能。

四、经验教训

对于发电机匝间保护零序电压整定即要保证灵敏度，又要根据实际发电机不平衡电压整定，在回路设计上 1KZ 正常即处于动作状态，不合理，应吸取教训。

21 发电机负序电流保护误动

一、事故简述

1994 年 7 月 15 日，某电厂 5 号机负序过负荷保护误动，无时限出口跳闸，当时区外系统发生单相接地故障。

二、事故分析

5 号机保护过负荷动作值整定 0.5A，反时限启动整定值为 1A。事故时发电机侧负序电流为 2.6A，经计算在 $I_2 = 2.6A$ 时，反时限应经 30s 后动作，事故后检查发现保护无时限动作，是因为小密封继电器（5M）触点绝缘电阻很低（接近于 0）引起。

三、采取对策

原负序过负荷保护中所选用的 JMC—5M 型小密封继电器在运行 3～4 年后，绝缘水平即下降，更换为 JMC—31M 型小密封继电器后，解决了这一问题。

四、经验教训

厂家在选用材料时，应经过老化试验，选用质量可靠的元器件。运行单位对已运行几年以后的保护应加强定检及运行维护，以防止类似情况的发生。

22 发电机纵差保护误动

一、事故简述

1997年3月6日18时20分，某电厂2号机纵差保护误动跳闸。

二、事故分析

事故后检查发现误动原因为发电机中性点侧B相TA一个分支二次线断线，施工单位在接电流互感器的二次线时把线头扭伤，由于该电流互感器正好安装在发电机尾端，振动大，引起TA断线误动。

三、防范对策

运行维护单位验收时，亦应注意TA、TV接线头有无松动，线头接线应加填弹簧圈等。

四、经验教训

施工单位在施工时应加强责任心教育，以防止类似事故的发生。

23 LCD—2型发电机纵差保护误动作跳闸

一、事故简述

1992年2月27日，某水力发电厂1号机的LCD—2型纵差保护误动作跳闸。纵差保护定值系建厂时期，由设计部门提供的调试定值。1号机额定电流为3586A，电流互感器变流比 $n_a = 5000/5$。

二、事故分析

经过现场调查，纵差保护动作电流未经过整定计算，随意定为 $I'_{op} = 0.5A$，相当于1号机二次额定电流的0.139倍，即 $I'_{op} = 0.139I_N \approx 0.14I_N$，制动斜率亦随意取为 $K_{res} = 0.2$，制动特性拐点电流 $I'_{res.o}$（电流互感器二次电流）在投运前未做过测试。事故后实测LCD-2型保护特性曲线，如图3-28（a）所示。从图中可知，动作电流 I'_{op}、制动斜率 K_{res} 和拐点电流 $I'_{res.o}$ 三者之间存在不合理现象。在区外故障时，不平衡电流落入特性曲线的阴影区部分，就会出现误动作。因此，当1号机在进行并机操作时，由于机组之间角差偏大，出现较大负荷电流，使纵差保护误动作跳闸。

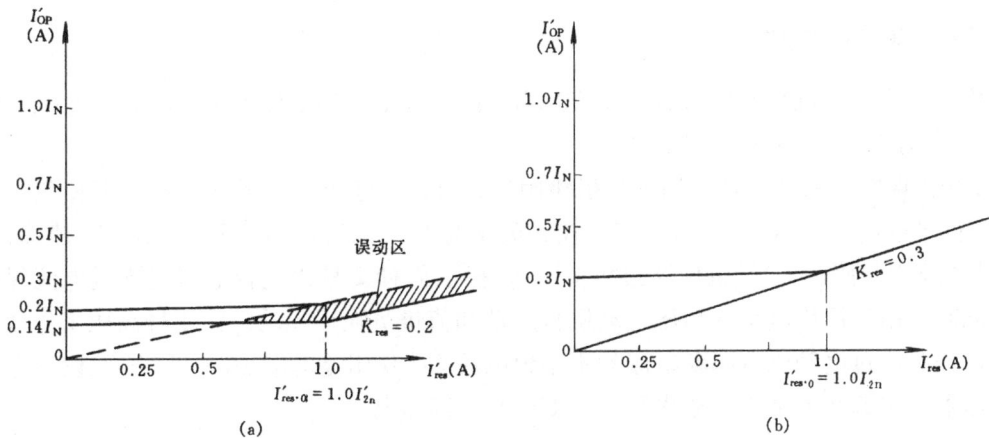

图 3-28　差动保护比率制动特性曲线图

（a）差动保护整定不当，出现误动区的特性曲线图；（b）差动保护整定正确特性曲线图

三、采取对策

对于发电机差动保护的整定应取以下数值，其结果如图 3-28（b）所示。

（1）发电机差动保护最小动作电流为 $I'_{\text{OP} \cdot \text{o}} = 0.3 I_{\text{N}}$。

（2）制动特性的拐点，取被保护设备的额定电流，即 $I'_{\text{res} \cdot \text{o}} = 1.0 I'_{2\text{n}}$。

（3）制动特性斜率取 $K_{\text{res}} = 0.3$。

四、经验教训

（1）保护投入运行前，必须检校所有定值是否由调度整定部门下发的正式定值通知单进行整定的，否则不能投入运行。

（2）现场调试人员必须熟悉保护装置的工作原理，及整定原则，这样可以及时发现一些问题，如整定不当，试验方法不正确等问题。

24 继电器击穿着火引起机组跳闸

一、事故简述

1996 年 1 月 2 日 15 时 58 分，某电网甲发电厂 1、2 号机无故障相继跳闸，当时两机满负荷运行（200MW）。

1 号机变压器的保护动作信号为"保护屏直流电源消失""主变温度异常""整流柜风机保护故障""切换励磁调节柜控制电源故障""主汽门关闭"等。

2 号机变压器的保护动作信号为"保护屏直流电源消失""静子过电压""主变冷却器控制电源故障""主变温度异常""负序过负荷""整流柜风机保护故障""主汽门关闭""主变冷却器 Ⅱ 路电源故障""调节柜控制电源故障"等。

二、事故分析

检查发现 1 号机高低加水保护的 20KZb 继电器积灰造成绝缘击穿着火，使跳发电机接点端子短路，引起 1 号机误跳闸。

2 号机误跳闸的原因是，当 1 号机跳闸后，110kV 母线电压下降，系统三相负荷不平衡（"负序过负荷"信号发出），产生较大负序电压（2 号机"负序电压出口"掉牌）。同时 2 号机强励动作（"励磁回路过负荷"掉牌），致使 2 号机复合电压闭锁过电流保护动作。同时，由于厂用电系统高压电动机自启动和值班员强行起动，使 2 号高压工作变压器差动保护躲不过电动机自起动电流的不平恒电流 U，B 相差动保护动作，因原设计考虑厂用变压器开关遮断容量不足故先跳发—变组高压断路器。

三、措施

（1）更换 20KZb 继电器，全面检查故障二次回路的所有元件。
（2）重新校核厂用电系统保护装置定值。
（3）对发—变组进行绝缘检测。

四、经验教训

由于一只继电器毁坏造成两台 100MW 机组解列，可见继电保护工作者责任之重大。今后应加强二次回路元件的检查。

高压厂变差动保护误动作，是否低压侧 TA 负载过重而使 TA 饱和，产生不平衡电流所致？因为低压侧 TA 伏-安特性较低，负载能力差。

25 发电机转子烧毁事故

一、概述

1984 年 3 月 12 日，姚孟电厂 2 号锅炉爆管、紧急停机，手动操作 2 号发电机变压器组 220kV 高压断路器与系统解列，A 相拒分，形成断路器非全相开断。断路器非全相保护动作，A 相仍然没有断开，断路器失灵保护根本没有动作。运行人员赶紧跑到开关场也没有将 A 相断路器切开，只好将 2 号变断路器所在母线上相连的姚大、姚午、母联及 550/220kV 联络变压器等断路器全部断开，才将事故处理完毕。事故后检查，2 号发电机转子严重烧毁，无法修复，必须重新更换转子，才能恢复运行。

二、事故分析

姚孟电厂 2 号机容量是 300MW，电气主接线为单元接线方式，发电机出口没有设置断路器，事故前 2 号机负荷超过发电机容量 60% 以上，2 号变压器中性点为直接接地方式；2 号变压器 220kV 高压断路器为分相操动机构。变压器没有任何保护动作，发电机只有失步保护动作。事故后种种疑问指向继电保护，失灵保护为什么不动作。提出这种疑问的人是可以理解的，但是说明一个最根本的问题，人们对断路器失灵保护的作用存在一个错误的概念，认为只要断路器拒动，断路器失灵保护就应该动作跳闸。实际上断路器拒动应分为几种不同的情况。失灵保护只能对其中一种起作用。

（1）先有横向故障（短路），保护动作跳闸过程中出现断路器一相拒分，保护不返回，断路器处于非全相状态。配置的断路器失灵保护才得以动作，除了再跳一次自身断路器外，还得连跳同一母线上连接的有源线路、变压器、母联断路器（指双母线）。这就是断路器失灵保护的基本功能。

（2）手动合闸，造成断路器非全相合闸。由于合闸之前，电气回路没有发生横向（短路）故障，也就没有保护跳闸来起动失灵保护，因此断路器失灵保护的动作原理就不能切除这种纵向故障。唯一可以动作的保护是，断路器非全相保护，虽然断路器一相拒合在先，但断路器非全相保护有可能切除这种纵向故障。

（3）手动分闸，造成断路器非全相分闸。由于手动分闸之前，电气回路没有发生横向（短路）故障，这次2号发电机变压器组非全相分闸就属这种情况。因此断路器失灵保护根本不会动作，也无能为力切除这种纵向故障，由于断路器分闸时，A相拒分在先，虽然断路器非全相保护已经发出跳闸命令，也只能向本断路器发令，断路器A相还是没有断开，说明断路器非全相保护不能消除手动分闸的断路器非全相开断这种纵向故障。由此看来，手动分闸或合闸断路器造成的非全相开断，如果是断路器自身有问题，靠断路器非全相保护、断路器失灵保护都无能为力解决这种类型的纵向故障。这次2号机转子烧坏事故是基于没有断路器拒分的连锁跳闸保护装置。那就是处理断路器非全相开断时连跳同一母线上所有断路器的连锁跳闸保护。这就是发电机转子烧毁的真正原因。

三、事故对策

（1）按照《反措要点》要求，发电机变压器组的高压断路器，变压器的高压断路器，母线联络断路器和采用三相重合的线路断路器等均宜选用三相操作的断路器。

（2）对于发电机变压器组的高压侧的分相操作断路器，除了按《反措要点》设置断路器失灵保护、断路器非全相保护外，还应该考虑设置一套断路器非全相开断连锁跳闸装置。

四、事故教训

大型发电机变压器组高压断路器的设备选择，要在规划设计规程中提出明确规定，一定要选用三相操作的断路器如果已是分相操作断路器，必须要设置断路器失灵保护、非全相保护和断路器非全相开断连锁跳闸装置。

发电机变压器组高压断路非全相开断是在正常运行操作中，分相操作断路器出现的断路器非全相状态，不论是手合非全相还是手分非全相，都是属于纵向故障。这种非全相开断，靠断路器失灵保护来消除故障是管不了这种纵向故障，靠断路器非全相保护，对手合非全相有可能再跳本断路器来消除这种纵向故障，而对手分非全相，由于断路器拒动在先，断路器非全相保护即使能发跳闸命令，也不能消除这种纵向故障。

针对发电机变压器组高压断路器非全相开断的特点，在断路器非全相开断时，必须要连跳同一母线上（如失灵保护那种跳闸方式一样）所有断路器的连锁跳闸装置，其安全性和可靠性也应该像失灵保护一样重要。

笔者综合事故的特点，设计了一个发电机变压器组断路器非全相开断连锁跳闸装置，见图3-29。

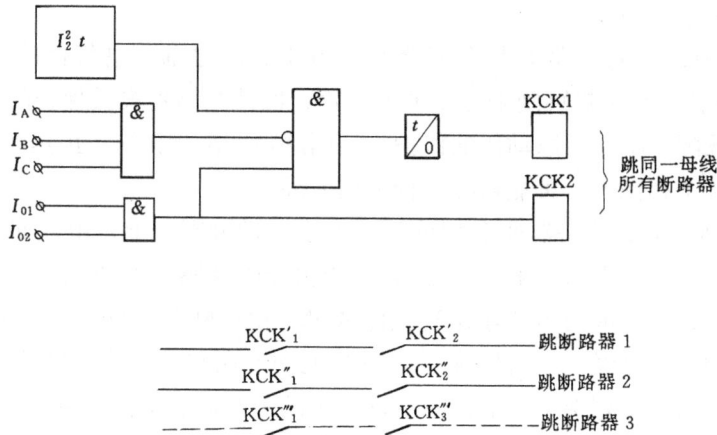

图 3-29　断路器非全相开断连锁跳闸装置逻辑图

I_2^2t—发电机负序电流继电器；I_A、I_B、I_C—变压器高压侧相电流；

I_{01}、I_{02}—变压器高压侧两组电流互感器中的零序电流

断路器非全相开断，在发电机中就有负序电流，就能引起发电机组负序电流继电器 I_2^2t 动作，但是这个 I_2^2t 继电器在线路发生非对称短路时也能动作，因而 I_2^2t 继电器可作为起动元件。为了防止系统非对称短路误动，必须要设置一个是在断路器非全相状态的必要条件，那就是启用三相电流不同时存在作为断路器非全相开断的判据，为了提高该装置的安全性，模仿断路器失灵保护的双重化闭锁的成功经验，再启用变压器高压侧的零序电流做第二重判据，再经一小延时跳闸。其零序电流分别取自变压器高压侧两组不同的电流互感器回路，两零序电流同时存在时，一做第二判据，二做出口闭锁元件。如失灵保护中电压闭锁元件那样，将每一触点分别串接到每一跳闸继电器出口回路中去跳闸。

26 石景山热电厂烧机事故

一、事故简述

1992 年 4 月 8 日 21 时 16 分，石景山热电厂 3 号机（200MW）开机后带负荷 10MW 时，机组危急保安器误动关闭主汽门，跳开灭磁开关并联跳发变组高压侧断路器。但由于

断路器脱扣器犯卡，A 相断路器未能跳开。发电机负序过流保护、逆功率保护、主变压器间隙零序电流保护动作后仍未能跳开 A 相断路器，变压器高压侧母线（220kV）的失灵保护亦未动作，6min 后由运行人员在现场手动将该断路器断开。由于发电机在较长的时间里通过负序电流，"A" 值（即 $[I_2/I_e]^2 t$）达到 61.5，大大超允许值 8，使发电机转子及护环受到了损坏。

二、事故分析

当时石景山热电厂 220kV 母线（双母线接线形式）上共有 3 台发电机、5 条 220kV 线路运行，母线为正常方式。机组危急保安器误动，A 相断路器因其机构原因未能跳开呈非全相状态，系统带发电机单相运行，并导致发变组发电机负序过流保护、逆功率保护、主变压器间隙零序电流保护等动作。由于发变组本身并未发生短路故障，变压器间隙击穿后母线电压基本正常，零序电压、负序电压均较低，未达到 220kV 断路器失灵保护中复合电压闭锁元件的起动值，因此，尽管发变组的相应保护已动作，并已启动 220kV 断路器失灵保护，但由于复合电压闭锁回路未开放，失灵保护未能出口跳闸，最终靠运行人员在现场手动捅掉 A 相断路器的方法切除单相运行的发变组。

三、措施

此次事故引起了有关领导的高度重视，并组织了有关专家对事故进行认真分析。经过专家们的认真讨论，提出了以下防范此类事故的意见：

1. 发电机变压器组断路器失灵保护改进原则

（1）发电机变压器组断路器失灵保护应符合能源部颁发的《继电保护和安全自动装置技术规程》（DL 400—91）等有关规定中对失灵保护的要求。

（2）根据运行实践，为了避免断路器失灵造成非全相运行使发电机转子损坏，发电机变压器失灵保护还应满足如下要求：

1）直接接于 220～500kV 电网中的发变组应设置失灵保护并投入运行。

2）不论何种操作（合闸、保护或手动分闸，断路器偷跳等）导致断路器非全相运行，如果负序电流危及发电机安全时，发电机负序过电流等保护应动作跳断路器，如该断路器仍未能三相断开，则应启动失灵保护。

3）对于 220～500kV 侧分相操作的断路器，发变组失灵保护可只考虑断路器单相拒分，采用零序电流作为断路器是否断开的判据。

4）发电机变压器组失灵保护如有电压闭锁，其保护起动失灵保护时，应采取措施将电压闭锁解除。

2. 发电机变压器组断路器失灵保护起动回路具体改进意见

采用两个零序电流继电器串联的方案，判别断路器未三相断开。图 3-30 及图 3-31 分别表示双母线接线断路器失灵保护起动回路和一个半断路器接线失灵保护起动回路。有关内容说明如下：

（1）采用两个零序电流继电器串联，是为了满足双重化构成和回路的要求，防止一

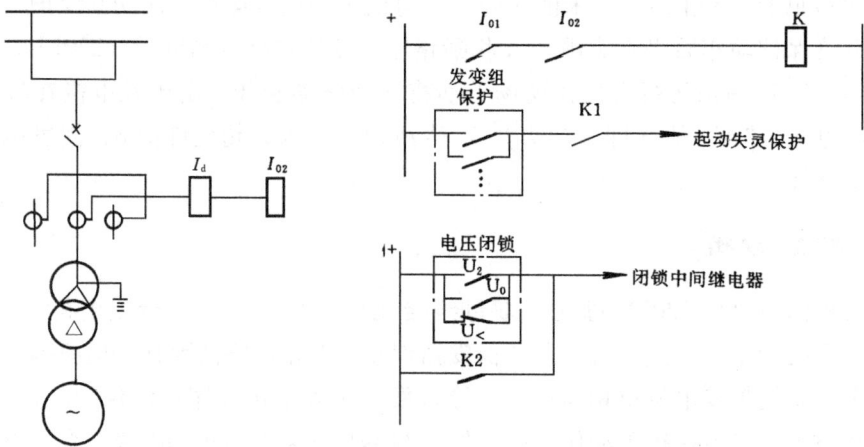

图 3-30 双母线接线断路器失灵保护起动回路

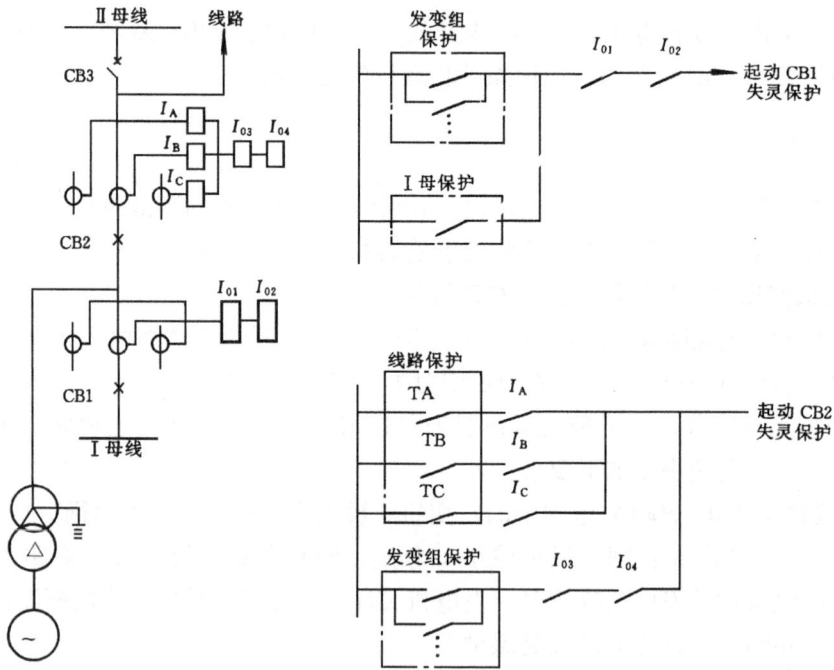

图 3-31 $1\frac{1}{2}$ 断路器接线失灵保护起动回路

个继电器卡住且保护返回较慢时误起动失灵保护。

（2）高压侧采用一个半断路器接线时失灵保护一般不设电压闭锁。对于单母线或双母线接线方式，失灵保护如果设有电压闭锁时，由零序电流继电器解除电压闭锁。参见图3-30。

（3）用于解除复合电压闭锁的零序电流继电器所接的电流互感器，应尽量靠近断路器，以减少当断路器与互感器之间故障，断路器跳开后又误起动失灵保护的概率。

（4）零序电流继电器可按躲过正常不平衡电流整定，其电流线圈电阻不应过大。

第二节　变压器保护

差动保护是变压器的主保护。大型变压器差动保护的拒动或误动，均会造成很大的经济损失。影响变压器差动保护动作可靠性的因素很多，除了接线不正确以外，TA 特性不良，调整不当，整定值不合理及保护继电器性能不良等，均会造成不正确动作。

变压器差动保护误动（一）

一、情况简介

该变电站是 70 年代初投运的 330kV 大型变电站。装有两台容量分别为 240MVA 和 150MVA 的大型变压器。变压器的差动保护，采用我国首次研制及使用的按间断角原理构成的晶体管保护装置，逻辑回路如图 3-32 所示。

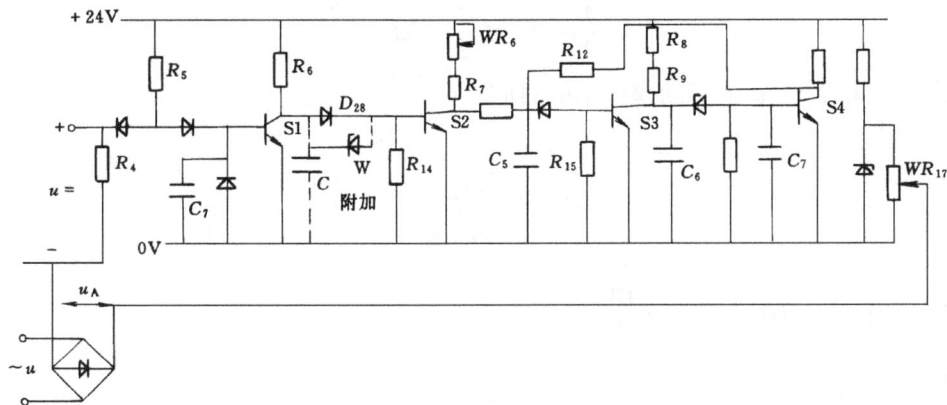

图 3-32　差动保护的逻辑回路

$u=$—制动电压（与最大电流侧的电流成正比的直流电压）；$\sim u$—差压（与差流呈正比）

二、事故说明及检查

20 世纪 70 年代初，在 1、2 号主变压器投运后，其差动保护频繁误动。有时一天误动几次。每次误动，均使西北电网的东部系统与西部系统解列。误动的特点之一是多发生在低负荷时。

每次误动之后，均进行常规检查，但未发现问题。

三、误动原因的试验研究

为查明差动保护误动原因，我们对按间断角原理构成的变压器差动保护进行了深入的试验和研究。发现了致使保护误动的两个问题：其一是保护继电器受高次谐波的影响大，其二是调试人员调整错误，误将继电器的闭锁角调成了30°（应该是60°~65°）。

（1）谐波对保护继电器的影响。在按间断角原理构成的变压器差动保护中，采用电抗互感器将 TA 的二次电流变换成电压送至逻辑回路。由于电抗互感器对谐波具有放大作用（电抗互感器的二次电动势与一次电流的频率成正比），故电流中的高次谐波对保护继电器影响很大。

此外，从间断角保护动作原理分析，谐波次数越高，对保护的影响越大。

如图 3-33 所示为继电器的动作原理。

在图 3-33 中，u_d 差动电压；Σu 为制动电压之和，它包含图 3-33 所示的直流电压 u = 和继电器的门槛电压（即使 S1 翻转的电压），并设 u_d 为理想的半正弦波；T——周期；t_g——闭锁角时间（即在一个周期内差动电压小于或等于制动电压的时间）。

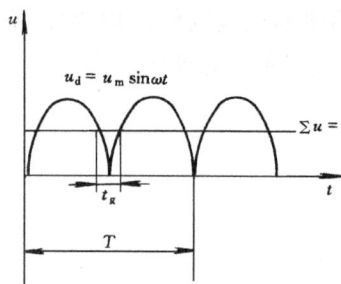

图 3-33　差动继电器的动作原理图

继电器的动作方程为

$$\Sigma u = \leqslant |u_m \sin\omega t| \tag{3-1}$$

$$\frac{T}{2} - t_g \leqslant \frac{T}{2} - 2t \tag{3-2}$$

式中　t——继电器 S1 管处于动作状态的时间。

解方程组，得

$$u_m \geqslant \frac{\Sigma u =}{\sin\omega \dfrac{t_g}{2}} \tag{3-3}$$

当闭锁角整定为 60°，则 $t_g = \dfrac{10}{3}$ ms

讨论：

1）当电压频率为 50Hz 时，$T = 20$ms，因为 $\omega = 2\pi\dfrac{1}{T}$ 代入式（3-3）得 $u_m \geqslant 2\Sigma U =$。

即当差压的幅值大于或等于 2 倍的总制动电压时，保护继电器动作。

2）当电流频率等于 150Hz 时（3 次谐波），由式（3-3）得 $u_m \geqslant \Sigma U =$。即当为 3 次谐波电压时，差压的幅值等于制动电压时，保护继电器就可以动作。

试验发现，用一般电源作为试验电源来校验继电器的整定值，如不采用特殊措施，继电器的动作电流不断变化。动作电流最大可变化 20%~30%。其原因是电源中会有高次谐波（主要是 3 次谐波）。

（2）闭锁角减小对继电器的影响。由式（3-3）知：对应于闭锁角 t_g，继电器动作方程为

$$\Sigma U = \leqslant \left|U_m \sin\omega \frac{t_g}{2}\right|$$

令 $u_m = K\Sigma U = \quad K$ 为制动系数，则

$$K = \cfrac{1}{\left|\sin\omega\cfrac{t_g}{2}\right|} \tag{3-4}$$

由于该制动系数与交流量有关，故称为交流制动系数。

闭锁角通常小于 90°，由式（3-4）可以看出：闭锁角越小，制动系数 K 越大。

由于继电器的整定动作电流是一个定值，因此，当闭锁角小时，继电器的直流门槛电压一定要降低，才能保证继电器动作。门槛电压越小，继电器的抗干扰能力越低。

四、继电器误动原因分析

由于对继电器的调试不当，误将闭锁角整定减小了一半，从而使正常运行时继电器的直流门槛电压大大降低。测量表明，在此闭锁角下继电器 S1 管没处在饱和导通状态。大大地降低了继电器的抗干扰能力。

在变压器低负荷时，系统电压高，电流中的谐波分量增大，这样导致差动保护误动。

五、对策及效果

为了消除差动保护误动及增加动作可靠性，采取了一些对策。

（1）在图 3-30 所示 S1 管的发射极与集电极之间加一电容 $C_{附加}$，并将二极管换成稳压管（如图虚线内所示）。这样，在 S1 动作后经一个小延时后 S2 管才动作。计算表明，增加小延时后，可大大提高继电器的抗谐波能力。

（2）将闭锁角恢复到 60°。

（3）改进了试验方法，消除了电源中谐波分量对继电器的影响，确保整定值准确无误。运行实践表明，经以上改进之后，该变电站的差动保护再没误动过。

2 变压器差动保护误动（二）

一、情况简介

某电厂的 5、6 号主变压器，是额定容量为 240MW 变压器。变压器的差动保护，采用间断角原理的 JCD-4 型晶体管差动继电器构成，继电器的逻辑回路见图 3-30。

该电厂的控制回路采用弱电（24V 电源）控制，其 24V 电源由可控硅逆变电源供电。

二、事故说明及检查

1987 年 6 月，运行人员在操作一套逆变电源时，造成 5、6 号主变压器差动保护同时动作，切除了 5、6 号机。

事故后，对保护继电器及二次回路进行了试验检查，结果表明，二次回路无误，保护继电器良好。对逆变电源进行检查，发现该逆变电源已损坏，没有直流输出，输出端有5～6V的高频波。

三、高频波对保护继电器影响的试验研究

为了查明逆变电源输出高频波对差动继电器的影响，在试验室内进行了模拟试验。试验接线如图3-34所示。

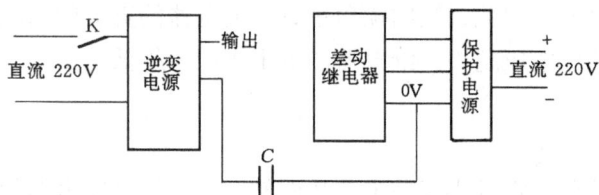

给差动继电器加电源使其正常运行。用开关K对逆变电源供电。试验发现：当电容器C大于2000pF时，每次合开关K，差动继电器均动作。

对差动继电器进行了改进，即去掉S1管见图3-32基极—发射极之间的电容C1。再进行上述试验。将图3-34中的电容器C的电容增大到1μF，合刀闸10次，未见差动继电器误动。

在5、6号发变组保护均运行时，我们分别测量了变压器差动继电器逻辑回路电源的0V对地电容，该电容值为3500pF左右。

图3-34 模拟试验接线

K—刀闸；C—电容器；逆变电源为已坏的那个装置

四、差动保护误动原因分析

保护误动原因是这样的，当合已坏逆变电源的输入开关时，逆变电源发出的高频波，通过大地及差动继电器0V对地电容，输入继电器逻辑回路，通过C1电容对S1管干扰，使继电器误动。又由于5、6号变压器保护与被操作的逆变电源同在一个机控室内，故对逆变电源供电时造成两套差动保护同时误动。

五、真机试验的验证

5、6号主变压器投入运行，5、6号变压器的差动保护也正常投入运行，打开该保护的出口连接片，对坏逆变电源送电，两套差动保护同时误动。并且，每供电一次，两套差动保护便同时误动一次，百发百中。

将两套差动保护的C1电容去掉，再进行逆变电源送电试验。连送数次，未发现差动保护误动。

六、对策及效果

图3-32中C1电容的电容很小（0.01μF），分析及各种试验表明，去掉该电容后对保护继电器的性能毫无影响。

为了提高保护的动作可靠性，已将该电厂4台主变压器差动继电器中的C1电容去掉。10多年的运行实践表明，去掉电容器C1后的保护，运行情况良好。

3 发电机—变压器组大差保护误动

一、情况简介

在保护误动之前，该厂已投产两台 300MW 的发电机组。各自通过 360MVA 的变压器接在 220kV 母线上。

发电机—变压器组设置具有比率制动特性及二次谐波制动的整流型大差保护。大差保护用 TA 分别取发电机中性点 TA、主变压器高压侧 TA 及厂高变低压侧 TA。

二、事故说明及检查

1995 年 5 月，1 号机组并网运行，2 号机组停运，准备用 2 号主变压器通过 2 号厂高压变压器带厂用电。在由 220kV 母线对 2 号主变压器充电时，1 号机组的大差保护动作，切除了 1 号发电机。

对保护继电器及其二次回路进行试验和检查，发现有 1 只保护继电器中 2 次谐波谐振电容回路的一个电容虚焊；差动保护 TA 二次回路采用的电流端子质量欠佳，有多处打火烧伤痕迹。其他情况良好。

差动保护的整定值为：初始动作电流 2A，二次谐波制动比为 18%，拐点电流大于 4A。

三、1 号机组大差保护误动原因的试验研究

为查清 2 号主变压器空投时 1 号机组大差保护误动的原因，在 1 号机组运行时，进行了 2 号主变压器的空投试验（实际上，不完全为空投，因为带着 2 号厂用高压变压器）。

在空投试验时，断开 1 号机组大差保护出口连接片。用磁带机及 16 线示波器录制了 1 号主变压器各侧的电流，1 号主变压器大差保护的继电器三相差流及 2 号主变压器的有关电量。

在空投试验时，曾听到 1 号机组保护盘上有继电器动作声。

共做了三次空投试验。第三次空投时，录得的 1 号机组大差保护三相差流及分析所取点（7、8、9 三点）约 1s 时间内的波形，如图 3-35 所示。

对 7、8、9 点谐波分析结果列于表 3-10。

由表 3-10 可以看出：在第 7 个分析点的 0.5s 时间内，A、C 两相差动继电器的差流中的基波电流分别达 1.75A 和 1.6A（有效值），而同时间的二次谐波电流只有基波电流的 7.42% 和 4.79%。

表 3-10   **1 号机组大差保护三相差流谐波分析结果**

谐次		0		1		2		3		4		5		6		7	
点	相	A	%	A	%	A	%	A	%	A	%	A	%	A	%	A	%
7	I_a	0.03	1.2	2.46	100	0.182	7.42	0.437	17.8	0.352	14.3	0.373	15.2	0.264	10.7	0.126	5.15
	I_b	0.096	9.95	0.963	100	0.176	18.3	0.365	37.9	0.228	23.7	0.204	21.1	0.123	12.8	0.097	10.1

谐次		0		1		2		3		4		5		6		7	
点	相	A	%	A	%	A	%	A	%	A	%	A	%	A	%	A	%
7	l_c	0.158	6.99	2.26	100	0.108	4.79	0.822	36.3	0.382	16.9	0.267	11.8	0.136	6.02	0.051	2.26
8	l_a	0.015	0.636	2.42	100	0.279	11.5	0.499	18.6	0.346	14.3	0.425	17.6	0.264	10.9	0.085	3.52
	l_b	0.049	5.36	0.918	100	0.332	36.2	0.422	45.9	0.3	32.6	0.226	24.6	0.141	15.4	0.081	8.83
	l_c	0.041	2.03	2.02	100	2.87	14.2	0.867	43	0.389	19.3	0.284	14.1	0.111	5.51	0.022	1.1
9	l_a	0.034	1.52	2.23	100	0.327	14.7	0.417	18.7	0.345	15.5	0.430	19.3	0.257	11.5	0.094	4.23
	l_b	0.023	2.7	0.853	100	0.392	46	0.406	47.6	0.289	33.9	0.224	26.2	0.144	16.9	0.071	8.34
	l_c	0.016	0.869	1.81	100	0.368	20.3	0.827	45.6	0.384	21.2	0.272	15	0.106	5.84	0.015	0.844

注 点—分析周期（0.5s）编号；A—分析周期内电流幅值。

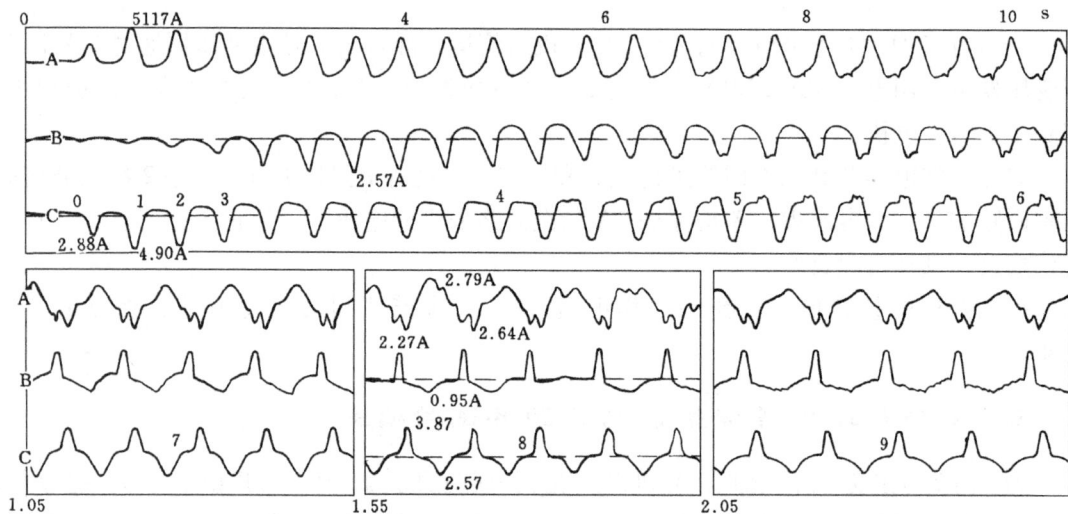

图 3-35 2 号主变压器空充电时 1 号机组大差保护三相差流及分析点波形

此外，由于变压器空充电时的励磁涌流与合闸角有关，因此，2 号主变压器空投励磁涌流较大时，1 号机组大差继电器中的差流很可能达 2A 以上，而二次谐波电流与基波电流之比可能小于 18% 。

四、大差保护误动原因的分析

在 2 号主变压器空充电时，在 1 号主变压器中产生了"和应"涌流。由于"和应"涌流的影响，使得在大差保护继电器中出现较大的差流。在一定的条件下（合闸及变压器的剩磁）下，差流中的基波分量可能大于继电器的整定值。而 2 次谐波分量可能小于某一值。同时，又由于变压器中相电流并不很大，比率制动作用很小或等于零，从而使差动继电器误动。

五、对策及效果

为了提高大差保护的动作可靠性，采取了以下两种对策。

（1）提高大差保护的整定值。原整定的大差保护继电器的初始动作电流过小（只有

变压器额定电流 I_e 的 0.18 倍），在外部故障或出现"和应"涌流时，容易误动。计算表明，发变组大差保护的整定值应为 $0.4I_e$，故将定值由 $0.18I_e$ 提高到 $0.4I_e$。

（2）消除二次回路缺陷。将 TA 二次回路端子排上的用螺丝插头连接的电流端子（属淘汰产品），换成接触可靠的连片型电流端子。

此外，还对 TA 二次回路的接线螺丝进行了拧紧，加填弹簧圈。

运行实践表明，采取了以上对策之后，保护运行情况良好。

变压器差动保护拒动（一）

一、情况简介

该电厂有 9 台机，分别通过 5 台变压器接在 220kV 母线上。全厂主接线图如图 3-36 所示。

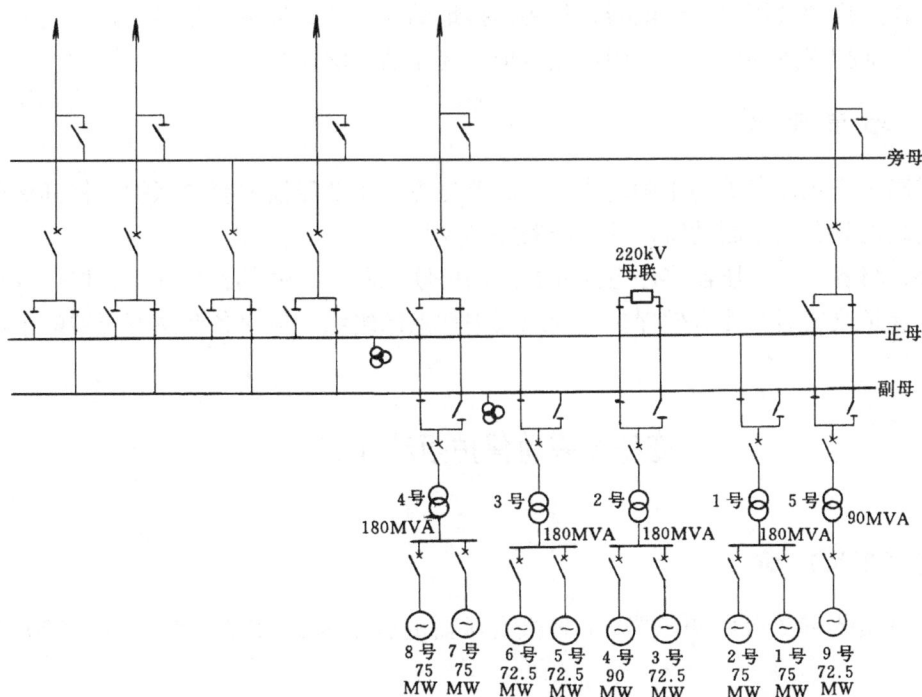

图 3-36　全厂主接线图

其中，1 号主变压器的差动保护为由 BCH 型差动继电器构成。全厂 5 台主变压器高压侧的零序过流保护采用一个公用中间继电器出口。该继电器动作后，先跳中性点不接地的变压器，无效时，再跳中性点接地的变压器。

1 号主变压器零序电流保护的动作时限为：$t_1 = 5s$，$t_2 = 5.5s$。

事故前，全厂 9 台机满发。1、2 号主变压器中性点接地，其他三台主变压器中性点经间隙接地。

二、事故过程

1996 年 7 月 13 日，1 号主变压器高压测（220kV 侧）B 相穿墙套管因故折断，但不接地（相当断一相运行）。1 号主变压器差动保护拒动；中性点零序保护动作，先跳了 3、4、5 号变压器，后跳了 1 号变压器及 2 号变压器，造成全厂停电。

三、事故原因分析

这次造成全厂停电的主要原因是主变压器差动保护动作灵敏度太低及主变压器零序保护设计不合理造成的。

差动保护采用 BCH 型差动继电器，动作电流一般大于 1.3 倍的变压器额定电流，当变压器高压侧非全相运行时，流入差动继电器的差流一定小于整定值，因此差动保护一定拒动。

此外，由于非全相运行，变压器高压侧必然出现零序电流，使 1 号主变压器中性点零序保护动作并启动公用中间继电器，先将不接地的 3、4、5 号主变压器跳开。但 1 号主变压器的零序保护仍然动作，又将中性点接地的变压器切除。

四、对策建议

为提高主变压器保护的正确动作率，应首先更换主变压器的差动保护。将其更换成动作灵敏度高的具有比率制动特性的变压器差动保护。

此外，将各台主变压器零序电流保护之间的联系断开，使其各自独立，保护各自的变压器。在保护改造后为能有效保护主变压器中性点的绝缘，应对各台主变压器的中性点增加间隙保护。

5 变压器差动保护拒动（二）

一、情况简介

该变电站装有 2 台主变压器，1 号主变压器的容量为 90MVA，变电站由 220kV 线路供电。

1 号主变压器配置有二套完全独立的完整套微机保护，双套差动保护。差动保护为具有比率制动特性及二次谐波制动的差动保护，有 TA 断线闭锁。还设有电流速断。

事故前的运行方式是：两台主变压器均运行，220kV 母线上接有 5 条出线。

二、事故过程及调查

1998 年 6 月 27 日，由于 1 号主变压器 220kV 侧隔离开关操动机构箱内受潮，使操作回路绝缘下降，引起该隔离开关带负荷自动分闸，造成弧光短路。

事故发生后，1 号主变压器差动保护拒动变电站 5 条 220kV 线路对侧的距离 II 段动作，将 5 条线路切除。

事故扩大为 3 个 220kV 变电站、11 个 35kV 变电站和一个燃气轮机电厂全部停电。

事后检查，故障点在差动保护区内，故障电流 116A（二次值）但两套微机差动保护均未动作。

三、对差动保护装置的试验检查

事故后，对差动保护装置进行了试验检查，输入电流检查通道及采样值。试验结果发现：当输入电流大于 80A 时，装置采样出的电流只有 0.2 ~ 0.3A。这是由于：当输入电流大于 80A 时，模/数转换芯片输入电压溢出，而软件处理又不当等原因造成的。

四、两套差动保护同时拒动原因分析

两套差动保护同时拒动的原因，是由于在如此大的短路电流下，装置软、硬件不能满足要求。

保护装置设计的最大故障电流为 16 倍额定电流（即 $5 \times 16 = 80A$），当超过 80A 时，电流变换装置趋向饱和，同时二次电流也将超过 A/D 模件的上限测量电压，又由于软件处理不当，致使测得的差流很小。

另外，装置中采用的 TA 断线闭锁装置有问题。当故障电流大于 80A 时，TA 断线闭锁装置误判为"电流回路断线"而将两套差动保护闭锁。造成两套差动保护同时拒动。

五、对策

（1）TA 断线闭锁只发信号而不应闭锁保护装置。

（2）在设计变压器保护时，应计算出最大故障电流，并根据最大故障电流选择保护装置的硬件，及采用合理的软件，以保证差动保护动作的可靠性。

变压器差动保护误动（三）

一、情况简介

该变电站装有两台容量为 150MVA 的三绕组自耦变压器。变压器高压侧接 330kV 母线，中压侧接 110kV 母线，110kV 母线系双母线加旁路。

2 号主变压器配置的保护为全套 500 型微机保护。其差动保护采用具有比例制动特性的分相差动保护，其初始动作电流为 0.4 倍变压器额定电流。

事故发生前，2 号主变压器 110kV 侧通过旁路断路器（即 1110 断路器）送出负荷。

二、事故经过

1999 年 1 月 16 日 12 时 08 分，运行人员进行操作，合上 1102 断路器（2 号变压器 110kV 侧断路器），退出 1110 断路器，切换 110kV 侧差动 TA 时，差动保护误动。切除了

2 号主变压器。

三、差动保护误动原因分析

在 110kV 侧合上 1102 断路器之后，110kV 侧两组差动 TA 二次均流过有大小相等、方向相同的电流。在切换 TA 的过程中，110kV 侧差动回路多了 1 个电流，即产生了差流。当差流大于定值时，差动保护便动作。

打印报告证明，差动保护的初始动作电流定值为 0.14A（二次值），故动作时的实际差流刚好达到 0.14A 之值。

由于操作过程中没有退出差动保护出口连接片。故差动保护出口切除变压器。

四、经验教训

运行人员在进行操作时，应严格执行规程规定。对于上述项目的操作，应首先退出差动保护的出口连接片。

7 变压器差动保护误动（四）

一、情况简介

该变电站 1 号主变压器系 330kV 母线与 110kV 母线的联络变压器，两侧均有电源。变压器的差动保护，采用具有比率制动特性的晶体管差动保护装置。

二、事故过程

1992 年 10 月 4 日 22 时，该站 330kV 出线上发生故障，线路跳开后，重合闸动作，又发生了三相短路。此时，1 号主变压器差动保护动作，切除了变压器。

三、试验检查

事后，对保护装置及二次回路进行了试验检查，并在带负荷时进行了测量。

检查结果表明，变压器 330kV 侧 C 相差动 TA 的极性接反了。

在 1992 年 8 月 1 日，因下雨 1 号主变压器 330kV 侧的 3311 断路器 C 相 TA 因闪络而损坏。更换 TA 后，因负荷太小而未测量各侧差动 TA 二次电流的相位关系，埋藏了隐患。

四、误动原因及教训

很明显，区外故障差动保护误动的原因是 C 相差动 TA 的极性接错。对 C 相差动保护来说，区外故障相当于区内故障。

其经验教训是，应严格执行有关规程的规定：差动保护正式投运时或二次回路变动后，必须先作差动 TA 的六角图，以确保差动 TA 接线正确。

变压器差动保护误动（五）

（1）1996年12月5日11时，某变电站2号主变压器高阻抗差动保护误动，切除了主变压器。

误动原因是：运行人员用旁路来代替2号主变压器220kV侧出口断路器时，未将高阻抗差动保护退出所致。

（2）1996年11月12日17时，某变电站3号主变压器差动保护误动，切除了3号主变压器。

误动原因是：运行人员误操作，在主变压器保护盘上，将旁路断路器差动TA二次与变压器同侧差动TA二次都接到了差动保护中。使差动回路中出现了差流，差动保护误动。

（3）1990年2月13日及1990年8月28日，华东某电厂备用厂高变差动保护在厂高变低压侧母线故障时两次误动。误动原因是高压侧套管差动TA特性不良。

（4）1998年2月25日，某变电站2号主变压器差动保护误动，切除了2号变压器。其原因是将110kV侧110旁路断路器差动TA误接成星形，而220kV侧差动TA是三角形接线。在用110断路器代替2号主变压器102断路器时，由于差动回路中出现差流，造成差动保护误动。

（5）1988年3月6日12时，变电站110kV出线故障，4号主变压器零差保护误动，跳开三侧断路器。区外故障时零差保护误动原因，是整定计算错误（定值太小），而校核人员又未发现。

变压器差动保护误动（六）

一、情况简介

该变电站的4号主变压器，系容量为240MVA的三绕组自耦变压器。变压器的差动保护是按间断角原理构成的晶体管保护装置。

二、事故过程

1999年7月26日13时，4号主变压器差动保护动作，无故障跳开各侧断路器，甩负荷170MW，对1个重要用户停电17min。

三、试验检查

事后经试验检查发现，4号主变压器差动保护的110kV侧差动TA二次C相电缆（C4221）芯线绝缘破损（由TA出口至TA端子箱的电缆），致使C4221导线与TA外壳接地。将该侧C相电流短路，在差动继电器中产生差流并使其误动。

四、事故原因及防范对策

造成该次事故的主要原因是基建工程中质量把关不严，未按要求截取电缆及作电缆头。

防范对策：①加强新建及扩建工程的验收把关工作，严格按"二次设备验收规程"把好继电保护验收关；②对电流互感器二次回路的绝缘要求要严格，在投产前或大修后，均应用1000V摇表测量各芯线对地及其间的绝缘；③对新投产或大修后的差动保护，在投运前应在TA出口作通流试验。要求外加电流值与通入保护中的电流值一定相等。

19 变压器差动保护误动（七）

一、情况简介

该电厂的2号机与2号主变压器组成发—变组系统，变压器的容量为360MVA。高压侧额定电压为330kV，低压侧的电压15.75kV。该变压器配置有BCD-24型晶体管差动保护，差动继电器的整定值是：初始动作电流 $I_{dzo} = 0.5I_e = 2A$，拐点电流 $I_{zdo} = 5A$，二次谐波制动比为18%。

二、事故过程及检查

1999年10月25日，2号主变压器差动保护的A相差动继电器动作，切除了2号机及2号主变压器。

10月27日6时许，2号主变压器差动保护A相差动继电器再次动作，切除了2号机及2号主变压器。

事故后检查发现，2号主变压器差动保护低压侧的差动TA二次回路绝缘不良，在由A相TA端子至保护屏二次电缆的A相芯线（编号为A411）上有绝缘破坏处。在开停机的过程中，由于振动大致使该电缆接地，从而短接了一相TA。在A相差动继电器中出现了差流，使保护动作。

根据负荷计算知：当时流进继电器的差流为2.89A。该电流大于差动继电器的初始动作电流 I_{dzo}，而小于拐点电流 I_{zdo}，继电器必然动作。

三、事故原因及防范措施

事故原因是：施工质量把关不严，在作电缆头剥电缆皮时，刀伤芯线外层绝缘，而后又未采取措施。从而在振动时，电缆芯线接地，短接一相TA。

防范对策是：①严把施工质量关。②在投运前或大修后，应用1000V兆欧表对地测量TA二次各芯线对地及各芯之间的绝缘，发现隐患并即时处理。③在投运前或大修后，应对保护进行带TA通流试验。

变压器空投时差动保护误动

一、情况简介

变电站的 1 号主变压器是容量为 240MVA 的三绕组自耦变压器。其差动保护为 JCD-11 型差动继电器构成的晶体管保护装置，配置有两套，其差动继电器具有比率制动及二次谐波制动特性。

二、充电误动情况介绍

1999 年 8 月 4 日 3 时 03 分，由 330kV 侧 3322 断路器对 1 号主变压器冲击合闸充电，两套 JCD-11 型差动保护误动，跳开充电侧断路器。

1999 年 8 月 4 日 3 时 37 分，用 3320 断路器对 1 号主变压器冲击合闸充电，两套 JCD-11 型差动保护误动，跳开 3320 断路器。

稍后，再次用 3320 断路器对 1 号主变压器冲击合闸充电，两套 JCD-11 型差动保护再次误动，跳开 3320 断路器。

三、试验检查及原因分析

当空投 1 号主变压器时，故障录波装置没启动，一次系统经检查无异常，保护二次回路也无问题。差动继电器的二次谐波制动比取的是 0.19，将其减小为 0.16，于 17 时 40 分空投 1 号主变压器，差动保护没误动。

事故原因是：变压器空投时励磁涌流大（与变压器的质量有关），而整定的二次谐波制动比偏高，二次谐波的制动能力偏小。因此，在空投变压器时引起差动保护误动。

四、防范对策

应按规定，对新安装或大修后的变压器进行 3 ~ 5 次的空投试验，并进行录波，分析励磁涌流的大小及谐波含量。按照实际情况调整二次谐波制动比。

工作人员失误引起的差动保护误动

1999 ~ 2000 年在西北二个大电厂，发生了因工作人员工作失误，造成主变压器差动保护误动，切除了正在运行的大型发电机及变压器。

一、9.7 事故

1999 年 9 月 7 日 10 时，某水电厂检修人员配合工作时，误将 3 号主变压器差动保护 TA 短接。造成 3 号主变压器差动保护误动，切除了 3 号发电机—变压器组。

9 月 7 日，电气分场的监控班、保护班配合调通局实施远动遥测信号扩充工程。在 3

号机汇控柜将 3FBJ—340 电缆中的 C 与 N 短接（1TA 二次电流的 C 相与 N 相），使 3 号主变压器差动保护误动，造成 3 号发电机—变压器组跳闸。

事后检查，误将差动保护用 C 相 TA 短接。

二、5.24 事故

2000 年 5 月 24 日 19 时 58 分，某电厂仪表班工作人员工作失误，造成 4 号发电机—变压器组差动及 4 号变压器差动保护误动，切除了 4 号机组。

5 月 24 日，仪表班对 4 号变压器的仪表进行消缺，短接 TA 二次端子，短接 TA 端子的短接线有 4 个头，先将一头接 TA 二次的 N 线回路，接好后便松手，其他头与差动保护的 TA 端子相碰，等于把差动 TA 短路，因而造成差动保护误动。

三、教训及对策

由于工作人员失误引起差动保护误动的事故，从性质讲是严重的，属于考核事故，应想尽一切办法避免。

应对工作人员加强安全教育。在运行设备的二次回路工作的人员，应有严格的书面安全措施，逐项执行，并应由专人监护。

13 变压器过励磁保护误动（一）

一、情况简介

变电站装有 2 台容量为 240MVA 的三绕组自耦变压器。变压器三侧额定电压分别为 330kV、110kV、35kV，330kV 母线是一个半断路器接线，变电站主接线如图 3-39 所示。

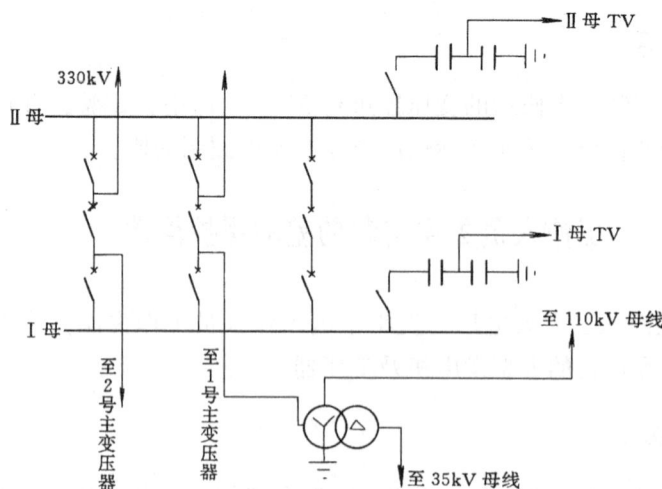

图 3-37　变电站主接线

330kV I 母及 II 母接的 TV 均为电容式 TV，变压器的保护为全套微机型保护，其过励磁保护为具有反时限特性的过励磁保护。

二、事故过程

1999 年 11 月 17 日 14 时，根据调度安排停运 330kV II 母，值班员按程序规定操作，当拉开 II 母 TV 的 B 相隔离开关 5s 时，1 号主变压器跳闸，经检查知过励磁保护动作。

事后，网、省局和供电局对这次事故很重视，要求尽快查清原因。

三、误动原因的试验研究

分析表明，这次事故的原因，可能是在操作时，由于 TV 的特性或其他原因，致使 TV 二次电压升高，造成过励磁保护误动。

为了查明真正的误动原因，决定进行拉开 II 母一相 TV 隔离开关的试验。

1. 试验测量使用的仪器仪表

测量仪器，使用日本日置公司生产的 3195 型数字式电量分析仪及 8845 型存储式波形记录仪。通过该两种仪器可以捕捉并记录电网内任何暂态信号，并进行二通道的信号 FFT 分析，还可以将测量数据和波形的快速打印出来。

2. 试验内容

在退出 II 母 TV 之前，应先将 I 母 TV 与 II 母 TV 的二次及三次并起来，以防止接在 II 母 TV 上的保护失压。该变电站 I 母和 II 母三次绕组（即开口三角形绕组）并接原理图如图 3-38 所示。

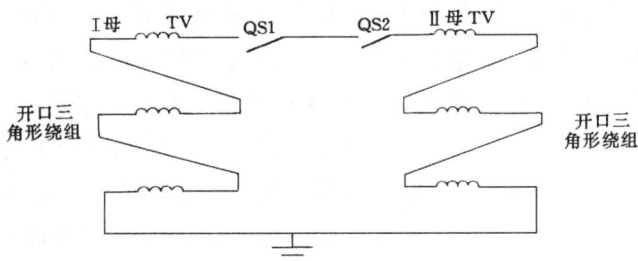

图 3-38　I 母同 II 母三次系统并接原理图

试验共进行了 4 次，当图 3-38 中 QS1 和 QS2 闭合时（三次绕组并联），分别拉开 TV 一次 B、C、A 单相隔离开关时，进行了 3 次试验录波。第 4 次试验是在图 3-36 中 QS1 和 QS2 断开时拉 TV 一次 B 相隔离开关进行的。

3. 试验结果及分析

试验结果表明，在 I 母和 II 母 TV 三次绕组并联的情况下，拉开 II 母上 TV 一次一相隔离开关（例如拉开 B 相隔离开关），必将导致 I 母 TV 二次非拉开相（例如 A 相和 C 相）的电压升高，而拉开相（即 B 相）电压降低。而当两、三次绕组分开时，上述操作对二次电压不产生什么影响。

拉开 II 母 TVB 相隔离开关后测得 I 母 TV 二次及开口三角形电压波形如图 3-39 所示。

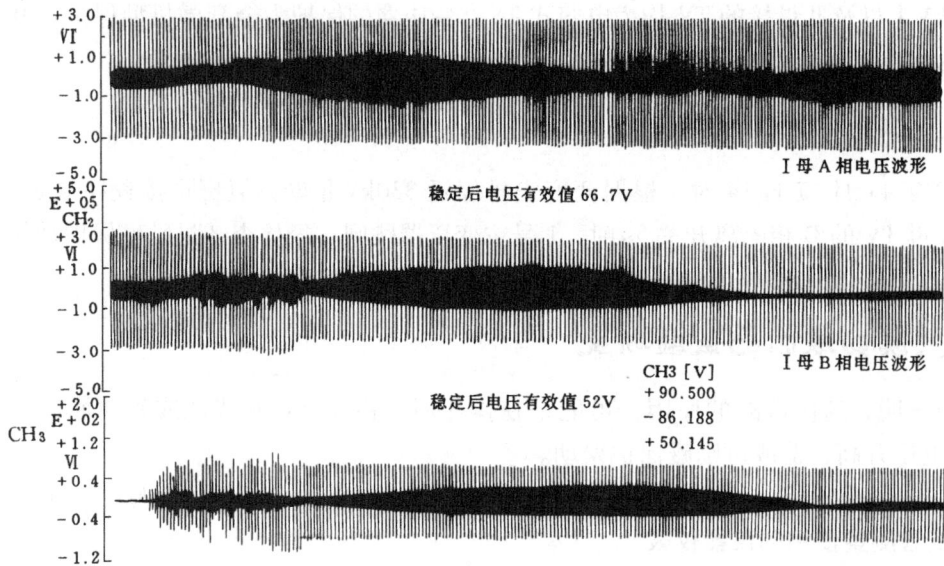

图 3-39　拉开Ⅱ母 PTB 相隔离开关时 I 母 TV 二次及三次电压的变化

由图 3-39 可以看出，拉开Ⅱ母 PT B 相隔离开关的 2s 之内，I 母 TV 三次电压出现振荡过程。2s 之后该电压趋向稳定，有效增大，而 B 相电压降低，A 相电压升高。

在稳定时，A 相电压升至 66.7V（升到额定电压的 1.16 倍）；B 相电压降至 52V（降至额定电压时的 0.9 倍）；开口电压为 50V。

4. 拉开Ⅱ母 TV 一次 B 相隔离开关 I 母 TV 二次电压的粗计算

当Ⅱ母 TV 一次一相隔离开关拉开时，I 母 TV 三次绕组开口电压便为这样一个电压，其大小与被拉开相三次绕组的一相电压相等，而方向与之相反。例如，拉开 B 相隔离开关时，在开口三角形两端出现的电压，其大小与原 B 相绕组上的电压相等，而方向相反。

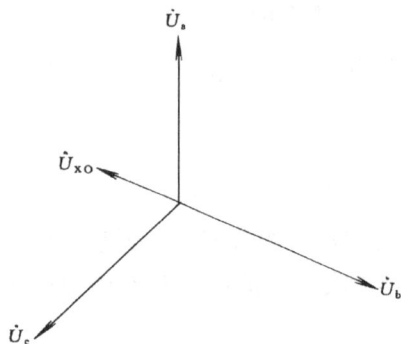

图 3-40　I 母 TV 一次 B 相拉开时
Ⅱ母 TV 二次电压相量图

由于 I 母 TV 三次回路与Ⅱ母 TV 三次回路并联，故Ⅱ母开口三角形电压一定加在 I 母的开口三角形两端。该电压通过磁耦合加到Ⅱ母 TV 的二次绕组上，与原电压叠加，从而使 I 母 TV 二次的三相电压发生了变化。

考虑到叠加电压，I 母 TV 二次电压的相量图如图 3-40 所示。

在图 3-40 中，U_{xo} 是Ⅱ母开口电压通过 I 母开口三角形绕组耦合到二次绕组上的电压。

该电压为 $50 \times 1/3 \times 0.57 = 9.5$（V）。粗略计算，其相位与 U_b 相差 $180°$。

因此，B 相电压应为 $U_B = 58V - 9.5V = 48.5V$，C 相电压与 A 相电压相等为 $58 + 9.5e^{j120} \approx 63$（V）。

计算值与实测值有误差。其误差来源是：一次三相负荷不平衡引起一次三相电压不对称，从而使 TV 二次三相电压不对称；再者，图 3-38 中 U_{x0} 的实际大小及相位可能与计算值有差别。

四、过励磁保护误动原因分析

当拉开 Ⅱ 母 TVB 相一次隔离开关时，在其开口三角形绕组上将产生一个电压。由于 Ⅱ 母 TV 开口三角形绕组与 Ⅰ 母 TV 开口三角形绕组并联，上述电压也加在 Ⅰ 母 TV 开口三角形绕组两端。该电压通过磁耦合传递给 TV 二次各绕组上，造成 TV 二次两相电压升高，并使过励磁保护误动。

五、建议对策

为了防止拉 TV 隔离开关时过励磁保护误动，该站采用在开口三角形上装熔断器或隔离刀闸的办法。这种办法是不正确的。可实行的办法有两个。

（1）按"反措要点"的规定办。即用隔离刀闸辅助触点控制的切换（TV 二次电压切换）继电器，应同时控制可能误动的保护的正电源。当切换时将过励磁保护出口正电源断开。

（2）在退出母线上的 TV 前，打开过励磁保护的连接片。

14 变压器过励磁保护误动（二）

一、情况简介

该变电站的 330kV 母线，系 $1\frac{1}{2}$ 断路器接线。即有两条母线，称之 Ⅰ 母和 Ⅱ 母。1 号主变压器的容量为 240MVA，也是三绕组自耦变压器。其三侧额定电压分别是 330kV、110kV 及 35kV。母线 TV 为电容式电压互感器。

1 号主变压器的保护为全套微机型保护。其过励磁保护，是具有反时限特性的保护装置。事故前，保护的输入电压取自 330kV Ⅱ 母 TV。

二、事故过程及检查

2000 年 9 月 5 日 23 时，运行人员进行撤运 330kV Ⅰ 母的操作。当拉开 Ⅰ 母 TV 一次的 C 相隔离开关时，1 号主变压器三侧跳闸。运行人员停止操作。

检查发现：1 号主变压器过励磁保护动作。且在停止操作的过程中，该保护始终动作，无法复归。

三、对事故采样报告的分析

1. 电压采样值

事故时，微机保护打印出的采样值报告列于表 3-11。

表 3-11

事 故 采 样 值

相别	U_A	U_B	U_C	$3U_0$
	-74.00	87.00	3.99	18.33
	-88.00	48.33	39.00	-35.00
	-78.00	-5.33	64.55	-76.00
	-44.00	-58.00	78.55	-84.00
	0.11	-93.55	69.00	-79.55
	42.00	-102.00	36.00	-59.88
	73.00	-87.00	-3.99	-19.55
	88.00	-48.55	-39.00	33.88
	77.55	4.33	-64.55	74.00
	44.00	57.33	-79.55	83.55
	0.11	95.00	-70.00	78.55
	-42.33	104.00	-36.88	57.88
	-73.55	86.55	3.00	17.44
采	-89.00	48.88	38.55	-33.88
	-78.55	-3.88	64.00	-74.55
	-44.88	-56.55	78.55	-83.55
样	-0.66	-92.55	69.55	-78.55
	41.55	-102.00	36.55	-60.88
	72.55	-87.55	-3.44	-20.44
值	88.00	-49.55	-38.88	33.55
	78.55	3.11	-64.00	74.55
	44.88	56.33	-79.00	83.0
	0.66	94.55	-70.55	77.55
	-41.33	104.00	-37.55	59.00
	-73.00	87.55	2.55	20.00
	-88.55	49.88	38.00	-33.00
	-79.55	-3.11	63.33	-76.00
	-45.88	-56.33	78.55	-84.55
	-1.33	-92.55	70.55	-79.55
	40.55	-102.00	37.55	-61.55
	72.00	-88.00	-2.44	-21.66
	88.00	-50.55	-37.88	31.66
	78.55	2.11	-63.55	73.55
	45.88	95.33	-79.00	83.55
	1.88	94.00	-71.55	78.55
	-40.55	104.55	-38.33	59.88

由表 3-11 可以看出：当拉开Ⅰ母 TV 一次的 C 相隔离开关时，Ⅱ母 TV 二次电压及三次电压分别为：$U_A = 63V$（为额定电压的 1.09 倍）；$U_B = 72V$（为额定电压的 1.25 倍）；$U_C = 55V$（为额定电压的 0.94 倍）；$3U_0 = 59V$。

2. 电压相位关系

按照表 3-11 中的一个周期采样值，绘制出的波形图如图 3-41 所示。

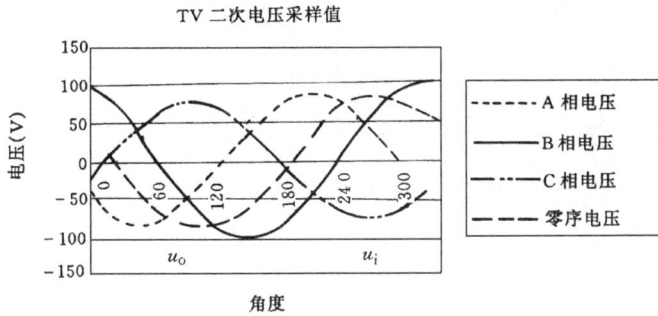

图 3-41　拉 TV 一相隔离开关时 TV 二次及三次电压波形

由图 3-39 可以看出，U_a、U_b、U_c 三相的相位差分别近似相差 120°，而 U_0 与 U_c 的相位相差约 160°；U_0 滞后 U_a 约 80°，U_0 超前 U_b 约 40°。

3. 两非拉开相 TV 二次电压升高的分析

与上节分析相同，当拉开Ⅰ母 TV 一次的 C 相隔离开关时，在其三次开口三角形绕组两端产生一个电压。该电压将通过Ⅱ母 TV 三次绕组并经磁耦合传递至Ⅱ母 TV 二次各绕组上。从而使非拉开相（即 B 相、A 相）的二次电压升高，使另一相（C 相）的二次电压降低。

四、过励磁保护误动原因

过励磁保护误动的原因是：当拉开Ⅰ母 TV C 相隔离开关时，Ⅱ母 TV 二次 B 相及 A 相电压升高，(其中 B 相电压达到额定电压的 1.25 倍)，达到了过励磁保护的整定值。故其误动。

五、对策

按"反措要点"要求对过励磁保护开口回路改进。或拉 TV 隔离开关时将过励磁保护连接片打开。

15　变压器低阻抗保护误动（一）

一、情况简介

该变电站是 500kV 变电站。3 号主变压器容量为 750MVA，中压侧为 220kV，220kV 母线为双母线加旁路，其主接线图如图 3-42 所示。

变压器 220kV 配置有低阻抗保护，作为变压器的相间短路的后备保护。该低阻抗保

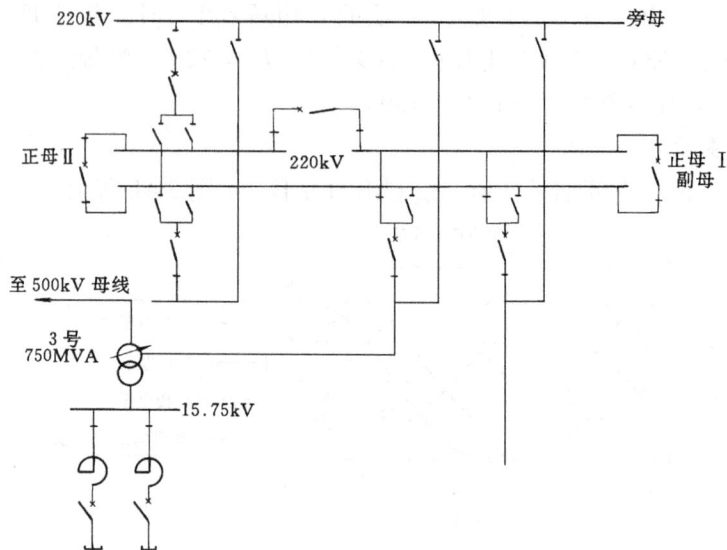

图 3-42　一次主接线图

护采用 ABB 公司生产的 REL—511 型低阻抗继电器构成的装置。阻抗继电器的输入 TV 二次电压，通过 TV 隔离开关的辅助触点进行切换。当主变压器接旁母运行时，则由旁母 TV 隔离开关进行切换。

REL—511 型保护装置本身具有 TV 断线闭锁功能，它是靠自身逻辑回路实现非三相失压时的闭锁，而三相同时失压时，无闭锁作用。设计院设计的 TV 断线闭锁装置，也靠 TV 隔离开关的辅助触点启动的继电器来实现，如图 3-43 所示。

图 3-43　TV 断线闭锁回路

图中，1K、2K、1K1、2K2 是由 TV 隔离开关控制的继电器。

二、事故过程

1999 年 6 月 16 日，某变电站更换 220kV 线路保护及保护盘移位。13 时 55 分，220kV Ⅰ 母 TV 二次短路。3 号主变压器低阻抗保护动作，跳开各侧断路器。

三、事故原因的检查

检查发现，Ⅰ 母 TV 二次总的快速开关跳开了。

四、事故原因分析

由于 Ⅰ 母 TV 二次短路，致使 TV 二次总的快速小开关断开，低阻抗保护失压。由于为三相同时失压，REL—511保护本身断线闭锁装置无用。而又由于设计院设计的断线闭锁回路仅靠TV隔离开关辅助触点启动，而不反应小开关KZ的跳开。故低阻抗保护误动。

五、对策

为防止由于TV二次快速小开关KZ动作致使低阻抗保护误动，在TV断线闭锁回路中，应反应快速小开关KZ的位置。

改进后的闭锁回路如图3-44所示。

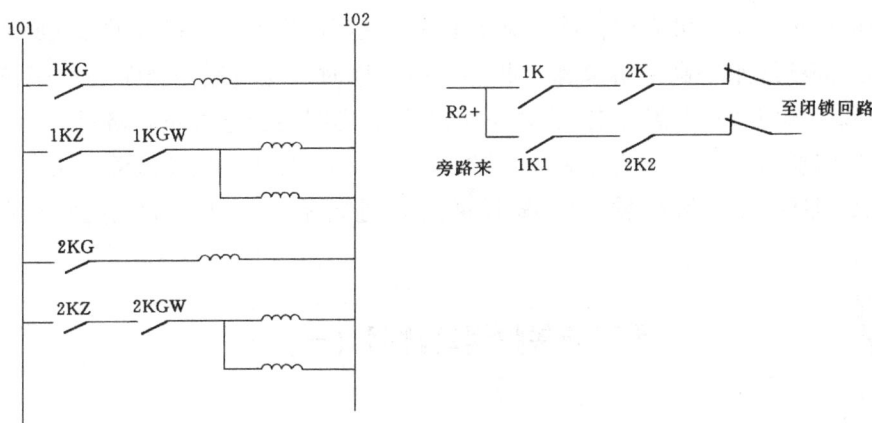

图3-44 改进后的低阻抗保护断线闭锁回路

在图3-44中，1KG、2KG为隔离开关辅助触点。

此外，为了在TV断线时，低阻抗保护能被可靠闭锁，低阻抗保护应采用负序电流启动或大电流开放出口回路。但应注意，过电流的定值确定，应不影响保护的灵敏度。

16 变压器低阻抗和零序保护误动

一、情况简介

华东某变电站1号主变压器容量为250MVA，高压侧电压为500kV，中压侧电压为220kV。全套保护为晶体管型保护。在220kV侧配置有低阻抗保护、间隙保护。

二、事故情况及检查

1995年10月1日。1号主变压器三侧断路器跳闸，切除了1号主变压器。经检查知：220kV侧低阻抗保护二段动作，中性点间隙保护的零序电压继电器动作。

试验检查发现，1号主变压器保护屏上220kV侧低阻抗插件上的一个继电器有问题：其触点及线圈同时与外壳接触，造成接地。由于继电器的线圈接在保护逆变电源输出，而继电器的接点与微机监控PTU的48V电源相连，从而使48V电源串至晶体管保护的逻辑回路的电源中，使三极管基极所接的 -1.5V 电源上升到了 +7.3V。

三、误动原因分析

由于保护插件上的密封继电器性能不良，使其触点和线圈短路，造成 48V 电源串至晶体管逻辑回路中。由于正常处于截止状态的三极管的基极电源为 -1.5V（NPN 型硅管）升高到 7.3V，截止管必然导通而使保护误动出口。

四、对策及教训

提高继电保护的动作可靠性，首先应将小密封继电器换型。应换成触点线圈对外壳及触点对线圈之间绝缘水平高的继电器。此外，在大修时，还应用 1000V 兆欧表测量密封继电器、线圈、触点对地及触点对线圈之间的绝缘，即时更换绝缘不合格者。

应吸取的经验教训是：该两种保护于 10 月 1 日及 10 月 2 日连续误动作两次。如果第一次误动后，即时撤运保护检查，查出原因并进行有效处理，就不会出现第二次误动。

17 重瓦斯保护误动跳闸（一）

一、情况简介

1990 年 7 月 29 日，其变电站 1 号主变压器轻瓦斯保护连续二次发出动作信号。当值班员对 1 号主变压器气体继电器进行外部检查，未发现异常。误判断为气体继电器内部可能有气体。过了 25 分钟，1 号主变压器重瓦斯保护动作，两侧断路器跳开。

事后检查，1 号主变压器气体继电器接线盒盖封闭不严进水，重瓦斯出口触点连接端子短路，造成气体继电器触点因绝缘降低击穿而跳闸。

二、事故原因

由于在主变压器气体继电器安装时，接线盒内导线预留过长，造成接线盒扣不严，留有缝隙，以至在特定风向下下雨时，雨水进入盒内，使接线端子短路，造成气体继电器触点绝缘降低击穿而跳闸。

此次事故暴露了：安装工艺不良，且在工程验收及定期校验时又未认真检查；对气体继电器"进水反措"执行不力。此外，运行人员技术素质也较差。第一次发信号后，应考虑到接线盒进水，应进行相应的检查和处理。

三、对策

对各变电站主变压器气体继电器采取防进水措施。还应对值班人员加强技术培训。

18 重瓦斯保护误动跳闸（二）

一、事情简介

1988 年 3 月 13 日，天降中雨。某变电站发出直流接地信号。半小时后一台主变压器三侧断路器跳闸。

对气体继电器检查，发现接线盒内有积水。

二、事故原因

在 1987 年 11 月停电清扫时，将气体继电器接线盒盖拿掉，工作结束后未将盖盖上。在 3 月 13 日晚的风雨中，接线盒进水，将全部接线端子淹没，造成变压器的停电事故。此次故障完全是工作人员粗心大意而造成的。

三、防止对策

加强安全教育，提高工作人员的责任心；认真执行气体继电器的反进水措施；同时还应执行工作完结后的检查制度。

19 变压器低阻抗保护误动（一）

一、情况简介

1988 年 4 月 18 日，某 500kV 变电站发出直流接地信号。得到调度同意，运行人员用拉路法寻找直流接地点。检查中，当拉开主变压器 500kV 侧直流控制回路的直流电源时，主变压器低阻抗保护动作，两侧断路器跳开。

经检查发现，原设计回路有缺陷。进行拉路检查时，造成主变压器低阻抗继电器三相电压消失；又由于设计回路有误，TV 断线闭锁装置又未能将该保护闭锁。

二、事故原因

（1）设计回路有问题，当因检查直流接地进行直流拉路时，可能导致低阻抗保护交流电压全失，而造成该保护误动。

（2）运行人员违反继电保护运行规程。在进行直流拉路检查时，没有将低阻抗保护退出，造成变压器被切除。

三、防止对策

（1）在用试拉直流回路检查接地时，应按有关规定操作，暂时退出易误动的保护。

（2）进一步完善防止低阻抗保护误动的设计回路。

29 变压器低阻抗保护误动（二）

一、情况简介

1999 年 8 月 3 日，某 500kV 变电站发生直流接地。在通过直流拉路寻找接地位置时，2 号主变压器 220kV 的低阻抗保护误动，切除了变压器。

二、事故原因

运行人员没按规程进行操作，在检查直流接地时，没有暂时退出易误动的保护。另一主要原因是，设计院设计有误，在某一 TV 失压时没有可靠地将低阻抗保护闭锁。

该变电站 220kV 母线，系双母线带旁路。主变压器 220kV 的低阻抗保护，采用 ABB 公司生产的 REL—511 低阻抗继电器装置构成。在三相失压时，阻抗继电器不可能自闭锁。

设计院设计的 TV 断线闭锁回路如图 3-45 所示。

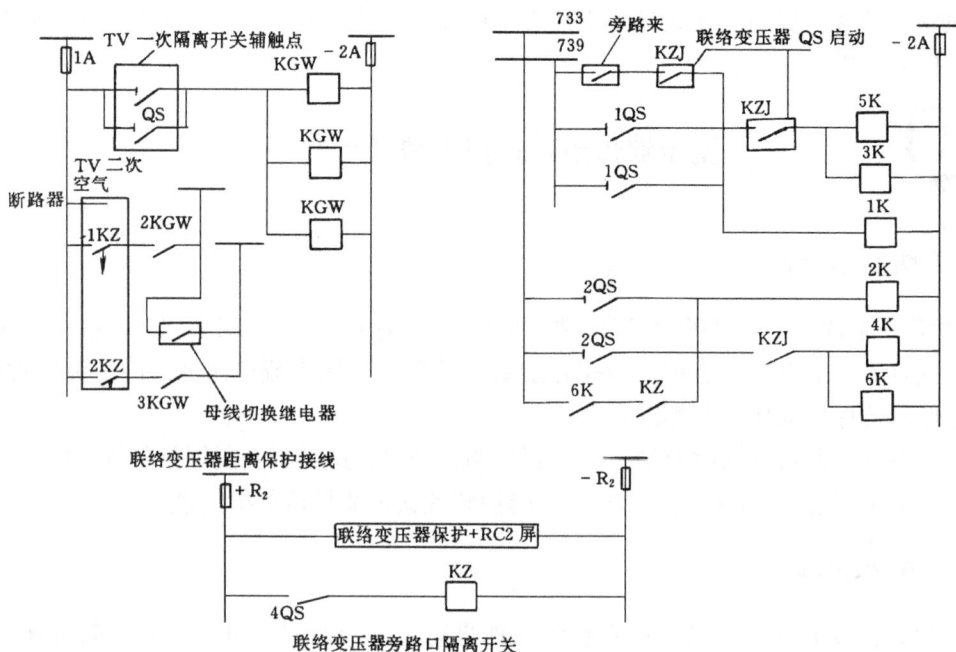

图 3-45 TV 二次切换回路及启动 TV 断线闭锁继电器回路

该闭锁方案有以下缺点：①当采用旁路断路器代替主变压器断路器运行时，图 3-43 中隔离开关 4QS 合上，继电器 KZ 动作，常闭触点打开，继电器 3K 及 4K 返回，使 REL—511 型低阻抗保护装置内部的 TV 断线闭锁回路退出工作；②当 TV 一次隔离开关在断开位置时，TV 二次快速开关跳闸，或采用直流电源拉路检查直流接地时，均会造成 REL511 型低阻抗保护误动切除变压器。

三、改进措施

去掉用旁路隔离开关启动 KZ 继电器来控制闭锁回路，增设用 1K 和 2K 串联来控制闭锁回路。改进后的回路如图 3-46 所示。

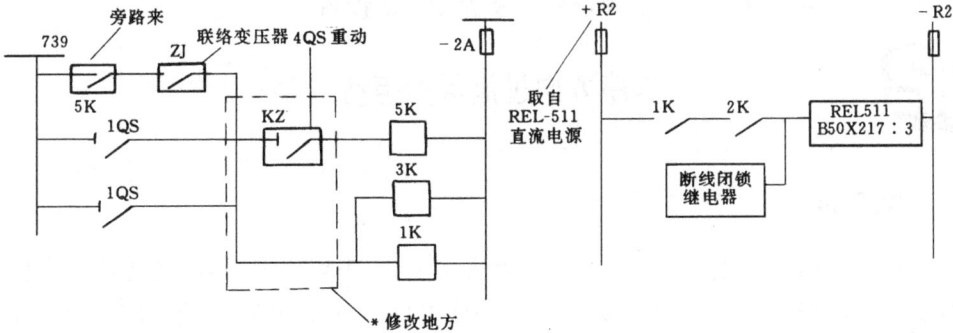

图 3-46 改进后的 TV 断线闭锁回路

采用上述闭锁回路之后，当正常运行或用"旁路代路"运行时，误拉 TV 一次隔离开关或 TV 二次快速开关跳开，或 TV 电压切换回路的直流电源消失时，REL—511 型低阻抗保护均能被可靠闭锁。

21 变压器有载调压瓦斯保护误动

一、情况简介

该变电站是 330kV 变电站，1 号主变压器是容量为 240MVA 的三绕组自耦变压器。该变压器的调压变配置有瓦斯保护。

事故发生前，变电站所在地区三个小时连降大雨。变电站的直流系统出现接地。工作人员在主变压器本体端子箱找接地点。

二、事故过程及检查

1999 年 8 月 4 日 20 时，1 号主变压器有载调压变重瓦斯保护动作，跳开三侧断路器。造成该变电站 110kV 母线停电。所带的 3 个 110kV 变电站，也全部失压。共甩负荷 85MW。

事故后检查发现，1 号主变压器有载调压重瓦斯保护触点引出线（01 及 015），在主变压器本体端子箱进口处将外层绝缘磨损。因下雨等原因，事故前 015 线接地。而工作人员在找直流接地点时，有将 01 线误碰端子箱外壳，相当于将重瓦斯触点短接。

三、事故原因分析及对策

事故原因是：基建工程质量把关不严。在主变压器本体端子箱二次电缆进口处未加绝缘垫，使电缆芯线外层绝缘磨损，造成雨天接地。在检查直流接地时，又造成另一线接地。故使保护误动。

四、采取措施

严把施工质量关。应按照规程规定检查及验收二次设备。

22 零序方向过流保护拒动

一、情况简介

该变电站为 330kV 变电站，1 号主变压器容量为 240MVA 的三绕组变压器。变压器的 110kV 侧配置有两段零序方向过流保护，其动作方向指向 110kV 母线。该变电站 110kV 母线为双母线。

二、事故过程

1993 年 1 月 24 日 13 时 27 分，由于 110kV II 母 C 相支持绝缘子上滴水造成接地闪络。母差保护动作，去跳 II 母线所接各元件的断路器。由于回路中有错，有两个断路器（编号为 92、82）未跳。

同日 13 时 54 分，由于滴水原因 I 母 C 相绝缘子接地闪络，母差保护拒动。

在以上两次故障时，1 号主变压器 110kV 侧零序方向保护拒动。

三、试验检查

事后试验检查发现：零序方向元件的方向接反。

四、拒动原因及对策

由于零序方向过流保护方向元件的方向接反，因此，在指定方向上故障拒动。主要原因是在投产时，没有带负荷检查方向保护的动作方向。

五、对策

对于新投入的或大修后的变压器，一定要在负荷工况下检查方向保护的动作方向。

23 变压器晶体管保护误动作跳闸

一、情况简述

1995 年 10 月 1 日，某 500kV 1 号主变压器 220kV 侧晶体管低阻抗及中性点零序电压间隙二段保护误动作，跳开 1 号主变压器三侧断路器。

二、情况分析

经过现场调查，1 号主变压器重动继电器屏上的 220kV 侧晶体管低阻抗重动继电器触点 124TKR2 与线圈对外壳接地。124TKR2 的线圈接的是 1 号主变压器晶体管后备保护逆变电源，触点接的是微机监控 RTU 的 48V 电源。引起两组电源短路，从而使 1 号主变压器 TTP（晶体管变压器后备保护，其中有低阻抗和中性点零序电压间隙二段等保护）保护电源电压发生变化，引起晶体管保护直流回路逻辑关系混乱，造成低阻抗和中性点零序电压间隙二段保护误动作，如图 3-47 所示。

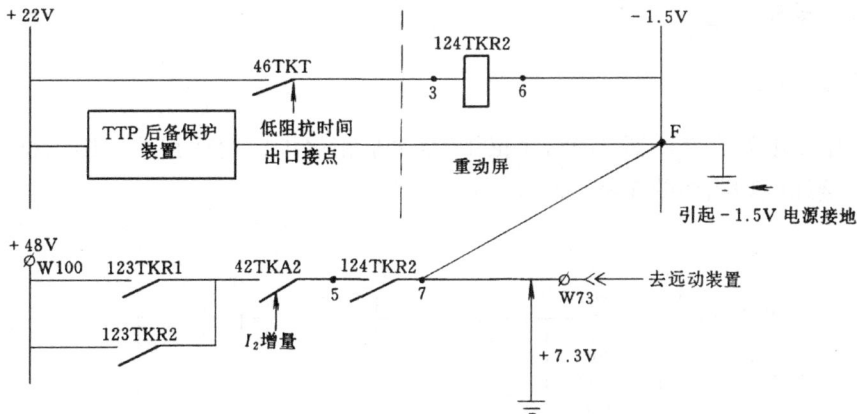

图 3-47　1 号主变压器 220kV 侧晶体管保护误动作回路接线图

从图 3-47 中看出，F 点与触点 124TKR2 的 7 号端子短接，而且又碰了外壳，使 $-1.5V$ 电源接地，将对地的 $+7.3V$ 电压加到 $-1.5V$ 上，引起 TTP 中的低阻抗和变压器中性点零序电压间隙二段保护电位发生变化、使保护误动作跳闸。

三、采取对策

（1）由于密封继电器触点与线圈之间绝缘不良，导致 $-1.5V$ 直流电源接地。为此，应选用高质量的密封继电器，经检验合格后更换。

（2）今后要加强对密封继电器触点与线圈之间绝缘的检测工作，做到及时发现立即更换。

四、经验教训

（1）据现场了解，该保护共计发生二次误动作跳闸，第一次，10 月 1 日 13 时 45 分，第二次，10 月 2 日 16 时 11 分。在第一次发生误动作跳闸后，应立即停用保护进行查找，不应再发生第二次。在误动原因未找到前，不允许再使用这种保护。

（2）这种密封继电器的工作电压为 24V 的，但其触点且使用在 48V 的电源上。因此这种设计不合理，应更换工作电压为 48V 的继电器。

24 主变压器非全相保护接线错误出线故障误动

一、事故简述

1989 年 4 月 3 日 11 时 57 分，某电网 220kV W1 线单相接地故障，甲变电站 1 号主变压器 QF1 断路器非全相保护动作跳闸。

当时甲变电站 W1 线 QF2 距离保护（RAZ0A、RAZFE）距离 Ⅰ 段，高频保护动作跳闸单相，重合闸动作成功。

二、事故分析

事后检查甲变电站主变压器 220kV 侧断路器非全相保护，发现其原理接线是错误的。该非全相保护接线原理图如图 3-48 所示。

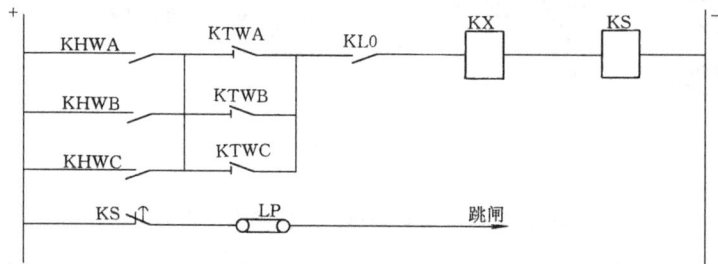

图 3-48　非全相保护错误接线原理图
注：KTW 是误动接线。

因合闸监视继电器 KHW 在断路器合闸时励磁，而跳闸监视继电器 KTW 在合闸时失磁，所以正常运行时直流正电源已送至，KL0 常开触点处。高压侧断路器非全相起动电流（KL0）为 1.5A，KS 时间为 0.5s，当线路距离保护 Ⅰ 段动作，后又重合成功。根据线路故障录波图，按零序分支系数计算，甲变电站主变压器的 $3I_0$ 约为 6.6A，达到 KL0 启动值。而故障录波图显示也有 0.55s。

三、措施

证实甲变电站主变压器非全相保护设计错误后，将 KTW 的常闭触点改为常开触点，以后再未发生出线故障误动现象。

四、经验教训

新变电站投产要严格审查保护原理接线，若稍有疏忽，给后来运行将造成重大事故，这是不可原谅的。

25 比率制动不起作用造成差动保护误动

一、事故简述

1995 年 7 月 5 日 6 时，某站处于热备用的 10kV 母联断路器爆炸，主变压器差动保护误动跳三侧。

二、事故分析

主变压器差动保护为 LOP-4 型保护，事故后检查比率制动，原整定为 5A 时起作用，而故障时电流要达到 10A 时才起作用，由于无比例制动，不平衡电流达到差动启动值，差动保护即误动出口。其动作原理示意图见图 3-49。

三、防范措施

对于运行时间较长的保护，应加强定检及维护，并及时更换一些继电器，以防止元器件老化造成保护的误动或拒动。

四、经验教训

对于运行单位应加强保护维护，而对于制造厂则应保证元器件的质量，以防止保护元器件很快老化，性能不稳，使保护误动或拒动，造成不必要的损失。

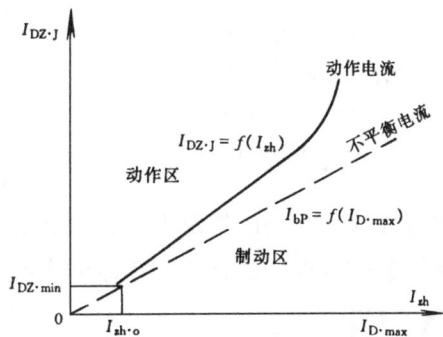

图 3-49　比率制动式差动保护特性曲线

26 电流互感器极性接反，造成差动保护区外故障误动

一、事故简述

1997 年 4 月 21 日 10 时 58 分，某电厂 2 号主变压器差动保护在区外故障时误动。

1998 年 2 月 17 日，某变电站 1 号主变压器差动在区外 10kV 出线发生故障时误动。

二、保护动作分析

事故后两起误动均是因为电流互感器极性接反，造成保护区外故障时误动。双绕组变压器差动保护单相原理接线图见图 3-50。双绕组变压器，在其两侧装设电流互感器，当两侧电流互感器的同极性端子在同一方向，则将两侧电流互感器不同极性的二次端子相连接，（如果同极性端子均置于靠近母线一侧，则二次侧为极性相连）差动继电器的工作线圈并联在电流互感器的二次端子上。

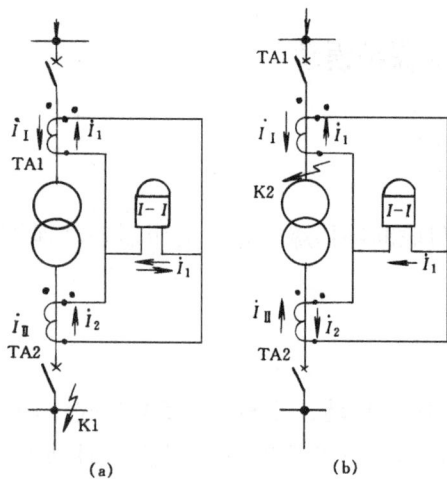

图 3-50　双绕组变压器差动
保护的单相原理接线图
（a）正常运行和外部故障时的情况；
（b）内部故障时的情况

在正常运行和外部故障时两侧的二次电流应相等，流过差动继电器线圈的电流接近于零。当一侧电流互感器极性接反时，流入继电器的电流 $I_J = \dfrac{1}{n_1} \dot{I}_1 + \dfrac{1}{n_2} \dot{I}_{II}$，（$n_1$—高压侧电流互感器的变比，$n_2$—低压侧电流互感器的变比），当区外故障时流入继电器的电流大于动作电流的整定值时，差动保护即误动跳闸。

三、采取措施

将电流互感器回路重新进行接线，并再进行带负荷测试，以确保极性的准确无误。

四、经验教训

应确保保护的极性及方向正确，是众所周知的。但在实际运行中，仍不时有因电流互感器极性接错造成保护误动的情况发生，因此继电保护的施工调试及运行维护均应加强工作责任心，吸取事故教训，防止类似事故的再次发生。

27 操作顺序错误造成变压器停电

一、事故概况及原因

1995 年 6 月 2 日，聊城电业局端庄变电站 110kV 旁路 108 断路器代 1 号主变压器 12 断路器运行，110kV 1、2 号母线并列运行，35kV 1、2 号母线并列运行。1 号主变压器 110kV 侧 12 断路器停电检修，2 号主变压器停电，1 号主变压器 110kV 差动 TA 切到主变压器套管 TA 运行。

17 时 50 分，110kV 旁路 108 断路器端子箱有异味，检查发现 108 断路器 A 相 TA 二次回路 A310 端子接触不良，放电，导致相邻直流回路正电源 731 导线烧坏，造成直流系统正极接地（负对地 225V）。检修人员采取安全措施后，用短接线将该端子短接，18 时 15 分，12 断路器检修工作结束。为紧急处理 108 断路器 TA 缺陷，18 时 35 分，地调令 12 断路器由检修转运行，108 断路器由运行转冷备用。本应合上 12 断路器，拉开 108 断路器，然后用万用表欧姆档检查差动继电器触点确在断开位置后方可投入差动总出口连接片。解除 1 号主变压器差动总出口连接片，将 1 号主变压器 110kV 差动 TA 回路由 1 号主变压器套管 TA 倒至 12 断路器本身差动 TA 回路。此时差动 CT 回路尚未完整只有一侧电流就误投差动保护连接片，而误跳主变各侧断路器，当值人员在没有执行"合上 12 断路器，拉开 108 断路器"的情况下，就测量了差动继电器触点，虽发现触点接通（套管

256

TA 已退出），但没有引起重视，误投差动总出口连接片，引起 1 号主变压器 11 断路器、13 断路器及 110kV 旁路 108 断路器跳闸，造成 35kV 母线停电，220kV 与 110kV 系统解列。

二、防止对策

（1）对运行人员应加强技术培训，有目的地进行事故预想和反事故演习，提高运行人员的技术素质与操作水平以及事故处理能力；

（2）严格操作票制度。

第三节 母差及断路器失灵保护

母线故障跳闸继电器拒动

一、事故简述

1987 年 4 月 12 日，某 500kV 变电站，220kV PMS-G 型双母线固定连接式母线保护装置，在单母线方式运行期间，运行母线发生了带地线合闸的三相接地短路事故。当时有部分电源线路没有跳闸，由对侧二段保护动作切除故障。

二、事故分析

经过现场调查，原因是串联于各跳闸中间继电器线圈的信号继电器 1KS 线圈参数不配合造成的。1KS 采用 DX-8/0.015 型，内阻为 956Ω，各跳闸中间继电器（不同型号）共计 10 个并联，实测内阻为 1285Ω，如图 3-51 所示。图中 SA2 和 SA4 分别为各一次设备母线侧隔离开关切换辅助触点的重动继电器触点，SA2 触点闭合，SA4 触点打开，事故时为单母线方式运行，图中选择元件触点未画，以下进行计算。

当时直流电压为 220V，计算母线保护起动元件 1~3KDW 触点闭合时，跳闸中间继电器线圈两端电压

$$U_{KCO} = \frac{220}{956 + 1285} \times 1285 = 126(V)$$

因此，信号继电器 1KS 线圈两端电压降为

$$u_{1ks} = 220 - 126 = 94(V)$$

占额定电压的 42.7%。经实测，其中 1KCO、3KCO、4KCO 和 5KCO 的动作电压为 132~141V，6KCO 和 11KCO 的动作电压分别为 114V 和 110V。所以，6KCO 和 11KCO 继电器动作，其余都拒绝动作，由对侧二段保护动作切除故障。

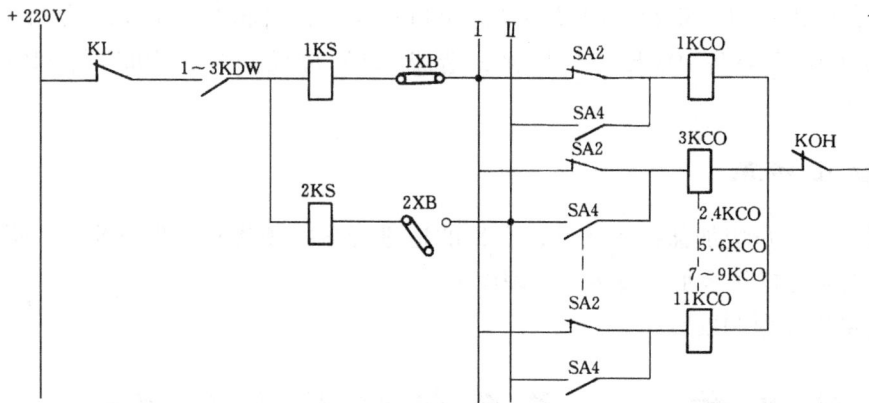

图 3-51 PMS-G 型固定连接式双母线保护直流回路部分接线图

三、采取对策

（1）串联信号继电器的选择条件

1）在额定直流电压下，信号继电器动作的灵敏度一般不小于 1.4。

2）在 0.8 倍额定直流电压下，由于信号继电器的串接而引起回路的压降应不大于额定电压的 10%。

3）应满足信号继电器的热稳定要求。

4）如果选择中间继电器的并联电阻时，应使保护继电器触点断开容量不大于其允许值。

（2）按照上述条件，由串联信号继电器规范表上查得，经计算选取 1KS（2KS）为 DX-8/0.04 型，内阻为 130Ω。此时，母线保护选择元件对应 5 个跳闸中间，并联后内阻为 2142Ω。通过计算，串联信号继电器的灵敏度和电压降均可满足规定条件。

四、经验教训

（1）在进行直流逻辑回路设计时，要考虑串联信号继电器与其后面的中间继电器在灵敏度和电压降的问题。否则就要出现上述拒动的严重后果。

（2）现场检验人员，在新装置投入运行前，80% U_n 整组试验项目一定要做，而且要做全。上述事故表明，整组试验未做全，也可能没有做。所以这个教训必须汲取。

220kV 断路器失灵保护误动，变电站全停

一、事故简述

1995 年 1 月 26 日，某变电站 220kV Ⅰ 母线及 Ⅲ 母线失灵保护在二号线路由 Ⅲ 母线倒至 Ⅰ 母线时，引起误动作，造成 220kV 母线上的运行设备全部停电，如图 3-52 所示。图中一至七号线路和 1～2 号主变压器全跳闸。

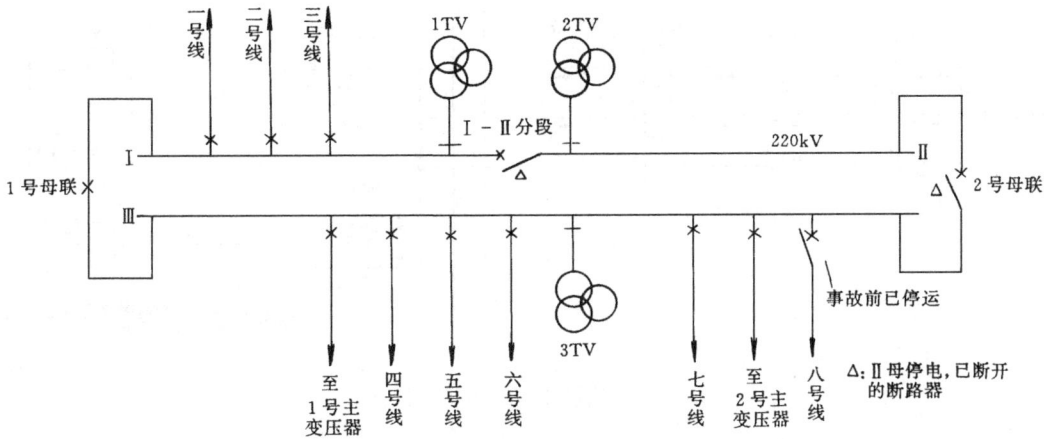

图 3-52　某变电站 220kV 母线事故前运行状况图

二、事故分析

经过现场调查，发生事故前，220kV Ⅱ 母线在停电状态，但 2TV 一次隔离开关未断开，这给Ⅲ母线 3TV 向Ⅱ母线 2TV 反充电造成机会。1 号母联失灵保护电流判别元件整定 336A（TA600/5），当时二至三号线路负荷电流均为 240A，一号线路为 340A。在二号线路Ⅰ、Ⅲ母线隔离开关合位时，1 号母联电流较小，在二号线Ⅲ母线隔离开关拉开瞬间（由Ⅲ母线向Ⅰ母线倒闸），1 号母联电流突增（Ⅲ母线为电源，Ⅰ母线为负荷），达到电流判别元件动作值，如图 3-53 所示。

1994 年 10 月，七号线路在其分线箱处，更换电压切换隔离开关辅助触点电缆线时，由于电缆线不够长，临时用导线将Ⅱ母线 G 隔离开关辅助触点 QS 短接，如图 3-55 所示。

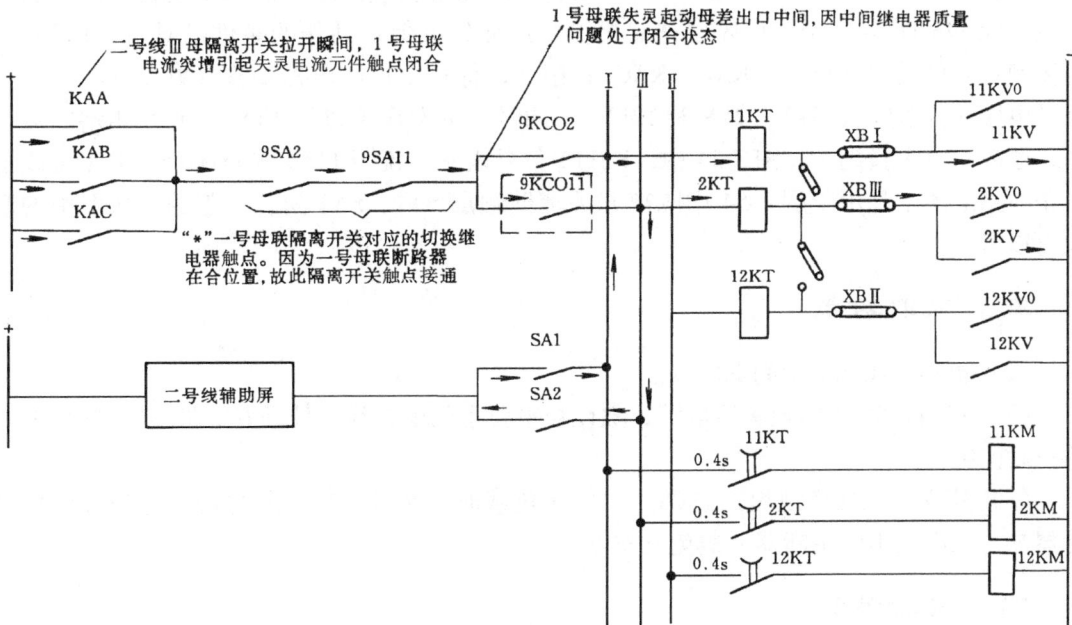

图 3-53　1 号母联失灵起动Ⅲ母线及Ⅰ母线失灵保护回路图

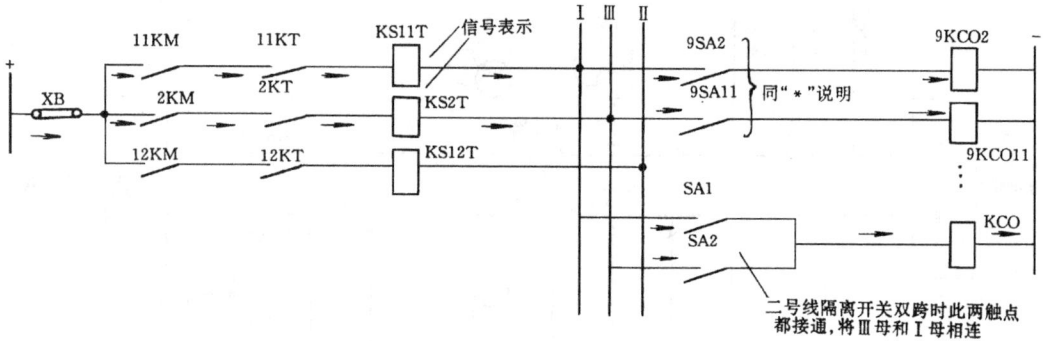

图 3-54　启动出口继电器回路图

事后此缺陷也一直未处理。本次事故发生前，处理八号线路Ⅱ母线隔离开关缺陷时，需将Ⅱ母线停电。为此，将七号线路、2号主变压器及六号线路倒至Ⅲ母线运行。当断开Ⅰ-Ⅱ母分段及2号母联断路器时，Ⅲ母线3TV电压互感器二次A、C相熔断器熔断。因为如图 3-55 所示，1KM～4KM均在动作位置，引起Ⅲ母线电压互感器3TV向Ⅱ母线电压互感器2TV反充电，使Ⅲ母线3TV二次过负荷TV小开关跳闸，电压消失。

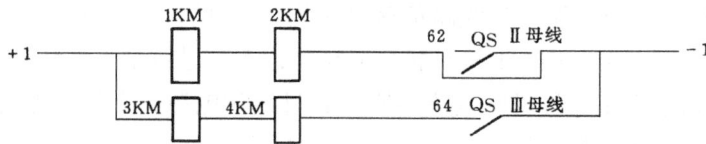

图 3-55　七号线路电压切换刀闸辅助触点用导线短接回路图

从图 3-53 中，虚线框中的9KCO11触点因继电器质量问题，而处于闭合状态，这种继电器为ZJ3-1E/6.2型，厂家已认定更换。这样失灵保护动作的条件已具备，即第一，电流判别元件动作（KAA、KAB、KAC）；第二，保护出口继电器动作（9KCO11）；第三闭锁电压元件解除（11kV、2kV和12kV）。同时，也发现Ⅰ母线1TV二次A相熔断器熔断，原因一直未找到，在图 3-54 中，KS11T信号表示，说明11kV触点闭合。但Ⅰ母线上三条线路的跳闸是由于图 3-54 中隔离开关辅助触点SA1、SA2闭合引起的，从图中的箭头可以得知。

三、采取对策

（1）更换9KCO11中间继电器。

（2）将图 3-55 中的短路线取消，敷设合乎要求的电缆线，处理好Ⅱ母线隔离开关QS的正确位置。

（3）建立电压切换规程，如2TV二次无负载时，在其一次侧停电前，应断开电压互感器二、三次绕组的熔断器，避免反充电。

四、经验教训

（1）现场的继电保护调试和检修人员，在关系到继电保护的二次回路更改时，必须慎重。如果需要采取临时措施，必须在图纸上注明，并在继电保护记事簿上说明，最后向运行值长交待有关事项。比如七号线路的Ⅱ母线隔离开关 QS 用导线临时短接，是造成这次事故的原因之一。

（2）对于跳闸的中间继电器，其机械部分一定要检验好。继电保护工作，是一项仔细的工作，来不得半点疏忽。如果对于 9KCO11 中间继电器的常开触点，在正常时处于断开位置时，即可避免这次事故的发生。

3 操作顺序错误导致母差保护误动全站停电

一、事故概况及原因

1987 年 4 月 10 日，惠民电业局郭集变电站 220kV Ⅱ段母线、沽郭线间隔停电春防。220kV 旁路 1720 断路器代沽郭线 1726 断路器运行。6 时 23 分在投 1720 断路器零序Ⅳ段连接片时，旁路 1720 断路器零序Ⅳ段、220kV 母差保护动作、所有 220kV 断路器跳闸，全站停电。

二、事故原因

造成这次事故的原因是郭集变电站值班人员在旁路断路器 1720 代路操作前，没有按运行方式要求切换母差 TA 连接片，致使 TA 极性接反，导致母差误动的停电事故。旁路断路器零序Ⅳ段动作的原因是，4 月 9 日 TA 接线时 A 相 TA 开路所致。

三、防止对策

（1）对工作人员加强安全教育，提高工作责任心，防止工作中的失误；
（2）对运行人员要加强技术培训，提高其业务素质，严格执行两票三制及有关规程规定。

四、事故教训

本次事故暴露了值班人员没有严格执行两票三制，违反现场规程，对保护方式不熟悉，属违章操作，误投保护。在 TA 接线中造成一相开路，也导致保护误动。继保人员应加强 TA 回路完整性试验。

4 母线保护误接线导致变电站母线停电事故

一、事故概况

1990 年 8 月 30 日，淄博电业局位庄变电站 110kV 南北母线合环运行，位塔线在南母线运行，气象条件为大雾能见度 0m 风力 0m/s，8 点 50 分位塔线对母线侧拉线 AB 两相短路，110kV 母差误动作，将北母线切除，1.8s 位塔开关零序 I 段掉闸重合不成。南位线，南定电厂侧距离 II 段动作跳闸，重合不成。3.6s 后 3 号变压器 110kV 侧断路器方向零序 I 段过流保护跳闸，将南母线故障切除，至此位庄 110kV 系统全部停运。造成 110kV 北营、李家、博兴、索镇、高青、召口 6 个 110kV 站全部停电，甩负荷 62MW，损失电量 3.68 万 kW·h。同时 220kV 位付线，付家侧零序 II 段跳闸（未投重合闸）110kV 南位线、35kV 位热 I 号平衡保护动作重合成功，电厂侧位热 I、II 距离 I 段重合不成，9 点 23 分拉开位塔线南隔离开关后，将 110kV 南北母线恢复送电，9 点 25 分 110kV 线路除位塔位张线外全部送电，对用户全部恢复供电。系统图见图 3-56。

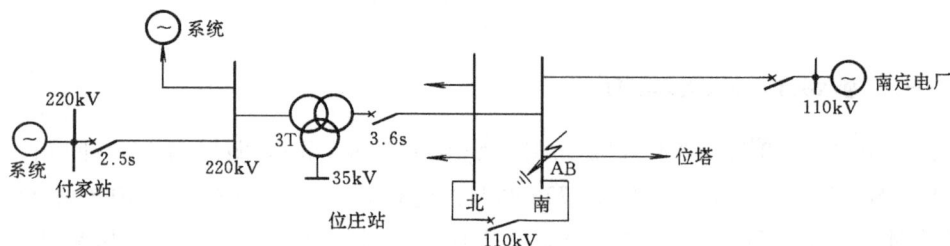

图 3-56 系统接线图

二、原因分析

（1）一次设备，按录波图及现场勘查，位塔线断路器 A 相电源侧引线线夹上部，螺栓压接不紧，造成该线夹长期发热和机械力作用，线夹出口处的导线逐渐断股而烧断，此时导线与断路器线夹处于拉弧导通负荷状态，拉弧烧坏油标，使断路器油外溢燃烧，烟雾上升，加上当时浓雾湿度大，即导致 AB 两相相间弧光短路，母差保护因接错线误动作，未将故障的南母线切除，进一步造成位塔线南隔离开关线夹烧断，位塔线阻波器吊串绝缘子闪络 B 相接地，位塔 A 相断路器电源侧线夹发热是这次事故发生的直接原因。

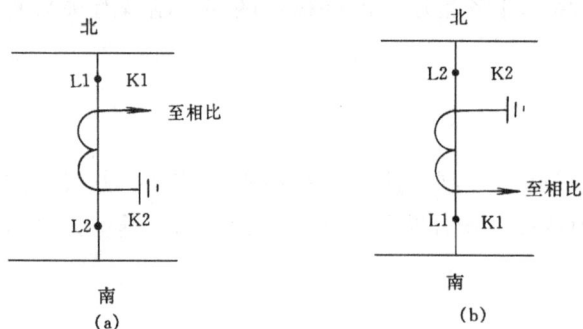

图 3-57 母联电流互感器接线图

（2）二次设备：位庄变电站主控制室搬迁，从 1989 年下半年至 1990 年 2 月，该局保护人员在不影响正常运行难度很大的条件下负责将全部 220、110、35kV 的二次部分迁移到新主控室。母差误动的直接原因是误接线造成。原因之一工作人员在接线时看图设计接线是以北母线为主母线，而实际电流互感器位置见图 3-55 接线。由于组织工作人员对交流回路考虑不周，且没有执行保安规定第 3.14 条，未经设计人员同意就修改了部分设计，使距离保护盘与母差保护盘分别代表北母线与南母线，以致造成错误接线。原因之二，检验工作及传动试验未执行"保安规定"第 2.2 条，复杂保护无试验方案，传动试验未执行整组试验，仅仅对距离盘，母差盘分别进行了试验，以至误接线未暴露,试验报告未填入试验记录,验收时也未把住关。

(3) 付家变 220kV 位付线零序方向电流Ⅲ段动作,2.5s 跳闸是由于位庄 3 号变压器零序电流保护时限 1988 年由 1.5s 改为 2.5s,保护整定计算专责人未按继保运行规程第 3.3.12、第 6.3.4 条规定上报中调修改后的保护定值,造成位庄 3 号变压器 110kV 方向电流零序保护与系统上一级保护不配合。

(4) 运行人员巡视监督不力,运行管理有漏洞,春季接头测温无详细记录,巡视检查项目无记录。

本次事故暴露了:

(1) 工作负责人,执行规程不严肃,没有严格按照规程规定的所有触点串接试验从而使错接线缺陷未能发现。车间专工在同意二次回路改动时考虑措施不周,导致二次错接线。

(2) 3 号变 110kV 方向零序电流保护,整定计算不仔细、审核不认真造成了保护误整定。

(3) 继保专业的管理体制不适应生产的需要,目前继保专业管理人在地调,生技科、总工均无人分管继保专业。这样地调自行管理、维护、运行,而缺乏局对此工作的监督和管理。多次发生继电保护专业的事故,说明局必须设有对继保专业的监督和管理部门或岗位。

(4) 改建工程设备母差 TA 实际接线图纸与现场设备不符。基建工程要加强工程图纸管理和工程质量验收工作。

三、防止对策

(1) 局在生技科设继保专责人,总工有专责分工,为继保专业技术总负责人。

(2) 对位庄,北营等新建、扩建的设备校验记录,重新审核一遍,发现漏项、漏校等问题,立即采取措施补救。

(3) 组织人员对未经事故考验的母差保护、胜利站、位庄站、龙泉进行校验。

(4) 尽快将 3 号、4 号主变压器 110kV 零序方向过流时间由 2.5s 改回到 1.5s。

(5) 将淄调与中调、县调、大用户的分界点定值列出清册,并分别书面通知上述单位及内部各部门。

(6) 组织地调有关人员学习规程,严格执行规程。

5 定检时造成失灵保护误动

一、事故简述

1991 年 4 月 27 日,某 220kV 变电站由旁路代 220kV 甲乙线运行,继保人员做 220kV 甲乙线保护定检,15 时 5 分,220kV 旁路保护屏 B、C 相掉牌,甲乙线甲侧断路器失灵保护动作,跳开旁路断路器,及 1 号、2 号变压器,造成多个 110kV 变电站全停。

二、事故分析

事故后发现继保人员在做甲乙线线路保护定检时,漏退甲乙线保护屏上断路器失灵保护启动连接片 8LP，做甲乙线保护整组传动过程中起动断路器失灵保护，误跳旁路及接于该母线的 1 号、2 号变压器。

三、防范措施

加强技术培训，提高继保工作人员的安全观念和技术水平，编写典型 220kV、110kV 保护定检安全措施票，防止类似事故的发生。

四、经验教训

工作负责人应认真把关，熟悉工作内容及安全措施。工作不细致是造成这次保护误动的主要原因，作为继电保护工作人员，应吸取这次事故教训，按规程制度认认真真、兢兢业业地做好每一项工作。

母差保护区外故障误动

一、事故简述

1998 年 12 月 5 日 12 时 27 分，某变电站 220kV 甲乙线发生 A 相接地故障，故障时甲乙线两侧高频保护动作，正确跳闸（因线路带电作业，重合闸退出）。故障同时，该站 I 母线母差保护误动作，跳开 I 母线上所有断路器。

二、事故分析

该站所用 220kV 母差保护型号为 7SS10，事故后检查发现母联隔离开关切换重动继电器（型号为 89AX352）线圈烧断，当隔离开关合上时该继电器不动作，使该继电器接入母差切换的常闭触点不能断开，将母联断路器接入母差保护的 TA 回路短接，母联电流未接入母差回路，导致母差保护在区外故障时误动。

三、整改措施

更换母联断路器母线隔离开关切换重动继电器。由于该套母差保护各接入元件的切换回路没有任何监视方式（若 I 母、II 母电流，不平衡亦不会告警），如果再出现上述隔离开关切换触点损坏的情况，仍随时都有母差保护误动的可能，因此建议母差保护生产厂家，对各接入元件的切换回路加装监视告警，以防类似误动的再次发生。

四、经验教训

保护装置投产后，仍应定期进行维护，并应时时加强监视，否则某一元器件的损坏，就可能会造成大事故，此次事故应引起保护生产厂家改进。

7   TA 二次绕组保护器击穿，造成母差保护误动

一、事故简述

1999 年 3 月 13 日 7 时 36 分，某变电站 220kV 甲乙线线路单相瞬时故障，重合成功、故障同时 220kV Ⅱ 母线差动保护误动，跳开 Ⅱ 母所连接的各元件断路器。

二、事故分析

事故后检查发现造成这次母差保护误动的原因为 Ⅱ 母所接 220kV 甲乙线母差 TA 保护器击穿，造成甲乙线母差 TA 短接，故在 220kV 甲乙线故障时，Ⅱ 母母差保护误动。

三、防范对策

鉴于目前 TA 保护器质量不好，两年前该省已发生一起因 TA 保护器击穿造成发变组保护误动的事故，因此建议取消 TA 保护器，以防止因 TA 保护器故障造成保护的误动。

四、经验教训

作为继电保护使用的元器件生产厂家一定要注意产品质量，否则可能会造成意想不到的损失。

8   母差保护误跳非故障母线

一、事故简述

1999 年 3 月 4 日 12 时 39 分，某变电站 220kV 甲乙线 1 号母线隔离开关至断路器 B 相引线接头断开接地，该故障点在母差保护 Ⅰ 母范围内，但故障时母差保护动作跳开 Ⅱ 母线所有断路器，其一次接线图如图 3-58。

二、事故分析

事故后检查发现母差保护误选母线的原因为母联 TA 一次侧接反，造成故障在 Ⅰ 母线范围内，而母差保护却误跳 Ⅱ 母线。

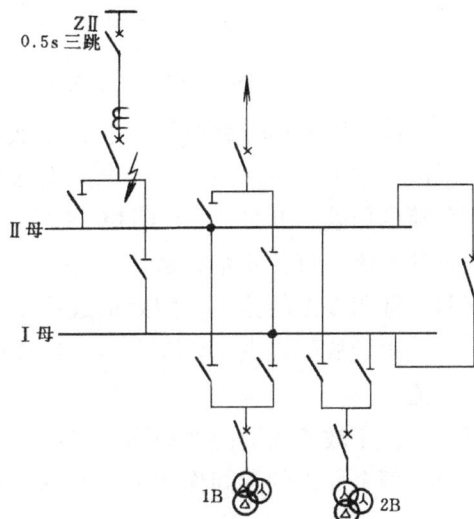

图 3-58　Ⅰ 母母线故障示意图

三、防范措施及经验教训

根据规程规定，运行中 TA 回路有改动时必须做带负荷测试。

母差保护区外故障误动

一、事故简述

1999 年 8 月 9 日 4 时 36 分，某变电站 220kV Ⅱ 母线上运行的甲乙线发生 AC 两相接地故障，线路保护动作正确，同时，220kV Ⅱ 母线母差保护误动作跳开 Ⅱ 母所有断路器。

二、事故分析

事故后检查母差屏后内部接线有误，发现 220kV 甲乙线 Ⅱ 母线切换插件后辅助 TA 的 CB1-CB3 因屏内线绝缘破损短接，见图 3-59。

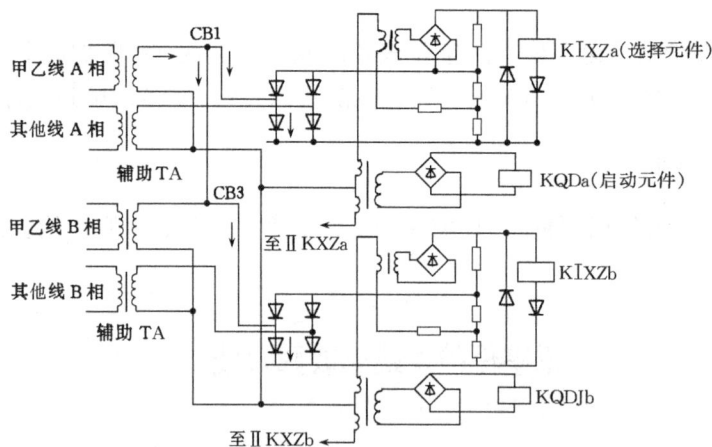

图 3-59　辅助 TA 二次 ab 相绝缘损坏母差误动回路简化图

即甲乙线 AB 两相辅助电流互感器二次侧短接，故障时 A 相差流分流到 B 相差动回路。从录波数据上分析，故障时因电流互感器部分饱和等原因，Ⅱ 母 A 相约有 60A 差流，考虑到分流的影响，Ⅱ 母 A、B 两相二次差流回路约各有 30A 差流。Ⅱ 母 B 相差回路制动电流为负荷电流，仅几安培，远小于差动电流，造成 Ⅱ 母 B 相差动继电器动作。经现场模拟试验，证明以上的分析。因此造成母差保护的误动原因有二点：

其一是由于故障线主 TA 和母差保护辅助 TA 发生部分饱和造成 Ⅱ 母 A、C 相差动回路流过差流。

其二是由于故障线屏内线短路，造成 A 相差流分流到 B 相差动回路。

在以上两个原因的共同作用下，Ⅱ 母 B 相差动继电器动作跳开 Ⅱ 母线上各断路器。

三、防范措施及经验教训

对于生产厂家应注意质量的把关，保证产品的安全可靠，以保证系统的安全。

19 母联TA饱和引起母差保护误动

一、事故简述

1997年10月3日10时58分，甲变电站110kV母差保护动作，跳开110kVⅠ、Ⅱ母线所有断路器（QF1～QF13），检查发现1号主变压器110kV QF10断路器A相严重喷油，母线上无明显故障点。

二、事故分析

本次事故110kV母差纯属误动。事故后由省局安监处、省调、中试所、某供电局等对该母差保护进行了现场调查和模拟实验，证明南京自动化厂生产的HMZ—101系列、JCMZ—102系列中阻抗原理的母线差动保护所采用的一组母联TA带两组辅助TA的接线方式，在母联TA饱和时，装置可能发生误动。

实验的方法及分析结果如下：

（1）实验一，测量母联TA饱和时的等值阻抗，见图3-60。

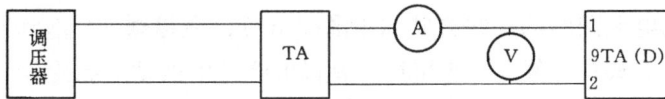

图 3-60　实验一接线图

1）短接10TA的1、2端子测量：

$U = 141V$　　$I = 1A$　　$Z = 141\Omega$

2）不短接10TA的1、2端子，测量：

$U = 186V$　　$I = 0.5A$　　$Z = 372\Omega$

结论：满足装置稳定阻抗的要求。

（2）实验二，模拟装置区内故障，母联TA饱和但另一组母线上无电源，装置的动作行为，见图3-61。

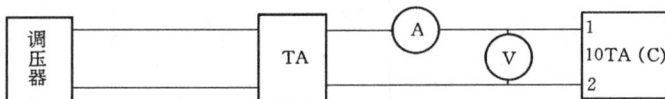

图 3-61　实验二接线图

I（A）	0.6	1	1.6	2
Ⅰ母母差动作情况	不动	不动	不动	不动
Ⅱ母母差动作情况	不动	不动	不动	动

分析结论：对Ⅰ母母差，通入的模拟故障电流分别流过制动回路和差动回路，装置可靠制动，动作行为正确。

　　对Ⅱ母母差，由于母联TA采用一组TA带两组辅助TA，使得Ⅰ、Ⅱ母差动回路存在电磁联系，通入Ⅰ母的故障电流通过电磁感应，感应到Ⅱ母差动回路，此电流只流过差动回路，不流过制动回路，此时装置无制动特性，因而动作，装置的动作行为不正确。

　　（3）实验三：模拟区内故障且母联TA饱和，两组母线都有电流，装置的动作行为，见图3-62。

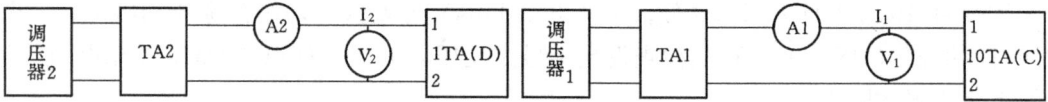

图3-62　实验三接线图

调整调压器1、2，使A1、A2的读数相近，且使I_1、I_2同相位，实验结果如下：

　　$I_1=0.544A$　　$I_2=0.53A$，Ⅰ、Ⅱ母母差都动作，此时测Ⅰ母差流为0.53A，Ⅱ母差流为0.497A，饱和支路电压$U_1=115V$，电流$I_1=15.2mA$、$U_2=114V$、$I_2=11mA$，则$R_{L1}=7.56k\Omega$，$R_{L2}=10.36k\Omega$，都大于装置稳定运行阻抗，因而装置误动作。

　　结论：以上三个实验证实了由于母联TA采用一组TA带两组辅助变流器的接线方式，使得装置在区内故障母联TA饱和时，非故障母线会发生误动。

　　对HMZ—101和JCMZ—102系列母线差动保护所采用的一组母联TA带两组辅助TA以提供Ⅰ、Ⅱ母差电流回路的接线方式（见图3-63），在母联TA饱和时的动作进行了分析，得出这种接线方式在母候TA饱和时，装置可能发生误动的结论。

　　（1）对母线区内故障母联TA饱和的等值电路图的理论分析，设图3-63的简单一次系统图，当Ⅱ母发生故障且母联TA发生饱和，依据中阻抗母线保护的准则，TA全饱和时，二次输出电流为零，电流互感器二次回路的总阻抗可以用一总的直流电阻来代替（主要为主变流器二次绕组电阻及连接电缆电阻）则得到图3-64所示的母联TA饱和的等值电路图。R_{TA}为主TA的二次绕组电阻，r_L为连接电缆单相电阻，r_1为辅助TA一次电

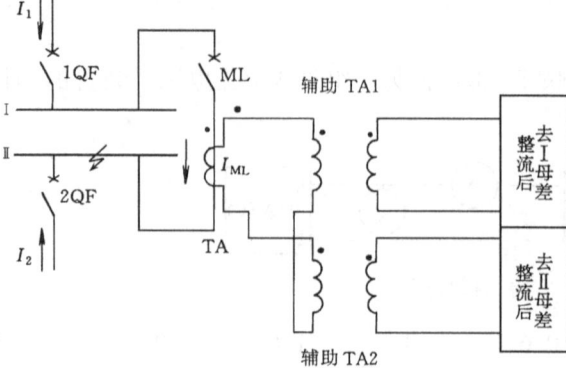

图3-63　差动电流回路接线方式

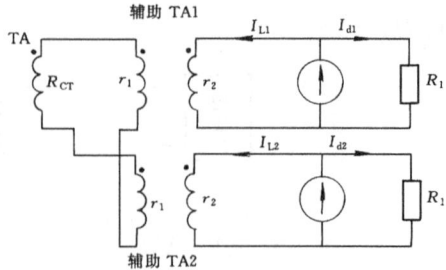

图3-64　母联TA饱和的等值电路图

阻，r_2 为辅助 TA 二次电阻，R_1 为装置差回路等值阻抗。对该回路进行电路分析：

依据戴维南定理可等效如图 3-65、图 3-66 所示。

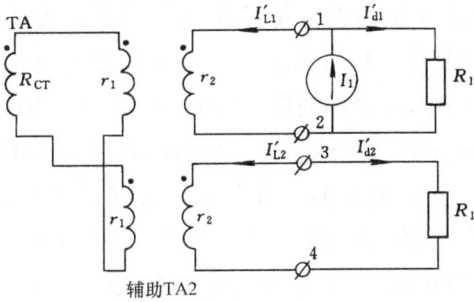

图 3-65　等效电路图（一）　　　　　　　图 3-66　等效电路图（二）

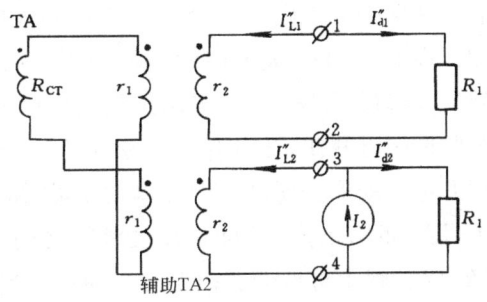

设 R_Z 为从端口 1、2 或端口 3、4 往 TA 方向看进去的等值阻抗，则：

$$R_Z = n^2(R_{CT} + 2r_L + 2r_1) + 2r_2 + R_1$$

对图 3-65

$$I'_{d1} = R_Z I_1 / R_1 + R_Z$$

$$I'_{L1} = R_1 I_1 / R_1 + R_Z$$

$$I'_{LZ} = -I'_{L1} \quad I'_{d2} = I'_{L1}$$

对图 3-66

$$I''_{d2} = R_z I_2 / (R_1 + R_Z)$$

$$I''_{L2} = R_1 I_2 / (R_1 + R_Z)$$

$$I''_{L1} = -I''_{L2}$$

$$I''_{d1} = I''_{L2}$$

对图 3-66

$$I_{d1} = I'_{d1} + I''_{d1} = (R_Z I_1 + R_1 I_2)/(R_1 + R_Z) \tag{3-5}$$

$$I_{L1} = I'_{L1} + I''_{L1} = R(I_1 - I_2)/(R_1 + R_Z) \tag{3-6}$$

$$I_{d2} = I'_{d2} + I''_{d2} = (R_1 I_1 + R_Z I_2)/(R_1 + R_Z) \tag{3-7}$$

$$I_{L2} = I'_{L2} + I''_{L2} = R_1(I_2 - I_1)/(R_1 + R_Z) \tag{3-8}$$

（2）分析结论：

1）从式（3-5）~式（3-8），可看出 I 或 II 段母线的差动动作特性和 II 或 I 段的故障和电流（除母联电流外，此时母联 TA 已饱和，其二次输出电流为零）的大小和相位有关，违背了中阻抗原理的母线差动保护的基本原则，即每段母线的差动动作特性各自独立，只和本段母线所连接元件的电流及阻抗有关。

2）依据装置特性 $S = 0.8$，即 $I_{d1}/I_{L1} > 4$ 时，I 段母差保护动作；$I_{d2}/I_{L2} > 4$ 时 II 段母线差动保护动作；反之，则不动作。

将式（3-5）~式（3-8）代入：

$$(R_Z I_1 + R_1 I_2)/R_1(I_1 - I_2) > 4$$

解得

$$I_2/I_1 > (4R_1 - R_Z)/5R_1 \tag{3-9}$$

同理

$$(R_1 I_1 + R_Z I_2)/R_1(I_2 - I_1) > 4$$

解得

$$I_1/I_2 > (4R_1 - R_Z)/5R_1 \tag{3-10}$$

分析式（3-9）、式（3-10）可得：

当Ⅰ母故障和电流 I_1 大于Ⅱ母故障和电流 I_2 时，当Ⅰ母发生故障，依据中阻抗原理的母线保护的准则，无论一次流过多大电流、电流互感器在故障的最初瞬间不会发生饱和，在 $1/4 \sim 1/2$ 周波内能正确传变一次电流，因此在 TA 尚未饱和时，Ⅰ母母差动作跳闸，Ⅱ母母差不动，考虑保护整组出口 10ms 及开关固有动作时间 $40 \sim 60$ms 共 $50 \sim 70$ms，若此期间母联 TA 发生饱和，由于 $I_1/I_2 > 1$ 而 $(4R_1 - R_Z)/5R_1 < 1$，显然满足式（3-10），则Ⅱ母差动保护误动，而Ⅱ母发生故障时，在 TA 尚未饱和时，Ⅱ母差动保护动作跳闸，Ⅰ母差动不动作，若母联开关跳闸之前，其 TA 发生饱和，且满足 $I_2/I_1 > (4R_1 - R_Z)/5R_1$ 时，则Ⅰ母差动保护误动。同理，当Ⅱ母故障和电流大于Ⅰ母故障和电流时，利用同样的分析方法，可以得到类似的结论。总之，采用这种接线方式，当故障和电流较大的母线发生故障时，故障和电流较小的那段母线的母差保护必然误动；而当故障和电流较小的母线发生故障时，若其与较大故障和电流的比值大于 $(4R - R_Z)/5R_1$ 时，故障和电流较大的那段母线的母差保护也必然误动。

3）母联 TA 饱和时，其饱和支路阻抗的变化规律，依据中阻抗原理的母线保护理论，其饱和支路的等值阻抗由下式给出

$$R_L = n^2(R_{TA} + 2r_L + r_1) + r_2$$

式中　R_{TA}——主 TA 二次绕组电阻；

　　　r_L——TA 二次连接电缆单向电阻；

　　　r_1——辅助 TA 一次绕组电阻；

　　　r_2——辅助 TA 二次绕组电阻。

上述电阻值都是定数，不会变的，与系统的短路电流水平，直流时间常数等无关。但当母联 TA 采用一组 TA 带二组辅助 TA 的接线方式时，上述结论是不正确的，分析如下：

如图 3-65 所示，从端口 1、2 看出去的等值阻抗为

$$R_{L1} = I_{d1}R_1/I_{L1}$$
$$= (R_ZI_1 + R_1I_2)/(I_1 - I_2)$$

上式适用于 I_1 大于 I_2 时，而当 I_1 小于 I_2 时，从端口 1、2 看出去为一电流源，则 R_{L1} 为无穷大。

同理从端口 3、4 看出去的等值阻抗为

当 I_2 大于 I_1 时，

$$R_{L2} = I_{d2}R_1/I_{L2}$$
$$= (R_1I_1 + R_ZI_2)/(I_2 - I_1)$$

而当 I_2 小于 I_1 时，R_{L2} 为无穷大。

令 $I_1 = nI_2$ 则上述两式可化简为

$$R_{L1} = (nR_Z + R_1)/(n - 1) \tag{3-11}$$

$$R_{L2} = (nR_1 + R_Z)/(1 - n) \tag{3-12}$$

分析式（3-11）、式（3-12）可见

母联 TA 饱和支路的等值阻抗是 Ⅰ、Ⅱ 母故障电流和 I_1、I_2 的比值 n 的函数，其变化曲线见图 3-67 所示。

当 $1 < n < (796 + R_1)/(796 - R_Z)$ 时，$R_{L1} > 796\Omega$，则 Ⅱ 母故障 Ⅰ 母母差会误动作，反之，则不会误动作，当 $(796 - R_Z)/(796 + R_1) < n < 1$ 时，$R_{L2} > 796\Omega$，则 Ⅰ 母故障 Ⅱ 母母差会误动作。尤其当 $I_1 = I_2$ 时，R_{L1}，R_{L2} 为无穷大，相当于饱和支路开路，母线故障且母联 TA 饱和时，装置必然误动。

综上所述，南京自动化设备厂 HM2—101 系列及 JCM2—102 系列中阻抗原理的母线差动保护所采用的一组母联 TA 带两组辅助 TA 的接线方式存在着原理上的错误，采用这种接线方式在母线故障时，由于 Ⅰ、Ⅱ 组母线差动保护存在电磁联系，若母联 TA 发生饱和且 Ⅰ、Ⅱ 母故障电流之和满足一定的比例关系时，未发生故障的母线其母线差动保护会发生误动、造成全站停电的重大事故，危及电力系统的安全稳定运行。

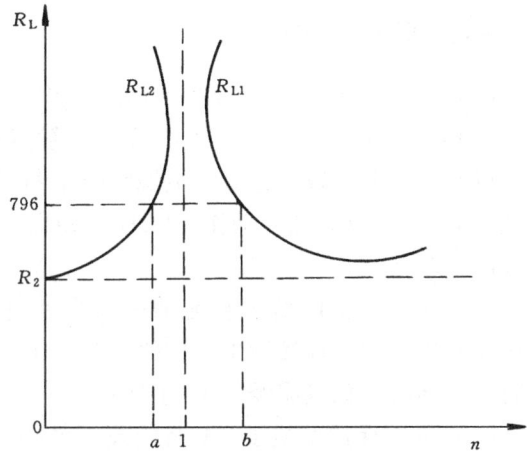

图 3-67　等值阻抗变化曲线

图中 a、b 之间为装置误动区

$a = (796 - R_Z) / (796 + R_1)$

$b = (796 + R_1) / (796 - R_Z)$

三、采取措施

（1）对带有失灵保护的 HM2—101 系列及 JCM2—102 系列的中阻抗原理母差保护，原 Ⅰ 母母差用原来的母联 TA 不动，将第 Ⅱ 母母差用的母联 TA 由原 TA 改去和失灵保护公用一组母联 TA，以解决上述可能误动作的问题。

（2）对不带失灵保护的该系列母差保护，只有另外再引一组母联 TA 给 Ⅱ 母母差使用，以解决上述误动问题。

四、经验教训

对中阻抗比率制动式母线差动保护，今后严禁使用一组母联 TA 带两组母差辅助 TA 的接线方式，以防在内部故障时母联 TA 饱和造成的剃光头全站停电事故。

直流电源波动引起中阻抗母差误动

一、事故简述

1996 年 4 月 23 日 18 时 05 分，某电网甲变电站 220kV 母线差动保护（TMH—1414）误动，跳开 220kV Ⅰ、Ⅱ 段母线所连接断路器。

事故跳闸后检查 220kV 母线未发现故障点，并于 18 时 20 分恢复供电。

二、事故分析

（1）甲变电站 220kV 母线差动保护是 TMH 中阻抗型，其交流电流回路由双位置继电器 1、2KG 重动 1、2KQH，由 1、2KQH 触点实现电流回路的切换。由于各 KQH 继电器动作、返回不完全一致，在直流电源瞬时中断又恢复过程中，使交流电流回路产生差电流，母差的 KCDJ、KCL 均会动作。KCDJ、KCL 一旦动作立即重动 KCK，而 KCK 具备自保持并去出口跳闸。

（2）母差保护配置了直流消失监视继电器 KDJ，当直流消失时闭锁母差出口回路。KDJ 通电时经 110ms 接通出口回路，防止了通电过程中可能发生误动，但是当直流电源断电时，该继电器触点需经 1.3s 才断开。

（3）母差保护配置了 TA 断线及元件损坏（如 KFY 长期动作不复归）的闭锁元件，但该闭锁元件需较长延时（10s）才动作，故此次误动时闭锁元件不起作用。

（4）甲变电站 TV 二次回路设计了经一重动中间继电器（1、2KGW）触点到电压小母线，此继电器采用普通中间继电器（DZY—210），测其动作时间为 45ms，返回时间 40ms。当直流中断时，会造成保护用的两组 TV 小母线短时失压。事故时"220kV TV 直流消失"光字牌亮。

（5）综合以上几个因素，通过模拟试验，此套母差保护，只要满足以下两个条件，保护就会误动。

1）直流波形出现缺口，缺口时间达 $60ms < t < 1.3s$；

2）任一回出线的负荷电流大于 KCL、KCD 动作电流。

三、措施

（1）进一步查找直流电源瞬时中断原因，以便采取措施防止再次发生。

（2）TV 二次回路取消重动控制，采用隔离开关辅助触点进行切换。

（3）更换直流监视继电器，将其返回时间缩短。

（4）若不能取消重动继电器切换 TV 二次回路，则应更换成快速中间继电器。电流切换回路用 KQH 应选用动作时间相接近的继电器，使因切换不同期造成的差流持续时间尽可能缩短。

（5）保护投运前应做直流切换的模拟试验，观察不应发生误动作。

四、经验教训

中阻抗型母差动作时间快，要求交流电流切换回路，TV 二次回路切换以及直流监视等中间继电器的动作时间迅速，并且误差不宜太大。

12　失灵保护误接线（一）

一、事故简述

事故时系统运行方式接线图见图 3-68。

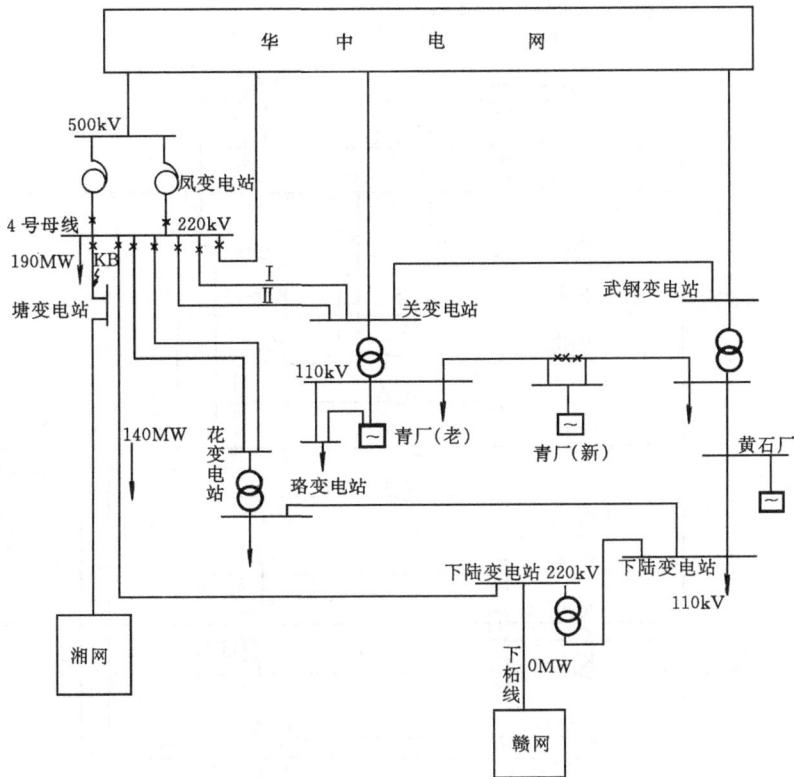

图 3-68　事故时系统运行方式接线图

1985 年 5 月 24 日,凤塘线发生 B 相接地短路,凤塘线两侧相差高频保护动作三相跳闸(重合闸停用),同时凤关Ⅱ回凤变侧相差高频保护误动作跳闸,在故障后约 0.6s 凤变凤下Ⅰ线失灵保护误动作跳闸,跳开 220kV 单母运行的 4 号母上的全部断路器,凤变 220kV 母线全停。接着电网振荡约 3min,下柘线柘厂侧振荡解列装置动作,赣网与主网解列,加上事故跳开凤塘线,湘网解列,使电网分成三个系统。

二、事故分析

(1)事故线路凤塘线两侧相差高频保护跳三相不重合,使得主网与湖南网解列。解列后,湖南网频率下降至 48.63Hz,致塘巴线低频解列使得塘变全停。在当时电力供应紧张情况下,系统运行方式做这种安排是不得已而为之。

(2)凤关Ⅱ回线相差高频保护动作系收信三极管基极电阻开焊所致,属于误动作。

(3)凤变失灵保护动作,见图 3-69。一是有错误接线 3n50 ~ R,3n51 ~ S,3n52 ~ T,二是电流判别元件躲不过负荷电流,三是对于双母线断路器失灵保护没有设置电压元件控制跳闸出口。凤塘线保护三跳通过迂回回路不仅起动了失灵时间元件 6KS,还起动了凤下线跳闸出口中间 19 ~ 21KZ,并通过误接线自保持,而三相误跳闸,由于凤下Ⅰ线存在错误接线:3n50—R、3n51—S、3n52—T,加上凤下Ⅰ线失灵保护电流判别元件躲不过负荷

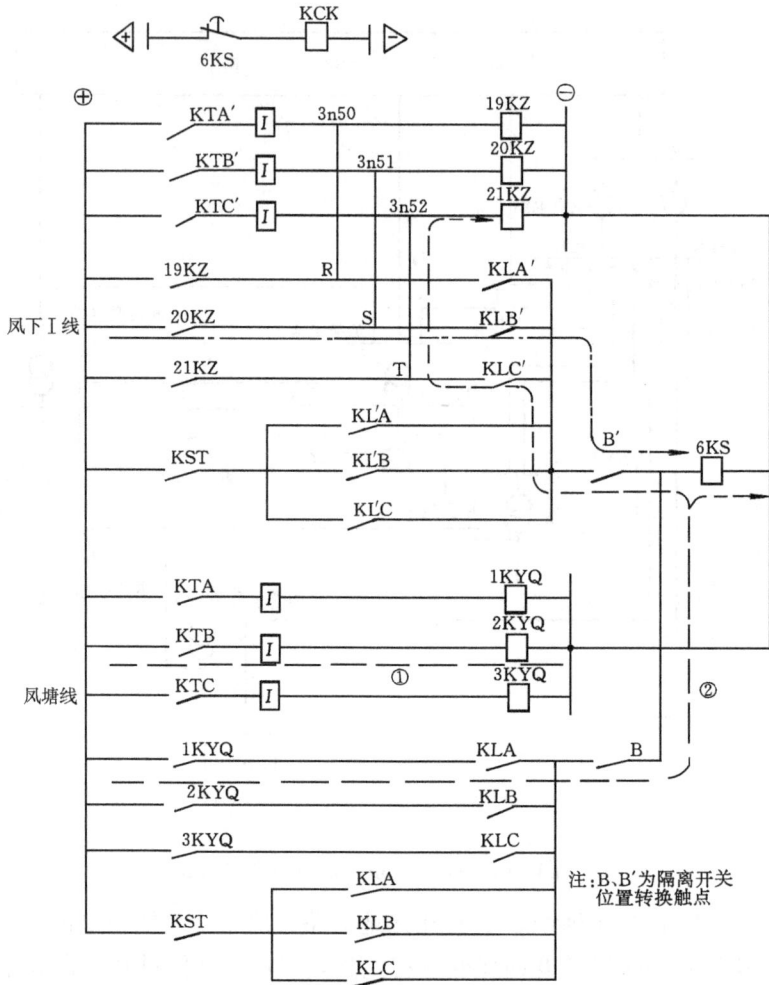

图 3-69　凤变 220kV 双母线断路器失灵保护接线图

电流 KLA ~ KLC 触点运行中是在动作状态，且通过错误接线自保持，起动 6KS 失灵保护时间元件，6KS 时间到，起动出口中间继电器，跳该（4 号）母线上全部断路器，凤变电站全停电。

三、措施

（1）拆除错误接线 3n50 ~ R、3n51 ~ S、3n52 ~ T。

（2）对双母线断路器失灵保护，均应设置足够的电压控制多触点回路，闭锁触点应分别串在各跳闸继电器触点中，不共用。为了降低电压闭锁元件起动值的需要，应在电压继电器的回路中设三次谐波的阻波回路。

四、经验教训

（1）凤凰山变电站是枢纽站，是华中电网西电东送电力转送站。事故时，其事故运行方式造成武汉、黄石鄂东地区三级电压（500/220/110kV）电磁环网以一条220kV线路与江西省联网。说明高低压电磁环网方式下，在凤变220kV线路全部断开后，主网仅通过一条110kV线路与江西联络运行，不仅鄂东地区因凤变全停失去大量电源，又由于鄂东地区缺乏足够的无功电源支持，引起了受端电压下降，转而引起主网与江西电网长达3min的系统振荡。

以系统安全大局为重，不宜采用高低压电环网运行方式，更不宜采用三级电压环网方式。打开电磁环网不仅可以获得系统的安全效益而且可以获得相当的经济效益。主要原因除了高、低压线路的自然功率值有成倍的差别外，还因为高压线路的电阻值也远小于低压线路的电阻值。

（2）失灵保护。断路器失灵保护，由于涉及的断路器多，误动作的后果相当严重，应该和母线差动保护一样，要求有很高的安全性，不允许装置中因某一元件故障或人为误动某一元件时造成失灵保护误动作跳闸。

凤凰山变电站220kV母线断路器失灵保护因区外故障而误动作跳闸，除了有错误接线的原因外，其断路器失灵保护原理接线图，见图3-69，"按照四统一技术原则"和"反事故措施要点"的要求，有明显的缺点。

1）双母线断路器失灵保护，是用来在断路器拒分时，必须连跳同一母线上有电源的线路和变压器断路器，应和母差保护切除故障一样，有很高的安全性。因此防止失灵保护误动作一直是继电保护人员关心的重点，实际运行中发生的一切异常现象，如电流元件躲不过负荷电流，或触点卡住不返回，手误触出口中间继电器等，都有可能造成过失灵保护误动作的严重后果。因此"反事故措施要点"规定，断路器失灵保护必须要设置母线上的交流电压闭锁，也是我国断路器失灵保护应用的成功经验。

2）线路断路器失灵保护的电流判别元件对于长线路在按线路末端有灵敏度整定后，一般都躲不过正常运行时的负荷电流。也就是说正常运行时电流处于动作状态，作为断路器的相电流判别元件不能起到明确的判据作用，若保护跳闸出口去起动失灵的触点卡住不返回，且又无法监视，当在区外又发生故障时，母线电压闭锁元件有可能动作，很容易造成失灵保护误动作的严重后果。因此断路器失灵保护的相电流元件必须起到明确的判据作用，在正常运行时，断路器处于全相状态，虽相电流元件在多数情况下躲不过负荷电流，设法让它只在断路器非全相状态下起判据作用。笔者认为，在遵循失灵保护的"四统一"原则下提出一改进方案，见图3-70，供大家参考。

启用三相电流来反映断路器三相状态。三相电流同时存在时，说明断路器处于全相状态，让相电流元件不起作用，三相电流中只要有一相电流为零（或小于门槛值），即三相电流不同时存在时，说明断路器处于非全相状态，让断路器合位相的相电流才起判据作用，这一做法使得相电流元件真正起到了失灵保护的相电流元件的判据作用。启用三相电流来代替断路器的合、分位继电器可以真实反映断路器的运行状态，不会存在因断路器合、分位触点不到位而错误出现断路器三相不一致的缺点，由于不用合、分位继电器也节省了二次电缆，同时也避免了二次回路连接松动出现的错误判断。这个方案可以提高失灵保护的安全性和可靠性。

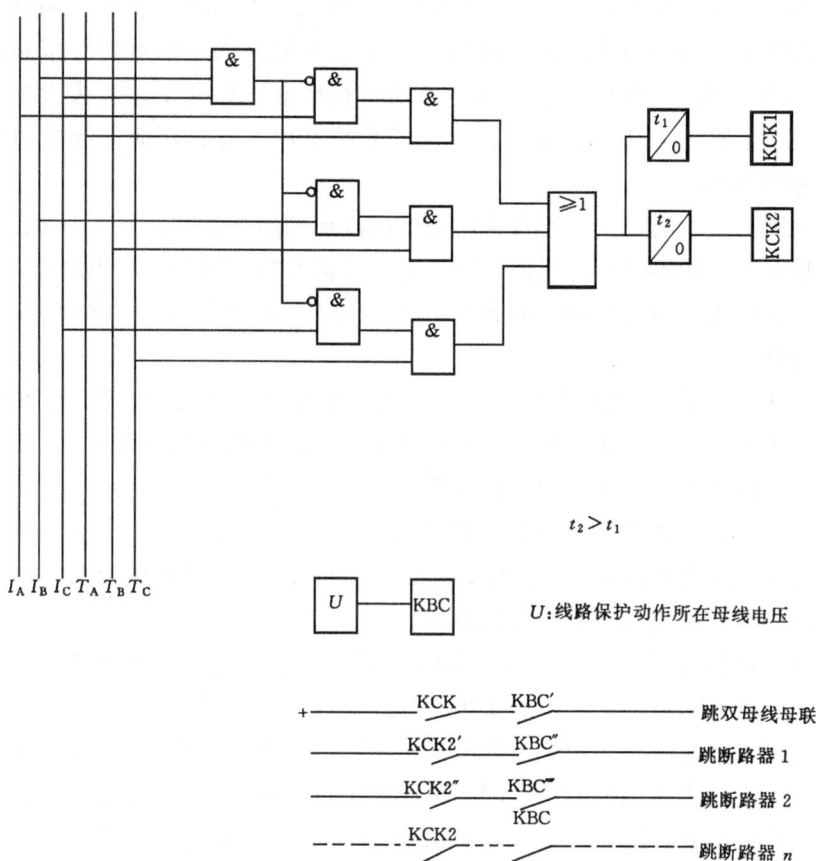

$t_2 > t_1$

U：线路保护动作所在母线电压

图 3-70 双母线断路器失灵保护改进原理图

13 UZ—92 型母线差动保护误动

一、概述

1995 年 7 月 23 日，清换线处于充电状态，在清江隔河岩水电厂 3 号机变经隔 5003 断路器与清换线并网过程中，隔 5003（系 GIS）A 相对地短路，3 号机变压器差动保护动作跳开 5003 断路器，同时葛洲坝换流站 1 号母线 UZ92 高阻抗母线差动保护动作跳开 1 号母线上所有断路器。

二、事故分析

（1）事故时系统运行方式，见图 3-71。500kV 清换线进入葛洲坝换流站上方第六串与断路器换 5061 平行架设，接入换 5061 与换 5063 断路器（换 5062 暂时没有），因基建原因换 5061 部分零件拆走无法投运，但是断路器 C 相处于合闸状态，两侧隔离开关三相断开两侧接地刀闸合上，换 5061 断路器 C 相与地形成闭合状态。

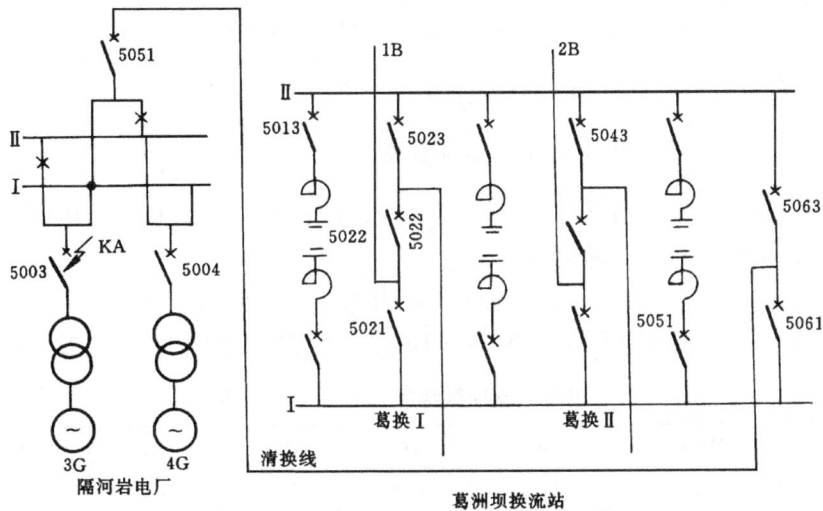

图 3-71　事故时系统运行方式图

（2）事故后检测试验。事故后对 UZ92 母差保护进行定值校验和 TA 极性检查，定值无误，二次回路和极性正确。但是测差电压时，A、B 两相差电压为零，唯 C 相差电压有 5~6V 不等。对照 1988 年换流站投产时，1 号母线差电压 A、B、C 三相差电压几乎都为零（当时第六串基建没上），而清换线投产（1994 年）时也未发现 C 相有差电压，（换 5061C 相与地形成闭合状态是在清换线投产之后基建所为）。C 相有差压，说明 C 相有差流，后经检查发现换 5061C 相与地形成一闭合状态（以下简称回路 A）。分析清换线与 A 回路之间可能存在互感，产生一感应电流，此电流经电流互感器相应的 C 相二次电流流入 UZ92 形成 C 相差电压。

（3）感应电流的实测和计算。将 1 号母线上运行元件全部断开，仅保留回路 A。将清换线负荷从 40MW 逐步调至 500MW，分别测量 UZ92 的差流，及算出对应回路 A 一次感应电流列于表 3-12。

表 3-12　　　　　　　　　　回路 A 的感应电流 $n_T = 2400/1$

清换线功率（MW）	40	100	200	300	400	500
UZ92 差流（mA）	1.38	1.80	2.64	3.40	4.30	5.25
回路 A 感应电流（A）	3.31	4.32	6.34	8.16	10.32	12.60

分析表 3-12 的数据，回路 A 的感应电流与清换线功率 P（MW）之间的关系用公式表述为

$$I = 0.02P + 2.35(\text{mA}) \tag{3-13}$$

式（3-13）说明回路 A 的感应电流由两部分组成：第一部分是回路 A 的感应电流与清换线负荷成比例关系，第二部分是回路的感应电流由葛换 Ⅱ 回线和其他元件感应的，基本为一常数。

计算回路 A 的感应电流。

详见附录，回路 A 受清换线感应的电流为

$$I = -(7.28\dot{i}_a + 8.57\dot{i}_b + 9.24\dot{i}_c) \times 10^{-2}e^{-j2.77} + I'_L \quad (3-14)$$

式中　$\dot{i}_a$、$\dot{i}_b$、$\dot{i}_c$——清换线的相电流；

　　　$\dot{i}'_L$——其他元件的感应电流。

在理想情况下，假设清换线三相电流平衡，即：$\dot{i}_a + \dot{i}_b + \dot{i}_c = 0$，结合式（3-9），用标量表示，则式（3-14）简化为：

$$I = 1.725 \times 10^{-2}I_a + 2.35 \quad (3-15)$$

由式（3-15）计算所得结果如表 3-13 所示。比较表 3-12 结果，两者十分吻合。

表 3-13　　　　　　　　　　感应电流计算结果（取 $\cos\varphi = 0.95$）

清换线功率 P（MW）	40	100	200	300	400	500
清换线电流 I（A）	46.3	115.8	231.6	347.4	463.2	578.9
感应电流（A）	3.15	4.35	6.35	8.34	10.34	12.34
UZ92 差流（mA）	1.31	1.81	2.64	3.48	4.31	5.14

（4）UZ92 高阻抗差动保护误动作分析。UZ92 高阻抗母差保护动作原理图如图 3-72 所示。葛洲坝换流站每一母线上有六个元件，其母差保护接入六组电流互感器。

UZ92 高阻抗母线差动保护的动作电压按区外穿越性短路时的最大电流来整定，$U_E = 250V$。为了避免流过继电器高阻 R_E 的电流过大而产生过电压，与继电器高阻 R_E 并联一个分流电阻 $R_{VD} = 5k\Omega$。限制流入继电器高阻 R_E 的电流折算至一次侧小于 500A。

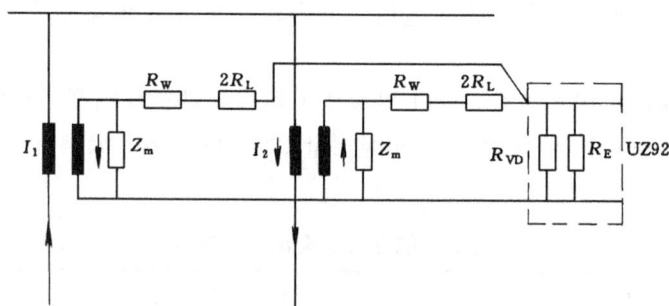

图 3-72　UZ92 高阻抗差动保护原理图

查电流互感器励磁曲线，在 $U_E = 250V$ 时，励磁电流 $I_m = 12mA$，流过高阻 R_E 和分流电阻 R_{VD} 上的电流为 $I_{an} = 60mA$。UZ92 高阻抗差动保护最小动作（差）电流为

$$I_{pan} = n_T(I_m \times n + I_{an}) \quad (3-16)$$

式中　n_T——电流互感器变比；

　　　I_{pan}——差动继电器在 U_E 时的电流；

　　　n——电流互感器数量；

　　　I_m——电流互感器在 U_E 时的励磁电流。

UZ92 高阻抗差动继电器最小动作差流为：

$$I_{pan} = 2400/1 \times (12 \times 6 + 60)mA = 316.8A$$

而流过清换线 A 相接地的短路电流为 8000A，（B、C 相短路电流为零）。忽略清换线以外其他元件的感应电流，则回路 A 的感应电流由式（3-10）计算得

$$I = 7.28 \times 10^{-2} \times 8000 \approx 582(\text{A}) \qquad (3-17)$$

该感应电流 $I = 582\text{A}$ 大于 $I_{\text{pan}} = 316.8\text{A}$，因此 UZ92 高阻抗差动保护动作跳闸。

三、措施

对高阻抗母线差动保护测出的三相差电压一定要进行分析，每一相差电压与三相差电压平均值的误差不大于 10%，否则就应该检查其原因。

四、事故教训

UZ92 高阻抗差动保护定值和二次回路完全正确，而因区外接地短路在停电设备感应的电流而误动作，却是国内外第一次遇到的事情。对于一个半断路器电气主接线的母线侧断路器都有进出线的感应电流进入到高阻抗母线差动保护的问题。母线侧断路器检修，一般都是两侧隔离开关断开，两侧接地刀闸合上，检修过程中，断路器主触头有可能合上，此时，见图 3-73，万一检修断路器上面的线路发生单相接地短路，高阻抗差动仍有动作跳闸的可能性。为了防止类似事故再次发生，只能在运行规程上对母线断路器检修做出规定。第一，限定检修时间，第二，检修期间在工作间断时，必须将断路器主触头断开。

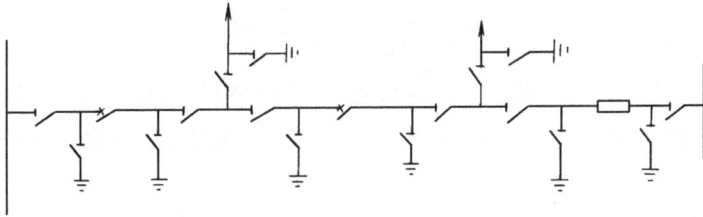

图 3-73 一个半断路器电气主接线图

附录 回路 A 的感应电流计算

由于磁场、电场效应，清换线在回路 A 所产生的电流由磁场感应和电场感应电流组成。清换线进葛洲坝换流站后与换 5061、换 5063 断路器串平行，相对位置如图 3-74 所示。

（一）计算磁场感应电流

两平行导线间互感为

$$M = \frac{\mu_0}{2\pi}\left(L \cdot \ln\frac{L + \sqrt{D^2 + L^2}}{D} - \sqrt{D^2 + L^2} + D\right) \qquad (\text{A-1})$$

清换线对回路 A 产生的感应电动势为

$$E = -M\frac{\mathrm{d}i}{\mathrm{d}t} = -\mathrm{j}\omega\frac{\mu_0}{2\pi}\sum_{i=a}^{c}\left(L \cdot \ln\frac{L + \sqrt{D_i^2 + L^2}}{D_i} - \sqrt{D_i^2 + L^2} + D_i\right) \cdot \dot{I}_i \qquad (\text{A-2})$$

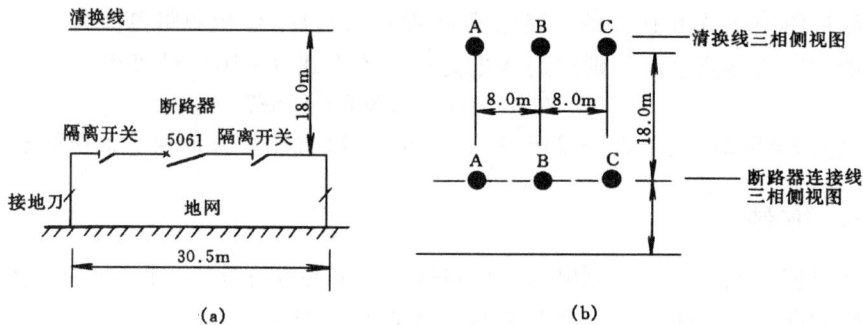

图 3-74 清换线与换 5061 相对位置

(a) 回路 A 正视图；(b) 侧视图

根据回路 A 与清换线的相对位置可得出 $D_a = 24.1\text{m}$，$D_b = 19.7\text{m}$，$D_c = 18\text{m}$。代入式（A-2）得

$$E = -\text{j}\omega\frac{\mu_0}{2\pi}(17.5\dot{I}_a + 20.6\dot{I}_b + 22.2\dot{I}_c) \tag{A-3}$$

在换流站了解到，SF_6 断路器由四个断口组成，断口直径 $D = 400\text{mm}$，每个断口并接有一个 2500pF 的电容，断口接触电阻小于 $100\mu\Omega$，接地刀闸接触电阻小于 $100\mu\Omega$。

导线自感为

$$L = \frac{\mu_0}{2\pi}\Big(\ln\frac{2l}{r'} - 1\Big)l \tag{A-4}$$

式中　$r' = \text{e}^{-3/4} \cdot r = 0.779r$ 是计及导线内部自感的等值半径。回路 A 的自感由换 5061 两个隔离开关的自感（$l = 30.5$，$r = 0.2\text{m}$）及接地刀闸的自感（$l = 8.0\text{m}$，$r = 0.03\text{m}$）组成。

由于断路器断口并联电容 $C = 2500\text{pF}$，$X_c \gg \omega L + R$。因此，回路 A 阻抗为

$$Z = R + \text{j}\omega L = 6.0 \times 10^{-4} + \text{j}\omega(\mu_0/2\pi) \times 240.06$$

回路 A 由于清换线互感作用而感应的电流为

$$I_L = \frac{E}{Z} = -(7.28\dot{I}_a + 8.75\dot{I}_b + 9.24\dot{I}_c) \times 10^{-2} \times \text{e}^{-\text{j}2.27} \tag{A-5}$$

（二）计算电场感应电流

平行双导线单位长度的电容为

$$C = \frac{\pi \in_0}{\ln 2D/d} \tag{A-6}$$

式中　D——为两导线间的距离；

$\quad\quad d$——为导线直径。

回路 A 由于清换线电场感应而产生的感应电流为

$$\dot{I}_c = C\frac{\text{d}U}{\text{d}t} = \text{j}\omega\pi \in_0 \sum_{i=a}^{c} \frac{\dot{U}_i}{\ln 2D/d} \tag{A-7}$$

将 D_a、D_b、D_c 及取 $d = 0.4\text{m}$ 代入式（A-7）得

$$\dot{I} = j(1.824\dot{U}_a + 1.902\dot{U}_b + 1.937\dot{U}_c) \times 10^{-9} \tag{A-8}$$

（三）清换线在回路 A 感应所产生的电流

$$I = \dot{I}_L + \dot{I}_c \tag{A-9}$$

14　500kV 失灵保护误接线（二）

一、事故简述

1993 年 1 月 4 日 10 时 50 分，某 500kV 变电站 500kV Ⅰ 母线差动保护无故障误动作跳 Ⅰ 母线上全部断路器。

二、原因分析

500kV 变电站主接线为 3/2 断路器接线方式，见图 3-75，第二串原为不完整串，L1 线尚未投建，21 断路器不运行。22 断路器失灵保护起动 Ⅰ 母线母差保护跳闸。后来扩建为完整串。L1 线建设完成后，21 断路器失灵保护起动 Ⅰ 母线母差保护，22 断路器失灵保护起动 Ⅰ 母线母差保护应拆除，实际只需将 22 断路器失灵保护起动 Ⅰ

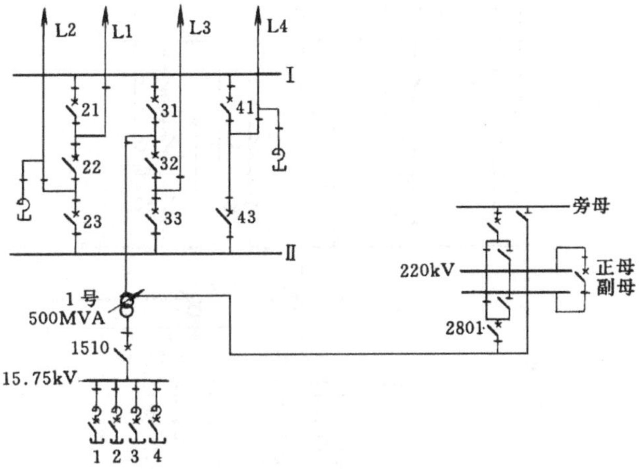

图 3-75　变电站 500kV 一次主接线图

母线母差保护的电缆移到 21 断路器，22 断路器的失灵保护重新按中间断路器的方式接线即可。但在基建施工中，21 断路器失灵保护新放一根控制电缆到 Ⅰ 母线母差保护屏，将 22 断路器失灵保护起动 Ⅰ 母线母差保护的控制电缆在 22 断路器失灵屏处拆除，放在电缆槽内，控制电缆另一头在 Ⅰ 母线母差屏处未拆除，在电缆槽内电缆芯线短路时，误起动 Ⅰ 母线母差保护，误跳 Ⅰ 母线全部断路器。

三、事故对策

将原 22 断路器失灵起动 Ⅰ 母线母差保护的控制电缆在 Ⅰ 母线母差保护屏处拆除。

四、事故教训

（1）设计单位做扩建工程时，一定要认真详细了解前期工程的情况，21 断路器这根多余的失灵保护用控制电缆就是设计提供的。

（2）基建人员在扩建工程中，同运行设备联系多，一定要明白工作内容的重要性，时刻牢记安全第一，做与运行设备有关的工作一定要清楚工作内容和有关安全措施，严格监护，主动争取运行单位的配合。

（3）运行单位也要主动配合，监督基建工作中运行设备的安全。

15 500kV 失灵保护隔离措施遗漏误动跳闸

一、事故简述

某 500kV 变电站为 3/2 断路器接线方式，每条母线装有 A、B 二套母差保护，1996 年 1 月 16 日继电保护人员申请 I 母线 B 母差校验，A 母差运行，校验结束做联动试验时，由于失灵保护起动母差保护，误跳 I 母线上全部断路器，见图 3-76。

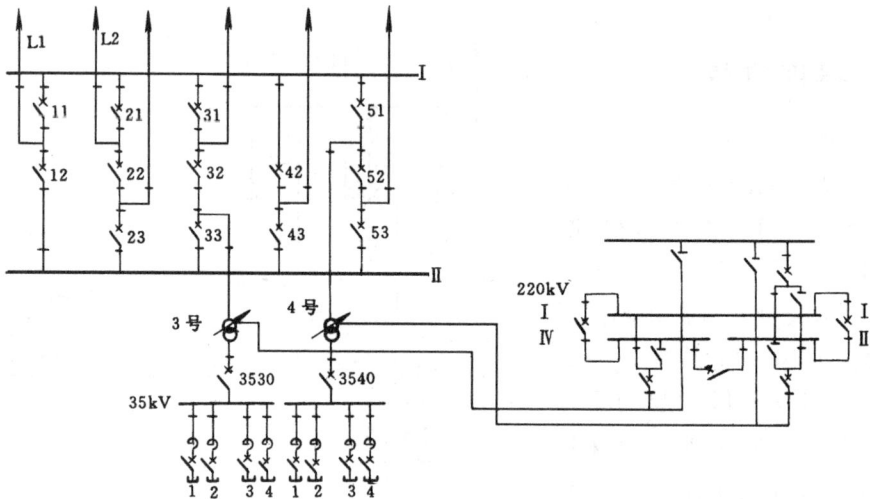

图 3-76　变电站 500kV 一次主接线图

二、原因分析

对于 3/2 断路器接线的 500kV 变电站，发生母线故障时，要求快速切除并确保系统稳定，由于母线故障跳闸一般不会引起设备停电，为此每条母线按双重化配置，每条母线装设 A、B 两套母差保护，继电保护人员申请 I 母线 B 母差停役时，未将 B 母差失灵回路隔离退出，在联动试验时误起动 A 母差而误跳 I 母线全部断路器，保护原理图见图 3-77。

三、事故对策

失灵保护起动母差保护的隔离措施往往被忽略，因此，应将其列入安全措施。

四、事故教训

校验继电保护装置及其二次回路往往不是孤立的，同运行设备之间有许多隔不断的联系，继电保护人员对与运行设备有联系且必须断开的连接片、连线等应列入安全措施，并逐一作好书面记录，停用和恢复时应按书面记录逐项执行，以防遗漏而出现后悔莫及的差

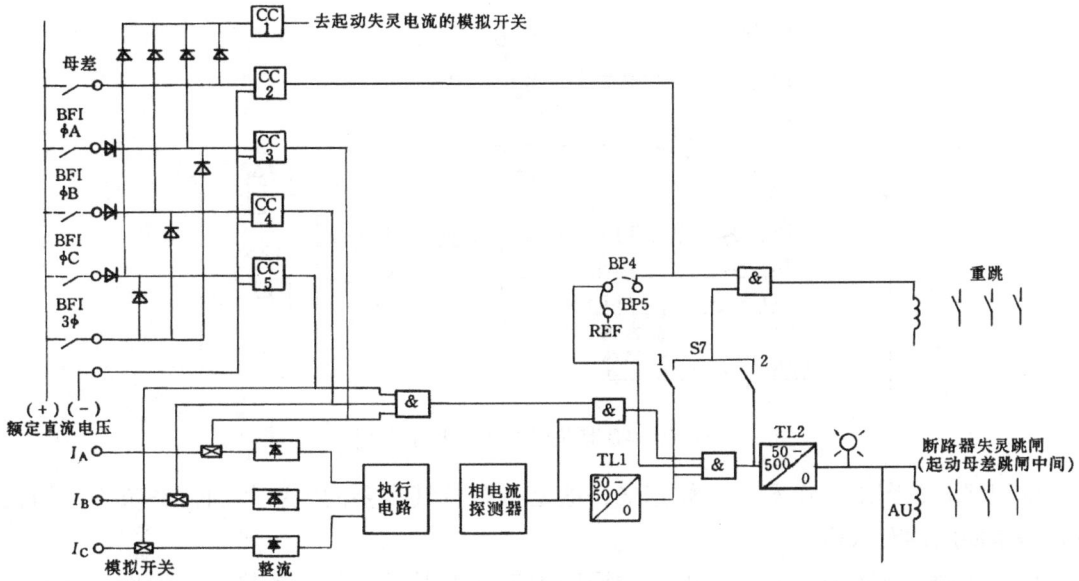

图 3-77 保护原理图

错，这就是有些单位继电保护人员执行二次回路操作票的原因。

16 误碰造成失灵保护误动

一、事故简述

1997 年 3 月 22 日，继电保护工作人员在某变电站的一条 220kV 线路上处理电压切换中间继电器 1KYQ 的缺陷，工作人员用正电源直接往 1KYQ 线圈上施加正电的方法，检查 1KYQ 的动作情况，错将正电源误搭到 1KYQ 的触点上，该触点恰是起动 220kV 断路器正母失灵保护时间继电器 1KS，第一时限 0.3s 误跳 220kV 母联断路器，由于搭接的时间较短，没有造成更大的误跳闸事故。

二、原因分析

由于工作方法不当，误将正电源搭到起动失灵保护的 1KYQ 触点上，如图 3-78 所示。

三、事故对策

在运行的继电保护装置和二次回路上工作，要严格执行现场保安规程，加强监护制度。

四、事故教训

（1）继电保护人员过失造成的不正确动作，大多是在现场工作中怕麻烦，过于相信

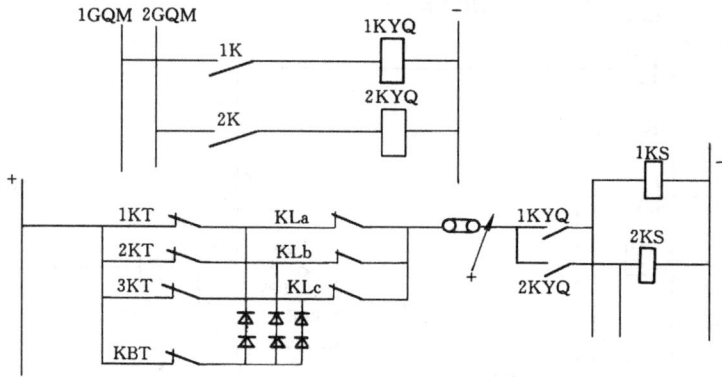

图 3-78　电压切换及失灵保护示意图

自己的记忆。按图纸工作不能单凭记忆，这是一条及其重要的经验教训，是防止走错位置，搭错回路的有效措施。

（2）加强监护是在运行设备的二次回路上工作及其重要的一条措施，如果认真监护有第二人把关，这次误跳也可避免。

17　失灵保护拒动

一、事故简述

1998 年 4 月 5 日，A 省某 220kV 变电站 42 线 9 号杆 B 相防震锤被雷击跌落造成 B 相接地故障。

甲变电站侧高频方向保护、高频闭锁保护动作 C 相断路器跳闸，C 相重合不成，三相跳闸。继电保护动作正确。

乙变电站侧高频闭锁保护、高频方向保护动作正确，B 相断路器拒动，起动失灵保护，失灵保护拒动，35，36 线路对侧方向零序 Ⅱ 段动作跳闸，切除故障。如图 3-79 所示。

二、失灵保护拒动原因分析

乙变电站 2742 线失灵保护起动回路的正电源经控制开关 KK 的 21、23 触点控制，如图 3-80 所示。

事后将 LW2—2 型 KK 控制开关解体检查，发现 KK 的静触点片张口稍有偏大，接触不良。这是造成失灵保护拒动的原因。

三、事故对策

立即更换 LW2—2 型 KK 控制开关。

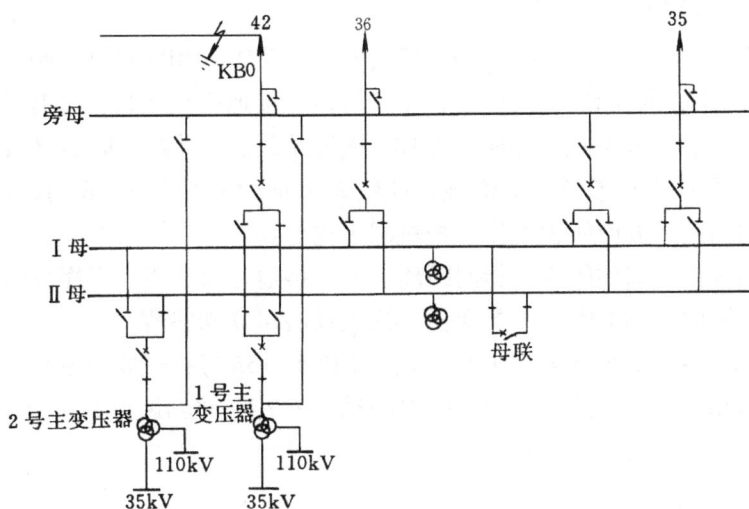

图 3-79　乙变电站 220kV 主接线图

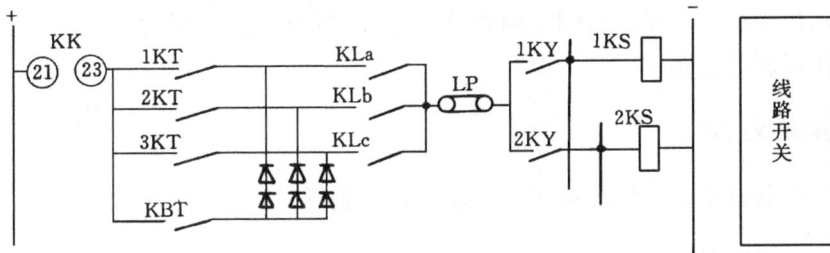

图 3-80　控制电路图

四、事故教训

失灵保护起动回路的正电源经 KK 的㉑、㉓触点控制，设计原意是当线路停电，控制开关在跳闸后位置自动断开失灵保护起动回路正电源，不会误动作。该变电所 1978 年投运已有 20 年时间，KK 开关操作量大，静触点弹簧片经长期操作后不能复位到原来的弹力，平时又无监测手段监视该触点的完好性。

KK 的㉑、㉓触点串入失灵保护起动回路的必要性似乎并不大，若设备停电回路上有工作，必须断开连接片，单靠㉑、㉓触点断开没有明显断开点，工作不安全。若回路上没有工作，设备停电，失灵保护没有电流，失灵保护起动回路的连接片不断开也没有危险，建议该触点在失灵保护起动回路中取消。

18　断路器失灵保护误接线（三）

一、事故简述

1994 年 1 月 14 日 6 时 45 分，A 省某 220kV 变电站 35 线距甲侧 24.75km 处导线对树

放电发生 C 相瞬时故障。

乙侧：CKF—1 方向高频、WXB—11 高频闭锁、动作 C 相断路器跳闸，重合成功。

甲侧：CKF—1 方向高频，WXB—11 高频闭锁、接地距离Ⅰ段、零序方向Ⅰ段动作，C 相断路器跳闸，重合闸成功。同时甲侧 L35 线失灵保护误动跳母联断路器。

1994 年 4 月 5 日 7 时 32 分，L35 线距芜侧 2.4km 处又发生 A、B 两相接地故障。

乙侧：方向高频，方向闭锁动作三相跳闸不重合。

甲侧：方向高频、高频闭锁，相间距离Ⅰ段，接地距离Ⅰ段，零序方向Ⅰ段动作，三相跳闸不重合，同时甲侧 L35 线失灵保护再次误动跳母联断路器。

1995 年 12 月 14 日，S 市某 220kV 变电站 L18 线 155 号杆绝缘子爆炸，C 相永久接地故障。线路两侧相差高频保护、高频闭锁保护动作 C 相断路器跳闸，重合不成三相跳闸。同时，青浦侧失灵保护误跳分段断路器。

二、事故原因

三次误动作均是失灵保护时间继电器 0.3s 延时触点误接到瞬动触点，而在本线路故障时误动作跳母联断路器。

三、事故对策

将时间继电器触点上的接线更正，瞬动触点改到延时触点上。

四、事故教训

(1) 失灵保护回路的联动试验往往被忽略，当线路检修校验线路继电保护装置及二次回路时或母差保护定期校验时，均很少有机会带全部断路器的联动试验，有些隐患不易及时发现，故一定要抓住基建投产时的全部试验，确保二次回路的正确。

(2) A 省某 220kV 变电站同一条 220kV 线同样原因连续二次在本线路故障失灵保护误动，说明现场查找继电保护不正确动作原因的能力和责任心不够，造成同样原因的隐患重复发生不正确动作。

(3) 运行中发现问题要有一查到底、举一反三的精神。

(4) 现场工作一定要有技术能力强、工作认真、细致、责任心强的领头人作工作负责人。

19 断路器失灵保护无时限误跳闸

一、事故简述

1996 年 8 月 1 日 14 时 46 分，某 220kV 变电站运行在副母线上的 L34 线路 A 相耦合电容器引下线螺丝松动，被台风刮断，造成出口 A、B 二相短路，L34 线路保护动作正确，三相跳闸不重合。与此同时，失灵保护误动作，副母线全部断路器三相跳闸，见图 3-81。

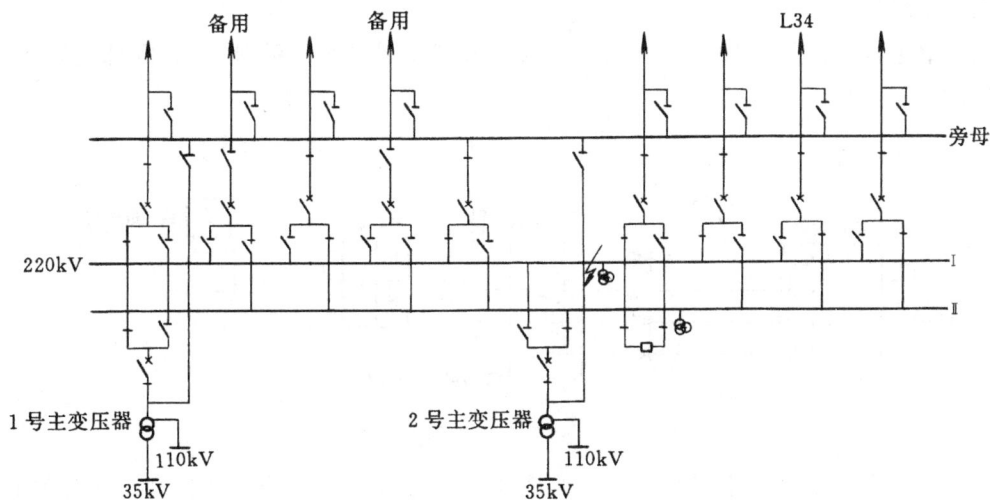

图 3-81　变电站 220kV 主接线图

1998 年 6 月 4 日，某 220kV 变电站 I 母线 C 相 TV 爆炸，I 母线母差动作正确。切除故障，间隔 900ms，一条 220kV 线路的 II 母线侧闸刀支持绝缘子炸裂，造成 II 母线故障。由于电流相位比较母差在 I 母线故障时，母联断路器跳闸后已退出工作，低电压选排的反措没有执行。此时母差保护退出工作，由 II 母线上三条线路对侧的零序 II 段和接地距离 II 段保护动作跳闸，在此同时，另一座变电站一条 220kV 线路的断路器失灵保护误动作，I 母线断路器全部跳闸。主接线图见图 3-82。

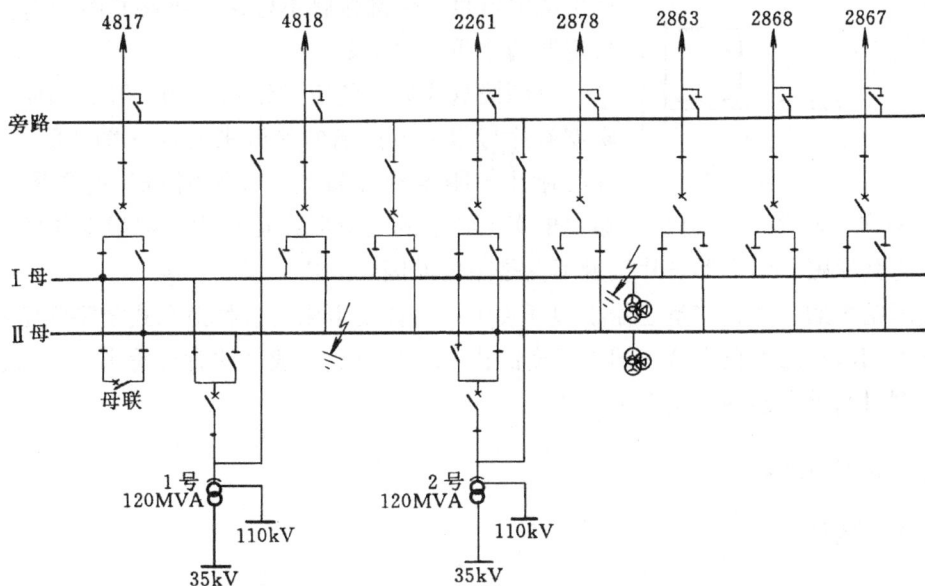

图 3-82　主接线图

二、事故原因

误动原因是：CDB—1 装置内 4 号插件上拨轮开关接触不良，使整定 0.5s 时限段变成无时限 0s 跳闸。

国内继电器生产厂家目前提供的数字式时间继电器（SSJ 系列），其内部线路图如图 3-83 所示。

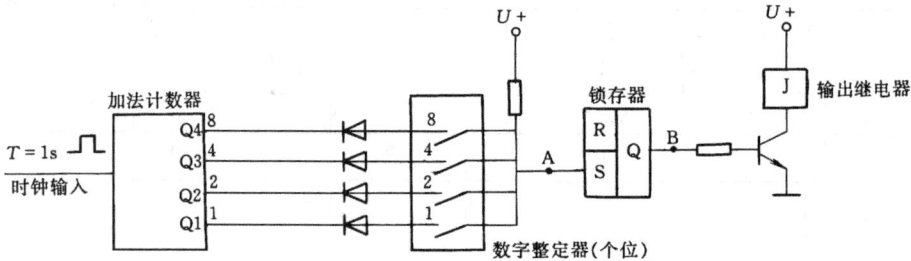

图 3-83   SSJ 系列内部线路示意图

正常情况下，如果整定时间为 7s，则图 3-82 中数字整定器开关 8 打开，而开关 1、2、4 合上，并通过二极管分别接到计数器的 Q1Q2Q3 端。这时的逻辑关系式为 A = Q1 * Q2 * Q3。只有当时钟输入 7s 时间，Q1Q2Q3 端同时出现高电平，使 A 端为高电平，B 端锁住高电平并驱动输出继电器，正确动作。

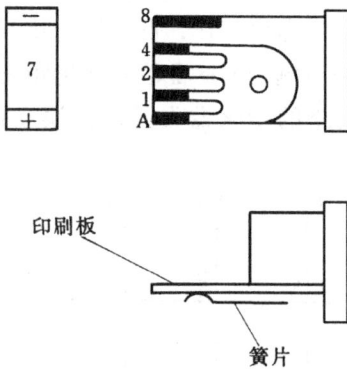

图 3-84   拨盘式数字整定器结构图

如果数字整定器接触不好，其中某一位（例如开关 4）实际上未被接通，这时的逻辑式成为 A = Q1 * Q2 * 1。这样，当时钟输入 3s 时间，A 端就出现高电平，输出继电器就动作了，比整定时间提早了 4s 动作。同理，如果整定器每一位都接触不好，就导致了 0s 动作。可见整定器的品质至关重要。

解剖拨盘式数字整定器结构可知，开关的闭合依靠磷铜簧片与印刷板铜箔的接触来实现（图 3-84），而簧片的弹性与刚度都比较差，安装时簧片的压紧力也不够。事实上各厂的继电器在运行中，提早动作的现象时有发生，究其原因，整定器簧片接触不良是主要原因。

在我国销售的各类数字整定器小型开关中，西德曼卡诺有这种拨盘式数字整定器，目前已经作为淘汰产品停止供货。国内厂商的供货产品更是一般，注意拨轮小开关的选型对提高静态型时间继电器的质量至关重要。

三、事故对策

更换 4 号插件。

四、事故教训

由于拨轮开关接触不良而造成静态型时间继电器变成无时限越级跳闸事故已发生多起，请生产厂家重视拨轮小开关的质量，运行单位在选择产品时要确保质量第一的原则。

母联电流相位比较母差原理上存在缺陷，当两条母线先后发生故障时，后故障的母线失去母差保护，为此华东在 80 年代已有反措改进，加装低电压选排继电器。母联断路器跳闸后，分别利用故障母线和非故障母线电压差别来选择故障母线。

29 绝缘击穿失灵保护误动

一、事故简述

1997 年 5 月 15 日 16 时 35 分，某 220kV 变电站运行在Ⅳ母线上的 L43 线无故障误起动失灵保护跳闸，主接线图见图 3-85。

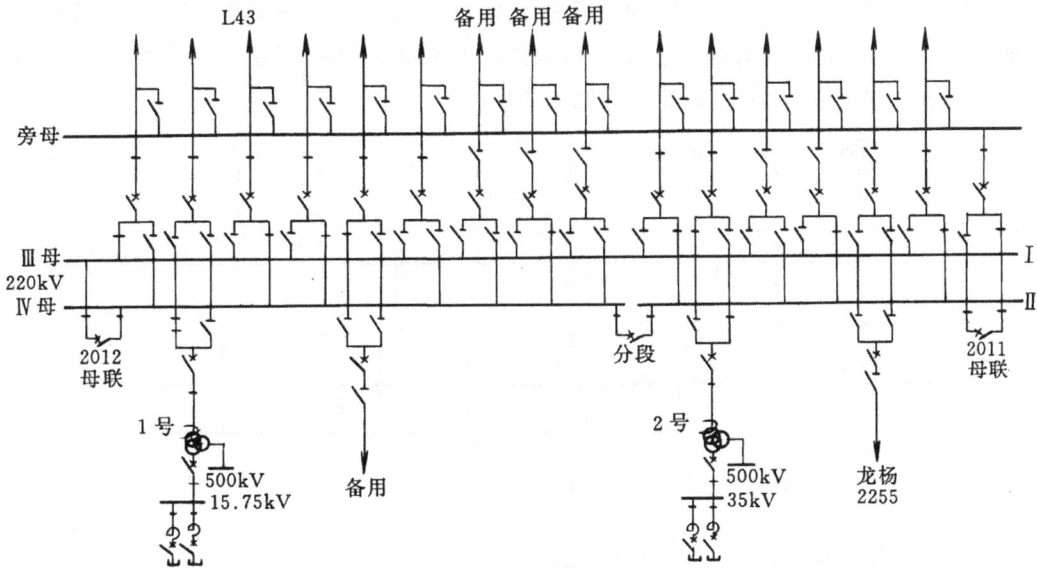

图 3-85　变电站 220kV 主接线图

二、事故原因

事故后检查出 L43 线操作箱内起动失灵保护的 KTQ 触点绝缘击穿，在重负荷下误起动失灵保护误跳Ⅳ母线上全部断路器，见图 3-86。

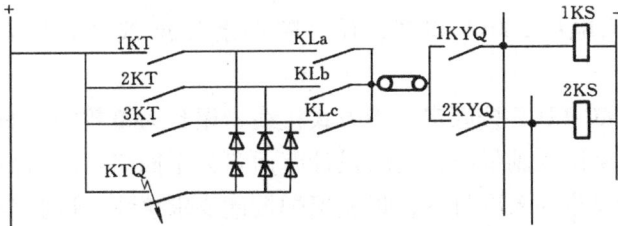

图 3-86　失灵保护原理图

三、事故对策

更换 KTQ 继电器。

四、事故教训

继电器触点之间或印刷线间距离要满足 220kV 直流绝缘的要求，这是快速小中间继电器的常见问题，制造厂应加强对快速小中间继电器质量的筛选。

21 一、二次设备名称不对应母差保护误动

一、事故简述

1992 年 7 月 2 日 18 时 35 分,温临 2356 线雷击三相短路(距电厂 7km),线路两侧 JGX—11D 相差高频保护、JGB—11D 高频闭锁距离保护动作正确,三相跳闸,3s 后 2356 线距电厂 5km 处再次雷击 ABO 两相接地短路,电厂侧 AB 两相断路器断口闪络,故障无法隔离,失灵保护由于漏接线而拒动,0.62s 后电厂发展成 220kV 副母线故障,0.72s 后副母线差动保护动作正确,由于跳闸回路接线错误,误跳正母线上的 2361 线,2363 线,接在副母线上的 2362 线没有跳闸,副母线故障没有隔离,2362 线由对侧零序Ⅱ段 1.5s 动作,三相跳闸后才隔离故障,主接线图见图 3-87。

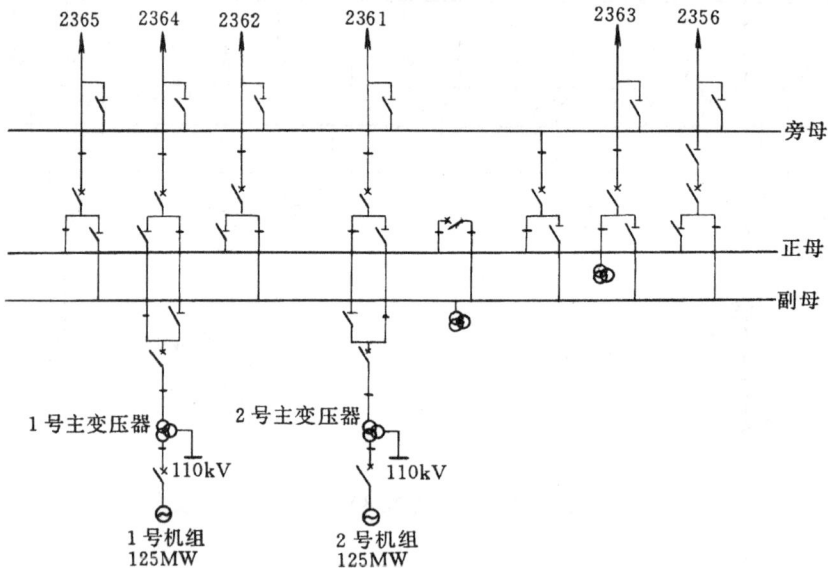

图 3-87　电厂 220kV 主接线图

二、事故原因

本工程将原 2363 线、2356 线环入电厂 220kV 母线,设计院将原 2356 线命名为Ⅰ回线,原 2363 线命名为Ⅱ回线。

电厂 220kV 母线差动保护选用 PMC-12GS 按固定连接方式接线,尾数为单数编号的线路接入正母线;尾数为双数编号的线路接入副母线;当时设计院命名为Ⅰ回路的线路,开断后环入电厂正母线,命名Ⅱ回路的线路环入副母线,母差保护按此要求接线,试验全部结束,见图 3-88。线路起动前调度对四条线路正式命名,Ⅰ回路环入后命名为 2362、2356,Ⅱ回路环入后命名为 2361、2363,尾数同设计院命名相反,在起动前一次线将 2362,2356 线由正母线改接到副母线;2361、2363 线由副母线改接到正母线,母差保护 TA 回路亦按此要

求重新改接,但母差保护跳闸出口回路没有改接,由于时间紧没做整组连动试验,送电后带负荷试验证明 TA 接线正确,没有发现母差保护跳闸回路不对应,因此发生母线故障时造成错跳断路器,扩大事故。

三、事故对策

将母差保护正、副母线跳闸回路重新改接线,重做连动试验,正确后投入运行。

四、事故教训

(1) 调度命名在设计完成之后,双方应
事先多联系,尽量取得一致,这一点对断路器失灵保护和母线差动保护接线是否正确关系重大。

(2) 二次接线改动后应重新做连动跳闸试验,避免考虑不周而发生差错。

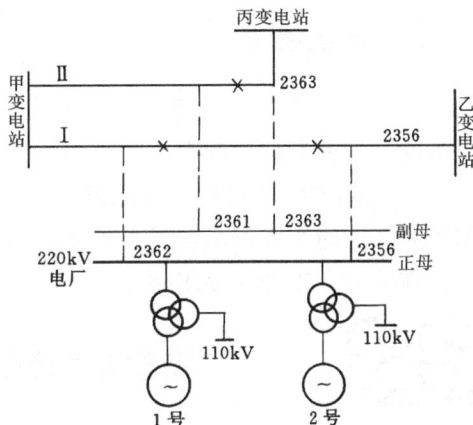

图 3-88　线路环入工程示意图

22 跳闸压板名称不对应母差保护误动

一、事故简述

1997 年 11 月 12 日 11 时 06 分,某 220kV 变电站 L85 线路无故障三相跳闸。

二、事故原因

变电站 L85 线继电保护装置改造,工作基本结束,最后做母线差动保护连动跳 L84 断路器试验,当时将母线差动保护跳其他断路器的跳闸连接片全部断开,只投入跳 L84 断路器的 11LP 连接片,由于制造厂盘内接线错误如图 3-89 中虚线所示,11LP 变成跳 L85 线断路器的连接片,在试验时造成 L85 线无故障三相跳闸。

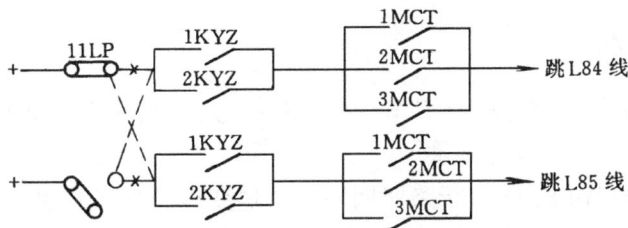

图 3-89　保护错接线示意图

三、事故对策

将盘的错误接线改正确。

四、事故教训

（1）制造厂盘内接线错误时有发生，给运行、施工单位增加许多麻烦，甚至发生不安全情况，请制造厂引起重视。

（2）跳闸连接片接在正电源侧是不正规的，应放在出口跳闸端，断开连接片同跳闸回路隔断，此时试验继电器没有危险，如图 3-90 连接片断开后，继电器的触点仍同跳闸回路连在一起，工作中易出差错。

23 基建人员擅自操作失灵保护误动

一、事故简述

1997 年 9 月 6 日 14 时 03 分，甲变电站失灵保护动作出口跳开主变压器 QF1、QF2、母联 QF7、W1 线 QF3、W2 线 QF4、W3 线 QF5 断路器，造成甲变、乙变及丙变 0 号 1 号主变压器全部失电事故。

运行简图见图 3-90。

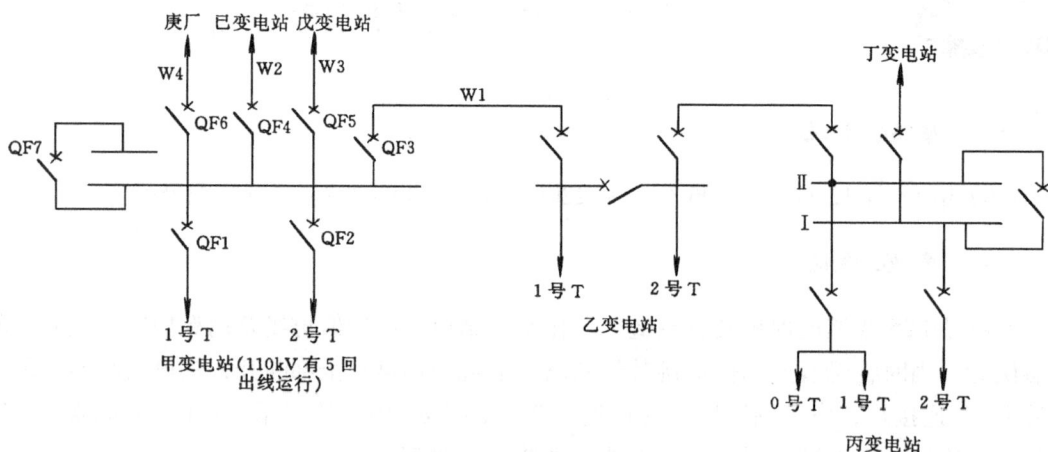

图 3-90　局部电网示意图

二、事故分析

（1）当天丙变电站母联停电有工作，所以丙变电站 0 号、1 号变压器在 Ⅱ 母由乙变电站供电，2 号变上 Ⅰ 母由丁变电站供。

（2）甲变电站的 W4 线 QF6 断路器回路，省送变电公司正在进行投产前调试，他们为了检查 QF6 断路器电压切换回路正确性，未经运行值班人员同意，擅自合上 QS1 隔离开关，隔离开关一经合上，220kV 失灵保护立即动作跳开 220kV 全部运行断路器。

（3）经事故后检查。

1）QF6 断路器失灵启动回路接线错误，把出口回路直接接在正电源上，且误把 QS1隔离开关的辅助触点当成 QF6 断路器的触点用于失灵启动回路，所以 QS1 隔离开关一经合上，失灵保护立即启动去跳闸。

2）失灵动作应先跳分段，再跳所在母线段的断路器，非失灵开关母线段的断路器不应跳闸的，经检查送变电公司工作人员在试验时，误投 220kV 母差非选择性连接片，把双母线运行的母差变为单母线运行，失灵保护和母差保护共用同一出口回路，所以失灵保护动作切除 220kV 母线上的所有断路器。

三、事故对策

（1）把 QF6 断路器失灵起动回路清查明白，更改错误接线。

（2）凡与已经投入运行的保护有牵连的二次回路试验必须办理工作票，经运行值班人员同意后，并采取必要的安全措施，方可进行工作。

（3）对边运行边基建的现场，运行值班人员应加强监护，特别是涉及运行设备，一定要上锁或设置围栏及警告牌等。

四、事故教训

（1）边生产边基建的现场，对一次设备的操作，特别是涉及运行设备的操作，应先办工作票，得到运行人员许可后方可进行、严禁基建人员擅自操作。

（2）对母差、失灵等涉及面广，联动较多开关的保护回路上的工作，要先制订严密的安全技术措施，工作中要谨慎小心，加强监护，认真负责，反复检查，以避免波及面扩大和大面积停电的严重后果。

24 失灵保护时间继电器规范选择不当造成误动

一、事故简述

1998 年 6 月 10 日 18 时 48 分，某电厂的一条 220kV 出线在 11s 之内连续两次发生单相接地故障，线路保护均正确动作，并重合成功。但是，在第一次故障时，该厂 220kV 断路器失灵保护误动作跳开母联断路器。经查看故障录波图发现，第二次故障时，220kV 断路器失灵保护亦曾误动作（此时，母联断路器尚未合上）。

二、事故分析

该厂 220kV 断路器失灵保护与母差保护设置在一面屏内，共用一组出口继电器，其中跳母联断路器的时间继电器规范为 20s，整定值为 150ms。查故障录波图，线路保护动作信号保持了 100ms。经试验验证，该时间继电器的动作时间与定值要求相同，但如果起动时间继电器的命令在发出 95ms 之后撤销，时间继电器的钟表机构并不立即返回，而是继续向前走动，致使时间继电器触点导通并动作于跳母联断路器的出口继电器。

人们通常认为，时间继电器的励磁时间如果没有达到其整定时间，继电器的触点将不会动作，但实际上，时间继电器在失电之后，由于铁芯内剩磁及机械惯性的作用，钟表机构不会立即返回，而是要继续"过冲"，这种"过冲"过程的长短与继电器的阻尼力矩有关，阻尼力矩包括时间继电器的制动力矩和触点以及钟表机构内各轴系的阻尼力矩等。时间继电器的规范与实际整定值相差越大、作用于时间继电器线圈两端的电压脉宽与整定值越接近，此现象越明显。

三、事故对策

更换时间继电器，其规范与整定值相差不大。经试验验证，更换后的继电器基本上解决了"过冲"问题。

四、事故教训

继电保护作为电力系统安全稳定运行的屏障，其重要意义不言而喻，这就要求继电保护专业人员必须对所维护的各种保护装置、继电器等有比较深入的了解。不仅要掌握其在正常工况下的技术特性，同时也要了解在可能出现的非正常工况下的性能。此次事故的发生，表明该厂的继电保护专业人员对时间继电器的特性没有全面掌握，只注意检查了继电器的时间定值，忽视了对继电器特性的全面检查。机械式的时间继电器以往在电力系统得到大量的应用，目前也还有许多保护装置仍然在使用此类继电器，因此必须加以注意。对于其他类型的继电器，同样应注意全面了解其在各种工况下的动作行为。

20s 时间继电器整定 0.15s 是选型不当，应注意继电器规范选择。

第四节　线路保护

未退出保护进行试验，导致线路跳闸

一、故障概况

1988 年 3 月 29 日，临沂电业局修验场去界湖变电站 46 号界莒线做零序功率方向检查试验，10 时 56 分零序Ⅳ段保护误动作跳闸，重合成功。

二、事故原因

未退出Ⅵ段零序电流保护，致使在做零功率方向检查中，在短接电流端子过程中，保护中产生了零序电流并已达到其定值，投入零序电流Ⅳ段保护，继保人员检查不细就进行了工作，造成零序电流Ⅳ段保护误动作跳闸。

三、防止对策

（1）凡是未加装Ⅳ段保护连接片的，要限期加装连接片；

（2）在运行设备上进行任何检查试验前，一定要认真提出全面的安全措施，并认真监护。

（3）TA 短接时应依次按 A→B→C→N 顺序短接，拆除短接线按 N→C→B→A 顺序进行就不会产生另序电流。

四、事故教训

工作人员在工作开始前应认真查阅工作内容有关的图纸，全面考虑采取相应的安全措施，特别是某些有特殊情况的设备。

2 JGX—11A 型相差动保护逻辑回路接线错误，引起跳闸事故

一、事故简述

1984 年 4 月 13 日，某变电站一条 220kV 线路，使用 JGX—11A 型高频相差动保护装置，在正常投入运行中通道交换信号时，误动作跳闸，如图 3-93 所示。

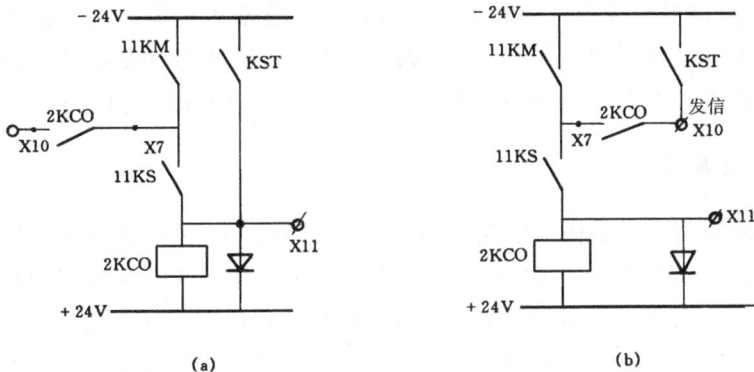

图 3-91　JGX—11A 型相差动保护出口回路接线错误回路图
（a）错误接线；（b）正确接线

二、事故分析

通过对装置的检查发现，在落实《反措》调换 11 号插件时，未能检验出制造厂的接线错误。图中 X10 和 X11 端子，错误地接成如图 3-91（a）。当手动交换高频发信起动 KST 时，KST 触点闭合，起动保护出口跳闸继电器 2KCO，引起线路停电。

三、采取对策

应按照正确的图纸进行改正，如图 3-91（b）所示，然后进行试验，观察是否正确。

四、经验教训

（1）在新设备投入运行前，一定要用正确的图纸进行校对，检查回路接线是否正确。
（2）在投入运行前，应进行一次整组试验，两侧进行交换信号、观察是否存在问题。

然后再决定是否投入跳闸，这是多年来总结出来的一整套制度，不能违反。

3 零序功率方向元件错接线，保护拒动越级跳闸

一、事故概况

1988 年 8 月 21 日 10 时 56 分，村民伐树时，树倒在 110kV 三菏线 C 相导线上烧断导线，三菏线三里庙侧旁路代路运行，旁路断路器保护拒动，引起三里庙站 1 号主变压器 110kV 侧 5911 断路器零序过流保护动作，断路器跳闸，110kV 母线失压，梁山电厂低压解列。宁加三线 5917 断路器备用电源自投成功，并跳开 1 号主变压器 220kV5921 及 35kV5951 断路器。宁加三线零序 III 段动作，济宁电厂侧开关跳闸，重合不成。11 时 15 分菏泽站 1 号主变压器 10kV 负荷调至 2 号变压器供电，11 时 32 分，宁加三线带 110kV 巨野、梁山、东明、鄄城、赵柚变电站抢送成功。11 时 50 分，梁山电厂机组并网运行，14 时 50 分，沙土变电站值班人员汇报，三菏线 157～158 号杆间南边线 C 相断线。15 时用 5913 旁路断路器对三菏线停电。16 时 37 分，三里庙站 1 号主变压器送电 110kV 出线负荷调至 220kV 宁三线供电。宁加三线 5917 断路器备用电源自投恢复热备用。22 日上午再次对三菏线巡查，发现 14 号杆 C 相弓子线烧掉，22 时处理 C 相弓子线工作结束。

二、事故原因

本次事故的直接原因是树枝砸断三菏线 157～158 号杆间 C 相导线，造成单相永久性接地。5913 断路器保护拒动，引起三里庙站 1 号主变压器 110kV 侧 5911 断路器越级跳闸，5913 旁路断路器保护拒动系 TA 室外端子箱接线柱极性接反，造成零功方向拒动是造成事故的主要原因。因故障点未切除，所以宁加三线 5917 断路器备用电源投成后引起济宁电厂侧保护动作跳闸，且重合不成功，但三菏线 14 号杆 C 相弓子线在宁加三相重合不成时烧断，因此 11 时 32 分，宁加三线方能抢送成功。

三、防止对策

（1）认真学习贯彻能源部安全生产一号指令，及省局电力生产技术管理工作条例，切实落实各级技术责任制，制定安全生产的具体措施；

（2）赵柚站 110kV 5212 断路器和菏泽站 110kV 5117 旁路断路器零功方向保护在 8 月底完成带负荷检验，其他带方向元件的继电保护 9 月底进行一次复查。

四、事故教训

这次事故暴露了该局修试所在新建三里庙变电工程中承担电气设备的安装调试任务时，没有建立 5913 旁路断路器保护极性试验记录，其 TA 二次端子极性接线错误，投运前又未做带负荷零功方向检验，并且缺少运行单位的验收监督。在其后两年多时间里，既没有认真贯彻省局 1986 年、1987 年继保反事故措施，在保护定检中又没有认真检查试验

记录的完整性，复查极性和进行带负荷零功方向试验，以致存在的缺陷未能及时发现和消除，造成在故障情况下保护拒动，扩大了事故的范围。

WXB—11型微机保护单相重合闸拒动

一、事故简述

1993年2月5日，某变电站，一条220kV线路发生A相瞬时性接地短路，两侧均由WXB—11型微机保护动作（1ZKJCJ、GBIOCK和IOICK）切除故障。两侧使用单相重合闸方式，M侧单相重合成功，N侧单相拒合，由运行人员手动切除另两相断路器。

二、事故分析

经过现场调查,由于操作开关SA至跳闸位置继电器触点的开入量误接到1n42(三跳起动重合闸),实际仅A相跳闸,但KCTA常开触点闭合,正电送入1n42端子,如图3-92(a)所示。

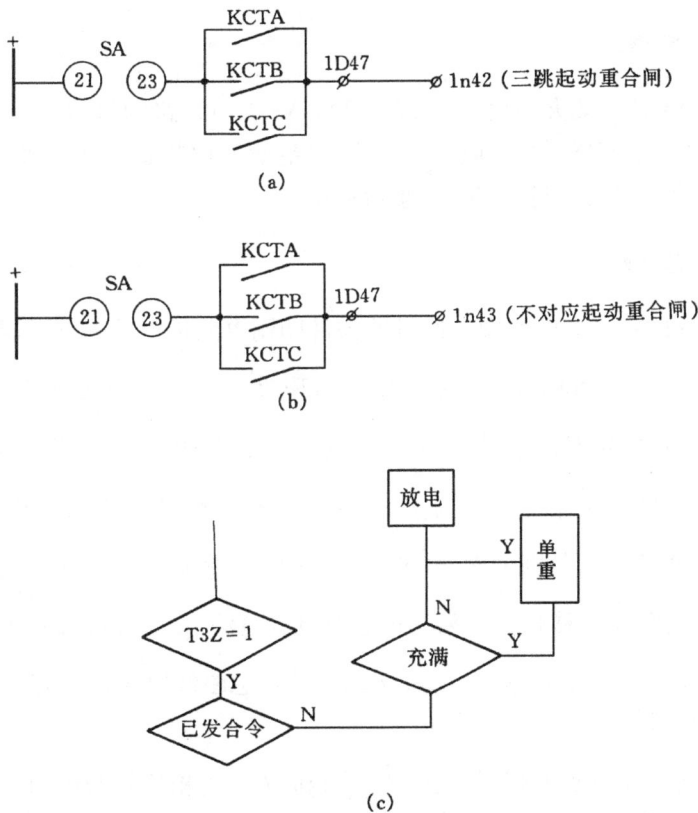

图 3-92 在单重方式下，回路接线错误拒合的说明图
(a) 接至微机保护"三跳起动重合闸"的不正确接线图；(b) 接至微机保护"不对应起动重合闸"的正确接线图；(c) 单重方式按图（a）接线拒合程序框图

正确接线应按图 3-95(b),即接入 1n43 端子(不对应起动重合闸)。这可以从程序框图 3-95(c)中看到,当接收"有三跳开入量",装置使用单重方式,则进入"放电",单重拒合。

三、采取对策

(1) 改正错误接线,即按图 3-95 (b) 改正过来,并进行一次模拟整组试验,观察跳单相是否重合单相。

(2) 熟悉框图,接线时两人要互相核对,保证接线正确。

四、经验教训

(1) 应熟读微机保护各种保护方式的程序框图,如各种重合闸方式的使用规定等。

(2) 向保护装置通入单相电流及故障电压,做模拟试验,观察动作是否正确,即跳开的那一相应该重合。

5 相差高频保护区外故障误动跳闸

一、事故简述

1991 年 3 月 15 日,某火力发电厂接入 220kV Π 型线路的母线上,线路使用 PXD—17/Q (由 JGX—11D、YBX—1 组成) 型高频相差动保护装置。在区外 (低压 66kV 侧) 发生 BC 两相短路故障时,保护装置误动作跳闸。

二、事故分析

经过现场调查试验,电厂侧操作滤过器插件印刷电路板上的 e 点开焊,如图3-93 (a) 所示 (de 两点应连接)。此时操作滤过器输出电压 $\dot{U}_{6\text{-}7(M)}$ (M 表示电厂侧,N 表示对侧) 超前 $\dot{I}_{BCM}153°$ [正常为 $\dot{U}_{6\text{-}7(M)}$ 落后 $\dot{I}_{BC(M)}$ 约85°],对侧 $\dot{U}_{6\text{-}7(N)}$ 落后 $\dot{I}_{BC(N)}$ 约84°,如图3-93 (b) 所示。图中 $\dot{U}_{BC(M)}$ 和 $\dot{U}_{BC(N)}$ 分别为 M 和 N 侧 220kV 母线电压互感器二次相间电压;$\dot{I}_{BC(M)}$ 和 $\dot{I}_{BC(N)}$ 分别为 M 和 N 侧经移相器移相后通入装置的试验电流。$\dot{I}_{BC(N)}$ 落后 $\dot{U}_{BC(N)}6°$,是指 N 侧移相器在某一位置时试验电流 $I_{BC(N)}$ 与母线电压互感器二次相间电压 $\dot{U}_{BC(N)}$ 间的角度。该线路长仅为 36.7km,故可忽略线路对地电容引起两侧母线同名相电压之间的相角差。

当 M 侧操作滤过器 e 点开焊时,在 $\dot{I}_{BC(M)}$ 和 $\dot{I}_{BC(N)}$ 相位差180°时,造成两侧输出的操作电压相位角差 57°。操作滤过器在负半周时才有高频方块波输出,经实测 M 侧方波宽为 198°,N 侧为 187°,故两侧方波间隙角为 $180° - 57° - \frac{1}{2}$ (18° + 7°) = 110.5°,如图3-93 (c) 所示。此角远大于闭锁角,故保护动作跳闸。

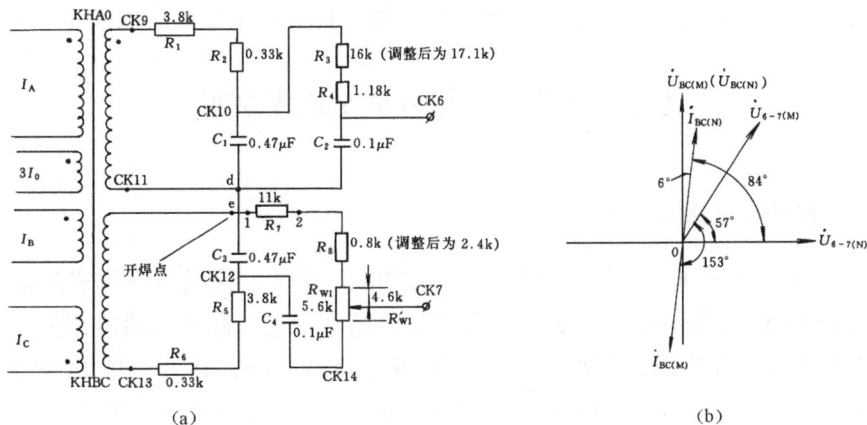

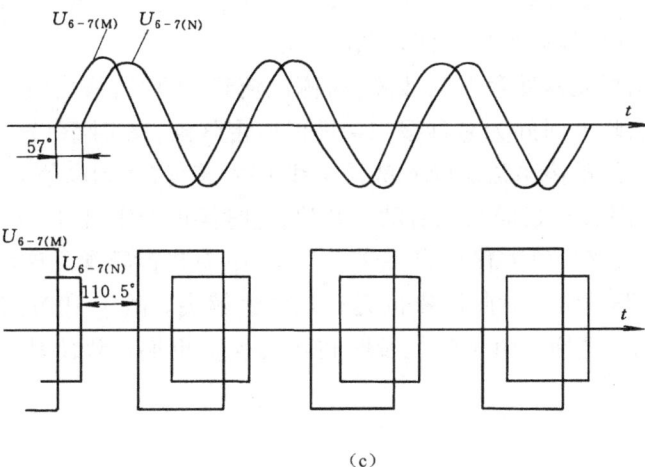

图 3-93　PXD—17/Q 型相差动高频保护区外故障误动回路接线图

（a）M 侧操作滤过器 e 点开焊图；（b）M 侧操作滤过器 e 点开焊后两侧操作电压相量关系图；（c）M 侧操作滤过器 e 点开焊，区外故障时两侧通道入口处的方波图

三、采取对策

（1）将开焊点 e、d 两点间重新焊接好。

（2）以后凡插拔插件以后，都必须利用负荷电流或外加电流进行试验、证明操作滤过器特性正确。

四、经验教训

（1）开焊的原因，是在每次动插件时，与相邻侧插件碰撞造成开焊的。为此，今后凡动过插件的，一定要通电检查，证明回路良好后才能投入试用。这在继电保护的有关规程和制度里，都有明确的规定，所以必须遵守。

（2）据了解，该装置在投入运行前，两侧利用负荷电流，进行核相时，项目没有做全，认为没有问题，所以今后一定要按规程规定的项目进行试验，不能随意变更。

光纤纵差保护在区外故障时误跳闸

一、故障概况及原因

1998年9月4日18时50分，威海电业局220kV威凤Ⅰ线凤林站侧光纤纵差保护动作，211断路器跳闸重合不成。华威电厂侧无保护动作信号，断路器没有跳闸，故障录波器启动。威凤Ⅰ线凤林站侧光纤纵差保护检测板不正常。CFZ装置面板上TA、TB、TC、TS灯亮，发现装置检测插件上11路检测灯不定时闪动，细查为5号插件（C相差动模块）发出，用示波器检测5号插件输出，发现每次检测灯闪动时为C相差动出口电平跃变，更换5号插件，故障不能消除，继续向前一级PCM插件检查，发现PCM输出的对侧电流不时有波形畸变，两侧电流叠加后可使差动出口。

发现因装置PCM解调板元器件存在软故障，对侧电流经PCM转换后波形不定时畸变（现测5～10mm发生一次，畸变时间为毫秒级），4日正值雷阵雨，18时50分，35kV系统一条线路遭雷击发生瞬时故障，故障电流反映到威凤Ⅰ线CFZ装置，达到高值启动值，又正值PCM波形畸变，使得差动模块出口，而双侧启动量开放，此时保护动作出口。

故障露暴问题：威凤线光纤纵差保护自1997年经常出现装置异常，该厂家检查均为光信号与模拟信号转换回路异常，对此厂家也无有效方法解决。故于1997年要求更换此套保护，1998年初批复同意更换。由于没能及时将该套保护更换，致使其在9月4日误动跳闸。

二、防止对策

立即着手安排同凤林站威凤Ⅰ、Ⅱ线和220kV旁路三套同类型光纤纵差保护装置的更换。

JGX—11D型高频相差动保护误动作跳闸

一、事故简述

1995年1月3日，某220kV变电站一条220kV线路，在相邻线路发生C相瞬时性接地短路时，P侧JGX—11D型（配YBX—1型收发信机）高频相差动保护误动作跳闸，三相重合成功，其一次系统接线如图3-94所示。

二、事故分析

经过现场调查，P侧高频相差动保护，由于YBX—1型收发信机的前置放大器盘中的R_{20}电阻值偏大（厂家说明书规定为1kΩ，而实际为2kΩ），使收信电平偏低。调试规程要

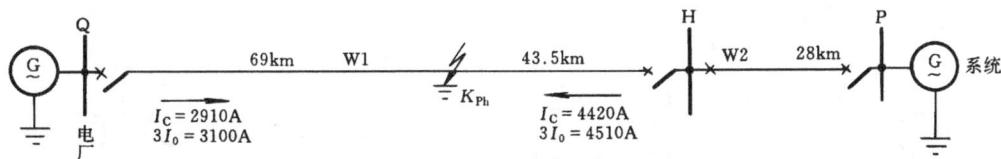

图 3-94　W1 线 C 相瞬时性故障 W2 线 P 侧高频相差动保护误动作跳闸一次系统接线图

求有 10dB±3dB 的余量，而实际低到几乎无余量。当 W1 线故障时，仅收到对侧信号，本侧信号未收到，因此，无法闭锁本侧保护，造成单侧跳闸，幸亏三相重合闸动作重合成功。

三、采取对策

（1）按照上述余量要求，将 R_{20} 阻值调整到 860Ω。如果小于 860Ω，则要检查收信高滤通带的漂移。

（2）在高频解调 CZ2 处，自发自收的灵敏起动电平整定为 −41dB。并保证有 10±3dB 的余量。

四、经验教训

（1）要熟练地掌握调试规程的全部内容及其规定的理由，掌握调试方法。

（2）保护在投运前，必须做两侧模拟区外（防止误动）与区内（防止拒动）的整组试验。如果进行了模拟，则这次误动作即可避免。

（3）对设备的一些重要参数，必须做到心中有数，如前置放大器盘的 R_{20} 电阻，是一个关键的元件，如果能及时发现，这次误动作也可避免。

（4）在进行整盘各点电平的测试时，也可发现自发自收电平偏低的问题。

83　220kV 线路故障两侧距离保护拒动

一、事故简述

1984 年 9 月 26 日 6 时 47 分，220kV W2 线路发生 AC 两相短路，经 1.88s 变成 AC 两相短路接地，又经 0.78s 转为三相短路，再经 0.08s 发展成三相短路接地，共经历 2.74s。故障点距 D 变电站 220kV 母线约 1.2km，相当于线路出口故障。D 变电站侧理应相间距离保护一段动作，QX 侧也应由距离二段保护动作，但都出现了拒绝动作（该线路高频保护未投入运行）的情况。因此，W1 线路 H 变电站侧相间距离保护二段 0.5s 动作跳开三相，并对高频保护停信，此时，W1 线路的 D 变电站侧高频保护动作三相跳闸。

由于 W2 线路故障前约 12s，W1 线路曾发生过 A 相瞬时性接地短路，三相跳闸后，两侧重合成功。因此，当 W2 线路故障，D 变电站侧距离一段保护拒动，由 W1 线路 H 变电站侧距离二段保护动作跳三相后，因重合闸继电器中的电容器未充满电，线路两侧重合闸不会起动，如图3-95所示。

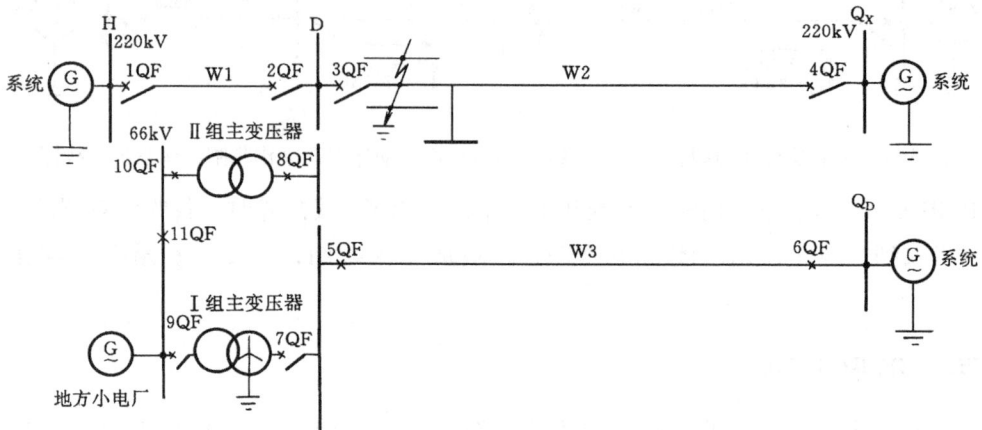

图 3-95   220kV W2 线路发生多相故障一次系统接线图

由于 W2 线路故障，D 侧保护拒动，因此，Ⅰ组主变压器低压过流（3A、1.2s）动作，跳开Ⅰ组主变压器两侧断路器，同时其备用电源自动投入装置动作，投入 66kV11QF 母联断路器。接着，W3 线路 QD 侧相间距离二段保护1.76s动作跳开三相，经1.72s三相重合成功。但 6QF 三相断路器不同期合闸，引起 W2 线路 D 变电站侧零序电流不灵敏一段保护动作经0.1s跳开3QF三相断路器，并经1.62s三相重合于永久性故障线路上，零序电流不灵敏一段再次动作跳三相。这是 6QF 三相重合成功的原因。

综上所述，W2 线路发生 AC 两相短路开始，至三相短路经历2.66s（1.88s+0.78s），此时，W2 线路 QX 侧相间距离保护三段才起动，经2.56s跳开4QF断路器，又经1.96s重合到三相永久性短路接地线路上，并由零序电流一段和相电流速断以0.08s动作跳开。至此，W2 线路故障才被切除。

二、事故分析

（1）W2 线路 D 变电站侧为什么相间距离一、二段不动作？

距离保护的测量元件一段和二段是方向阻抗继电器。它的 $Z = f(\varphi)$ 动作特性，理论上是一过坐标原点的圆。而实际上，是一个过坐标原点的椭圆，如图3-96所示。这个椭圆与横坐标轴能否围成一块面积，决定它是否能反映出口短路经过渡电阻短路的能力。现在它与横轴不相交，即没有围成面积，这说明它反映出口短路经过渡电阻短路的能力极差。

据巡线人员反映：拉线已烧断，造成杆塔

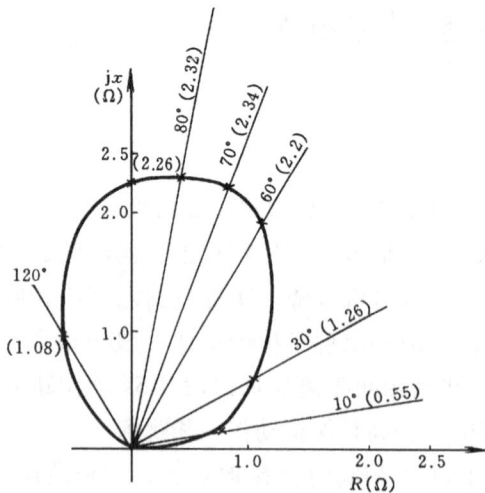

图 3-96   一段方向阻抗元件的
$Z = f(\varphi)$ 动作特性圆图

倒杆，导线是对拉线放电后烧断的。因此，短路过程中存在过渡电阻，造成方向阻抗一、二段测量元件拒动。经过定值校验，一段 2.1Ω，二段 3.6Ω，三段 5.9Ω，并模拟 AB、CA 相出口突然短路，通入电流为 35A，电压 $u = 100V$ 突然降到零时，保护动作正确。

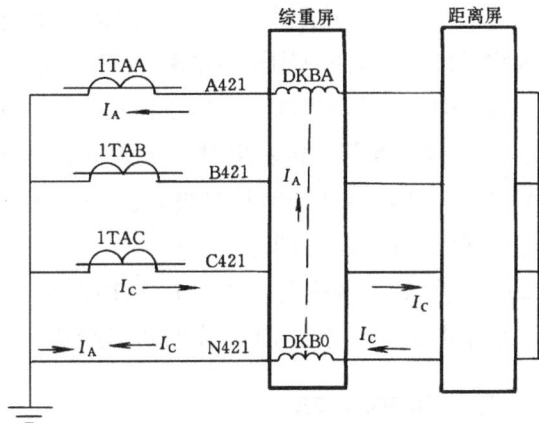

图 3-97　方向阻抗选相元件电抗变压器绕组间的短路图

（2）W2 线路 QX 侧经检查发现，综合重合闸屏 A 相选相元件的电抗变压器 DKB 中的相电流绕组和零序电流补偿绕组之间短路，如图 3-97 所示。使 A 相电流大部分直接流回中性线，而流入距离保护中的电流仅为 A 相电流的一小部分。

如果 DKB 的相绕组和补偿绕组没有短路，则 CA 相阻抗继电器的感受阻抗为 $Z_{f \cdot CA} = \dfrac{U_{r \cdot CA}}{I_{r \cdot CA}} = \dfrac{U_{r \cdot CA}}{I_{r \cdot c} - I_{r \cdot A}} = \dfrac{U_{r \cdot CA}}{2I_{r \cdot c}}$。

如果 DKB 的相绕组和补偿绕组间短路后，则 CA 相阻抗继电器的感受阻抗为 $Z'_{f \cdot CA} = \dfrac{U_{r \cdot CA}}{I_{r \cdot CA}} = \dfrac{U_{r \cdot CA}}{I_{r \cdot c} - I_{rA}} = \dfrac{U_{r \cdot CA}}{I_{r \cdot c}}$（$I_{r \cdot A} \approx 0$ 时）。

比较以上两式，则

$$Z'_{f \cdot CA} = 2Z_{f \cdot CA}$$

这说明，DKB 损坏后的阻抗继电器的测量阻抗是 DKB 没有损坏时的两倍，而距离二段的灵敏度一般为 1.5 左右，故距离二段必然拒动。

AB 相阻抗继电器的动作情况与 CA 相阻抗继电器相同，而 BC 相阻抗继电器由于是 CA 两相短路也不能动作。由上所述，自 W2 线路发生 AC 两相短路至 2.66s 转换成三相短路，这时虽然 BC 相阻抗继电器能够动作，但距离一、二段已被闭锁（距离二段的开放时间整定为 0.22～0.27s），所以造成距离二段在整个故障过程中拒动。

同理，由于 A 相的 DKBA 与 DKB0 之间短路，因此，距离三段在 AC 两相短路期间也不能动作。至 2.66s 后转换成三相短路时，这时 BC 相阻抗继电器动作，经 2.56s 跳闸，共经 5.22s 时间。

为了证实上述分析的正确性，还做了如下试验。在综合重合闸屏加电流，在距离屏加电压，仍然使用损坏了的 DKBA、DKB0 电抗器，测得的动作阻抗见表 3-14。

表 3-14　　　　　　　　　　　　　　　　实 测 动 作 阻 抗 值

段\相别	一段（Ω）	二段（Ω）	三段（Ω）	段\相别	一段（Ω）	二段（Ω）	三段（Ω）
AB 相	2.3	4.0	5.3	CA 相	2.3	4.2	5.3
BC 相	4.2	8.0	11.2	定值（Ω）	4.2	8.2	11.2

综上所述，导致距离二段保护拒动，距离三段保护延长动作时间的原因，是由于 A 相选相元件中的电抗变压器 DKBA 和零序电流补偿绕组 DKB0 之间短路所致。

分析 DKBA 与 DKB0 之间短路的原因，根据录波照片和电子计算机测得；W2 线路故障前 12s，W1 线路上曾发生过一次 A 相接地短路，流过 W2 线路 QX 侧的二次电流 $I_A = 20A$，$3I_o = 23A$。W2 线路故障当时，QX 侧由 220kV 侧路保护（其中有距离保护）及其断路器带线路。而该线路保护于 1984 年 8 月 16 日检定完好，没有发现任何问题，1984 年 9 月 26 日是第一次带线路。所以判定 DKB 绕组是在 W1 线路 A 相接地短路时损坏的。另外，该距离保护装置是 70 年代的初期产品，产品质量也不过关。

三、采取对策

（1）抓紧相差高频动作保护的投运工作，当时有相差高频保护投运，就不会出现相邻线路的跳闸，因为它的动作特性不受弧光电阻的影响。

（2）重新修复或更换 A 相电抗变压器，并检验 DKBA 与 DKB0 绕组之间的绝缘电阻。

四、经验教训

（1）对两个绕组以上的继电器，要测各绕组之间的绝缘电阻，并符合有关规定。

（2）W2 线路无快速纵联保护，这是威胁电网安全运行的一个重要因素。在这种枢纽变电站的出线上，必须设置双套快速纵联保护。

母线故障，保护拒动扩大事故

一、事故简述

1983 年 6 月 25 日 19 时整，乙站 110kV 出线在投产运行 80h 后 C 相断路器突然发生粉碎性爆炸，事故时系统一次接线图如图 3-98 所示，爆炸碎片飞出 70 多 m，打坏了一些其他运行设备，该线 A 相引线断，跌落在乙站 110kV 三相母线上，形成永久性母线三相接地短路。

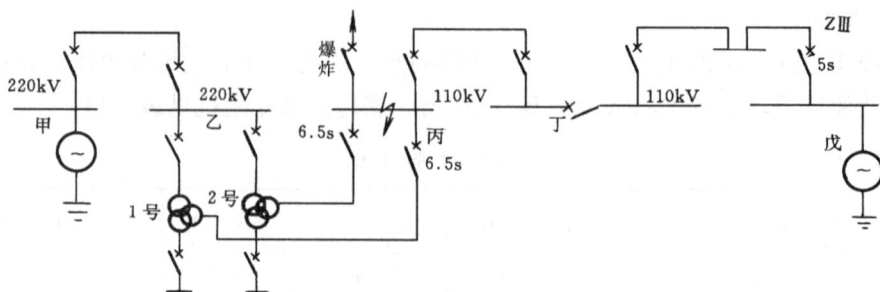

图 3-98 事故时系统一次接线简图

二、保护动作分析

这次事故，本应由乙站110kV母差保护切除故障，但母差保护当时未投入运行。

110kV丁站丙丁线距离Ⅱ、Ⅲ段保护具有足够灵敏度，但由于断线闭锁继电器KDB由TV开口三角形供电的一组绕组极性接反，以致误闭锁，使该保护拒动，由戊站距离Ⅲ段保护5s切除。

220kV甲乙线甲侧为高频保护误动作跳闸，事后检查为乙侧高频保护直流逆变电源熔丝在故障时熔断，使乙侧不能发闭锁信号，造成甲侧高频保护误动。

乙站1号、2号变复合电压闭锁过流6.5s切除故障。

三、暴露问题

母差保护是系统的主保护之一，但当时乙站110kV母差保护未投运，没有引起充分重视，长期处于无母线保护状态。

110kV丁变电站距离保护在更换保护盘后，试验项目中漏做TV断线闭锁继电器用系统工作电压检查的试验，导致在事故中使距离保护拒动。

四、经验教训

对于母差保护等快速保护，正常均应投入运行。对于保护的试验项目，应经专工审核把关，以防项目漏做，留下隐患。

19 机组非全相运行，引起系统扩大事故

一、事故简述

某电厂1995年2月11日13时07分，1号30万kW机组当时带负荷170MW，因锅炉附属设备有问题，需减负荷停炉，在发电机与系统解列时，因2201B相断路器跳不开，机组非全相运行。失灵保护未起动出口，引起2012、启备变压器2208、甲乙线乙侧2306、乙站2号变压器、丙站1号变压器等出口跳闸，见图3-99。

二、保护动作分析

由于手动断开1号机2201断路器时，B相未断，此时应由2201断路器的非全相保护启动去断开B相断路器。当时B相断路因机构问题，未能跳闸。这时断路器失灵保护是无法动作的，因为保护出口继电器未动作，电压控制触点未闭合（属非故障情况，母线电压几乎无变化）。

甲电厂1号变压器中压侧零序电流保护Ⅰ段600A3.5s联切2012。

220kV甲乙线及甲丙线因非全相零序电流较小，开始未起动，而当甲厂2012跳开，零序电流增加达到定值时，又因线路保护所用为微机保护，选用$\Delta 3U_0$闭锁（为防TA断

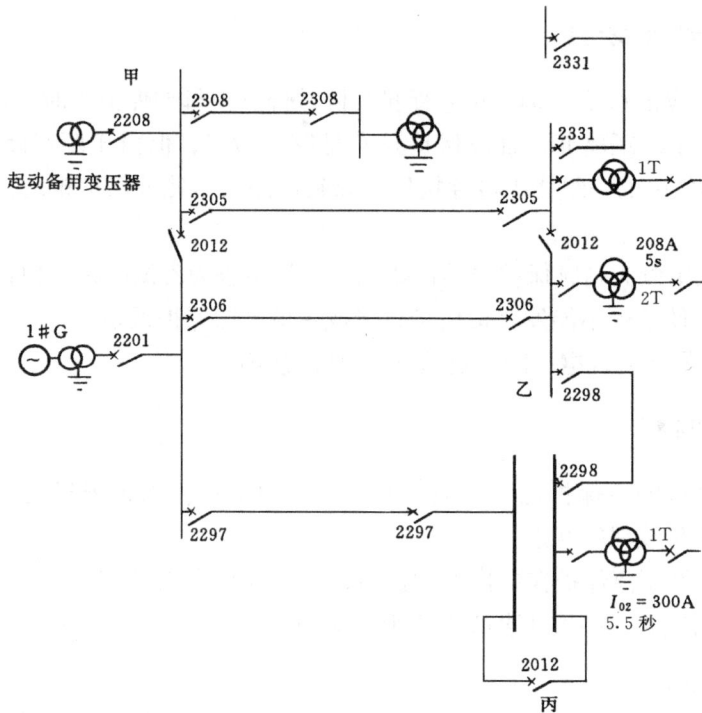

图 3-99　220kV 甲电厂事故时系统接线图

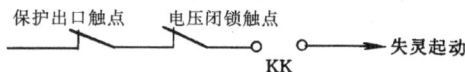

图 3-100　失灵起动误接线（非全相保护）

线而设置）当电流达到定值时，乙站及丙站的母线零序电压没有突变，而闭锁了线路保护，由丙站1号变压器另序电流保护达到定值 300A 5.5s 切丙站 1 号变压器，乙站 2 号变压器零序电流保护 208A 5s 切乙站 2 号变压器。当乙站变压器跳闸时，母线 $3U_0$ 有突变，甲乙线乙侧 2306 断路器零序二段 312A 1s 出口跳三相。失灵起动误接线（非全相保护）如图 3-100 所示。

三、采取措施

大机组保护应执行原电力部颁发的《反措要点》，采用零序电流作为断路器非全相运行时的辅助起动判据，并短接失灵保护中的电压控制触点，由断路器失灵保护去跳开与1号机非全相连接的母线上的其他元件。且应在失灵保护起动回路中取消 KK 操作把手。

四、经验教训

（1）设计人员在设计保护图纸时，应严格执行部颁反措并考虑防误动及拒动的措施，以防保护因图纸设计错误，造成保护的误动或拒动，引起事故扩大。

（2）要加强图纸审核。

微机保护保护误动

一、事故简述

1997 年 2 月 25 日，某变电站 220kV 甲乙线甲侧线路微机保护无故障跳闸。

二、保护动作分析

事故后检查发现，造成保护误动的原因为微机保护电源插件中 5V 电压降低，降低的原因是 5V 输出电容老化，使 5V 在带负载情况下，输出下跌，而当 5V 电压下降时，使保护 CPU 运行不正常，程序出现混乱，致使保护误跳闸。

三、防范措施

建议厂家在 5V 电源不正常时，发告警信号，并自动闭锁所有 CPU 及外围芯片的工作。

四、经验教训

厂家在选择元器件时，应经过老化试验并应经严格筛选，以防在运行中造成保护的误动或拒动。

载波机发信时间太短，高频保护误动

一、事故简述

1997 年 5 月 17 日，500kV 甲乙线。相继发生两次故障（两次故障间隔 1.7s），而相邻 500kV 丙乙线在第二次故障时误动跳闸，事故时接线简图见图 3-101。

二、保护动作分析

事故后检查发现保护误动原因为：丙乙线的乙侧载波机仅能发 800ms 闭锁信号，而保护为防功率倒

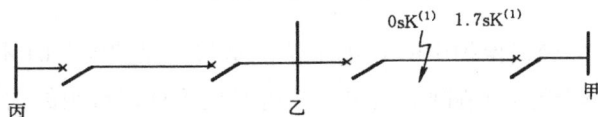

图 3-101　500kV 甲乙线故障时接线简图

向应发 2s 闭锁信号，因此在区外 1.7s 再故障时，由于载波机不能发闭锁信号，造成丙侧保护误动跳闸。

三、采取措施

将载波机发闭锁信号时间应在发信元件返回后再继续发信 2s。

四、经验教训

保护使用微波、光纤或载波机作为通道方式时，继保人员与通信人员一定要多进行沟通及交流，相互多增加了解，特别是对于关键数据，应把好关，以防因不同专业管理，造成保护的误动或拒动。

13 微机保护插件内部击穿短路，造成保护误动

一、事故简述

1998 年 4 月 3 日，某变电站进行倒闸操作时，该变电站 220kV 甲乙线 WXB-11C 高频保护误动，跳开甲乙线断路器。

二、保护动作分析

事故后经检查发现高频保护误动原因为：WXB-11C 保护 9 号插件中 b10 与 Z10 击穿短路，当手合断路器时，手合闭锁重合闸开入回路导通，+24V 由 Z10 经 b10 送到 1n57（N）端子跳闸回路，见图 3-102，使保护误动跳闸。

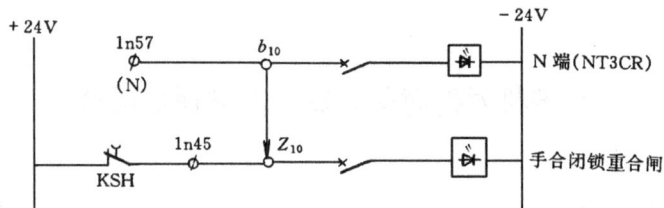

图 3-102　故障简图

三、防范措施及经验教训

微机保护中的 N 端子保护是与老保护配合时才会用，正常若线路两套均为微机保护，N 端子出口跳闸应退出，即可避免这种误跳闸的情况发生。

14 微机保护单相故障误选三相

一、事故简述

1999 年 6 月 18 日 19 时 46 分，220kV 甲乙线 A 相发生瞬时接地故障，甲侧高频保护动作，A 相单相跳闸，重合成功。乙侧高频保护及零序 I 段保护动作，该线路投单相重合闸，本应单跳单重，却直跳三相断路器未重合。

二、保护动作分析

事故后经检查发现，保护误跳三相的原因是 CSL-101 保护机箱中的一颗螺丝太长，碰到电流回路，致使 A 相电流有近一半流经 C 相保护线圈，使保护误认为 A、C 相故障，因此，在单相故障时误跳三相。

三、防范措施及经验教训

厂家在生产过程中选用元器件应规范化，应吸取类似事故的经验教训，防止重复发生，威胁系统安全。

要加强保护投运前的检验工作，便于及时发现隐患。

第五节 电抗器保护

未考虑电抗器保护，造成扩大事故

一、事故简述

1972 年 5 月 31 日，某变电站 1 号变压器停电检修完毕，并入系统运行，在准备启动调相机并入系统时，发现调相机断路器合不上，随即拉开有关隔离开关，检查后重新合上有关隔离开关启动调相机，17 时 30 分，当合上调相机启动开关电抗器侧隔离开关时，操作人员发现刀口处有红光，随即拉开隔离开关发生电弧短路，1 号高压室着火燃烧，并漫延到 2 号高压室，整个事故中没有保护动作跳开断路器。

二、事故分析

事故时保护配置及接线简图如图 3-103 所示。

该电抗器虽装有过流保护和负序电流保护，但该保护是经主油断路器辅助触点闭锁的，在主油断路器分闸状态时，该电抗器保护是退出运行的，所以在事故中电抗器保护不能动作。电抗器虽然在变压器差动保护范围之内，但差动保护对电抗器后故障灵敏度不足，故差动保护亦未跳闸。

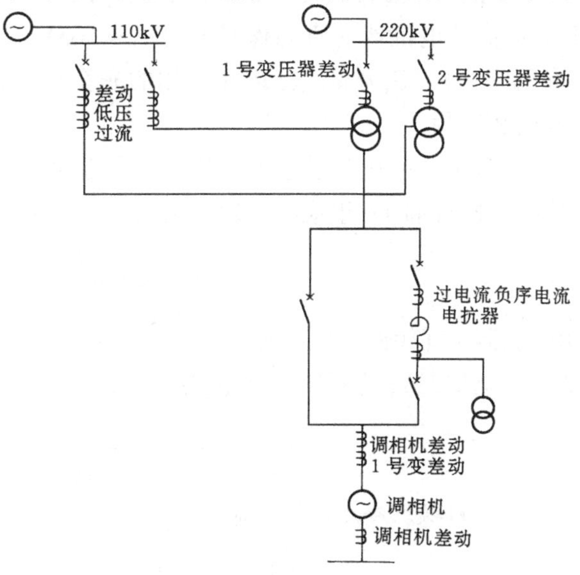

图 3-103 电抗器保护配置接线简图

变压器 110kV 侧配置有低压过流保护和负序电流保护，由于故障属于三相短路，负序电流保护不能动作，而低压过流保护对电抗器后故障灵敏度不足，因此故障时无保护跳闸。

三、防范措施

对所有运行中的设备都应有保护，对于调相机在启动过程中的电抗器保护，应考虑有足够的灵敏度，以保证故障时可靠跳闸。

四、经验教训

这次事故的直接原因是运行人员误操作，但从设计、运行上都忽视了起动过程中的电抗器故障的保护，致使保护性能不完善，扩大了事故，造成了严重损失。

2 500kV 并联电抗器匝间短路保护误动

一、事故简述

1994 年 7 月 18 日 1 时 43 分和 9 月 26 日 15 时 32 分，乙变电站，TLS1B Z1，CKJ-1 Z1 动作跳 QF1 断路器 C 相，重合闸启动灯亮但未出口，A、B 两相是什么保护跳闸情况不明；甲厂 TLS1B Z1、CKJ-1 Z1、CKF-1A 动作跳 QF2 和 QF3 断路器 C 相，重合闸启动未出口，A、B 两相跳闸原因不明。甲电厂从电网中解列，系统频率低至 48.55Hz，低频减载切负荷 40 万 kW。

二、事故分析

（1）事故后组织中调、中试和甲厂共同对装置进行了检查。线路保护及重合闸装置正常，而高压电抗器的匝间保护在 $3U_0 = 105V$ 时，仅 $3I_0 = 0.9mA$ 即可动作，异常灵敏（方向无问题），认为在线路跳开一相的非全相运行时该匝间保护误动作使两端的健全相 A、B 两相跳掉了。

（2）500kV 高压并联电抗器装有一套零序功率方向保护，具体接线为 $3U_0$ 接线路 TV，$3I_0$ 接电抗器首端 TA 组成的零序电流滤过器，其动作判据为

$$-90° \leqslant \text{arc} \frac{U_{S0} + U_{0C}}{U_{KH}} \leqslant 90°$$

A 相电抗器匝间短路电路图见图 3-104，设 $3U_0 = -U_A$ X_{DK1} 和 X_{DK2} 为故障点两侧的电抗器的零序电抗，X_{S0} 为系统零序电抗

$$I_0 = \frac{U_0}{j(X_{S0} + X_{DK1} + X_{DK2})} = -j\frac{U_0}{X_{S0} + X_{DK1} + X_{DK2}}$$

电抗器首端的零序电压 U_{S0}

$$U_{S0} = jI_0 X_{S0} = \frac{X_{S0}}{X_{S0} + X_{DK1} + X_{DK2}} U_0$$

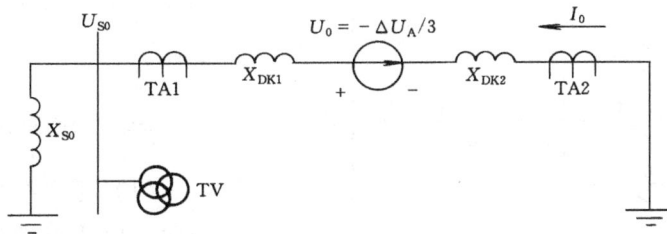

图 3-104　电抗器 A 相匝间短路时的零序等效电路

补偿阻抗 X_{0C} 的零序压降 U_{0C} 为

$$U_{0C} = jI_0X_{0C} = \frac{X_{0C}}{X_{S0} + X_{DK1} + X_{DK2}}U_0$$

保护装置中电抗互感器的输出电压 U_{KH} 为

$$U_{KH} = jK_mI_0 = \frac{K_m}{X_{S0} + X_{DK1} + X_{DK2}}U_0$$

式中　K_m——电抗感器的互感系数。

在一相断开非全相运行过程中零序功率方向保护的动作行为分析，电路见图 3-105：
A 相断路器跳闸后，A 相断口处有电压，$\Delta U_A \neq 0$，$\Delta U_B = \Delta U_C = 0$

则：

$$\Delta U_{A0} = \frac{\Delta U_A}{3} = \Delta U_{A1} = \Delta U_{A2}$$

$$I_A = I_{A1} + I_{A2} + I_{A0} = 0$$

$$I_{A1} = \frac{E_A}{j(X_{1\Sigma} + X_{2\Sigma} /\!/ X_{0\Sigma})}$$

式中　E_A——系统 A 相正序电动势。

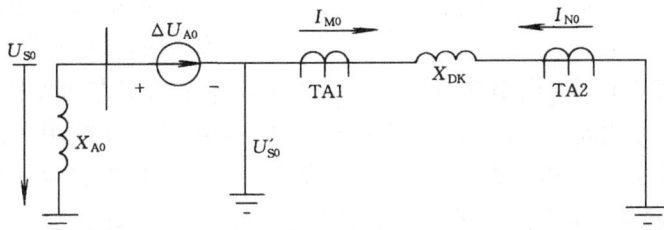

图 3-105　非全相运行时（以 A 相断开为例）电抗器的零序等效电路

$X_{1\Sigma}$、$X_{2\Sigma}$、$X_{0\Sigma}$ 为断口处看到的三序总电抗由于零序功率方向继电器的零序电压取自线路 TV，零序电流取自电抗器首端电流互感器 TA1 则：

$$U'_{S0} = jI_{M0}X_{DK}$$

$$U_{0C} = jI_{M0}X_{0C}$$

$$U_{KH} = jI_{M0}K_M$$

由于动作方程式和上面 U'_{S0}、U_{0C}、U_{KH} 三式可知，满足动作判据，零序功率方向保护必将误动。

结论：$3U_0$ 取自线路侧 TV，电流取自电抗器首端 TA 的零序功率方向保护，不管 X_{0C}

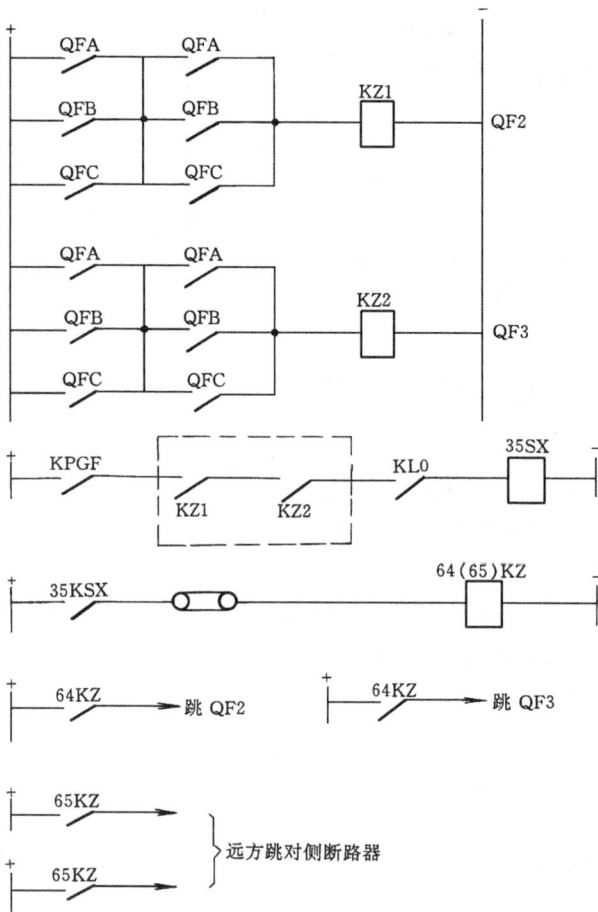

图 3-106 保护接线图

如何整定，在非全相运行中定会误动作。

三、采取措施

（1）零序补偿阻抗的整定一般不应从单相接地短路保证动作而选取 $X_{0C} \geqslant X_{S0.max}$，而应按下式选取。

$$X_{0C} = (0.6 \sim 0.8) X_{DK}$$

式中 X_{DK} 为包括小接地电抗器在内的电抗器零序电抗，从减少系统运行方式（指 X_{S0} 的变化）对接地短路保护性能的影响出发，零序功率方向保护的电流宜取自电抗器中性点侧。

（2）在零序功率方向保护出口回路中增设非全相运行闭锁措施，如图 3-106 所示。

四、经验教训

因 500kV 线路并联高抗的纵差保护不能反映电抗器的匝间短路，一般均增设零序功率方向保护，此保护都具有零序补偿阻抗 X_{0C}，以便在发生短路匝数很少时 X_{S0} 很小的情况下，该比相式零序功率方向保护拒动，增设零序补偿阻抗 X_{0C}，引出补偿电压 U_{0C} 以提高匝间短路的灵敏度。但在使用中，X_{0C} 值的选取和零序功率方向保护的电压、电流取自何处（母线或线路；电抗器首端或中性点侧）等均有一定之关系，否则保护将在线路非全相过程中引起误动。例如：X_{0C} 的整定从保证电抗器单相接地短路时动作的灵敏度而选取 $X_{0C} \geqslant X_{S0.max}$，零序电压由母线 TV 来，零序电流又取自电抗器中性点侧 TA，或零序电压取自线路 TV，而零序电流取自电抗器首端 TA，则该零序功率方向保护在线路非全相运行过程中必引起误动作。为了防止在线路单相跳闸时，电抗器非全相运行过程中零序功率方向保护的误动作，其电压取自母线 TV 时，电流取自电抗器首端时，补偿阻抗应满足 $X_{0C} < X_{DK}$。按上述方法整定 X_{0C} 的零序功率方向保护，对内部单相接地短路，只有部分保护作用（即有动作死区）应零设纵差或零序纵差予以保护。

第四章

整定与配置

零序电流三段与单相重合闸时间不配合

一、事故简述

1990年7月9日，某发电厂220kV I 回线发生 B 相接地短路，G 厂侧零序电流灵敏和不灵敏一段动作，经选相元件跳开 B 相断路器并重合成功。L 厂侧零序电流二段动作，经选相元件跳开 B 相断路器。未重合，最终三相跳闸。

二、事故分析

由于负荷电流较大，B 相跳闸后，非全相零序电流大于零序电流三段定值。故障前高频保护因通道问题已退出运行，重合闸时间改为2.0s，零序电流三段动作时间为3.5s，零序电流二段动作时间为1.5s，系统一次接线如图4-1所示。因此，当零序电流二段动作后，经2.0s发出 B 相合闸脉冲前，零序电流三段保护动作跳开三相断路器。

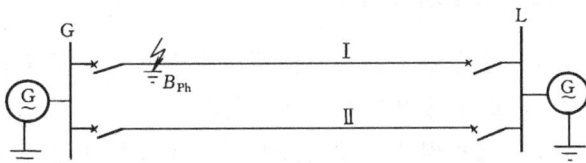

图4-1 220kV I 回线 B 相接地短路系统一次接线图

三、采取对策

（1）设置双套高频保护，将重合闸时间压低到1.0s。
（2）在单套高频保护停用情况下，如果系统稳定允许，可将重合闸时间改为1.8s。

四、经验教训

（1）做整定计算的人员，要熟悉继电保护装置的原理接线图，如综合重合闸回路在非全相运行时的动作过程等。
（2）要考虑到出现非全相运行时保护的工况，如零序电流保护与重合闸动作时间上的配合问题。

② 变压器低压过流保护拒动

一、事故简述

1992年1月4日，某变电所220kV 2号主变压器，低压66kV侧发生BC两相短路故障，复合电压闭锁过电流保护拒动，造成上一级保护动作跳闸。

二、事故分析

经过现场调查，及对定值进行复核，发现电压闭锁元件的相间电压，取自220kV侧的电压，整定值为65V，时间2.8s。事故后经计算，66kV侧母线相间短路时，反映到220kV侧的相间电压为85V，故引起拒动。

三、采取对策

（1）引入66kV侧电压至电压闭锁元件，因此，复合电压闭锁元件必须增设66kV电压闭锁元件。

（2）如果主变压器为多侧绕组，为可靠起见，也必须相应的引入各侧电压至电压闭锁元件。

四、经验教训

（1）据了解，该定值已用了十多年了，从未进行过复核。所以随着一次系统接线的变化、保护定值也必须进行一次复查。

（2）使用电压闭锁元件时，必须校核主变压器各侧短路时，反映到另一侧电压元件所感受到的灵敏度，按规程必须满足要求，否则各侧必须装设电压闭锁元件。

③ 保护配置不合理、定值计算考虑不周，造成保护误动

一、事故简述

500kV某变电站的主接线形式为3/2接线，其中第二串为变压器不完整串，1999年4月11日21时29分，该站的5023断路器A相电流互感器绝缘击穿，2号变压器差动保护正确动作跳闸。与此同时，该站一条500kV线路对端的相电流速断保护误动，造成线路一侧单相掉闸，重合成功。接线图见图4-2。

二、事故分析

线路对端的某电厂升压站亦为3/2接线，误动的相电流速断保护为线路纵联距离保护中的辅助保护，1991年该站投产时，线路所在间隔仅配置了一套专用的短引线保护，为

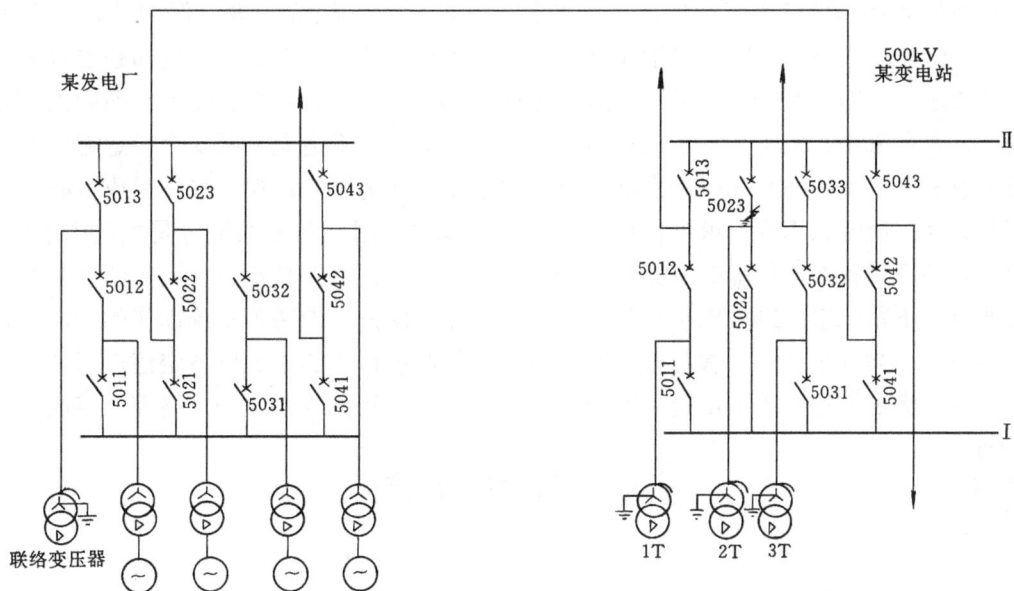

图 4-2　系统接线、误动的断路器及故障点

满足 500kV 保护双重化配置,另一套短引线保护则利用线路纵联保护中的相电流速断保护兼作。此种配置方案很不理想:作为相电流速断保护,其定值应能躲过区外故障;而作为短引线保护,则定值应满足灵敏度要求,两者的功能是矛盾的,欲保证引线故障有一定灵敏度,则必然影响到相电流速断保护选择性。对此,调度部门在设计审核时曾提出相电流速断保护不能兼作短引线保护,应再装设一套专用短引线保护。但因种种原因未被采纳,投产时仍暂由相电流速断保护兼作。线路投产初期,背后电源较小,矛盾不太突出,定值勉强能相互照应。随着线路背后电源的不断增大,保护装置的改造工作又没有跟上,相电流速断保护的选择性与短引线保护灵敏度便更加难以兼顾。整定计算人员在进行定值计算时,对二者之间所存在的矛盾未做充分考虑,定值选取略大(为保证引线故障时的灵敏度)。此次故障为线路反向出口故障,电流大于电厂侧相电流速断保护的整定值,从而造成越级误动跳闸。

三、采取措施

(1) 立即停用相电流速断保护,为该厂及存在同样问题的厂、站配置专用的短引线保护。

(2) 组织整定计算人员重新认真学习有关规程,提高技术素质和业务水平,并进一步规范定值管理工作。

(3) 本着举一反三的原则,对全网遗留问题进行清查(包括已向领导备案的问题),对不符合规程要求的定值,立刻进行纠正。

(4) 加强设备管理工作,对不满足系统安全运行的保护装置,及时组织更换、改造。

四、经验教训

继电保护专业的各项工作都必须深入细致地进行,不能有丝毫的马虎和放松。此次事故,虽因重合成功,没有造成损失,但是却暴露出专业管理、定值计算和保护配置等诸多方面存在的问题。线路投产初期，由于各种因素的制约，配置的进口保护设备不满足要求，保护配置先天不足，因而采取了替代方案，当时对替代方案所存在的问题也曾进行论证。几年之后，随着科研、生产的发展，国产短引线保护已能满足要求，国内的 500kV 工程也已大量采用，取得了一定的运行经验，但保护装置不适应电网安全稳定需要的问题却被疏忽和搁置了，而且在电网发展的过程中也没引起足够的重视，最终酿成事故。通过这起事故我们应该认识到：继电保护能否发挥应有的作用，合理的配置是关键因素之一，当由于条件不具备而采用临时方案时，必须认真论证，在条件具备时，应立即抓紧对设备进行改造，不留隐患。继电保护定值计算工作同样是保证保护装置正确动作的关键，容不得半点闪失，当系统结构、参数发生变化时，必须对运行中的相关设备定值进行认真校核计算，对不满足规程要求的部分，及时进行调整或进行保护改造，否则终究会酿成大患。

4 负序过流保护调试错误

一、事故简述

1988 年 11 月 9 日 21 时 58 分，甲电厂 1 号主变压器停修工作结束，按调度指令用 220kV 侧 QF1 断路器冲击合闸，在 QF1 断路器合闸时，运行中的 2 号机变组 QF2 断路器，QF3 断路器，QF4 断路器无故障跳闸，同时关闭主汽门自动解列。

保护动作情况：2 号机负序过电流保护动作，负序过负荷动作发信号，厂用高压备用变压器联动成功。

QF6 断路器：高频保护启动；

QF7 断路器：高频保护启动。

主接线见图 4-3。

二、事故分析

事故发生后电厂组织了多次检查，未查出原因，后由省调派人去现场重新组织检查，发现：

（1）人为原因：现场在设置负序过流保护定值时，采用的是单相法模拟两相短路通电调试定值，但忘记乘以 $\sqrt{3}$，因此实际定值和要求值相比偏小了 $\sqrt{3}$ 倍，因此在 1 号主变压器冲击合闸由于励磁涌流出现负序电流时能够启动。

（2）元件损坏原因：在实际对 JFL—31—Ⅰ、JFL—31—Ⅱ 加启动电流试验时，装置仅经 0.27 ~ 0.33s 即出口动作（应经 120s 之后才应出口）经仔细检查发现出口回路的可控硅击穿，其触发回路的单结晶体管特性严重变坏，B_1、B_2 间电阻只有 $4k\Omega$，更换两只好的管子后，立即恢复正常工作。

三、采取措施

（1）适当缩短晶体管保护检查周期，以便及早发现元件损坏，避免造成事故。

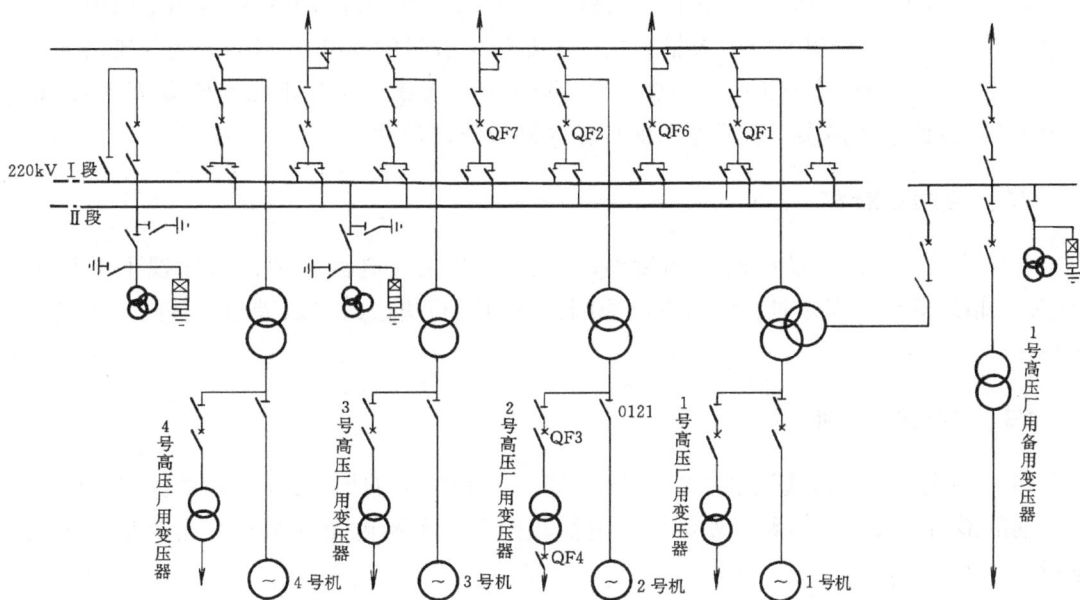

图 4-3 主接线图

（2）JFL—31— I 和 JFL—31— II 设计上共用一组 TA，因此负序过负荷对负序过电流不起闭锁作用，一但 TA 开路，可能引起负序过流误动作。建议将 JFL—31— I 和 JFL—31— II 分别接于两组 TA 的次级，并用负序过负荷装置对负序过电流保护加以闭锁，以防不必要的误动作。

（3）现场运行规程中有关负序过流的处理应和该保护装置的特性相一致，以不给值班运行人员造成错觉。

四、经验教训

（1）现场运行维护及调试人员应认真学习，弄清不同的试验方法时与动作值的关系，以防定值设置时出现错误，引起不必要的误动作。

（2）负序过流保护为防 TA 断线误动作，应采取闭锁措施。

5 变压器差动保护辅助 TA 抽头选择错误

一、事故简述

1989 年 5 月 25 日 1 时 0 分某变电站 10kV 馈线出口故障，线路保护正确动作，故障同时，该站 1 号变压器 LCD—4 型差动保护动作跳开主变压器三侧，造成多个 110kV 变电站全停。

二、事故分析

事故后，检查发现差动不平衡电流达 400 多 mA，发现由主变压器 10kV 侧差动电流互感器的辅助 TA 抽头选择不当引起，整定时误把 1 号变压器 10kV 绕组额定电流作为计算差动保护的依据（10kV 绕组容量为主变压器额定容量的 50%），10kV 侧变流器变比误选为 4.88/5，正确计算方法应按主变压器 100% 容量考虑，实际正确变比应选为 9.84/5，由于 10kV 变比选择错误，造成差动保护在区外故障时误动。

三、防范措施

变压器差动保护在投产前应测量差动不平衡电压（电流）值，当发现不平衡电压（电流）超过规定的误差时，应检查出原因，及时进行更改或采取措施，否则，不能投入运行。

四、经验教训

（1）整定人员应从这类事故中吸取教训，掌握正确的计算方法，验收人员亦应把好投产前的最后一关，必须测量差动保护电流相位及不平衡电压（电流）合格后方可投入运行。

（2）加强整定计算的校核审定工作。

变压器差动保护平衡系数选线错误

一、事故简述

1999 年 6 月 7 日 8 时 49 分，某 220kV 变电站 10kV 线路发生故障，10kV 线路保护正确动作，故障同时，该站 1 号变差动保护动作跳三侧。

二、保护动作分析

该站 1 号主变压器差动保护为微机保护，在差动保护中，220kV 及 110kV 侧 TA 的二次电流为 1A，而 10kV 侧 TA 二次电流为 5A，在整定平衡系数时，10kV 侧未乘 5，以致差动保护在区外故障时，达到定值，误跳三侧断路器。

三、防范措施

厂家对于新投入运行的保护，一定要注意说明书的编写，特别对于整定计算及调试部分，一定要明确清晰，以防现场继保人员理解错误，造成误整定。

四、经验教训

继保整定人员对于新运行的保护设备，要注意弄清原理，理解及掌握整定原则，继保调试人员亦应掌握对新保护的调试方法及要求，以防这类事故的发生。

第 五 章

高 频 保 护

通道上出现的一次怪现象

一、情况简述

1986 年 11 月 21 日，某 220kV 线路上使用高频相差动保护装置，按规定每天早晨 6 时 30 分，由一侧发信，另一侧收信，进行通道交换信号检查，连续几天通道衰减大增，保护不能使用。但是在接近中午期间，再次交换信号时，通道衰减恢复正常，保护可以投入使用，当时人们称它为通道上出现的怪现象。

二、情况分析

经过现场调查、分析，认为它与天气温度变化有关，于是对室外的设备进行查找。当打开结合滤波器盖子时，发现高频电缆缆芯，与屏蔽层（网）距离太近，一到中午时距离变远，通道衰减恢复正常。反之，在早晨时天气较冷、缆芯与屏蔽层就贴上了，通道衰减大增。

三、采取对策

将故障电缆头按图 5-1（a）的正确施工连接，要加工成圆锥形，决不能"一刀切"如图 5-1（b）所示。在接到端子排上时，最好要经过一小段软线过渡一下（指屏蔽层），以免重复出现上述现象。

(a)   (b)

图 5-1 高频电缆头的加工方法
(a) 正确；(b) 不正确

四、经验教训

（1）出现了这次异常情况，找到了原因后，立即得到改正，吸取了教训，以后再不会出现这种怪现象了。

（2）原因未找到前，保护不能盲目投入运行。

通道干扰引起的误动作

一、情况简述

1996 年 5 月 20 日，220kV W2 线发生 B 相接地短路，W1 线路 F 侧 WXB-11 型微机高频闭锁保护误动作跳闸。使用 GSF-6A 型收发信机，观察 T 变电站侧录波图，故障开始有 4ms 干扰信号，经 10ms 后有 10ms 宽的高频信号，直到 200ms 后 T 变电站侧收发信机才发信，其一次系统接线如图 5-2 所示。

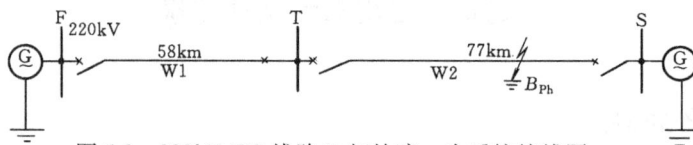

图 5-2　220kV W2 线路 B 相故障一次系统接线图

二、情况分析

经过现场调查，W1 线路 T 变电站侧高频电缆没有接地，即收发信机 6n1 与 6n40 没有相连。在 W2 线路发生故障时，产生干扰信号，使 W1 线路 T 变电站侧收发信机的"其他保护和位置停信"开关量动作，收发信机不能立即发信，造成对侧高频保护误动作跳闸。这是通过拉合旁母隔离开关模拟干扰得到证实的。

三、采取措施

（1）恢复收发信机侧 6n1 与 6n40 之间连线，即高频电缆屏蔽线接地。

（2）在"其他保护停信"端和"位置停信"端的开关量分别增加 4ms 动作延时，以提高抗干扰能力。如图 5-3 中的虚线所示，分别在接口盘 G01、G02 的 3 号、4 号管脚两端并一个 CD11—10μF/50V 的电解电容。

四、经验教训

经验往往是通过实践得来，经过统计分析，高频保护误动作的一个重要原因，是高频

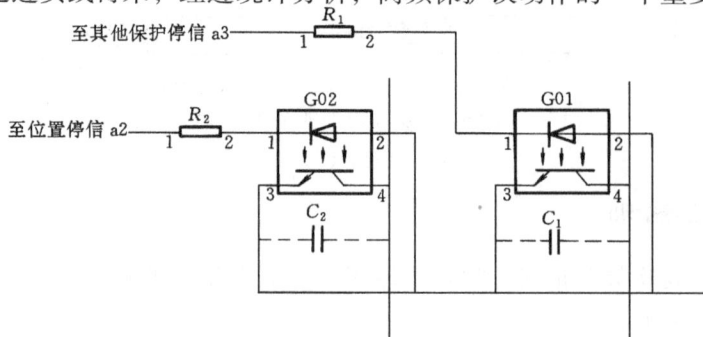

图 5-3　开关量增设抗干扰电容回路接线图

电缆屏蔽层在收发信机侧没有接地；当输电线路发生接地故障时，产生强干扰信号，使收信机信号中断。另外，使用的结合滤波器二次侧，与高频电缆的连接处没有串入电容。当线路出口处发生接地短路时，地电位升高，在高频电缆两端产生地电位差。此工频电流（超过500毫安时）窜入结合滤波器二次线圈，引起磁芯饱和，致使高频信号被中断，区外故障正方向侧将引起高频保护误动作。为此，在国家电力调度通信中心的主持下，由北京电力设备总厂研制了新型的 JL—400—B8Z 型结合滤波器，经使用效果良好。

3 判断高频阻波器分流衰耗增大的方法

利用高压输电线路作为载波通道的高频保护装置，其中的高频阻波器易受雷电流的侵入，使调谐元件损坏，分流衰耗增大，致使高频保护被迫停用。但是，高频通道衰耗增大的原因是很多的，要想知道具体原因，必须进行各个环节的检测，如对高频收发信机的收信电平是否增大了、高频电缆和连接滤波器的特性是否良好等。如果上述各环节良好，那么，有可能是高频阻波器的问题（少数情况，耦合电容器也出过问题，如二次引出线碰地、电容量变小等）。

由于高频阻波器与输电线路相连，且线路两侧都挂有阻波器，不易判断哪侧阻波器有问题，要想检测。有时因为线路负荷重，或其他等原因，不允许线路停电取下高频阻波器。但是，又不应长期停用高频保护，所以正确判断哪一侧高频阻波器的问题，就成为现场检验人员的一个难题，如果判断错误，势必又要延长保护的停用时间。

长期以来，对一些已损坏的高频阻波器，在高频收发信机的高频电缆侧，测试其输入阻抗 Z_{in}，即用高频发信机发信，在高频电缆的芯线上串入高频电流表，或用高频无感小电阻（20W、5Ω）代替电流表（需将 P_1 电平核算成电压，再被 5Ω 除得出电流），用 P_2 测出输出电平、再换算成电压值，最后计算出输入阻抗 Z_{in}，如图 5-4 所示。表 5-1 即为收集到的一些数据，它们都是单频高频阻波器。由表 5-1 的 1～4 项可看出，损坏前的输入阻抗都大于损坏后的，也就是说，当输入阻抗变小时、在高频电缆、连接滤波器及耦合电容器无问题的情况下，则说明高频阻波器有问题了。但是也有相反的情况，如第 5 项，损坏后的输入阻抗反而变大了。这是否可以作如下解释，当阻波器调谐元件被短路后，相当于将阻波器的高频阻抗 Z_M 短掉了。Z_B 为变电所母线对地的等值容性阻抗，若 Z_{in} 为感性

表 5-1　　　　　　　　　　　　　高频阻波器的损坏情况

序　号	电感量（mH）	使用频率（kHz）	输入阻抗变化 Z_{in}（Ω）		损 坏 的 元 件
			损坏前	损坏后	
1	0.1	98	89	29.0	与电容相串联的展宽电阻断线
2	0.1	130	133	48.0	与电容相串联的小电感线圈断线
3	0.12	222	84.8	44.4	有部分电容器短路
4	0.30	168	76	50	与电容相串联的展宽电阻断线
5	0.30	154	71.7	90.9	调谐元件被短接

注　按规定，表 2 中第 3 项不允许使用电容器的串、并联接线。

阻抗，则 Z_B 与 $(Z_w + Z_{in})$ 并联后，其综合阻抗将变大，如果 K 断开时则变小。一般情况下，如果 $(Z_M + Z_B)$ 与 $(Z_w + Z_{in})$ 均为感性阻抗时，则并联后的综合阻抗将变小，其等值电路如图5-5 所示。这项工作必须在新保护投运前测出，以备以后使用，作一比较。

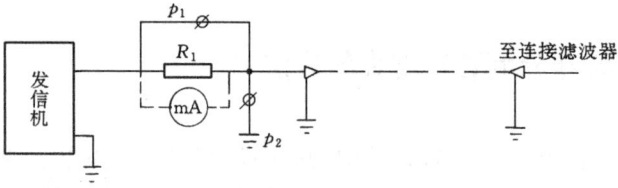

图5-4 高频输入阻抗检测接线图

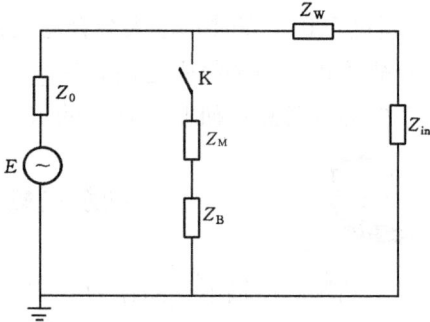

图5-5 高频通道等效电路图

区外故障，高频通道收信有缺口误动

一、事故简述

1996 年 7 月 20 日 12 时 38 分，220kV 甲乙一线 C 相单相接地，甲乙一线两侧保护正确动作，重合成功，故障同时，220kV 甲乙二线微机高频闭锁保护误动跳闸，重合成功。

二、保护动作分析

事故后根据录波图发现，区外故障时由于通道上有干扰，使正方向所收闭锁信号间断，如图5-6 所示。

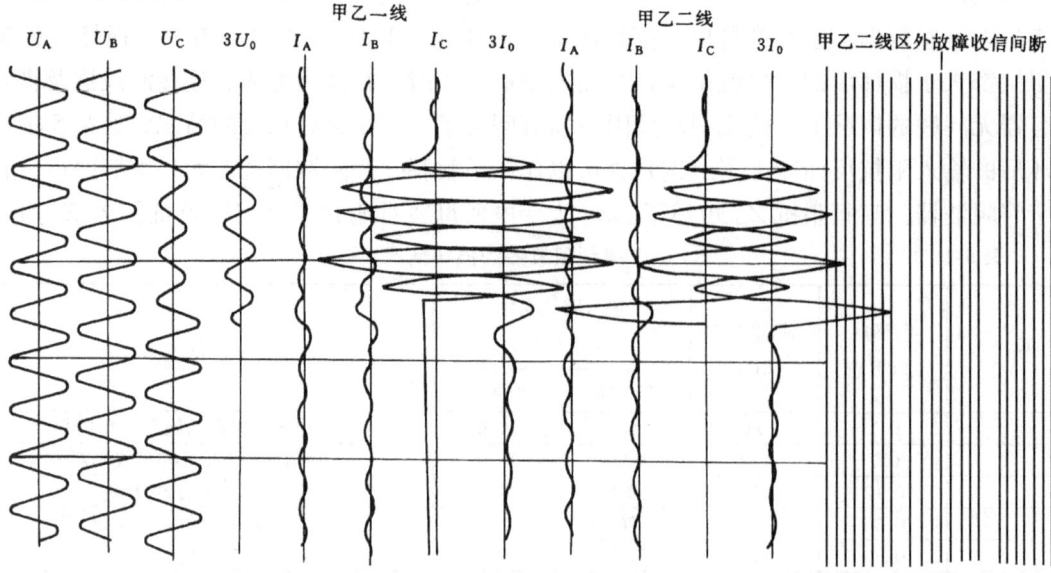

图5-6 甲乙二线区外故障录波图

每次间断均为 5ms 左右，而微机保护在收不到对侧信号 2ms 左右即出口跳闸，因此造成甲乙二线高频保护在区外故障时误动。

三、采取对策

（1）在结合滤波器与电缆之间串 0.05μF 左右、交流耐压 2000V、1min 的电容器，以防结合滤波器磁芯饱和，并要求厂家对微机保护软件进行修改，即将收不到对侧信号 2ms 即出口跳闸改为收不到对侧信号 8ms 左右才出口跳闸，以躲过小干扰造成通道间断引起高频保护误动。

（2）东北电网"反措"上规定在"其他保护停信"端和"位置信号停信"端上并联电容以延时 3~5ms，来防止干扰信号的侵入。

5 TV 多点接地，引起高频保护误动

一、事故简述

1995 年 10 月 29 日，汽车撞倒电杆，造成某 220kV 变电站 220kV 母线发生故障，母线保护因电压闭锁回路未开放而拒绝跳闸。故障开始 70ms 左右，该站 220kV 甲乙线（甲为反方向）11 型微机高频保护误动跳闸。

二、保护动作分析

根据甲乙线甲站微机保护动作打印报告及录波图可看出，甲乙线甲侧 $3I_0$ 与 $3U_0$ 之间的方向为区内故障即正方向，经检查发现 $3I_0$ 与 $3U_0$ 之间角度发生变化，是因 TV 间隙击穿所致，设计所选该 TV 放电间隙为 220V（额定电压）其工频放电电压为不小于 350V，不大于 500V，根据反措要求可计算出最大允许故障电流为 14kA，而故障时电流已达 25kA，故间隙击穿，造成保护误动。

三、防范措施及经验教训

反措对开关场二次绕组中性点经放电间隙的击穿电压峰值已有明确规定，随着电力系统的发展，很多变电站短路容量变化亦很大，一些老变电站放电间隙为前几年设计，为防止故障时 TV 放电间隙击穿，应按反措要求进行校验，不满足要求的应及时进行更换，以防类似事故的发生。

6 外部停信干扰，造成高频保护区外误动

一、事故简述

1997 年 7 月 11 日 22 时 10 分，220kV 甲乙线 A 相瞬时接地，甲乙线两侧保护正确动

作，重合成功。故障同时，220kV乙丙线丙侧高频闭锁零序保护跳单相，重合成功。

二、保护动作分析

事故时系统接线图如5-7所示。从录波图看，从故障开始，乙丙线的乙侧停信一直停200ms，检查为干扰串入收发信机的"其他保护停信"（或称母差保护停信），该停信端一旦有干扰信号进入，即被展宽200ms，即一直停发200ms闭锁信号，因此造成丙侧正方向误跳闸出口。

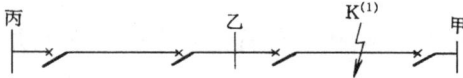

图5-7 事故时接线简图

三、防范措施

在高频保护收发信机"其他保护停信"端和"位置信号停信"端上并联电容器以延时3～5ms。躲开外部干扰造成误停信。

四、经验教训

作为生产厂家除应考虑保护的快速性，更应考虑保护的可靠性，建议厂家在生产时考虑在上述停信回路中加3～5毫秒的延时，以躲过干扰造成的保护误动。

7 通道裕量过大，造成通道有缺口误动

一、事故简述

1999年1月30日，220kV甲乙线发生单相接地故障，甲乙线保护单相跳闸，重合成功，故障同时，乙丙线丙侧方向高频保护误动跳闸。

二、保护动作分析

事故时系统接线简图可参照图5-7所示，事故后检查发现乙侧发信电平为36dB，丙侧收到电平为24dB，当模拟区外故障，乙侧高频发信间断40ms左右，见图5-8。

当内部加入12dB衰耗将裕度降为17dB以下时，发信缺口消失，即模拟区外故障，反方向可发连续波，因此，区外故障时乙丙线高频保护误动是因通道裕度过大，反方向不能发连续信号、发信有缺口造成。

三、防范措施

将乙侧发信电平降至31dB，丙侧收信电平则为19dB，将裕度调整在15dB左右，在区外故障时，通道发连续波，避免了区外故障误动情况发生。

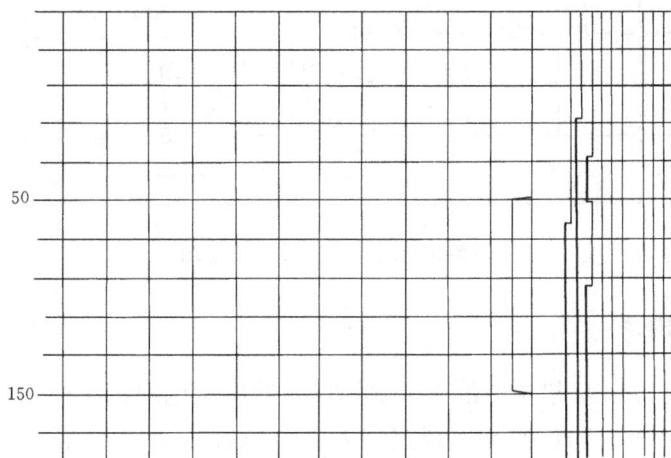

图 5-8 事故后模拟区外故障发信间断示意图

四、经验教训

继保人员在做高频通道对调时，应按规程严格执行，通道裕度应控制在 12 ~ 15dB 之间，裕度过大，可能造成通道在区外故障时出现间断，而裕度过小，则又可能区外故障收不到信号误动。总之，应吸取事故教训，严格按规定执行。

收发信机回路故障

一、事故简述

2000 年 5 月 13 日 1 时 25 分，500kV 甲乙线故障，甲乙线保护正确动作，重合不成功永跳，故障时，相隔两条 220kV 线路的丙站 220kV 线路丙丁线丙侧高频保护误动，单相跳闸后，重合成功。其一次接线图如图 5-9 所示。

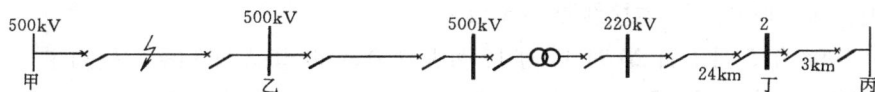

图 5-9 丙站保护区外误动一次接线示意图

二、保护动作分析

事故后检查发现，造成丙丁线丙侧误动原因是，丁侧 YBX 线路滤波器插件中电容 C_{03} 击穿，见图 5-10，因丁侧为反方向，C_{03} 击穿后，不发闭锁信号，使丙侧正方向高频保护误动。

325

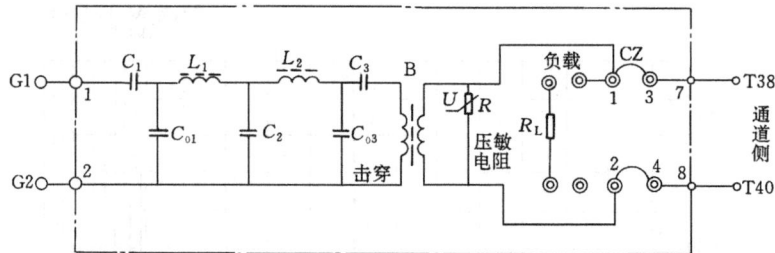

图 5-10 线滤插件接线示意图

三、防范措施

因 YBX 收发信机在反措中取消了线滤插件中的压敏电阻，使得无保护回路造成电容击穿，通道不通，为防止这种情况的发生，应提高电容 C_{03} 的工作电压，才是根本办法。

四、经验教训

在考虑反措方案时，应慎重，对于各种可能发生的情况都应考虑，以免顾此失彼，造成保护的误动或拒动。

9 高频通道设备缺陷引起误动

一、事故简述

（1）1995 年 5 月 31 日 0 时 55 分某 220kV 变电站 L67 线发生污闪，C 相瞬时故障。对侧：WBX—11C 高频闭锁、LFP—901 高频方向保护动作，C 相断路器跳闸，重合成功；本侧：WXB—11C 高频闭锁、接地距离 I 段，零序方向 I 段保护动作，LFP—901 方向高频、距离 I 段，接地距离 I 段保护动作，C 相断路器重合闸成功。

由于接地故障电流较大，地网中的工频量干扰电压侵入高频通道，使 L64 线对侧 CKF—3 + YBX—1 方向高频保护在区外故障，由于收到高频信号有缺口而误动作，C 相断路器跳闸，重合闸成功。主接线见图 5-11。

（2）1998 年 5 月 1 日 20 时 35 分 15 秒某 220kV 变电站 L53 线 C 相因雷雨大风发生连续故障，第一次故障后间隔 18s 时间又发生第二次 C 相故障，线路两侧继电保护动作正确，由于重合闸充电时间不够，第二次 C 相故障时断路器三相跳闸不重合。

由于近处故障，地网中流过接地故障电流很大，地网发热，故第二次故障时地网地电位升高较第一次故障时严重，地网中工频量侵入高频通道，对结合滤波器的高频变压器抑制作用较第一次严重，使工作频率 f_0 的发信功率下降，L56 线对侧 WXB—11 收到高频信号低于灵敏起动电平而正方向误动。主接线图见图 5-12。

（3）1997 年 8 月 15 日某 220kV 变电站内 1 号主变压器高压侧带地线合闸刀，发生三相短路接地事故，故障点在主变压器差动保护范围内，差动保护动作切除故障，同时三条

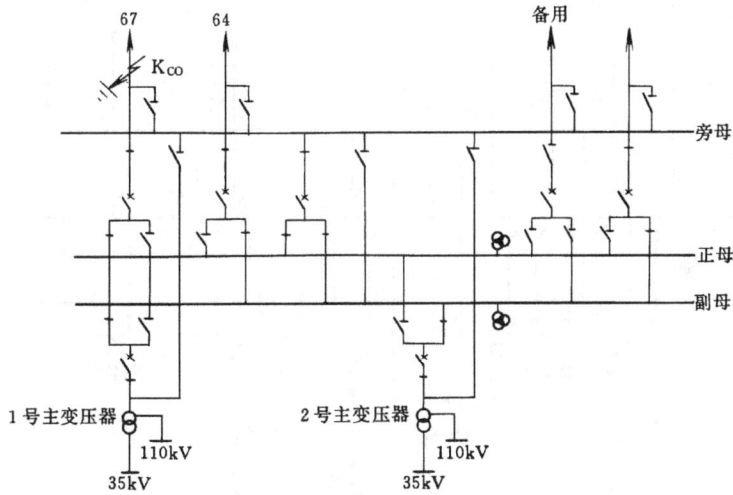

图 5-11 主接线图（一）

220kV 线路的高频保护在区外故障时误动作跳闸，其中：①L06 线的本侧 JGX—11D + GSF—6B 相差高频保护误动，跳本侧三相断路器；②L14 线的对侧 WXB—11C + GSF—6A 微机高频闭锁保护在区外故障误动作跳闸（正方向侧）；③L29 线的对侧 MDAR + GSF—6A 微机型高频闭锁保护，在区外故障误动作跳闸（正方向侧），见图 5-13。

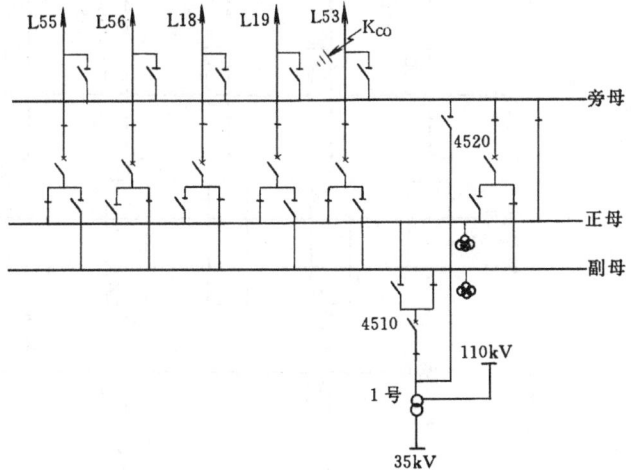

图 5-12　主接线图（二）

（4）1997 年 11 月 19 日某 220kV 变电站内一条 220kV 线路 L41 线 A 相阻波器支持绝缘子对地闪络，发生 A 相接地故障，L41 线路高频保护正确动作，快速切除故障。同时相邻的 L44 线路对侧的 WXB—11C + YBX—1 高频闭锁保护区外故障正方向误动作跳 A 相断路器，重合闸成功。主接线图见图 5-14。

二、事故原因

在此之前类似的区外故障高频保护误动作曾发生多次，事故后检查不易找到确切的误动作原因，为此在 1997 年 12 月召开高频保护原因不明误动研讨会，邀请有关生产厂家和有经验的专业人士参加充分讨论，结论有两点：

（1）高频保护逻辑回路不要单纯追求动作的快速性，以此来表示装置的高性能，这是不全面的。如 220kV 线路的高频闭锁保护装置总出口动作时间不大于 40ms 前提下，适当加大高频发信—高频停信之间的时间差，这样既满足电力系统稳定要求，同时可防止区

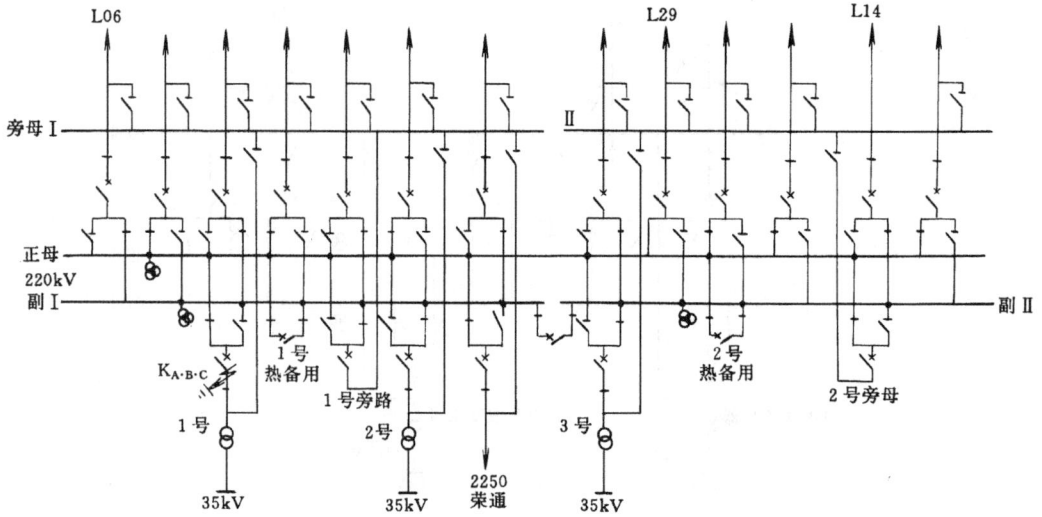

图 5-13　变电站 220kV 主接线图

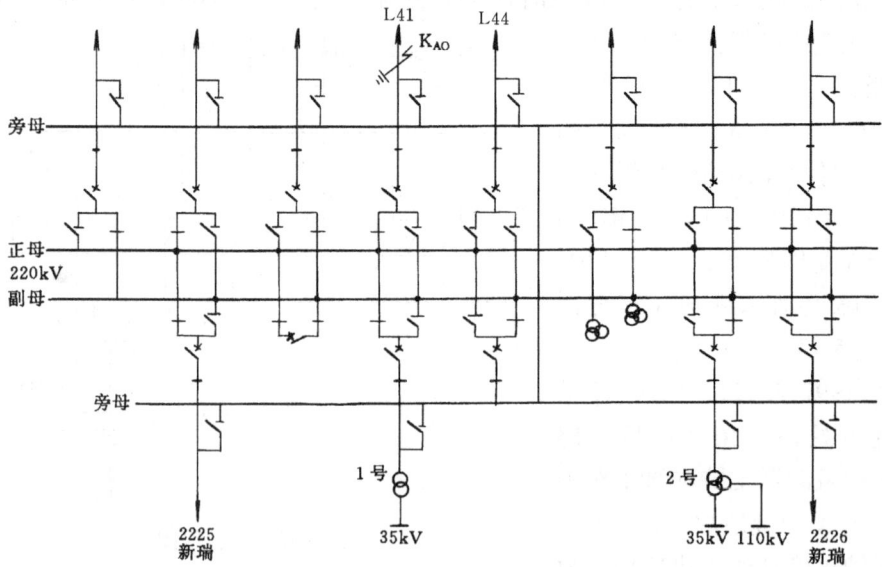

图 5-14　变电站 220kV 主接线图

外故障过早停信而误动作，提高抗干扰能力。

（2）讨论中发现近几年生产的结合滤波器在高频电缆侧的电容器 C_1 已被取消，国内其他电网也多次发生高频保护在区外故障时误动跳闸。1996 年 7 月 20 日某电网一条 220kV L1 线路 C 相雷击接地短路故障，相邻 L2 线路对侧高频闭锁保护误动作跳 C 相断路器，C 相重合闸成功。误跳闸侧的故障录波器录到高频信号录波图，图形显示该线路高频信号上有 50Hz 工频信号叠加在高频信号上，使连续的高频信号变成 100Hz 间断的高频信号，间隔时间约 5ms 左右（间隔时间长短同故障电流大小有关），高频信号的间断时间均发生在交流故障电流正、负半周峰值处，由于故障初瞬间的暂态分量偏移，第一个峰值的高频信号间断时间可达约8ms，这种不正常停信足以使高频保护误动作跳闸。

造成50Hz交流电压进入高频通道的主要原因有二：

（1）结合滤波器内高频电缆侧的电容器C_1被制造厂取消了，如图5-15所示，且一、二次共地接线，这是原因之一。高频通道信号传输的阻抗匹配很重要，阻抗匹配得好，使接收端收到尽可能大的高频信号，220kV架空线的高频特性阻抗为300~400Ω，高频电缆的高频特性阻抗为100Ω（或75Ω），220kV线路高频通道采用相地耦合方式，结合滤波器一次侧与高压侧耦合电容C_2组成一个带通滤波器。结合滤波器一次侧和二次侧所连设备的特性阻抗不相等，而高频信号双向传输的固有衰耗相等，这就是Π型四端网络的特性。这就是结合滤波器的特性。

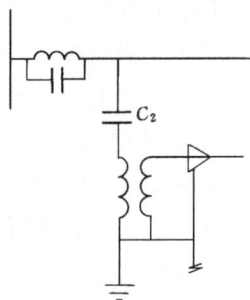

图5-15　一、二次其
他接线圈

结合滤波器和高压侧耦合电容器组成的带通滤波器是个对称的四端网络，除了起到阻抗匹配外还能阻隔50Hz工频分量进入高频通道，高压侧耦合电容器C_2用来隔离工频高电压进入高频装置，对50Hz工频量呈现极大的衰耗特性，而对高频信号衰耗极小。结合滤波器内高频电缆侧的电容器C_1，除了组成匹配的四端网络外，还用来阻隔变电站发生故障时地电位升高50Hz工频电流进入结合滤波器二次线圈，引起磁芯饱和，影响高频信号的传送。

结合滤波器原理接线图及其等效电路图如图5-16和图5-17所示。

结合滤波器的电路方程

$$\begin{cases} e_1 = i_1\left(r_1 - \mathrm{j}\dfrac{1}{\tilde{\omega} C_1} + \mathrm{j}\,\tilde{\omega} L_{11}\right) - i_2(\mathrm{j}\,\tilde{\omega} M) \\ 0 = -i_1(\mathrm{j}\,\tilde{\omega} M) + i_2\left(r_2 - \mathrm{j}\dfrac{1}{\tilde{\omega} C_2} + \mathrm{j}\,\tilde{\omega} L_{22}\right) \end{cases}$$

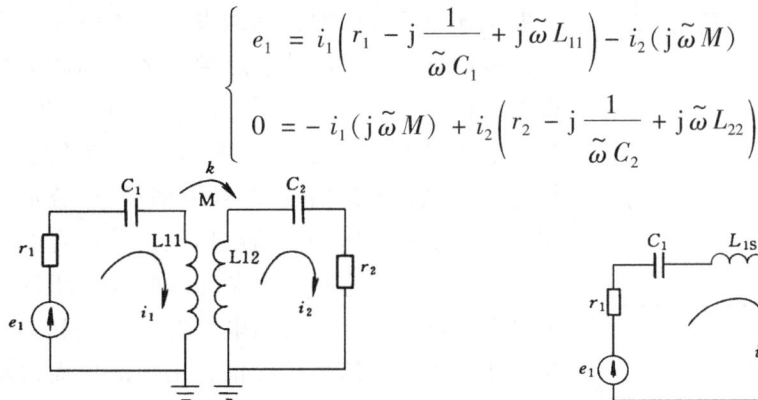

图5-16　结合滤波器原理接线图

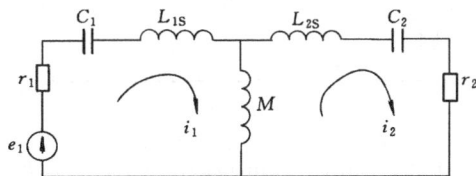

图5-17　结合滤波器的等效电路图

为了满足高压架空线路侧和高频电缆侧有相同的双向传输特性，为此要求结合滤波器是一个对称的四端网络，电路中的各元件参数是有条件限制的，不能随意取舍，对称的条件为

$$C_2\left(\frac{N_2}{N_1}\right)^2 = C_1$$

$$L_{22}\left(\frac{N_1}{N_2}\right)^2 = L_{11}$$

$$L_{2S}\left(\frac{N_1}{N_2}\right)^2 = L_{1S}$$

即必须满足

$$\frac{N_1}{N_2} = \sqrt{\frac{L_{11}}{L_{22}}} = \sqrt{\frac{L_{1S}}{L_{2S}}} = \sqrt{\frac{C_2}{C_1}}$$

近年来制造厂生产的结合滤波器将电缆侧的电容器 C_1 取消，亦即四端网络的对称条件被破坏，使高频信号双向传输特性变坏，衰耗增加，其高频电缆的屏蔽层是两端接地的，故障时变电站铁质地网中流过故障电流，地电位升高，在高频电缆二端接地之间的 50Hz 工频地电位差值很大，远大于高频收发信机发出的高频信号电压，更大于收到对侧发来的高频收信电压。由于电容器 C_1 被取消，高频电缆二端接地点间的地网电位差值可无阻隔地进入高频装置，叠加在高频发信电压和收信电压上。由于近年来电网容量扩展很快，短路容量不断加大，铁质地网的地电位升高很快，过大的 50Hz 工频电压进入高频通道，使结合滤波器中高频变压器磁芯迅速饱和，高频信号的传输衰耗增大，发信和收信电平降低，当收信电平低于灵敏启动电平时，就出现高频信号的间断，这是造成高频保护在区外故障时误动作的根本原因。50Hz 工频电网电压进入高频通道如图 5-18 所示。

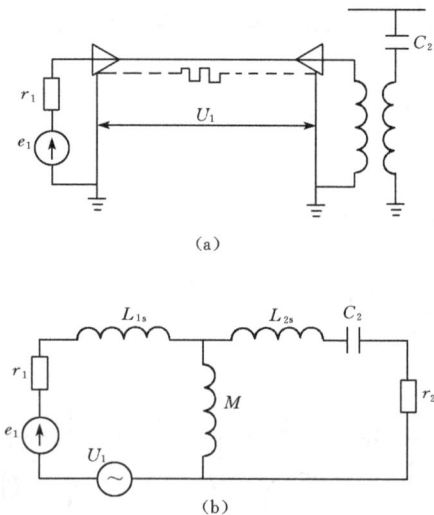

图 5-18　50Hz 工频电网电压进入高频通道
(a) 原理图；(b) 等效电路图

（2）我国发电厂、变电站的接地网均为铁质材料，导电率差，经过多年运行后铁质地网锈蚀严重，加上电网扩容很快，短路容量急剧增大，由于故障时地网中电位梯度斜率增加很多，尤其是发生连续性故障时，地网发热，地电位升高严重，致使高频电缆屏蔽层二端接地点间的电位差很大，在高频电缆屏蔽层上流过 50Hz 工频电流，产生电压降 U_1，这是直接进入高频通道的差模干扰电压（结合滤波器的 C_1 被取消了），叠加在有用的高频发信电压和收信电压上，使结合滤波器中的高频变压器饱和，抑制高频收发信机的发信电平和收信电平。当收信电平低于灵敏起动电平时，相当于高频信号被停信，出现缺口而误动作跳闸。表 5-2 中 10 次高频保护区外故障误动作均为线路单侧跳闸，且高频闭锁距离、零序保护均为正方向停信侧误动跳闸（故障变电站的线路对侧），由于故障变电站的故障电流大，地电位升高严重，发出去的高频信号容易被抑制，使正方向侧收到的高频闭锁信号小于灵敏起动电平而误动跳闸；相差高频区外故障误动大多发生在故障变电站本侧，正常情况下区外故障时，高频相差收到线路二侧经 50Hz 交流信号调制的高频方波是填满的，不会误动跳闸，如图 5-19 所示（a）。由于发生故障的变电站较线路对侧变电站地电位升高严重（地网中流过的故障电流大），高频电缆屏蔽层二端的地网电位差值大，对高频信号抑制严重，尤其对高频收信信号方波抑制更明显，当收信信号小于灵敏起动电平 U_D 时，本应区外故障收到连续高频信号变成有缺口的间断方波信号而误动作跳闸，但相差高频保护在区外故障误动作比高频闭锁保护概率小。高频相差动作条件有三个：

表 5-2 区外故障高频保护单侧误动跳闸表

序号	故障时间	故障及保护动作情况	误动作装置及通道	汇流排
1	1995 年 3 月 8 日 11 时 25 分	220kV L1 线路 C 相故障，本侧相邻的 L2 线路相差高频保护误动作跳闸，L2 线对侧高频闭锁保护误动跳闸	JGX—11D + GSF—6B B 相通道 JGB—11D + BSF—1 A 相通道	无 无
2	1994 年 4 月 23 日	220kV L1 线 B 相故障，相邻 L2 线路本侧相差高频误动作跳闸	JGX—11D + YBX—1 A 相通道	无
3	1995 年 5 月 31 日 0 时 55 分	220kV L1 线 C 相瞬时故障，高频保护动作跳闸，本站相邻 L2 线路对侧高频方向误动作跳闸	CKF—3 + YBX—1	无
4	1997 年 5 月 12 日	220kV L1 线路 C 相电缆头闪络接地故障，相邻 L2 线路对侧高频闭锁保护误动跳闸	JGB—11D + YBX—1 A 相通道	无
5	1997 年 8 月 15 日	主变压器 220kV 三相短路接地故障，差动保护动作跳闸，三条 220kV 线路高频误动跳闸 L1 线本侧相差高频保护误动跳闸 L2 线对侧微机高频闭锁误动跳闸 L3 线对侧微机高频闭锁误动跳闸	 JGX—11D + GSF—6B B 相通道 MDAR + GSF—6A A 相通道 WXB—11C + GSB—6A A 相通道	 无 无 有
6	1997 年 11 月 19 日 21 时 09 分	220kV L1 线 A 相阻波器支持瓷瓶闪络接地故障，相邻线 L2 对侧高频闭锁保护误动跳闸	WXB—11C + YBX—1 A 相通道	有
7	1998 年 5 月 1 日 20 时 35 分	220kV L1 线 C 相连续二次故障间隔时间 18s，相邻 L2 线在第二次故障时对侧高频闭锁保护误动作跳闸	WXB—11	无

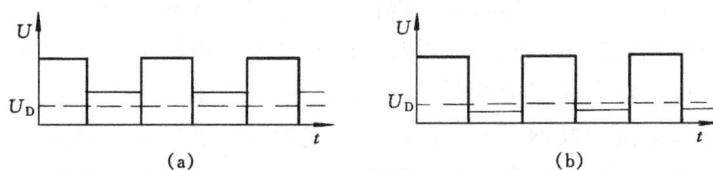

图 5-19 区外故障相差高频方波示意图

（a）区外故障正常方波信号；（b）被抑制的高频方波图

（1）闭锁角 60°，即高频信号间断时间≥3.3ms。

（2）二次比相出口，连续二次工频比相出口都成功，即每个周波内有一个 3.3ms 缺口，每个周波中只取发信机停信的半个周波进行一次比相。连续收到两个不小于 3.3ms 缺口才允许起动跳闸回路，见图 5-20 所示。

（3）负序电流 I_2 高定值闭锁，主要是防止装置内元件损坏可能引起的误动作，同时

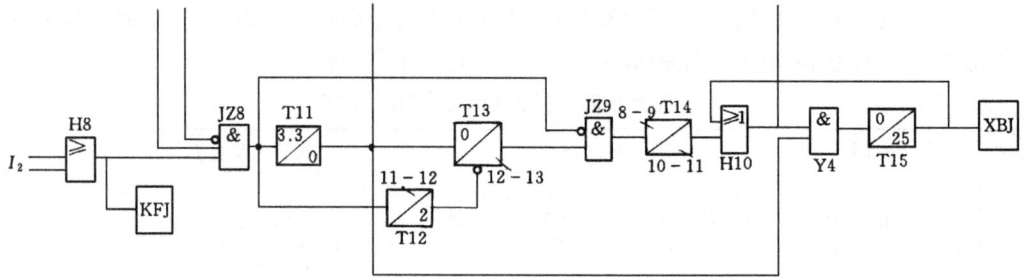

图 5-20 比相回路框图

也有缩小区外故障起动比相的范围。

同时满足上述三个条件,高频相差保护在区外故障误动作跳闸的概率较小。表 5-2 中 8 次误动作相差高频只有三次。

三、事故对策

(1)将结合滤波器加电缆侧串电容器 C_1 或更换新型的 JL—400—B8Z 作为反措项目,已调换 216 台结合滤波器,100%完成,反措执行后该地区至今未发生过高频保护在区外故障时误动作跳闸,效果明显。

(2)另一个问题是变电站铁质地网威胁现代化超高压大电网的安全运行,已引起有关方面重视。改革开放以来电力系统发展迅速,短路容量不断扩大,自动化水平迅猛发展,大机组、超高压现代化大电网运行管理对自动化设备的依赖越来越强,信息量传递越来越大,电网的控制、继电保护、远动通信、自动化设备已走向微机化,网络化,这些微电子设备对地电网"0"电位的恒定不漂移要求很高。

变电站铁质地网经多年运行锈蚀严重,近年来电网发生事故时,铁质地网地电位升高严重,多次发生二次设备被地网侵入的高电压打坏,继电保护等装置多次发生误动作跳闸事故,新近兴起的光纤通道基群也曾被地电网高电压打坏,使通信、远动、自动化设备的信息中断、延误处理事故时间,为此改造变电站铁质电网已到了不可忽视的时刻,实践证明铁质地网已不适应大机组、超高压、现代化大电网发展的需要。

铁质地网在建国初期是正确的,当时电网容量小,短路水平低,装备的继电保护、远动通信、自动化设备均为动作速度较慢的电磁型强电设备,抗干扰能力强,但这些设备早已不适应现代化大电网的发展要求,已更新换代为微电子设备。因此对地网地电位恒定要求很高,铁质地网已不适应要求。有关部门应提高地电网的设计标准,保证大电网的安全稳定运行。

四、事故教训

(1)以往继电保护装置动作不正确,总是在继电保护装置及其二次回路中去找原因做反措,没有从根本上去解决,例如铁质地网对继电保护和自动化设备的影响越来越明显,几十年来从未去改变,随着变电站短路容量的增大,发电厂、变电站的断路器、隔离开关等可更换,线路可以放粗,就是对接地网的材质设计标准没有变,现在已进入高新技术的微电子时代，铁质地网必需更改。

（2）高频通道中使用的结合滤波器，是经过许多专家的研究改进的成熟产品。不知什么时候，经何种许可手续随意把 C_1 电容器取消，造成近几年全国范围内许多高压线路的高频保护误动作跳闸事故，损失很大。

19 高频保护接线错误而拒动

一、事故简述

1995 年 9 月 10 日 14 时 54 分，Z 省某 220kV 变电站 L39 线架空地线断线掉下，造成 C 相瞬时故障。

甲侧：LFP—901A 方向高频保护动作，C 相断路器跳闸，重合成功。YBX—1 + CKF—1 高频距离保护拒动。

乙侧：LFP—901A 方向高频保护、CKF—1 接地距离 I 段保护动作，C 相断路器跳闸，重合成功。YBX—1 + CKF—1 高频距离保护拒动。

二、原因分析

事故后检查发现，实际接线是误将或门 H2—1 "停信" 引出线误接入 YBX—1 高频收发信机停信回路，如图 5-21 中粗线所示。当本线 CKJ—1 保护装置同本线高频收发信机 YBX—1 配对使用时，此停信回路应停用，因这条停信回路没有经 t_5 的 10ms 延时，测量元件动作后立即使 YBX—1 停信，CKJ—1 逻辑回路中 Y2—4 与门不能自保持，造成 Y6—3 长发信而线路二侧高频闭锁保护拒动。

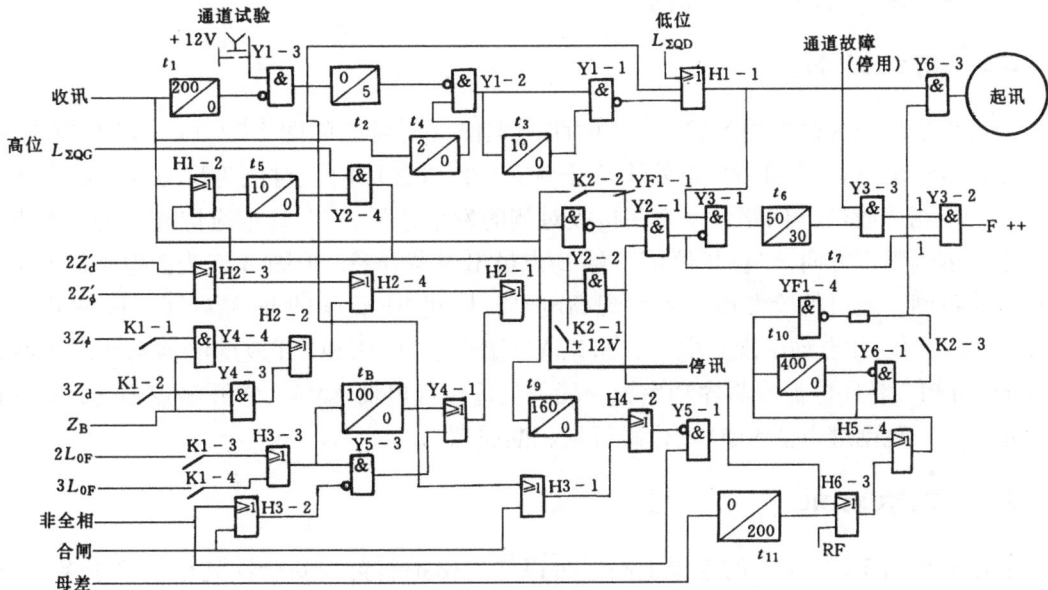

图 5-21　方向比较逻辑

三、对策

（1）既已明确高频闭锁逻辑回路设在继电保护装置内部，不用 YBX—1 收发信机内部的高频闭锁逻辑回路。YBX—1 只管高频发信和高频停信，控制发信、收信和停信的逻辑回路设在继电保护装置内部。

（2）拆除 CKJ—1 高频闭锁逻辑中 H2—1 去 YBX—1 收发信机"停信"的外部接线，联动试验正确后投入运行。

四、事故教训

（1）又一次证明双重化配置二套不同原理快速保护装置是必要的，在故障时有互补功能，不会出现同样的差错而一起误动或拒动。

（2）不同制造厂生产的继电保护装置配对使用时，使用说明书应详细，避免用户错误理解而配合使用不正常。

（3）高频保护是线路二侧配合使用的保护装置，联动试验项目、试验方法、试验条件要考虑全面、正确。

高频闭锁式纵联保护误动作跳闸

一、事故简述

1989 年 6 月 29 日，某水力发电厂一条 220kV 线路，使用 PXH-107/AJ 型高频闭锁距离、零序电流方向纵联保护装置。在区外发生 C 相接地短路时，误动作跳闸三相断路器，其出口跳闸回路如图 5-22（a）所示。

二、事故分析

经过现场调查，根据图 5-22（b）的跳闸框图，所对应的图 5-22（c）跳闸逻辑图，图中在正常情况下，V1 和 V6 均处于截止状态。区外故障时，对侧为反方向，故发出连续信号。本侧"收信"回路，一直在接收对侧的发信信号，V1 管本应饱和导通，A 点为低电平。本侧为正方向，"保护停信"端 B 点虽出现高电平，但因 A 点为低电平故不会引起误动作跳闸。通过检验发现 A 点出现高电平，检测 V1 管子的 be 结断了，bc 结电阻为 4kΩ。因此，A、B 点均出现高电平，所以 V6 管子导通，KMO 开放继电器动作。由图 5-22（a）可知，零序电流及零序功率方向元件的停信继电器 KMS。常开触点闭合，KS0 信号表示、出口跳闸继电器 KCO 动作跳开三相断路器。

三、采取对策

通过分析图 5-22（c）的逻辑电路，可以知道保护装置的安全性完全依赖于 V1 管子是否处于良好状态，来保证保护装置动作的正确性，这是不够的，也是不合理的。因为这

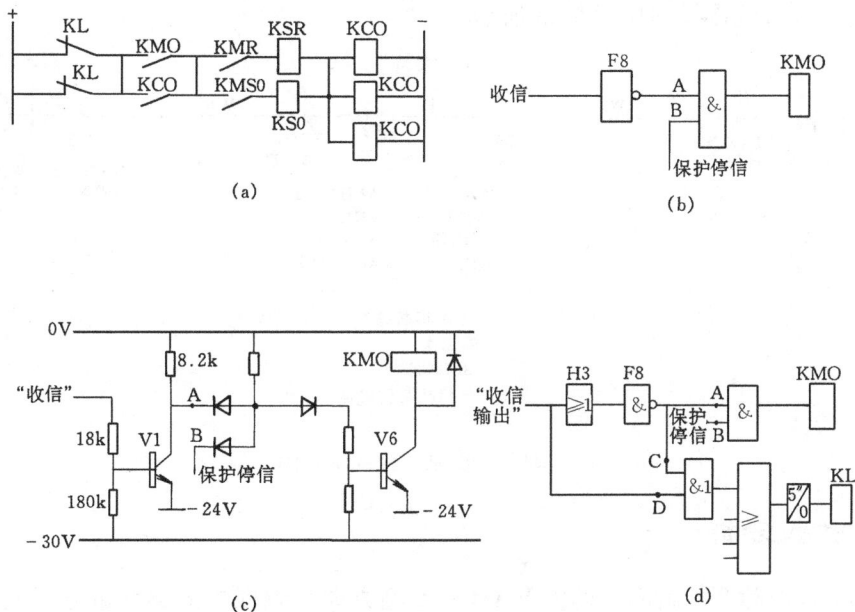

图 5-22 高频闭锁式纵联保护区外故障误动跳闸有关回路图
(a) 出口跳闸回路；(b) 收信闭锁及允许开放跳闸框图；(c) 收信闭锁及
允许开放跳闸逻辑图；(d) 改进后的收信闭锁、告警及允许开放跳闸框图

样重要的电路，应有监视、闭锁的措施。为此，对图 5-22（c）电路进行改进，在原电路中增加一闭锁环节，如图 5-22（d）所示。图中在正常时，C 和 D 点电平相反，与门 Y1没有输出，故闭锁继电器 KL 不会动作。如果"收信"输出到 KMO 的起动回路中间电路有问题，C 点电平变高，在检验通道时与门 Y1 有输出，启动 KL 继电器，发出告警信号，同时也闭锁出口回路。

四、经验教训

（1）出现这次误动作的原因，主要是设计者，对电路考虑不够周密。

（2）如果现场调试人员有较多的运行经验，能够提出这一不足的电路，并进行改进的话，也可避免这次误动作。

12 装置插件接触不良，造成高频保护拒动、误动

一、事故简述

1996 年 9 月 18 日 13 时 37 分，某电网 220kV W1 线 A 相接地故障，丙侧 QF1 高频零序方向保护动作，A 相跳闸，单相重合闸动作成功。乙侧 QF2 两套微机保护（WXH—11、15）距离 I 段、零序 I 段和高频负序方向保护动作断路器三相跳闸。甲电厂的 W2 线 QF3断路器方向高频保护动作，A 相跳闸，单相重合闸动作成功。从微机保护打印输出可知动

作情况，其一次系统接线图见图 5-23 所示。

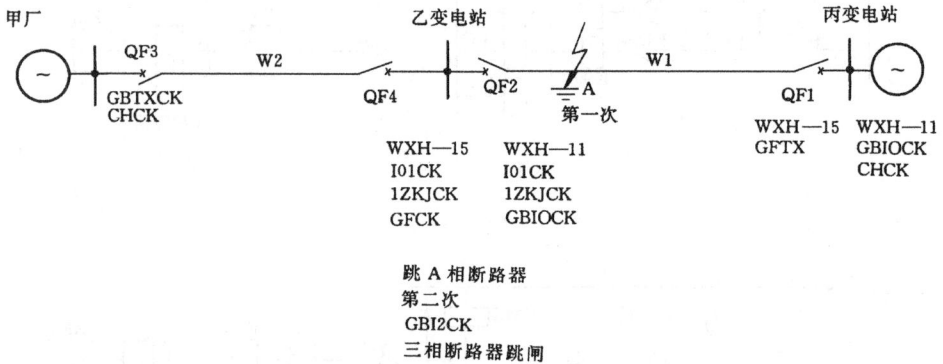

图 5-23　一次系统接线示意图

二、事故分析

（1）W1 线故障开始瞬间，两侧 WXH—15 型方向高频保护的突变量方向元件判断为区内故障，但未出口，其原因是丙侧保护用收发信机 10 号插件接触不良，造成不能停信。

（2）由于 W1 线方向高频保护的突变量方向元件拒动，开放了负序方向元件，且由于故障时具备了下列条件，导致负序方向元件误动，乙侧 QF2 断路器三相跳闸：

1）QF2 断路器 A 相分闸时间过长，约 80ms（技术参数为 30ms）。

2）W1 线丙侧方向高频采用断路器位置单跳停信，在 QF1 A 相跳后即停信。

3）在其他保护（I_{01}、1KZK）动作发单跳令后，CPU1 能感受到单跳开入变位，但未使方向高频保护进入单跳后状态，未将负序方向元件闭锁。

4）W1 线乙变电站 QF2 断路器 A 相跳开后，约经 3 个周波 A 相电压由故障时的 23.76kV 上升至 80.34kV。

5）丙变电站侧 QF1 A 相跳开后，DL 位置停信，将收发信机停信。

（3）W2 线甲侧方向高频保护误动的原因，是乙变侧保护用收发信机高频电缆屏蔽层未接地，而 SF—500 型收发信机抗干扰能力较差，故障时发信受干扰出现缺口导致甲厂侧方向高频保护误动。

同时发现收发信机启信光耦回路的限时电阻值为 59kΩ 偏大（技术数据要求 56kΩ），使启信回路灵敏度降低。

三、采取措施

（1）处理所有保护用收发信机的高频电缆，使其屏蔽层两侧可靠接地。

（2）要求供电局检查并处理乙变电站 QF2 断路器 A 相分闸时间过长的问题。

（3）请厂家对 CPU1 程序中单跳开入不能闭锁负序方向元件的问题，采取相应措施处理。

（4）为躲开因通道干扰造成的发信缺口，CPU1 拟采用 5.1 版本的程序。要求厂家对 5.1 版本程序做动模试验，确证能可靠躲开发信缺口，以便更换芯片。

（5）召开有关专家参加的会议，商讨方向高频保护的位置停信是否由单相位置停信改为三相位置停信。

（6）更换 QF4 收发信机启信回路电阻为 56kΩ。

四、经验教训

（1）新型保护（包括换版本的微机保护）应做动模试验，考验该保护性能。

（2）收发信机高频电缆屏蔽层要严格执行"反措"要求接地。

13 高频电缆屏蔽层单端接地而误动

一、事故简述

1994 年 3 月 23 日 17 时 15 分，W2 线发生 AC 两相接地故障，W2 线两侧保护动作跳开 2QF1 和 2QF2 三相断路器，同时，W1 线两侧断路器 1QF1 和 1QF2、W3 线两侧断路器 3QF1 和 3QF2，W5 线两侧断路器 5QF1 和 5QF2、甲厂 3 号机变组 QF3 断路器保护均动作跳闸。

一次系统接线运行简图见图 5-24 所示。

二、事故分析

（1）保护动作情况。

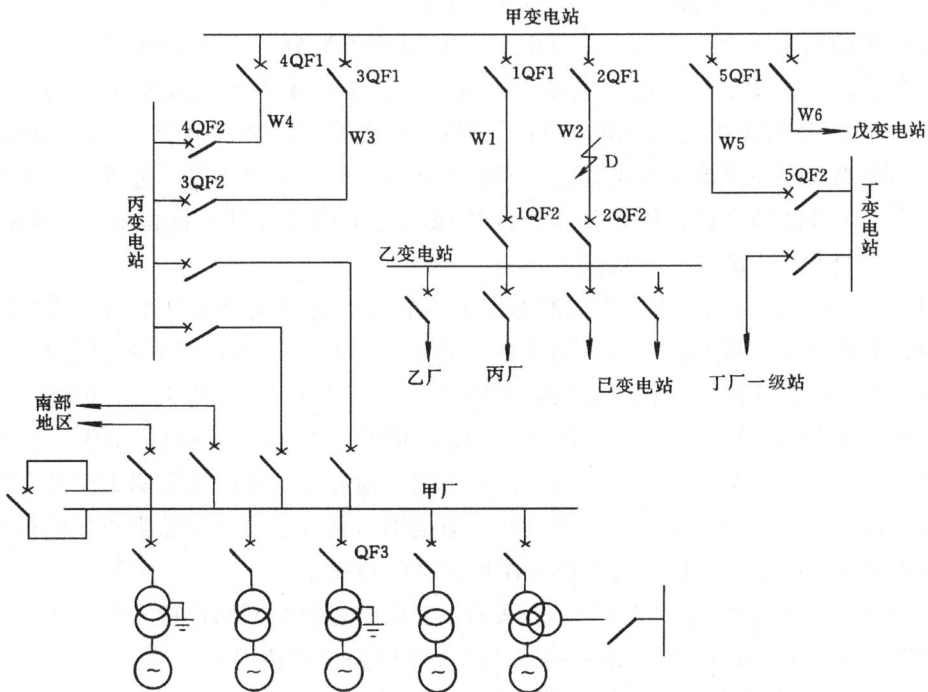

图 5-24　一次系统运行简图

1）W2 线：

甲变电站侧：Z_1、I_{01}，相差高频，高闭通道异常，三跳；

乙变电站侧：Z_1，相差高频，三跳。

2）W1 线：

甲变电站侧：相差高频，三跳；

乙变电站侧：相差高频，三跳。

3）W3 线：

甲变电站侧：相差高频，三跳；

丙变电站侧：相差高频，三跳。

4）W5 线：

甲变电站侧：高频闭锁距离，通道异常，三跳；

丁变电站侧：高频闭锁距离、零序，相差高频，三跳。

5）甲电厂 3 号机变组：

3 号机负序反时限过流保护误动。

6）W4 线：

甲变电站侧：相差高频启动灯亮。

丙变电站侧：相差高频启动灯亮。

7）W6 线：

甲变电站侧：相差高频启动，比相灯亮未出口。

戊变电站侧：相差高频启动，比相灯亮未出口。

（2）事故后由中调、中试、某供电局、省局 500kV 处，送变电公司及厂家代表组成联合调查组，对甲变电站、乙变电站、丙变电站、丁变电站、戊变电站等的 6 条 220kV 线路 12 个断路器的保护共 39 面屏进行了严格的现场检查，特别是误动的几套相差高频和高频闭锁距离，零序保护为检查重点，不但严格的考核了装置本身，还进行了两侧联调及模拟区内、区外故障考核，模拟闭锁角在边缘状态下的可靠性，拉合隔离刀闸的干扰试验，直流电源下降等试验，发现以下问题。

1）甲、丙、乙、戊、丁变电站静态保护用的高频电缆及交流电缆的屏蔽层均未按要求接地，干扰严重，其干扰电压可达几百伏乃至上千伏，造成装置元器件损坏，如：W4 线高频收发信机电源损坏，W3 线高频闭锁收发信机 9 号插件 V_{10} 管击穿，丙变电站侧则出现相差高频保护的 7 号、8 号插件中多只三极管损坏，造成闭锁回路拒动等。为了验证曾在甲变电站、丙变电站、丁变电站均进行屏蔽层接地和不接地时的隔离刀闸拉合试验，不接地时，每次拉合刀闸收发信机都能启动，但接地后再重复上述试验则收发信机就不再启动，由此可证屏蔽层不接地是这次高频保护误动的原因之一。

2）W3 线甲变电站侧断路器经检查发现 A、C 两相跳闸回路错位，模拟 A 相故障跳 C 相断路器，模拟 C 相故障跳 A 相断路器，系控制回路接线错误所致。

3）装置本身技术指标不能满足要求，如闭锁角调整电阻值配置不当，不能调到要求值，影响其可靠性。

4）W3 线丙变电站侧相差高频入口有 22dB 的调幅干扰波，其分段测试为：124KHZ 为 +4dB；430KHZ 为 +7.5dB；318～334KHZ 为 −2dB，这些强干扰波对收发信机构成一定的威胁。

5）W2 线距离保护灵敏角两侧误差过大，（一侧为 85°，一侧为 75°）引起严重超越 AB 相 25%，BC、CA 各为 33%。

6）收发信机 SF-500 型使用的早期逆变电源，在直流电压降低（140V 以下）或消失后无输出，但直流电压恢复到 200V 以上时，它仍不能自动恢复供电等问题均列于表5-3。

表 5-3　　　　　　　　　　　　　　　　SF-500 收发信机查出问题表

变电站	线路名	保护名	存在问题（复测查到）
甲变电站	W1 线	高闭	5 号插件 S_8 全开，f_0 输出方波
		相差	收对侧 26dB，7 号插件 $S_1～S_8$ 全退 8 号插件输出波形严重切割
	W2 线	高闭	5 号插件 S_8 全开，f_0 严重失锁
		相差	故障时电源消失，查 220V 直流电源降低 140V 时电源消失，但回升到 210V 时电源仍不能恢复
	W3 线	高闭	无　问　题
		相差	电源不正常，引起收发信机波形异常，收信灵敏度 −9dB
	W4 线	高闭	收信 23dB，7 号插件 $S_1～S_8$ 全退，8 号插件波形切割严重
		相差	无　问　题
	W5 线	高闭	电源 +48V 启动时降为 40V，引起收发信机波形异常，7 号插件 $S_1～S_8$ 全退，引起信号反射，收信输出异常
		相差	7 号插件 $S_1～S_8$ 全退，中放波形切割，电源异常闪动
	W6 线	高闭	无　问　题
		相差	收对侧 26dB，中放波形切割
乙变电站	W1 线	高闭	无　问　题
		相差	电源出现过消失
	W2 线	高闭	原 f_c 频率不对，收不到对侧信号
		相差	无　问　题
丙变电站	W3 线	高闭	差拍大，改频率为 397.75kHz
		相差	7 号、8 号、9 号插件严重失调，收不到对侧信号，4 号插件激励过强，应另调
	W4 线	高闭	无　问　题
		相差	收对侧 26dB、7 号插件 $S_1～S_8$ 全退，其余正常
丁变电站	W5 线	高闭	电源异常，引起收发信机波形异常
		相差	收对侧 28dB，7 号插件 $S_1～S_8$ 全退，造成操作方波比 7/13
戊变电站	W6 线	高闭	无　问　题
		相差	收对侧 28dB，7 号插件 $S_1～S_8$ 全退，其余正常

7）还有不少虚焊之处已当场重焊消除，二次回路接线错误如甲变电站中 ZJC—31$_X$ 距离保护装置中 3KS 长时启动不复归系屏内配线接错引起，也已更正。

（3）此次 W2 线故障、W1 线、W3 线、W5 线六个开关保护误动原因为：

1）高频电缆屏蔽层没有接地，因此高干扰引起高频收发信机误动。

2）收发信机装置本身闭锁回路存在问题不起闭锁作用，输出波形被严重切碎。

3）装置存在虚焊，内部接线错误，管子击穿等。

4）收发信机逆变电源特性差，直流电压瞬间降低或失压后又正常时不能自动恢复供电。

5）个别保护定值设置错误或误差过大，造成距离保护严重超越。

（4）甲发电厂3号机负序过流保护误动系保护回路中一个时间元件小密封中间继电器触点击穿引起。

三、采取措施

（1）所有带屏蔽层的二次电缆其屏蔽层在两端均应可靠接地。

（2）装置内部存在问题均在检查时立即消除，损坏的管子立即更换。

（3）闭锁回路不起作用的问题，进行重调，保证可靠闭锁。

（4）收发信机波形严重切割破碎进行现场处理确保波形完整合乎要求。

（5）全部六条220kV线路，24台高频收发信机用逆变电源特性不理想（为初期产品），一律更换为新型逆变电源。确保直流恢复正常时能自动恢复供电。

（6）定值设置不对的立即改正，误差大的重调，确保超越不大于5%。

（7）立即更换高质量的小密封中间继电器，并经加强绝缘处理。

四、经验教训

（1）新设备投产不足一年，经检查存在如此多的问题，对基建投产前的验收试验质量及其办法值得人们深思。

（2）对带有屏蔽层的二次电缆，屏蔽层两端一定要可靠接地，省局500kV处在基建施工过程中曾专门组织有关专业人员进行过讨论，但在现场并未认真执行。

（3）红都生产的小密封中间继电器触点绝缘击穿已在本网中多次发生，仍未引起大家重视，望能采取积极措施。

1）另寻高耐压防潮耐热型小密封中间继电器代之。

2）对其底座进行高绝缘漆重刷处理，以加强绝缘性能。

（4）这次事故借现场调查之机，对未曾误动的同型保护也进行了彻底检查，并查出了不少问题，为系统消除了可能存在的隐患。

第 六 章
安 全 自 动 装 置

220kV 振荡解列装置误动

一、情况简述

1993 年 6 月 20 日，某变电站引出的一条 66kV 线路末端，发生 AB 相转三相（因铝箔纸被风刮到导线上引起）短路故障。某火电厂侧 220kV 双回线的 ZZD—1 型振荡解列装置，在 66kV 线路故障 660ms 后，发生误动作，切除两台 200MW 机组，其一次系统接线如图 6-1 所示。从故障录波器的波形图上看，当时系统并未发生振荡。为了说明这次振荡解列误动的原因，下面先简单介绍一下振荡解列的基本原理。

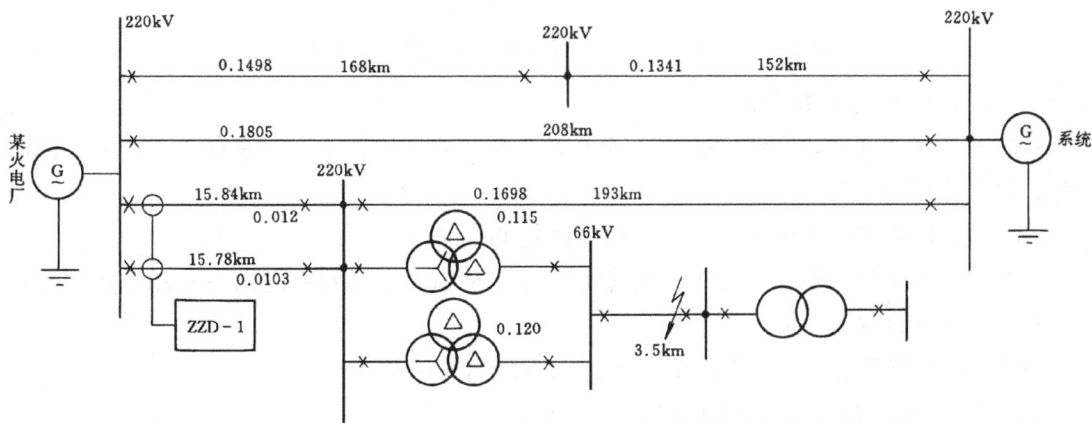

图 6-1　一条 66kV 线路故障时引起 220kV 线路振荡解列误动的一次系统接线图

ZZD—1 型振荡解列装置采用阻抗原理，由接于同名相相电压和相电流的三个阻抗继电器组成。其中两个为直线特性，与线路阻抗平行；另一个在整定时可以上下移动的圆阻抗特性，其动作轨迹如图 6-2 所示。

当系统正常运行时，装置的测量阻抗在圆外，系统发生非同期振荡时，安装在送电侧的装置，其测量阻抗轨迹依次穿过Ⅰ、Ⅱ和Ⅲ区；安装在受电侧的装置，其感受阻抗轨迹将依次穿过Ⅲ、Ⅱ和Ⅰ区。而系统发生其他故障时，装置的测量轨迹将不会依次穿过这三个区。

根据这三个阻抗继电器的动作特点，拟制了直流逻辑回路图，如图 6-3 所示。图中主

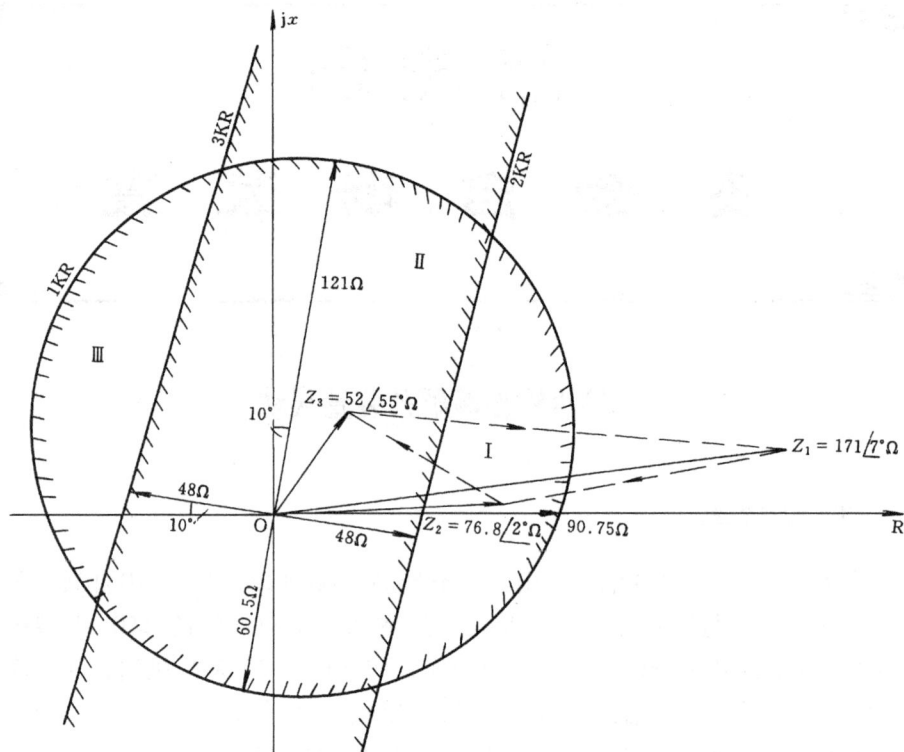

图 6-2 220kV 双回线和流振荡解列装置动作轨迹图

要继电器的作用和动作条件如下：

1KD——送电侧起动元件，振荡轨迹由正 R 轴一侧开始，从右向左移动，进入Ⅰ区时动作，进入Ⅲ区时复归；

2KD——送电侧反映振荡的元件，由Ⅰ区越Ⅱ区时动作；

1KL——负荷受电侧起动元件，振荡轨迹由负 R 轴一侧开始从左向右移动，进入Ⅲ区时动作，进入Ⅰ区时复归；

2KL——负荷受电侧反映振荡的元件，由Ⅲ区越Ⅱ区时动作；

1KOF——振荡时机组升速的装置出口继电器；

2KOF——振荡时机组减速的装置出口继电器。

正常运行时，处于送电侧装置的 1KR 及 2KR 不动作，而 3KR 动作；处于受电侧装置的 1KR 及 3KR 不动作，而 2KR 动作，其他直流继电器都不动作。

在系统振荡的首半周期，处于送电侧的装置按图 6-2 的轨迹由右向左移动，进入Ⅰ区时 1KR 动作，此时 2KR 不动，经其常闭触点使 1KD 起动，1KD 通过已动作的 3KR 自保持。当振荡轨迹进入Ⅱ区，2KR 动作，通过已动作自保持的 1KD 常开触点使 2KD 动作并自保持。如果端子 30 号与 31 号相连，则待振荡轨迹进入Ⅲ区，3KR 复归，使 1KD 复归时 1KOF 才动作发出执行命令，如图 6-3 所示。

处于受电侧的装置，其振荡轨迹先进入Ⅲ区时，1KR 动作，3KR 不动 1KL 起动。进入Ⅱ区时，3KR 动作，2KL 动作。进入Ⅰ区时，2KR 复归，1KL 复归，2KOF 可以在不同端子的连接方式下，于进入Ⅱ区或Ⅰ区时发出执行命令。

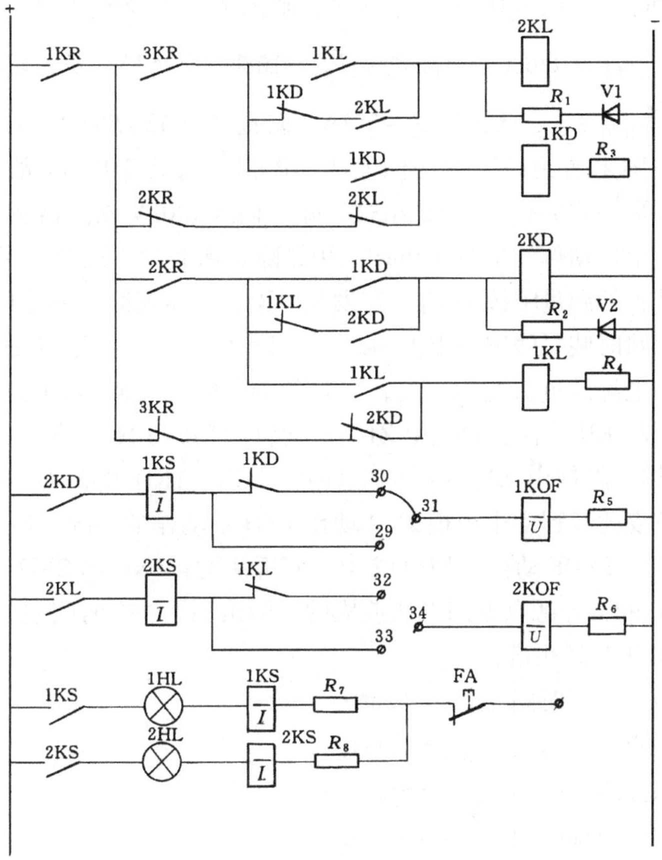

图 6-3　振荡解列装置直流逻辑回路接线图

当线路发生故障时，故障轨迹落在Ⅱ区，1KR、2KR 和 3KR 同时动作。由于 2KR 和 3KR 的常闭触点比常开触点的动作快，所有直流继电器不起动。若故障电阻大，轨迹落在Ⅰ区，则只有 1KD 动作，其他继电器不会动作。

在失压时，三个阻抗继电器可能同时动作，与线路发生故障一样，装置不会误动作。但当发出失压警报时，装置应立即停用，并处理之。

本装置用于某火电厂 220kV 双回线路的送电侧，阻抗继电器均取用双回线路的 A 相和电流及 A 相电压。装置感受到的负荷阻抗，在运行初始点Ⅰ象限的 Z1 点附近，此时，3KR 动作，1KR 和 2KR 不动作。当系统发生失步振荡时，装置的视在阻抗先进入Ⅰ区，1KR 和 1KD 动作。其动作过程如前所述。

二、情况分析

根据微机就地判别式自动装置的故障打印报告，从中可见，系统故障前，

$\dot{U}_a = 132.23\text{kV}$，$\dot{I}_a = 772\underline{/-7°}\text{A}$（以下电流均为和电流），阻抗 $Z_1 = 171\underline{/7°}\Omega$。AB 相故障时 $\dot{U}_a = 127.56\text{kV}$，$\dot{I}_a = 1659.7\underline{/-2°}\text{A}$，阻抗 $Z_2 = 76.86\underline{/2°}\Omega$。三相短路时，按照系统参数计算，$\dot{U}_a = 108.89\text{kV}$，故障电流 $\dot{I}_k = 1680\underline{/-75°}\text{A}$，负荷电流 $\dot{I}_L = 772\underline{/-7°}\text{A}$，A 相电流 $\dot{I}_a = \dot{I}_L + \dot{I}_k = 2095.25\underline{/-55°}\text{A}$，阻抗 $Z_3 = 52\underline{/55°}\Omega$。

从故障录波图上看到：当低压侧发生 AB 相故障后 380ms，故障发展为三相短路，560ms 后故障切除，660ms 后两台机组被切除。根据 220kV 断路器及有关继电器动作时间推算，振解装置出口动作发生在 560ms 三相故障切除时刻。通过对录波结果的计算得出，故障发生前，装置的测量阻抗为 Z_1；在发生 AB 相故障期间，装置的测量阻抗为 Z_2；故障发展为三相短路时装置的测量阻抗为 Z_3。故障切除后，由于跳开的为一条 66kV 低压线路，当时电网的电源及负荷变化不大，装置的测量阻抗又回到 Z1 点，如图 6-2 所示。阻抗在 Z1 点时，仅 3KR 动作；阻抗由 Z1→Z2 点时 1KR 和 1KD 动作；阻抗由 Z2→Z3 点时 2KR 和 2KD 动作；阻抗由 Z3→Z1 点时 1KR、2KR、1KD 和 2KD 均返回。在故障期间，装置的测量阻抗变化过程中未出现 2KD 动作 1KD 不动作的情况。但在装置的测量阻抗由 2 号变为 Z1 点时，1KOF 动作并切机成功。分析认为：1KD 与 2KD 同时返回时，1KD 的常闭触点比 2KD 的常开触点返回得快造成的，即出现了一个时间差。

（1）触点动作时间测量：

1KR 常开触点返回时间 $t_{1KR \cdot r} = 17\text{ms}$；

2KR 常开触点返回时间 $t_{2KR \cdot r} = 12\text{ms}$；

1KD 常闭触点返回时间 $t_{1KD \cdot r} = 8\text{ms}$；

2KD 常开触点返回时间 $t_{2KD \cdot r} = 68\text{ms}$；

1KOF 常开触点动作时间 $t_{1KOF \cdot OP} = 8\text{ms}$；

1KOF 常开触点返回时间 $t_{1KOF \cdot r} = 1\text{ms}$。

因此，1KOF 常开触点闭合时间为

$$t_{1KOF \cdot c} = t_{2KD \cdot r} + t_{2KR \cdot r} - t_{1KR \cdot r} - t_{1KD \cdot r} - t_{1KOF \cdot OP}$$
$$= 68 + 12 - 17 - 8 - 8$$
$$= 47(\text{ms})$$

经实测结果为 46ms 故相符。

（2）计算出口跳闸时间：1KOF 出口继电器为 ZJ3—4B 型；动作时间小于 10ms；再启动单元 KH 手动跳闸继电器为 DZK—135 型，动作时间小于 15ms，并有电流自保持线圈，故振解装置能动作切机。

三、采取对策

造成上述继电器的时间差，是 2KD、2KL 继电器线圈上并联了一个二极管串电阻的续流回路，如图 6-3 所示。而 1KD、1KL 上且无此回路。如果取消这个回路，则可以避免发生转换性故障时的误动作机会。但是，当电网发生振荡周期较小的非同期振荡时，安装在送电侧（受电侧）装置的测量阻抗轨迹穿越Ⅲ（Ⅰ）区的时间也短，在进入Ⅲ（Ⅰ）区时1KD（1KL）返回，穿出Ⅲ（Ⅰ）区时2KD返回。如果取消这个回路，则装置可能会由于2KD返回得快，引起1KOF动作不可靠而拒动，因此，这个办法不可取。

在电网中发生短路故障时，安装在送电侧（受电侧）的装置感受到的测量阻抗轨迹，一般不会落入Ⅲ（Ⅰ）区，3KR（2KR）不会返回。因此，可以用3KR（2KR）的常闭触点作为送电侧1KOF（受电侧2KOF）的出口闭锁条件，以此来区分非同步振荡与电网的转换性故障。

ZZD—1型装置中阻抗继电器采用的是极化继电器，因此，没有空余的3KR和2KR常闭触点。为不改变装置的原有继电器触点的时间配合，可以用三个动作特性相一致的快速中间继电器，分别作为1~3KR的重动继电器。用重动继电器的相应触点来代替原回路中1~3KR的触点，并用这三个重动继电器的空触点来实现对1KOF（2KOF）的出口闭锁。

四、经验教训

一套装置的动作性能是否完善，除了对装置进行较全面的动模试验外，更重要的是要通过各种实际的故障，考验其是否不会出现不正确动作。经过这次误动作，找到了误动原因，作了改进，使装置的性能更趋完善。

软件芯片差错，造成电网大面积停电

一、事故简述

1996年5月9日9时57分，某电网500kV W_1、W_2双回输电线的两侧甲电厂、乙变电站断路器跳闸。事故前甲电厂功率为828MW，事故损失负荷803MW，损失电量为52.5万kWh。W_1、W_2双回跳闸原因是FWK安全稳定控制系统误动作。

二、事故分析

4月下旬，对FWK上位机SWJ控制策略表程序进行了修改，由于修改人员疏忽，修改使用的软件版本不是现场调试完成的最后版本，以致使原已取消了的对时功能（主运行机向备用机通报单元处理输出开关信号对时）又被恢复。正式投运前已发现FWK在对时时有可能引起上下通信短暂错乱，从而导致上位机反映运行状态出错，在某种巧合的条件下会引起误动作，此次事故真实地证明了这一点。

三、采取措施

（1）应立即将变电站FWK的上位机软件芯片更换为原来已取消对时功能的芯片，并注意上位机的定值恢复到原来值。随后修改FWK上位机软件。

（2）根据这次事故出现的问题，下一步在上位机内软件增加状态量变化确认的措施。如对单元处理机上送的失步，短路故障事故信号加低电压确认，双回线运行时不解列等判别条件，提高上位机判断异常状态的可靠性。

四、经验教训

（1）由于研制单位软件修改人员工作中的差错，使用了已淘汰的版本，导致了这次事故的发生。今后凡进行软件修改时应认真核对，对已淘汰的版本应予以删除。

（2）今后凡经修改过的软件，应在断开出口压板条件下试运行一段时间，证实修改无误后才能正式投入运行。

（3）加强软件版本技术管理工作。

第七章
其他

CKF—1 型模拟故障试验时误跳闸

一、事故简述

1995 年 8 月 22 日 9 时 40 分，某 220kV 变电站 2146 线路 CKF—1 装置的后备零序保护无故障跳闸。

当时该变电站申请 CKF—1 停役检修，后备试验零序方向电流保护仍运行，继电保护人员用 CKF—1 保护装置的试验小开关进行模拟故障，当试验小开关由"运行"拨到"试验"位置，再做模拟"单相故障"时，零序方向后备段保护误动跳闸。

二、误动原因

按生产厂的意图是当试验小开关在"试验"位置时，应切断出口跳闸正电源，实际"运行"和"试验"位置是靠小开关滑动触点改变位置来完成的。当试验小开关由"运行"切到"试验"位置，而滑动触点停在中间位置，既没有断开出口跳闸正电源，又接通了试验电源，在模拟单相故障时发生后备零序方向误动作跳闸。

三、事故对策

在运行设备上没有明显断开点，不宜用保护装置上的试验小开关对继电保护装置进行模拟故障试验。

四、事故教训

在早期的晶体管线路保护装置上原来也有此试验小开关，可供运行单位在运行中检查装置逻辑功能的正确性，在实践中全国各地曾发生多次在用模拟小开关试验时误动跳闸，后来就停止使用。因为没有明显断开点，在运行设备上使用试验小开关进行模拟故障试验是有危险的，不宜使用。

重合闸逻辑回路时间不配合，单相故障误跳三相

一、事故简述

1992 年 7 月 22 日 21 时 57 分，Z 省某 220kV 变电站大风造成 L81 线 A 相接地故障，78 号杆距甲侧 20% 处 A 相导线对铁塔放电，线路二侧继电保护 120ms A 相跳闸，再经 70ms 三相跳闸。

保护动作情况：　　　　乙侧　　　　甲侧
相差高频　　　　JGX—11D　　JGX—11D
高频闭锁　　　　JSF—11D　　JSF—11D
零序电流 I 段　　　　　　　　JL—11D I 段
单相重合闸　　　　　　　　　JZC—11D 误跳三相

二、原因分析

JZC-11D重合闸装置的 M 端子是接入本线非全相运行会误动而相邻线非全相运行不会误动的保护，如高频闭锁、零序 II 段保护等接入 M 端子经选相元件跳闸。

M 端子控制保护投、退继电器 KJM 正常励磁，故障后分相跳闸继电器动作，使 KJM 继电器失磁，KJM 延时返回。KJM 常开触点打开，退出接入 M 端子的保护。

准备三跳继电器 KZS，发生单相接地故障时，$3I_0$ 立即使 KZS 动作见图 7-1（a），构通三跳回路的 KZS 常闭触点打开，见图 7-1（b），防止误跳三相，当分相跳闸继电器动作后延时 T_{ZS} 使 KZS 返回，沟通三跳回路，保证重合于永久故障或非全相再故障，可靠加速三相跳闸，如图 7-1（b）所示。

为了防止接入 M 端子的继电保护装置在单相故障时误跳三相，为此要求 KJM 常开触点的打开要先于 KZS 常闭触点的闭合。甲侧的 JZC—11D 重合闸装置，由于 KJM 常开触点延时打开时间同 KZS 常闭触点延时闭合时间配合不当（有同时闭合时间），A 相跳闸后进入非全相运行，线路潮流较大，此时 $3I_0$ 较大 KLO 不返回，通过相差高频自保持回路立即起动三相跳闸继电器 1KT、2KT。如图 7-2。

事故检查试验测得 KJM、KZS 延时如下：

T_{ZS} = 280 ms　　　要求不大于 300 ms
T_{JM} = 194 ms　　　要求 100～200 ms
零序 I 段出口动作时间故障后　36 ms。
相电流元件 KL 返回时间　　20.3 ms。

T_{JM} 是从故障相跳闸后相电流判别元件 KLa 返回后开始计时，KTM 返回时间为：

$$故障切除时间 + KLa 返回时间 + T_{JM} = 120 \text{ ms} + 20.3 \text{ ms} + 194 \text{ ms} = 334.3 \text{ms}$$

T_{ZS} 是重合闸装置发出跳闸脉冲同时立即计时，甲侧零序 I 段动作最快，故障后 36ms

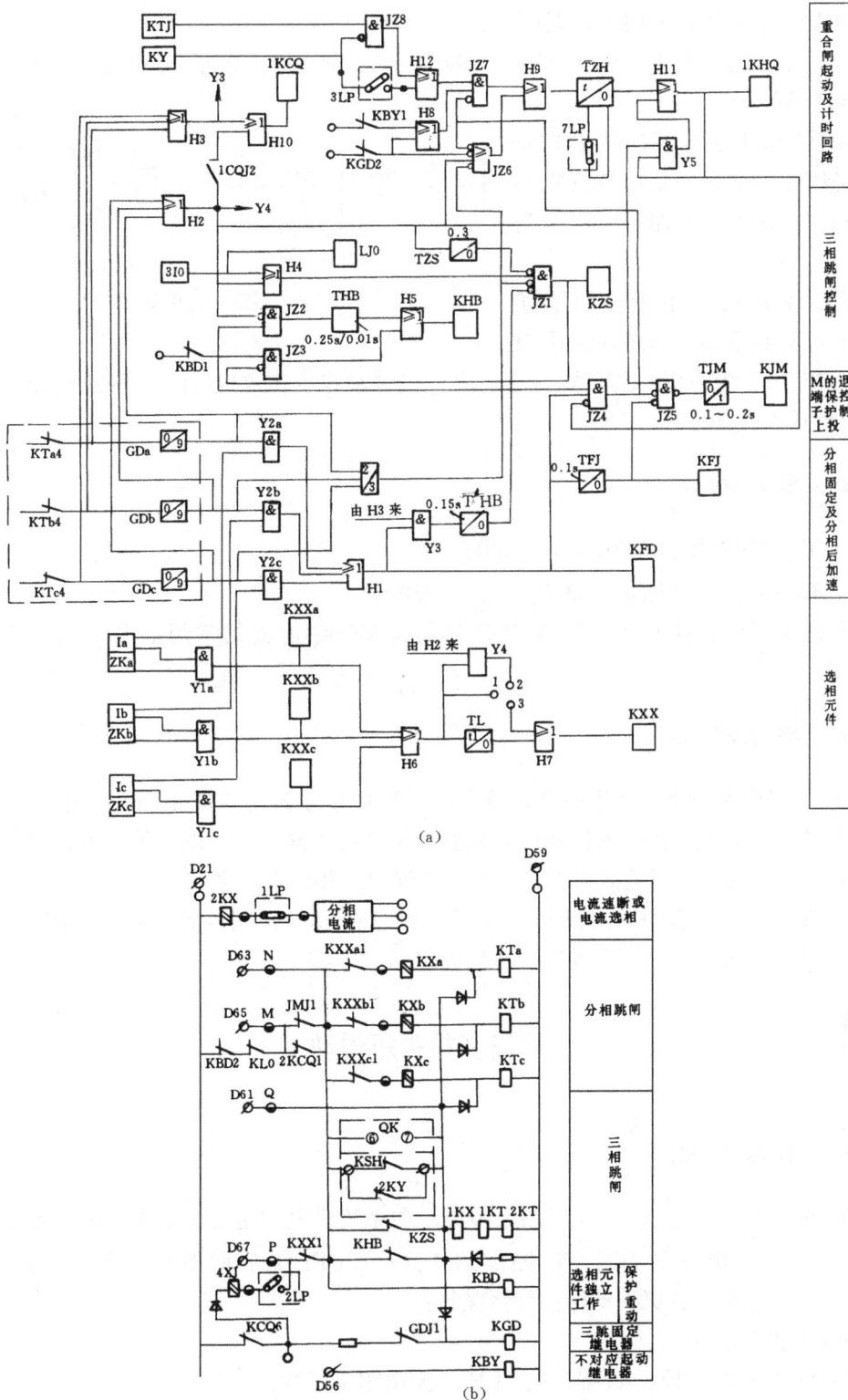

图 7-1　晶体管型综合重合闸方框及回路图

（a）晶体管型综合重合闸装置方框图；（b）综重跳、合闸回路图

发出跳闸脉冲，KZS 的延时返回时间为：

零序 I 段动作时间 + T_{ZS} = 36ms + 280ms = 316ms KZS 先于 KJM 返回，334.3ms − 316ms = 18.3ms。

KJM 与 KZS 触点同时闭合时间 18.3 msM 端子的保护足以使三跳继电器 1KT 和 2KT 动作而跳开非故障两相。

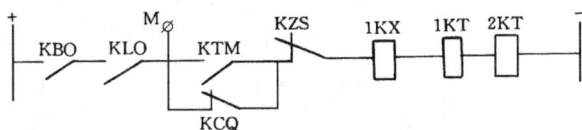

甲侧三相跳闸后，相差高频停信，乙侧相差高频收不到甲侧高频信号，比相回路动作，由于线路潮流比较大，负序电流 I_2 高值动作后在两相运行时不返回，相差高频动作出口，跳开非故障两相。

图 7-2　不正常三相跳闸回路

三、事故对策

（1）T_{JM} 时间缩短，取 T_{JM} = 80 ~ 100 ms。

（2）KZS 返回时间缩短，取 T_{ZS} = 230 ~ 250 ms。

这样选取时间，使 KTM 继电器常开触点同 KZS 继电器的常闭触点不会有同时闭合时间。

四、事故教训

（1）单相故障误跳三相往往是在重合闸装置内各小延时选取不当而发生的，制造厂各时间只给出时间段范围，实际选取时间要根据各种不同类型继电保护装置，配合使用时要严格配合，Z 省电网因类似原因，单相故障误跳三相已发生多次。

（2）微机保护装置中类似根据 KJM 常开触点和 KZS 常闭触点没有同时闭合的原则，各小延时元件时间应固定，不需运行单位设定。

3 距离保护失压误动

一、事故简述

某电网220kV W_1、W_2 二条线路是甲电厂向系统供电的主要输电线，1993 年 1 月 8 日 8 时 40 分，乙变电站的 W_1、W_2 断路器 1QF1、2QF1 无故障跳闸，当时输送有功为 500MW。两个断路器的保护动作信号情况是：

1QF1 断路器：

RAZOA 型距离保护：R、S、T、I 段、振荡闭锁掉牌。

RAZFE 型距离保护：U、Z_Φ、Z_1、Z_2、I 段掉牌，测距为 0。

2QF1 断路器：

RAZOA 型距离保护：R、S、T、trip、I 段掉牌、测距为 0。

RAZFE 型距离保护未动。

二、事故分析

乙变电站 1QF1、2QF1 跳闸，系统无事故。当时值班员正在处理距离保护交流电压回路故障，距离保护断线闭锁起闭锁作用，保护没有出口跳闸。值班员进行 220kV 两段母线 TV 二次回路切换操作，操作中误判断 TV 二次总快速小开关合闸接触不良，断开重新合快速小开关，导致整个保护及断线闭锁回路失压，致使距离保护断线闭锁失效，造成距离保护 I 段出口动作，跳开 1QF1 和 2QF1 断路器。

三、措施

对 220kV 母线两组 TV 二次回路所有快速小开关切换回路进行检查，更换电压回路切换装置，在现场运行规程中详细规定 TV 二次回路操作程序和异常故障处理，避免上述事故重演。

四、经验教训

距离保护失压误动是个老问题，在技术上已有多种防范措施，但是如果运行管理疏忽，仍然会造成事故。二次回路设计闭锁措施应完善。

使用仪表不当，造成线路误跳

一、事故简述

1999 年 1 月 9 日 15 时 19 分甲变电站旁路 QF 断路器带供 W2 线运行，送潮流约 108MW，无任何保护动作信号，QF 断路器无故障跳闸，当时 1 号变压器保护正在做整组传动试验。

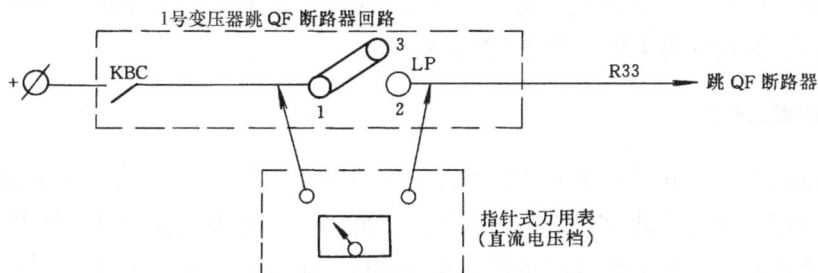

图 7-3　断路器跳闸示意图

二、事故分析

QF 断路器跳闸时，1 号主变压器正在做整组传动试验，试验人员分别检查保护出口跳各断路器回路是否连接良好，虽然 1 号主变压器跳 QF 断路器连接片 LP 已经断开，但正如图 7-3 所示，试验人员想以电压表法同时对 QF 断路器跳闸回路进行检查，结果由于万用表直流档击穿，在 KBC 触点接通时把正电源直接加于 R33 而引起 QF 断路器误跳闸，由于经 R33 出口，闭锁了重合闸，所以重合闸无法对断路器误跳进行补救。

三、采取措施

过去用此法检查跳闸回路的完整性曾多次引起断路器误跳闸，因此建议分别采用正、负极对地电位法来判断，测量前必须确认在直流电压档。

（1）正表笔接 LP① 端子，负表笔接地，在 KBC 动作时万用表约指示操作电压的 $\frac{1}{2}$ 值。

（2）负表笔接 LP② 端子，正表笔接地，万用表约指示操作电压的 $\frac{1}{2}$ 值。

四、经验教训

（1）多年来由于试验人员不仔细或疏忽大意曾多次在试验中引起主变压器误跳闸。

（2）以后在作跳闸回路完好性检查时，特别是在合闸运行的断路器回路进行检查时，最好不使用 LP 两端跨接电压表法，而改用分别正、负极对地电压表法，虽然试验稍麻烦，但却较为安全。

5 厂用控制回路问题，造成全厂停炉停水停机

一、事故简述

1999 年 10 月 21 日 16 时 20 分，甲电厂 1 号机发失磁告警信号，备用励磁机联动不成功，手动就地抢合也合不上，失磁保护动作 1 号机跳闸，后经检查处理，于 16 时 55 分 1 号机重新并网。17 时整，在进行 1 号机厂用电切换时，1 号、2 号机同时跳闸，造成甲厂从系统中解列，使系统失去甲厂电源 320MW。

二、事故分析

（1）16 时 20 分，甲厂 1 号机主供励磁开关跳闸，备用励磁开关立即联动但未合上，值班人员立即进行就地手动抢合，但仍合不上，此时 1 号机失磁保护动作跳开 1 号机，事故后检查为备用励磁开关机构卡涩所致，经处理后于 16 时 55 分用备用励磁开关供电将 1 号机并网。

（2）17 时整，进行 1 号机厂用电切换，从 QF1 断路器供电切至 QF2 断路器供电，由

于两厂用开关控制回路存在问题，切换时 QF1 已跳闸但 QF2 合不上去，使得厂用 6kV I 母 A 段失电，1 号炉送风机跳闸引起 1 号炉熄火，1 号机被迫跳闸，同时造成全厂循环水终断又引起真空降低，2 号机也随之跳闸。

三、采取措施

（1）查明 1 号机主励磁机开关跳闸原因并消除之，并对开关机构卡涩采取必要手段，加强维护和检查等强制性措施。

（2）全厂厂用电切换控制回路进行彻底检查，确保联动可靠无误。

（3）1 号机厂用半边系统供电立即完善。

（4）循环水供电系统任何时候都不得处于同一厂用母线段供电。

四、经验教训

（1）提高高压断路器检修质量，加强机械部分的维修维护，将开关机构卡涩降至最低水平。

（2）厂用电联动切换等控制回路要花工夫彻底清查，确保联动可靠。

（3）多台辅机不得接于同一厂用母线供电段运行，应分别接于不同供电段，以免造成任一母线供电段失压时，被迫停机、炉的严重后果。

（4）大型发电机组严禁长时间半边系统运行。

使用对讲机，造成继电保护装置误动

一、事故简述

1995 年 12 月 6 日 9 时 57 分，某变电站 500kV 2 号变压器运行中无故障跳闸。保护装置除出口跳闸灯外，无任何保护动作信号。由于该站当时仅有此一台联络变压器运行，从而造成该站 500kV 与 220kV 两电压等级之间交换功率为零，为保证系统稳定，调度下令系统网间联络线限制输送功率。

二、事故分析

通过事故调查发现，事故发生时该站正在进行第二台联络变压器的安装施工工作，两台变压器之间有回路联系，施工人员正在进行该部分电缆的核对工作，运行中的变压器保护柜门敞开，变压器跳闸时施工人员正在误动的保护装置盘后，利用无线对讲机与电缆另一端的施工人员联系。因此，初步判断误动是由于对讲机的无线干扰所造成。在检查保护装置本身无异常之后，利用对讲机对保护装置进行多次模拟试验，保护装置的动作行为、信号均与误动时完全相同，从而证实此次误动确实是由对讲机干扰所致。

三、措施

（1）调度部门的继电保护专业、安监及施工管理部门联合下发事故通报，明确要求在已经运行的控制室内严禁使用对讲机、手提电话等无线通信设备。

（2）在各厂站控制室、电缆夹层门口贴挂"严禁使用无线通信设备"的警示牌，并由运行值班人员负责监督。

（3）向各保护生产厂家提出进一步提高保护装置抗空间电磁干扰的要求和建议。

四、经验教训

（1）随着科学技术的飞速发展，作为电网安全卫士的继电保护专业，其装置的原理及所采用的技术同样是日新月异。伴随新装置的大量采用，必然会带来一些新的问题，需要继电保护专业人员不断地认识和解决。例如在此例事故中所反映的保护装置抗空间电磁干扰的问题，在早先的电磁型保护装置中，由于继电器所需的驱动功率较大，因此抗干扰问题不太突出，静态型（晶体管、集成电路、微机）保护装置出现之后，其功能、动作速度均较电磁型保护装置有了很大的提高，但由于新型保护装置内部电源电压较低、驱动功率较小，加之动作速度较快，使得抗干扰问题较为突出。为此，一方面生产厂家要积极想办法予以解决，另一方面，使用单位的专业技术人员也不能墨守成规，要不断进行知识更新，对新装置带来的新问题采取必要的防范措施。

（2）加强对在已投产的厂站进行扩建、改造的施工人员的监护工作，对保障电网的安全是非常必要的。此次事故中，运行单位的监护工作不到位，同样是酿成事故的漏洞之一。

7 光纤中继站失电，造成保护中断

一、事故经过

2000 年 11 月 20 日 10 时 12 分，某跨区联网线路 A 厂至 B 站的 Ⅱ线和Ⅲ线光纤纵差保护 REL561 发出保护闭锁信号和通道故障信号，17 时 40 分通信恢复，保护闭锁信号和通道故障信号消失，因当时 A 厂检修，线路在停运状态，系统没有受到影响。

二、事故原因及分析

A 厂至 B 站的Ⅱ线和Ⅲ线每条线路长 230 多千米，每线各装有一套光纤纵差保护 REL561 和一套高频距离保护 REL531。REL561 保护的通道为 OPGW，通道当中经过一个光纤中继站将信号进行转发，该中继站为太阳能供电，并连接有三组蓄电池，还通过 220V 交流电作为备用电源。REL531 保护的通道为载波通道。保护及通道配置情况见图 7-4。

事故发生前，11 月 14~16 日当地天气连续阴雨，17 日转晴，18~19 日连续阴雨有雾，太阳能无法充电，至 11 月 20 日 2 时 25 分，蓄电池容量跌破门槛值（60%），备用电源开关投入，对蓄电池充电及对光端机供电，10 时 12 分，当地供电系统故障，供电电压高出正常电压 10%，整流模块无电流输出，逆变器转旁路工作，而蓄电池组因未到达放

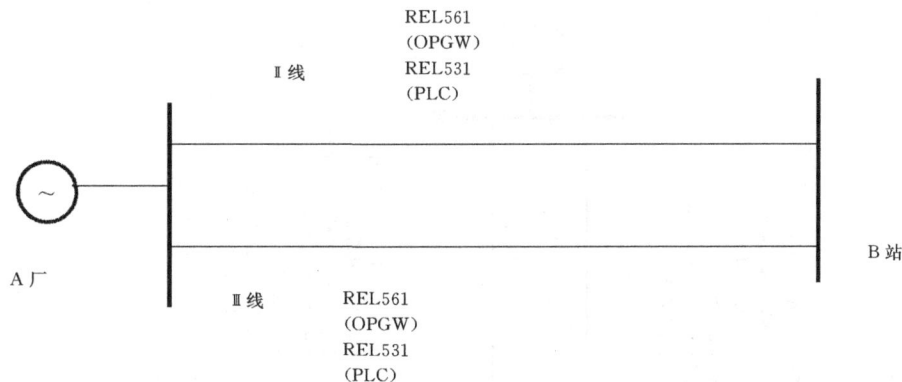

图 7-4　保护及通道配置图

电容量（90%）仍不能投入，导致光端机失电，光纤通道中断。

三、经验教训

（1）光纤中继站的电源设计存在一定问题，应重视并完善光纤中继站电源的设计。

（2）采用光纤通道的保护是近年来才在国内使用的新技术，目前应用还不是很多，所以暴露出来的问题也较少，本次事故是个较典型的例子。光纤技术本身虽然可靠，但在光纤接口部分存在薄弱环节，比如光端机，PCM 等，甚至光纤本身也存在被挖断的危险，我们认为，光纤通道与载波、微波通道相比，确实有更高的可靠性，但是它的可靠性是否到达万无一失（99.999%）呢？目前看来是否定的，因此，我们在大力提倡采用光纤通道保护的同时，也要看到光纤通道暴露出来的问题。

8　光纤传输设备故障，造成主保护退出

某省电网 2000 年 2 月 22 日和 3 月 13 日连续出现两次光传输设备故障，导致继电保护传输的通信通道中断，主保护退出运行。该省电网保护及通道配置图见图 7-5 所示。

一、2.22 事故经过

2 月 22 日 15 时前后，甲变电站、乙变电站通信运行人员发现 SIEMENS PCM FMX Ⅱ设备出现误码告警（工作灯不均匀闪烁），导致使用此通信通道的甲变电站—乙变电站—丙电厂的保护设备不能正常工作。在对甲变电站设备的检查并通过远端登录各站时，发现两区间传输有大误码，既 15min 3 万～4 万个误码，且乙变电站、丙电厂的 SIEMENS SDH 设备各机盘的告警状态不定位，有随机告警的现象，22 时 30 分，人员抵达乙变电站时，发现本站 M155、1^{ST}E12W（402 槽位）、SN 持续告警。更换了 M155、1ST-E12W（402 槽位）盘而告警并未消失，又将新 SN 插入 506 槽位试图与原 505 槽位 SN 盘互为保护运行，

REL－521＋NSD70
LFP－902D＋CAT－50
LFP－925＋NSD70＋CAT－50

PLS＋NS40（单）
TLS＋NS40（单）
DLP TCC
LFP－925＋NS40（双）（戊）
JCGQ－3＋NS40（双）（甲）
（复用光纤通道）

PLS＋ALSPA＋TA314
（甲乙ⅠAB载波通道）
TLS＋NS40（单）（复用光纤通道）
DLP TCC
JCGQ－3＋NS40（双）（甲）
LFP－925＋NS40（双）（乙）
（复用光纤通道）

REL521＋ALSPA＋TA314
（丙乙ⅠAC相载波通道）
LFP－902D＋DIP340
（复用光纤通道）
（LFP－925＋DIP340（双）
（复用光纤通道）

PLS＋ALSPA＋TA314（甲乙ⅠAB载波通道）
可切至NS40（复用光纤通道）
TLS＋NS40（单）（复用光纤通道）
DLP TCC
JCGQ－3＋NS40（双）（甲）
LFP－925＋NS40（双）（乙）
（复用光纤通道）

REL521＋ALSPA＋TA314
（丙乙ⅠAC相载波通道）
可切至DIP340（复用光纤通道）
LFP－902D＋DIP340
（复用光纤通道）
（LFP－925＋DIP340（双）
（复用光纤通道）

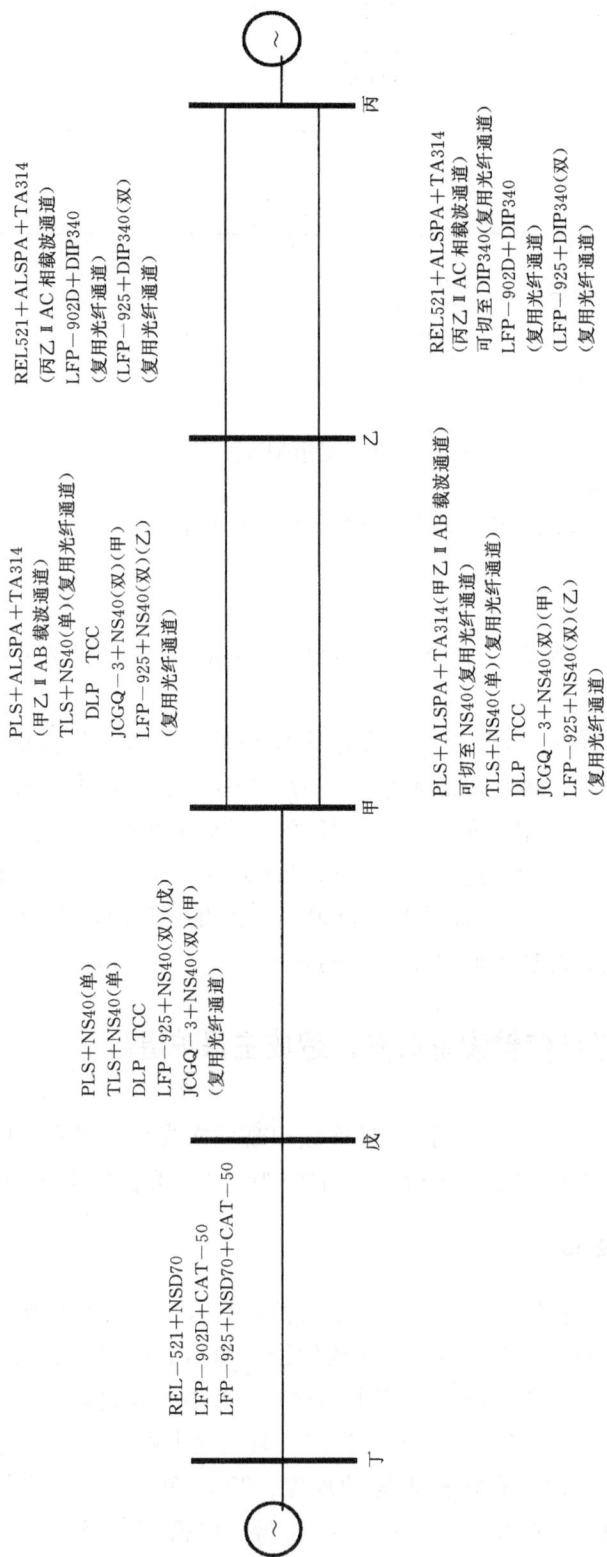

图 7-5 电网保护及通道配置图

经过了约十几分钟后，系统未能将交叉连接控制权交与新 SN，软件操作也不能使之切换，只能将原 505 槽位 SN 盘带电硬拔出，强行切换。随后即发现区间传输大误码的故障现象消失。此时已 2 月 23 日凌晨 0 时 30 分。凌晨 1 时，区间传输大误码的故障现象再次出现。新 SN 盘内的时隙数据紊乱，错误百出，对设备背板的数据进行刷新，即通过关电重新装载来自 LAD 的系统数据。系统装载完毕后再未出现区间传输大误码的故障现象。至 2 月 23 日凌晨 4 时恢复，甲变电站和乙变电站光通信设备异常运行 13h。

二、22 事故原因分析

根据上述情况，事后小组进行了分析。认为导致本次设备故障的直接原因是乙变电站 SN 盘的异常工作，造成甲变电站—乙变电站—丙电厂两区间的大误码（PCM 传输的误码）和本站 M155、1^{ST}E12W（402 槽位）盘告警，诱因则可能有以下几个方面：①SN 盘硬件故障。②设备接地、机房接地不良或 220V 交流杂波未滤除，或来自 -48V 电源线由其他原因产生的电压电磁干扰等等，影响了 DSM 信号（SN 与数据总线间的信号）的传输。③SDH 系统软件运行错误。

三、2.22 事故处理措施

（1）对乙变电站的设备接地、机房接地和通信电源系统进行检查，尤其对于与光系统有关的 -48V 直流电源线、220V 交流线的路由及其他可能导入电磁干扰的电缆进行屏蔽、接地检查；若有条件，将已发生故障的 SN 盘进行在线模拟试验。

（2）建议七个通信站分别增配置 SN、E12P、M155 盘各一块。在备品库中增加采购 LAD 和 E12W 各两块、UCU 和 OHA 各一块（目前备品库中仅有 O622I 两块，SN、M155、E12W 各一块）。

（3）各通信站均无本地维护终端，通信人员对设备运行情况不了解。故建议对各站配置维护专用 PC，增强系统维护管理能力。

（4）加强对有关站通信运行维护人员的专项技术培训，提高对新设备的维护能力和熟悉程度。

（5）调通中心—丙电厂 SIEMENS SDH 光传输设备尚未进行最终验收，应积极与 SIEMENS 厂家联系，杜绝此类情况再度发生。

四、3.13 事故经过

2000 年 3 月 13 日 9 时 30 分前后，甲变电站通信运行人员发现 SIEMENS SDH 光传输设备出现告警，同时得知甲变电站—戊变电站继电保护中断。通过远端登录发现甲变电站 SIEMENS SDH 光传输设备 M155 盘故障告警。经远端操作检查测试，未能恢复。初步判断为硬件问题。考虑到有关现场的技术条件及措施的制约，调通中心随即组织抢修小组携备件赶赴甲变电站。15 时 30 分左右到达现场。经现场检查测试，确定为该盘硬件故障。换上备盘告警消失，系统恢复。同时确认继电保护恢复正常。

五、3.13 事故原因分析及改进措施

此次故障原因是 M155 盘的损坏而造成，因现场没有备盘，延长了故障时间。

M155 盘是对 622Mbit/s 信号进行复用和解复用，一旦损坏，将造成整个 622Mbit/s 信号的中断，它是一块重要的公共部件。建议对该系统的重要公共部件增加备盘，增强系统可靠性，缩短故障时间。

六、两次事故的教训

2000 年 2.22 事故及 3.13 事故，使得当时甲戊线所有快速保护及远跳均退出，甲乙 Ⅰ、Ⅱ线、丙乙Ⅰ、Ⅱ线，主保护 1 及远跳保护均退出，按运行规定此时 500kV 系统已难以正常运行，不得已情况下最后采取了更改保护配合定值（但牺牲了选择性）的方案临时解决。

我们认为这两次事故也说明了 OPGW 光纤通道并非完全可靠，将所有继电保护均接入同一光纤通道，对于重要系统而言是不合适的，应采用完全独立通道或光纤迂回通道。

母线 TV 爆炸，无保护跳闸

一、事故简述

1989 年 7 月 9 日 19 时 34 分，220kV 某变电站，由母联断路器向Ⅰ母线充电，Ⅰ母线电磁型 TV 发生爆炸，故障时新投入运行不久的Ⅰ母线及母联均未投入保护，而对侧 220kV 线路保护亦未跳闸，最后由现场运行人员手动切开母联断路器切除故障。

二、事故分析

故障时间图如图 7-6 所示，220kV 甲乙线甲侧保护零序Ⅲ段信号继电器 3KXO 故障时已掉牌，未出口跳闸是因为选相元件拒动，加长了出口跳闸时间（从 1s 增

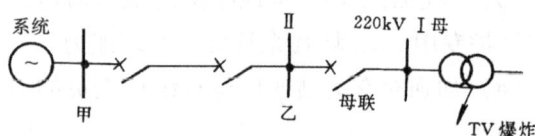

图 7-6 故障简图

为 1.3s），而故障先为 C 相接地经 1.08s 后转为 BC 两相短路，使零序电流保护Ⅲ段时间尚未走到 1.3s 已转变为 BC 二相不接地故障而复归。由于故障开始为单相接地，阻抗保护不动作，转换为 BC 二相故障时，由于负序起动元件起动振荡闭锁开放时间，经 0.3s 后将 KBZ 的动断触点打开，经振荡闭锁的距离Ⅱ段被出口闭锁了。而距离保护第Ⅲ段 6s 时间未到，就由运行人员手动切开故障点了。

三、防范措施

规程已明确规定，不允许无保护运行，本次事故母联及Ⅰ母线为新起动设备，未投入

358

I 母线母差保护及母联断路器保护是造成这次事故的主要原因，总之，必须投入较完善的继电保护装置，新安装设备才能投入运行。

四、经验教训

对于新投产设备，必须有保护同时投入，才能接入系统，不允许无保护设备投入运行，否则，可能造成严重后果，这次事故就是一个教训。